普通高等教育"十四五"系列教材

水力机组
安装检修与维护

主　编　彭小东　黄宗柳　李正贵
副主编　李丽霞　杨林峰　李　刚　张冰雪

中国水利水电出版社
www.waterpub.com.cn
·北京·

内 容 提 要

本书系统讲述了水力机组的基本结构及特点、安装调试与检修维护的基本理论及方法。全书共分7章，第1章讲述水力机组安装与检修的基础知识，第2章讲述立式水轮机的安装，第3章讲述立式水轮发电机的安装，第4章讲述卧式水力机组的安装，第5章讲述水力机组的启动试运行，第6章讲述水力机组的振动与平衡，第7章讲述水力机组的检修与维护。本书内容丰富，结构清晰，紧扣国家规范和行业标准，各章均配有练习题。

本书可作为能源与动力工程专业（水利水电动力工程方向）和水利类专业的本科生教材，也可作为水利水电工程、流体机械及工程等方向的研究生教材使用，还可供从事水力机组设计制造、安装调试、检修维护的工程技术人员参考。

图书在版编目（CIP）数据

水力机组安装检修与维护 / 彭小东，黄宗柳，李正贵主编. -- 北京：中国水利水电出版社，2024. 10.
（普通高等教育"十四五"系列教材）. -- ISBN 978-7
-5226-2898-1

Ⅰ. TM312

中国国家版本馆CIP数据核字第2024LB8335号

书　　名	普通高等教育"十四五"系列教材 水力机组安装检修与维护 SHUILI JIZU ANZHUANG JIANXIU YU WEIHU
作　　者	主　编　彭小东　黄宗柳　李正贵 副主编　李丽霞　杨林峰　李　刚　张冰雪
出版发行	中国水利水电出版社 （北京市海淀区玉渊潭南路1号D座　100038） 网址：www.waterpub.com.cn E-mail：sales@mwr.gov.cn 电话：（010）68545888（营销中心）
经　　售	北京科水图书销售有限公司 电话：（010）68545874、63202643 全国各地新华书店和相关出版物销售网点
排　　版	中国水利水电出版社微机排版中心
印　　刷	天津嘉恒印务有限公司
规　　格	184mm×260mm　16开本　18.25印张　444千字
版　　次	2024年10月第1版　2024年10月第1次印刷
印　　数	0001—2000册
定　　价	**55.00元**

凡购买我社图书，如有缺页、倒页、脱页的，本社营销中心负责调换

版权所有·侵权必究

前 言

力争2030年前实现碳达峰、2060年前实现碳中和，是以习近平同志为核心的党中央经过深思熟虑作出的重大战略决策，是中国向世界作出的庄严承诺，也是推动高质量发展的内在要求。在这样的时代背景下，作为可再生清洁能源的水力发电以其独特的优势再次进入蓬勃发展的快车道。根据中华人民共和国2022年国民经济和社会发展统计公报，截至2022年年末，全国水电装机容量已达41350万kW，比上年增长5.8%。大力发展水力发电，提升电力系统灵活调节能力，是构建新型电力系统的关键手段，有利于保障传统能源有序退出，实现新能源大规模安全可靠替代，推动绿色低碳发展。

伴随着水电建设事业的发展，水力机组不断向大容量、大尺寸、高参数方向发展，结构越来越复杂、安装工程量大、技术难度高，对机组的安装调试与检修维护质量的要求也越来越高。由于水力机组的安装检修与维护工作涉及设计、制造、运输、施工、测量、试验以及发电运行控制技术等方面，专业知识比较广而专，实践性与综合性较强，涉及的标准规范较多，信息量较大，读者在短时间内系统掌握该门课程的难度较大。对此，本书从水力机组的基本结构出发，紧扣国家规范和行业标准，详细介绍机组安装检修的特点、施工工艺和方法、技术要求、测量计算、调整试验的具体内容与步骤、检修与维护等方面的基础知识，内容详实，结构清晰，深入浅出。针对本课程实践性强的特点，注重将理论与实践相结合，配有一定的工程实例，在各章之后均附有典型习题，供读者练习巩固。

本书由彭小东、黄宗柳、李正贵担任主编，李丽霞、杨林峰、李刚、张冰雪担任副主编。中国电建集团海外投资有限公司李刚和青海理工学院李正贵共同编写第1章；西华大学黄宗柳编写第2章与第4章；西华大学彭小东编写第3章与第6章；中国水利水电第四工程局有限公司李丽霞、杨林峰共同编写第 5 章；中电建水电开发集团有限公司张冰雪和西华大学彭小东共同编写第 7 章。本书编写过程中参考了国内外大量著作与文献资料，在此表示衷心的谢意。

四川大学鞠小明教授、陈云良教授，西华大学刘小兵教授、史广泰教授对全书内容进行了认真的审阅，在此表示衷心的感谢。特别感谢中国水利水电建设集团公司原副总经理、教授级高级工程师付元初，中国电建集团国际工程有限公司原副总经理、教授级高级工程师年官华，中电建水电开发集团有限公司副总工程师、教授级高级工程师张光元的大力支持和悉心指导。

本书得到了西华大学研究生教育质量工程项目资助（YJC202308），以及四川省区域创新合作项目（2023YFQ0021）、四川省自然科学基金杰出青年科学基金项目（2024NSFJQ0012）、国家自然科学基金区域创新发展联合基金重点项目（U23A20669）、四川省动力工程及工程热物理"双一流"学科建设项目、西华大学能源与动力工程专业"国家级一流本科专业"建设项目、流体及动力机械教育部重点实验室、流体机械及工程四川省重点实验室、四川省水电能源动力装备技术工程研究中心、中电建水电开发集团有限公司、中国水电建设集团圣达水电有限公司、中国水利水电第四工程局有限公司、中国电建集团海外投资有限公司的大力支持。

由于编者水平有限，书中难免有诸多错误和不当之处，欢迎广大读者给予批评和指正。

编者

2024 年 8 月于成都

目 录

前言

第1章 水力机组安装与检修的基础知识 ... 1
1.1 我国水力机组安装发展简述 ... 1
1.2 水力机组安装与检修的特点 ... 1
1.3 水力机组安装与检修的基本要求 ... 3
1.4 水力机组零部件的组合与装配 ... 5
1.5 校正调整与基本测量 ... 13
1.6 水电站的吊装工作 ... 26
习题 ... 28

第2章 立式水轮机的安装 ... 30
2.1 水轮机基本介绍 ... 30
2.2 水轮机的基本安装程序 ... 57
2.3 混流式水轮机埋设部件的安装 ... 58
2.4 混流式水轮机导水机构的预安装 ... 70
2.5 混流式水轮机转动部分的组装 ... 74
2.6 混流式水轮机的正式安装 ... 78
2.7 轴流转桨式水轮机的安装 ... 83
习题 ... 91

第3章 立式水轮发电机的安装 ... 93
3.1 水轮发电机基本介绍 ... 93
3.2 水轮发电机的基本安装程序 ... 117
3.3 发电机定子组装与安装 ... 118
3.4 发电机转子组装 ... 126
3.5 发电机转子的吊入与找正 ... 137
3.6 机架的安装 ... 140
3.7 推力轴承的安装和初步调整 ... 142
3.8 主轴连接 ... 149
3.9 机组轴线的测量和调整 ... 150

3.10 导轴承的安装和调整 159
习题 162

第4章 卧式水力机组的安装 164
4.1 卧式水力机组的类型 164
4.2 卧式水力机组的安装特点 165
4.3 卧式混流式水轮机安装 166
4.4 贯流式水轮机安装 173
4.5 卧式水轮发电机安装 179
4.6 卧式水力机组轴线的测量与调整 184
习题 187

第5章 水力机组的启动试运行 189
5.1 机组启动试运行的目的、内容及应具备的条件 189
5.2 机组启动试运行程序 191
习题 209

第6章 水力机组的振动与平衡 210
6.1 水力机组振动的原因 210
6.2 水力机组振动分析方法 214
6.3 水力机组平衡概述 216
6.4 水轮机转轮的卧式静平衡试验 217
6.5 水轮机转轮的立式静平衡试验 217
6.6 发电机转子的静平衡 224
6.7 发电机转子的动平衡试验 225
习题 235

第7章 水力机组的检修与维护 236
7.1 水力机组检修基础知识 236
7.2 水力机组状态检修 242
7.3 水力机组智慧检修 247
7.4 水轮机的检修维护 249
7.5 水轮发电机的检修维护 269
7.6 水力机组常见故障及处理方法 274
习题 281

参考文献 283

第1章 水力机组安装与检修的基础知识

1.1 我国水力机组安装发展简述

水力发电机组（在本书中简称为水力机组）也称水轮发电机组，是水电站最重要的动力设备。水力机组安装工程是水电站建设的重要组成部分之一，直接关系到电站的安全稳定经济运行。

水力机组安装在我国作为一个特定的施工技术伴随着新中国水电建设事业的发展已经走过了70多年的风雨征程。通过几代工程建设者的艰苦奋斗、探索实践和技术创新，我国水力机组安装经历了从无到有、从小到大、从弱到强的发展历程，完成了由工艺性安装转变为研究性安装、由粗放型经营转变为集约型管理的蜕变，施工技术和管理水平已达到国际领先水平。2012年以来，向家坝水电站单机容量800MW混流式机组、乌东德水电站单机容量850MW混流式机组、白鹤滩水电站全球单机容量最大的1000MW混流式机组等一大批水力机组相继顺利投产发电。这些机组的投产将我国水力机组的安装、调试投产水平和质量进一步推进至世界的新高峰。

1.2 水力机组安装与检修的特点

水力机组的整个安装期（即工期）是指从机组预埋件开始埋设至机组启动试运行结束这一时期。

水轮机转轮、发电机转子和定子等部件，一般尺寸较大且较重，大型的还须分瓣、分件制造，运到工地后再组装成整体，因此安装工程包括了很多制造厂未能完成的工作，现场安装工作总是边安装边组合。如由混凝土结构支撑的埋设部件，必须在现场定位与调整；零部件之间的组合和连接要在安装过程中进行（包括组合面的加工、修整、相互间定位及定位销钉孔的加工，以及必要的组合与焊接等工作）；部件之间的位置测量和调整要在安装过程中进行；机组轴线的检查与调整、轴承的组装等工作，只能在安装工程后期进行。因此，制造厂应保证零部件的制造质量并为安装工程做好必要的技术准备，但最终决定机组整体质量的是安装过程。

在机组正式投产后，除了应达到设计的出力、效率等工作参数外，还必须保证运行的稳定性、可靠性和长期性。而这些运行性能的好坏，除受机组的选型、设计、制造等影响外，在一定程度上还取决于机组的安装质量。

机组运行的稳定性是指机组在运行中各部件的振动和摆度值要在允许的范围之内。振动超过规定的允许值时，便会影响机组的供电质量、运行安全及使用寿命、附属设备及仪器的性能、机组的基础和周围的建筑物，甚至对整个水电站的安全经济运行都会带来严重的危害。目前随着巨型水电站的建设，机组的重量与尺寸越来越大，其稳定运行就更为重要，如三峡水电站水头变幅大，水轮机在高、低水头运行区域偏离最优工况运行的时间分别占全年的30%以上，极有可能引发机组运行不稳定，因此对水轮机的稳定性指标和考核方法应有明确的规定。

机组运行的可靠性是指机组在规定的使用期内和规定的使用条件下，能够无故障（或少故障）地连续运行并发挥其应有的功能。机组部件存在制造质量问题或有严重的缺陷时，会直接影响其安全可靠运行。

机组运行的长期性是指机组应具有制造厂规定的使用寿命期。水力机组是一个复杂的零部件系统，每个部件都各有结构特征，所以在实际运行工况下有其自身寿命期，不同的零部件寿命期也不同。由于水轮机工作在水流中，其过流部件尤其是转轮的抗空蚀和抗磨损性能是决定其寿命的主要因素，一般在25~40年（小型机组25年，大型机组40年）以上甚至更长时间；而水轮发电机工作在电磁场中，定子绕组是决定其寿命的主要因素，一般水轮发电机运行20年以上就开始或已经老化。

以上这些运行性能除跟机组的设计、制造和运行管理有直接关系外，还与机组的安装质量好坏和运行中对机组的维护检修有密切关系。若安装出现问题，例如转轮的止漏环间隙不均匀、发电机转子与定子间的气隙不均匀、立式机组的轴线不垂直、轴承松动或轴瓦间隙不正确等，都会引起机组振动与摆动，主要零部件将承受额外的周期性交变力的作用，从而加快磨损甚至造成破坏，机组运行不稳定，故障或事故在所难免，使用寿命就会缩短。因此，要保证机组按要求进行安装，并对安装过程进行监督，安装完成后要进行必要的检修维护，将各种隐患排除，以保证机组正常运行。

机组运行中总会发生空蚀、泥沙磨损、机械磨损、绝缘老化等损坏，其工作参数会发生变化，运行性能也会随之逐渐变差。因此，应对机组进行状态监测，做好机组日常维护，尽可能延长机组的正常运行时间，适时安排机组检修工作，保证检修质量，不断恢复甚至改善其工作参数，使机组能够保持稳定、可靠与长期运行。

大型水力机组的结构越来越复杂，对机组性能的要求越来越高，对安装与检修质量的要求也越来越高。因此，必须在牢固掌握机组安装与检修基本知识的基础上，及时了解并掌握安装与检修工作中不断涌现出的新工艺和新技术。

水力机组的安装与检修工作较为复杂和特殊，其基本特点如下。

1. 起重和运输工作很重要

现代水力机组的尺寸大、重量重、零部件形状与工艺复杂、技术条件要求严格，给机组的制造和运输工作带来较大困难。又由于现场机组的安装空间和装配间隙很小，因而在安装及检修过程中，零部件的起吊和运输就显得特别重要。如厂房内常用的有桥式起重机与平衡梁等，厂外进水闸门与尾水闸门常用的门式起重机、启闭机等，没有这些起重工具，将无法完成安装与检修工作。专业安装队伍和不少水电站都配有专门的起重工人，甚至设有起重专职技术人员。重视起重工作，确保人员及设备的安全是机组安装与检修工程的首要问题。

2. 安装与检修工作的综合性和复杂性及要求较高

（1）机电设备安装与土建施工交叉进行。水轮机的尾水管里衬、座环、蜗壳等部件，发电机的定子、下机架等，都是由混凝土结构支撑和固定的，安装时由下而上逐件进行，每装好一件就要浇筑混凝土。

（2）多工序、多工种协调配合。水力机组的安装远不是简单的摆平与放正，还包括了对零部件的组合、检查，零部件之间的连接，以及各种高精度的测量和调整工作。机组的安装与检修需要钳工、焊工、管道工等很多工种，而且必须严密组织，协调配合才能保证质量。

（3）安装与检修质量要求非常严格。不仅零部件的形状、尺寸必须符合要求，而且其重心位置、高程，以及水平度和垂直度等的误差也必须在允许范围内。零部件的表面质量，尤其是某些组合面还有很高的结合质量要求。至于机组的整体轴线，必须达到非常高的质量精度。如立轴水轮机座环安装顶盖和底环的法兰平面必须水平安装，在现场不机加工的情况下，水平度误差不超过 0.03mm/m，最低点与最高点高程差最大不超过 0.30mm；对于额定转速处于 300～750r/min 之间的悬式机组，轴线检查时，水轮机导轴承轴颈处的绝对摆度值（双摆幅）却不允许超过 0.20mm。这样高的精度要求，对尺寸和重量都很大的水力机组来说，其难度远远超过其他行业的设备安装。为此，水力机组的安装与检修已形成了一套特有的测量项目、仪器、工具和方法，而且国家有专门的技术规范和统一的技术标准。

3. 各种机组的安装程序、方法及工艺有差别

不同类型的水力机组，其安装方式和工艺是有差别的，甚至有些部件的安装和调整的程序与方法及安装工艺差别还很大。如轴流转桨式水轮机轮毂内的叶片操作机构、主轴内的操作油管和上部的受油器等部件的安装，要比混流式与冲击式水轮机复杂得多；悬式与伞式发电机的推力轴承、导轴承位置不同，其承重机架也不同，安装方式也有差异；特别是抽水蓄能机组双向运行，机组转速较高，工况变换频繁，机组结构很复杂，其安装工作比常规水力机组更为复杂。

4. 安装与检修工作的理论性和技术性很强

安装工作中大量精度要求较高的检查、测量、调整、试验和计算工作，理论性和技术性都很强。如各部件焊接质量的检查；环形部件的内、外圆柱面的圆度与同心度的检查，以及中心位置的测定；平面的水平度、垂直度的测定与调整；各部件的安装高程的测定与调整；机组轴线的检查与调整；导轴承间隙的调整；调速器的调整试验；大型螺栓紧固力和伸长量的计算；轮辐烧嵌温度的计算；机组投产前的调整与试运行，水轮机转轮的静平衡试验与发电机转子的动平衡试验等。在被测部件尺寸很大的情况下，要保证达到高精度，还必须采用一些特殊的工具和仪器以及相应的检测方法，这些工作必须在一定的专业理论知识指导下才能进行。

1.3　水力机组安装与检修的基本要求

机组安装与检修工作，必须在保证质量的前提下，尽量缩短工期，减少人力、物力的消耗，还要为电站的今后管理准备条件，具体要求包括以下几方面。

1. 合理计划

机组安装与检修前对所需人员、材料、机具、经费等作出计划，对各工种的实施和衔接作出科学合理的安排，既要保证质量和进度，又要留有余地。

(1) 安装（检修）队伍的组织及要求。可由专业施工单位承包，也可由电站自身组织人员，包括工程技术人员、熟练技术工人、辅助劳力。其中工程技术人员的选择最为重要，主要起到制定施工方案、进行施工组织、监理、检测与指导等作用，以保证安装与检修质量。要求工程技术人员掌握机组安装与检修方面的基础理论和专业知识，掌握机组安装工程与施工图纸等技术资料，能够按工程技术要求和质量标准制定施工方案及安全技术措施，并能在施工中进行技术指导和监督检查等工作。

(2) 安装前的技术准备。熟悉机组安装质量标准，充分了解水电站机组安装工程内容、工地具体条件、工期和技术要求，取得水电站工程的设计说明书和技术资料。取得机组设备制造厂的安装装配图、说明书，设备出厂合格证、出厂检验记录、发货明细表等技术资料，组织有关人员检查设备的到货情况，对已到货设备进行开箱检查、清点、验收，并且妥善保管。

(3) 安装机具及消耗材料的准备。根据机组型式、容量及台数进行。安装机具包括起重、钳工、电焊、管道、小型机械加工机床以及各种测量调整用的仪表量具等。消耗材料主要包括零件清洗、除锈用的材料，主要包括：①棉纱、汽油、柴油、酒精、甲苯；②制作各种垫片用的铜片、石棉板、橡胶板；③设备调整用的楔子板、自制千斤顶、螺栓（钉）以及各种钢材等。

(4) 施工组织工作。主要包括施工条件分析，制定施工程序、方法和进度计划，安装场地布置，临时性工程的规划和施工，施工安全措施等。

2. 确保质量

国家标准中对机组安装的每道工序、检修的基本项目、质量要求都有规定，施工时必须严格执行。严格按照机组安装（检修）标准进行质量检查。先由施工人员自查，填好安装（检修）记录；再由技术监理检查、验收，填写质量检验记录，严格质量检查与控制。

3. 记录建档

应及时将机组安装或检修的全过程用文字或电子文档形式记录下来，建立一套完整的机组技术档案，为电站运行管理提供技术资料。档案主要包括以下部分：

(1) 零部件到货时的检查、验收记录。

(2) 产品缺陷及处理记录。

(3) 主要工序的安装记录。

(4) 质量检验记录。

(5) 轴线检查、调整及轴瓦间隙调整记录。

(6) 盘车原始记录，从第一遍开始数字变化及处理。

(7) 机组启动试运行及各种试验检查记录等。

4. 做好总结

在机组安装或检修工作结束后，要及时进行工程技术总结，通过总结可以回顾工程的全貌，总结经验与教训，为今后工作打下基础，必须重视此项工作。

1.4 水力机组零部件的组合与装配

1.4.1 零部件组合和连接的一般形式

零件是组成机械设备的最小单元，是不可再拆卸的独立体。部件是指机械设备中具有一定功能作用的部分，通常由若干个零件组合而成。水轮机、发电机都是由成百上千个零件构成的，但所划分的部件则只有几个或十几个。机组的安装工作，就是要把这些零件组合成部件，安放到它应在的位置上，并且正确地连接起来，从而形成一台完整的水力机组。零部件之间的组合和连接就成了机组安装的重要内容，其中还可能包括某些大型零件或部件本身的拼合工作。

零部件之间的组合和连接，可能有多种不同的形式，但从最基本的相互关系看，不外乎相对运动与相对静止这两大类。

1. 相对运动的组合关系

（1）滚动配合。如电动机、水泵等小型设备常用滚动轴承，轴承的滚动体与内、外圈之间就是相对滚动的配合关系。不过，滚动轴承的尺寸及运动精度等都是由制造厂规定和保证的，安装或检修时只进行必要的清洗、检查、润滑，而且往往是进行整体装、拆的，其工艺过程相对简单。

（2）滑动配合。水力机组的轴承，除极少数以外都是滑动轴承，滑动轴承分为两种，一种是圆柱面的导轴承，另一种是平面的推力轴承，其中轴领和镜板转动，而导轴瓦和推力轴瓦不转动，构成了相互滑动的配合关系。另外，导叶轴与轴套之间，控制环与顶盖之间也是滑动配合，不过滑移的范围小，速度低。

2. 相对静止的组合关系

（1）螺栓连接。用各种螺栓把两个甚至多个零件连在一起，组成可以拆卸但又相对固定的组合关系，这是广泛采用的连接形式。在水力机组中，除了一般性的连接以外，主轴与水轮机转轮之间，水轮机轴与发电机轴之间的螺栓连接，是最重要的、要求很高的螺栓连接。

（2）过盈配合。轴比孔大的配合称为过盈配合。当用强力挤入或者加热后套入的方法把轴与孔装配起来后，它们之间就会密切接触而紧紧地连在一起。过盈量较大的配合将使轴与孔固定成一体，今后不再拆卸，如发电机主轴与轮毂之间就是这种连接。过盈量较小的配合是可拆卸的，但它能使轴与孔同心，而且连接比较紧密，推力头与主轴之间的配合就是个典型代表。

（3）焊接。电弧焊是常用的一种固定连接方式，也是一般不再拆卸的连接。水轮机金属蜗壳的拼节和挂装；尾水管里衬与基础环或者转轮室之间的连接，则是重要的焊接实例。

（4）铆接。在两个零件的同一位置钻孔，穿入铆钉并将钉头打变形，从而使两者固定在一起的方式就是铆接。就水力机组而言，铆接只用于一些次要的地方，而且应用已越来越少。

以上的这些组合形式，各有其特点和要求，实施的工艺过程也各不相同。

1.4.2 水力机组零部件组合与装配的基本工艺

在水力机组安装工地，应将各零部件按一定的技术要求组合起来。尽管机组的尺寸、型式各不同，但基本安装工艺大致相同。机组的组合装配主要包括钳工修配和连接组合两方面。

1. 钳工修配

（1）手工凿削和锉削。这种工艺可以使零部件表面间的连接或机件之间的相对位置达到要求。此工艺一般用在精度要求较低而加工量较大的场合。如导叶上、下端面和立面间隙的处理调整等。

（2）钻铣孔配制销钉。销钉主要用来定位，用以固定已调整好的机件相对位置。如底环、顶盖须与座环相连，当它们的相对位置调整好后，便须钻孔配制销钉来定位。

销钉除了用作定位外，当使用紧固的连接螺栓只承受拉应力时，其切向力还需由销钉来承担，这样可提高连接的可靠性。应指出，只有确认机件之间相对位置不再作任何变动时才采用这种方法。

（3）对配合表面刮削和研磨。刮削和研磨可以使机件配合表面接触均匀、严密，降低表面粗糙度，提高零部件形状精度和配合精度，以改善配合表面的接触情况，增强耐磨性，延长使用寿命。

水力机组的轴承大多数是采用透平油润滑的滑动轴承，对其工作面有严格的要求，不仅形状、尺寸要正确，而且表面质量要高，还要互相紧密配合。这些质量要求单靠机床加工是无法满足的，必须在安装过程中用人工的方法修整，需对轴领和镜板进行研磨，对轴瓦进行刮研。目前除某些大型机组采用不需刮削的氟塑料推力瓦以外，巴氏合金轴瓦一般都要经过刮研。

研磨，即是用工业毛毡、法兰呢等软材料，加上研磨剂后在工件表面来回摩擦的加工过程。研磨可使接触表面达到更高的加工精度。研磨分为化学研磨和机械研磨，化学研磨是由于涂在加工表面的研磨膏成分中加入酸性材料，以使其表面产生很软的氧化金属薄层，并借助磨具的运动来除去氧化膜的加工方法；机械研磨是利用悬浮于液体中的磨料对磨具和工件的加工表面进行研磨，研磨剂中细小但硬度很高的磨料晶粒，会在混乱无序的相对运动中对工件表面进行切削，由于磨料的细晶粒有很高的硬度，通过晶粒锐边的切削作用而达到研磨的目的。研磨的切削量非常小，但是足以纠正机床加工留下的表面不平整等细小误差，更能大大降低表面的粗糙度，直到形成不同程度的"镜面"。

刮削，就是人为用刀具在巴氏合金表面进行修刮的过程。刮削在轴瓦表面留下凹坑有利于形成油膜，刮削还会使轴瓦表层的巴氏合金发生塑性变形，以更好地与轴领、镜板配合，进一步改善配合面间的接触情况，并且表面硬度有所提高，同时也进一步提高了配合面的耐磨性。刮削主要是手工操作，使配合表面达到相当高的精度，降低表面粗糙度，但手工刮削劳动量很大，因此其加工量应尽量小，一般在 0.05～0.10mm 范围内。

1）镜板的研磨。大中型机组的镜板，常采用研磨机（图 1-1）研磨，将推力轴承座放平，在互成 120°角的 3 个方向安装抗重螺栓，装入推力瓦或临时垫板。把镜板吊放到这 3 个支点上，并使工作面向上，调整其水平度到偏差不大于 0.05mm/m。镜板放在研磨平台上应与研磨机传动旋转轴同心，其中心偏差不大于 10mm。以工业毛毡或法兰呢包裹起来的两根研磨条，对称地放在镜板表面并与转臂连接。当电动机带动转臂旋转时，研磨条即对镜板进行研磨。

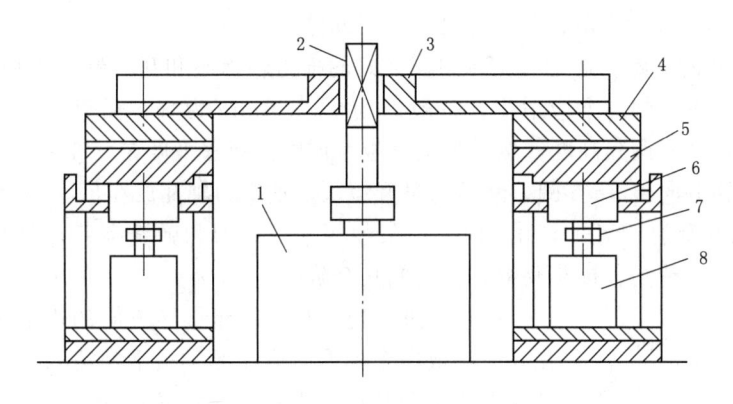

图 1-1　研磨机
1—电动机；2—轴；3—转臂；4—研磨条；5—镜板；6—推力瓦或临时垫板；7—抗重螺栓；8—螺栓支柱

实际研磨时应注意：①研磨前须对镜板进行检查和必要的修整，工作表面若有局部伤痕、锈蚀等缺陷，应先用天然泊石修磨；②研磨前用无水酒精或甲苯仔细清洗镜板，并以绸布擦干，再加上适量的研磨剂；③研磨剂通常用煤油、猪油和粒度为 M5～M10 的氧化铬粉末，按适当比例调和而成，必要时还需用细绢布过滤，研磨剂的用量和稠度视具体情况而定，一般是先多后少，先稠后稀；④研磨条在镜板表面的运动既要随转臂绕中心旋转（公转），又要以连接螺栓为中心自身旋转（自转），这样才能保证混乱无序的研磨，不形成方向固定的磨痕，研磨条的运动还必须缓慢而平稳，一般公转的转速控制为 6～7r/min；⑤研磨到最后，镜板工作表面应平整、光滑，没有肉眼可见的缺陷，表面应成略微发暗的镜面，表面粗糙度应当符合设计要求，必要时应当按图纸检查两平面的平行度和工作面的平面度。

中小型机组的镜板，往往用人工研磨，其原理、方法和最终要求都与上述相同。但人工研磨应特别注意：①事先准备刮研用的工作平台，工作平台的大小和高度视需要而定，但必须牢固、稳定；②将镜板工作面向上放在工作平台上，支撑成水平状，水平度误差以不大于 0.01mm/m 为宜；③研磨工具可用毛毡包裹工业平板，或用毛毡包裹推力瓦，研磨剂的配制和使用与前述相同；④用人力推动磨具进行研磨，但只能在水平方向用力，不允许向下按压，磨具的公转应顺时针方向（顺将来的转动方向）；⑤在公转的同时自转，而自转最好顺时针、逆时针交替进行，以保证整个工作面均匀研磨，而且磨痕的方向混乱，最后形成符合要求的镜面。

2) 推力轴瓦的刮研。为了使推力轴瓦的工作表面成为平面并与镜板密切贴合，先让推力轴瓦在标准平面或镜板上研磨，显示出已经接触的区域或点来，再由人工用刀具削去这些相对高的地方。这样逐次研磨和刮削，最终实现推力轴瓦的工作表面能与镜板良好接触，而且接触点均匀分布，每平方厘米范围内有 1～3 个接触点。局部不接触面积，每处不应大于轴瓦面积的 2%，但最大不超过 16cm²，其总和不应超过轴瓦面积的 5%。对于双层瓦结构的推力轴承,薄瓦与托瓦之间的接触面应符合设计要求。若设计无明确要求时,薄瓦与托瓦之间的接触面应达到70%以上,接触面应分布均匀。在推力瓦受力状态时用0.02mm的塞尺检查薄瓦与托瓦之间应无间隙。

a. 推力轴瓦的研磨。通常先把调整试装好的推力轴承座和瓦放置在很稳定的平台上,为了工作方便,平台的高度应适当,一般以600~800mm为宜,瓦架上先将3块瓦呈三角形方位放置,并初调其高度,然后吊上镜板,调整镜板水平度在0.2mm/m以内。用研磨机顺机组旋转方向转3~5圈,然后再吊开镜板,把推力轴瓦放在另一平台上刮削。

b. 推力瓦的刮削。刮削推力瓦时,一般使用平板刮刀和弹簧刮刀,通常分为刮进油边、粗刮、细刮、精刮、排花及中心区刮低几个阶段。

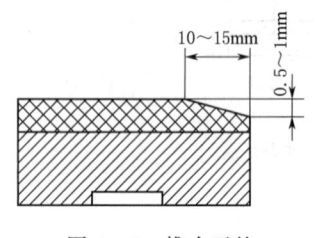

图1-2 推力瓦的进油边示意图

(a) 刮进油边。在顺机组旋转方向的进油一侧,在推力瓦表面造成一个楔形油槽以便于透平油流入。进油边的宽度与深度应符合制造厂要求,一般情况如图1-2所示。刮进油边常用刨或铲的手法,但必须使它成为倒圆的斜坡,而且表面应光滑、平整。

(b) 粗刮。粗刮是为了扩大推力瓦与镜板的接触面积。常用工业平板或镜板的背面作标准,在推力瓦上研磨出已接触的痕迹,再用较宽的平板刮刀将其普遍铲掉,刀痕宽而深,且可连片铲削。在操作手法上,粗刮时可向前平推,成"铲削"的方式。

(c) 细刮。细刮是为了增加接触点数目且使之均匀分布。细刮仍然以粗刮时的办法研磨,再用较窄的弹簧刮刀,沿一定方向把已接触的点刮掉。必须反复研磨和刮削,每次刮削的方向互错90°左右,这样可使刀痕排列有序,也便于观察已有的接触点。

(d) 精刮。其作用与细刮相近,但重点是修刮已有接触点中的大点、亮点,使接触点更均匀一致。精刮阶段要用镜板与推力瓦研磨,以达到实际运行中的良好配合。在刮削的手法上,细刮和精刮多采用"挑花"的方式(即先使刀口向下,再向前、向上挑起,在巴氏合金表面留下一个弧形凹坑)。

(e) 排花。当推力瓦用铲削方式刮削而成时,最后应按一定方向和方法使刀花排列整齐。刀花即刮削的刀痕,根据操作者的习惯而定。排花使刀花整齐而有序,有利于油膜的形成和保持,还便于今后观察轴瓦的磨损情况。若细刮和精刮是用挑花手法进行的,刀花已经有序排列,就不需再排花了。

(f) 中心区刮低。由支柱和抗重螺栓支撑的推力瓦,由于螺栓的球形头只在一点上与托盘接触,推力瓦受力后必然变形,如图1-3所示。为了使推力瓦的表面在受力后仍维持平面,就必须事先把中心区域刮得略低,防止中心散热不良引起热膨胀而使瓦面凸起,从而发生过度磨损。在精刮的最后或排花阶段,以抗重螺栓中心为中心线,将轴瓦中心刮低两遍,如图1-4所示,第一遍刮瓦宽的1/2,即在中心线两侧沿轴瓦径向长度各1/4的宽度上先刮低0.01~0.02mm,第二遍刮瓦宽的1/4,再刮低0.01~0.02mm。前后两次刀花应互相垂直。

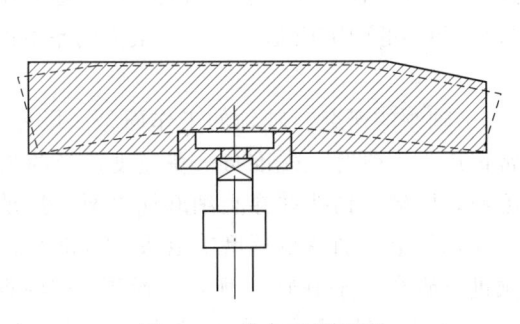

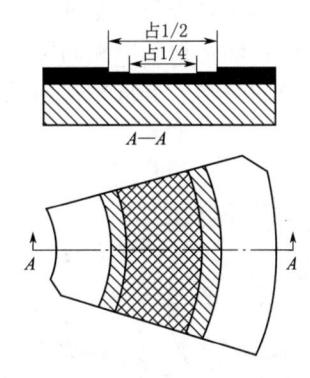

图 1-3 推力瓦的变形　　　图 1-4 推力瓦面刮低部位示意图

对于薄型推力轴瓦，中心部分可不必刮低，但轴瓦背面与托瓦接触应均匀、无间隙，为此在刮瓦前，首先研磨薄瓦和托瓦之间的接触面，其接触面积要大于70%。

3) 导轴瓦刮研。对于分块式导轴瓦的刮削，一般是在主轴竖立之前，将主轴水平横放进行，以便于操作。导轴瓦的工作表面是内圆柱面，对它的修刮应该用刃口在侧边的刀具，如三角刮刀、勺形刮刀或柳叶形刮刀。只有当轴瓦内径很大、曲率较小时，才允许使用平面刮刀。

a. 导轴瓦的研磨。导轴瓦的修刮仍然是逐次研磨、逐次刮削的过程，但研磨是在轴领上进行的。如图 1-5 所示，刮研前用苯或酒精清洗轴领，同时也擦净轴瓦面，把轴瓦扣在轴领上，将主轴轴领清理干净，在轴领一侧非工作段上绕4～5圈软质绳索作研磨导向用，用绳的边沿作为研磨边界，研磨时让瓦块紧靠着它并顺着转动方向推动，往复研磨6～12次，然后将轴瓦放在平台上，按刮推力瓦的方法刮削，直至合格为止。

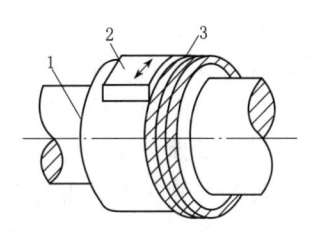

图 1-5 导轴瓦研磨示意图
1—轴领；2—导轴；3—绳

b. 导轴瓦的刮削。其刮削程序仍可分为刮进油边、粗刮、细刮、精刮及排花这样几个阶段。刮进油边和粗刮阶段常用铲削手法，而细刮和精刮多用挑花手法。导轴瓦的进油边如图 1-6 所示，仍应铲成倒圆的斜坡。粗刮以扩大轴瓦与轴领的接触面积为主，刀花宜大而深。细刮应使接触点分散，刀花宜小而浅。精刮仍以修刮已接触的大点、亮点为主，使接触点细密而分布更均匀。用挑花手法进行细刮和精刮时，每次刮削的方向要错开90°，使刀花排列有序，以后即可不再排花。刮削到最后，其瓦面与轴领接触应均匀，每平方厘米面积上至少有1个接触点。每块瓦的局部不接触面积，每处不应大于5%，其总和不应超过轴瓦总面积的15%，并修刮进出油边和油沟。

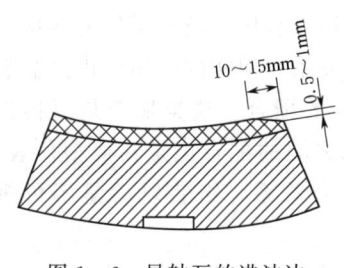

图 1-6 导轴瓦的进油边

油沟是制造厂设计并加工的，但油沟的边沿需用刮刀修圆，或在油沟两侧修刮出下凹的楔形过渡带，检查油孔油沟应无脏物阻塞，以利于透平油的流入。

在刮削后应检查及调整轴瓦间隙。当主轴成水平位置时,将导轴瓦组装在轴上并用塞尺检查间隙;轴瓦顶部应无间隙;底部的间隙应符合设计要求;而两侧的间隙应相同并等于底部间隙的一半。若从轴瓦两端检测,所测得的间隙应基本一致,最大偏差不得大于总间隙的 10%。

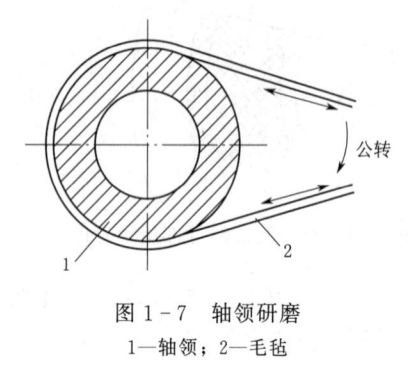

4) 轴领的研磨。轴领的工作面是一段外圆柱面,通常都用人工研磨。先准备一块宽度适当的长条形工业毛毡,两端可钻孔并穿上细麻绳以便于拉动。将毛毡包在轴领上,加适量研磨剂后来回拉动,就可以对轴领进行研磨,如图 1-7 所示。操作中应注意:①毛毡条所包裹的轴领,其中心角应尽可能大,一般为 180°～270°,否则研磨容易不均匀甚至使轴领失圆;②拉动毛毡条时用力要均匀,同时要不断地围绕轴线旋转,即公转,保证轴领的整个工作面都得到均匀一致的研磨;③研磨前应仔细检查,清洗轴领,如果有局部缺陷,可事先用油石修磨;④研磨到最后,轴领的工作面应平整、光滑,表面粗糙度符合设计要求。

图 1-7 轴领研磨
1—轴领;2—毛毡

2. 连接组合

水力机组安装施工中,在零部件装配中会经常遇到静配合连接、过盈配合与螺栓连接,现将其工艺简介如下。

(1) 静配合连接。实现静配合连接有两种方法。当装配零部件不大时,可将轴件在冷态下用千斤顶或油压机压入,也可用其他工具(如大锤等)敲打入轴孔中,即压入法;当连接件的尺寸很大又需要很大的压力时,上述的连接方法是不可行的,需采用热套法,即将小于轴件的配合轴孔加热,使孔径膨胀,然后迅速将轴件装入,待轴孔冷却后,相连接的机件之间便形成紧固连接。

热套法与压入法相比,其优点为:不需要很大的压力套入;在装配时接触面上的凸出点不被轴向摩擦所擦平,从而大大提高了连接的强度。热套法在水力机组安装中主要用于发电机转子轮辐与轴,推力头与轴,以及分瓣转轮的轮箍热套中。

静配合热套加热方法,多采用铁损加热和电炉或红外元件加热。为了防止散热,还要有必需的保温措施,其中铁损法加热具有受热均匀,温度容易控制,操作方便,能满足防火要求等优点,在轮辐烧嵌中多采用。

有的还采用液态氮将轴件冷却(-200℃),使轴径缩小,然后装配轴孔中,待轴件的温度升到正常室温时,机件之间形成了强度较大的连接。此种方法用于较小零件的连接。

(2) 过盈配合。一般说来,过盈配合是轴比孔大的配合关系,但实际应用中由过盈量大小不同又分为两类:一类的过盈量不大,甚至过盈量为 0 的配合。这类配合是可拆卸的,主要用于保证轴与孔同心而且连接紧密,推力头与主轴之间的配合正是其典型代表。另一类是过盈量相当大的配合,如发电机主轴与轮毂的配合关系,组装以后是不可拆卸的。

无论过盈量的大小,轴与孔都是无法直接组装的。在机组的安装和检修中最常用的方法就是热套法，将推力头或轮毂加热，当孔的直径膨胀到足够大时再套在轴上，冷却以后即紧密地连接在一起。

(3) 螺栓连接。螺栓连接是可拆卸的固定连接，由于结构简单、装拆方便，因而在水力机组安装中应用广泛。

从原理上看，各种连接螺栓都在拧紧时产生轴向压力，使被连工件互相挤压而连在一起。螺栓本身则承受拉力，发生弹性变形而伸长。螺栓连接往往是若干个螺栓共同作用的连接形式，为了保证工件之间位置正确又连接紧密，所有的螺栓都应达到一定的压紧力，同时应该均匀一致。为了确保螺栓连接的可靠性，螺栓的紧力要符合规定要求。若压紧力过小，则不能保证连接的严密和牢固；若压紧力过大，则可能引起螺栓塑性伸长甚至断裂；压紧力不均匀，则被连工件可能相对歪斜，结合面不能紧密贴合。

一般的螺栓连接，压紧力的大小和均匀性是靠人的操作来保证的：一是要按合理的顺序，在对称方向上逐次地拧紧螺栓；二是由同一个人，用同样的力度去拧紧每一个螺栓。对一些重要的螺栓连接，如水轮机主轴与转轮的连接，水轮机轴与发电机轴的连接，由于螺栓尺寸较大，对压紧力的大小和均匀程度有更为严格的要求，简单的人工操作就很难保证连接质量了。为此，必须研究组装时的合理方法，要测量和控制螺栓的压紧力。

1) 螺栓伸长量的计算。螺栓在压紧工件的同时受拉力作用而伸长，在弹性范围内螺栓的伸长量与拉力（即压紧力）成正比，即

$$\Delta L = \frac{L}{EF}p \tag{1-1}$$

式中：ΔL 为螺栓的伸长量，mm；L 为螺栓原长，从螺母高度的一半算起，mm；F 为螺栓断面面积，mm²；p 为压紧力，N；E 为材料弹性模量，钢材可取 2.1×10^7N/cm²。

对于尺寸一定的连接螺栓，可根据要求达到的压紧力 p，由式 (1-1) 计算出相应的伸长量 ΔL。一些大中型机组的联轴螺栓，制造厂就明确规定了在拧紧时应有的伸长量，实际操作时应以厂家的要求为准。若无规定时，可按拉伸应力（$\sigma=p/F$）为 12000～14000N/cm² 计算螺栓的伸长值，由式 (1-1) 知螺栓的伸长量一般为原长度的 0.06%～0.07%。拧紧时的实际伸长量应该控制在这一范围内，而且要使各螺栓均匀一致。

另外，采用转角法也可计算螺栓的伸长值。由于螺母转 360°时要升高或降低一个螺距 s(mm)，若螺栓伸长 ΔL(mm)，螺母转动角度为 α，其关系式为

$$\alpha = \frac{\Delta L \times 360°}{s} \tag{1-2}$$

用转角方法特别要注意螺母起始位置并做好标记，使所有的螺栓在受力之后刚开始伸长，然后再使各螺母按要求转相同的角度，以达到均匀一致。

2) 螺栓伸长量的测量。大中型机组的主轴连接螺栓常做成带中心孔的结构，孔的两端带有一段螺纹，如图 1-8 所示。初步拧紧螺母 3，在螺母与法兰 5 背面贴紧后，在此孔内拧上测杆 4 (在工地自制的测杆)，用专用测伸长工具和百分表来测定螺栓尾部端面到测杆端的深度，使百分表调零或记录此时的读数，并对测定连接螺栓按编号做好记录；在螺母逐步拧紧的过程中，螺栓被拉伸时因测杆并没有拉长，故可再次用上述方法测定杆端的深度，把前后两次测定的记录值相减即得螺栓的伸长值 ΔL，边拧紧边测定，直到伸长

第1章 水力机组安装与检修的基础知识

值达到计算值为止，螺栓紧力即认为合格。而测杆的长度 L 就是螺栓的原长度，它应等于两法兰厚度之和加上螺母高度的一半。在测量中，接触面要清洁，每次测定时测伸长专用工具所放的位置要一致，以免影响测定的准确性和可靠性。有时也可用深度千分尺代替百分表直接测定螺栓的伸长量。

中小型机组的联轴螺栓多为实心结构，拧紧过程中的伸长量可以用高度游标尺测量。如图1-9所示，当螺母5已初步拧紧，与法兰背面贴紧时，用高度游标尺6测量螺栓2端面到法兰4背面的高度 h，在以后的拧紧过程中不断重复测量，h 的增加值即螺栓2的伸长量 ΔL。

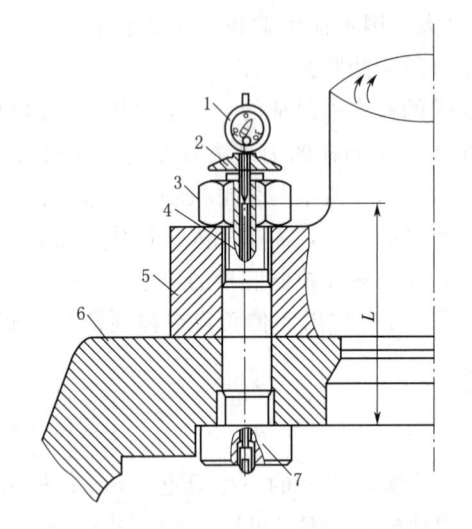

图1-8 大中型机组螺栓伸长量的测量
1—百分表；2—百分表座；3—螺母；4—测杆；
5—主轴法兰；6—转轮；7—螺栓

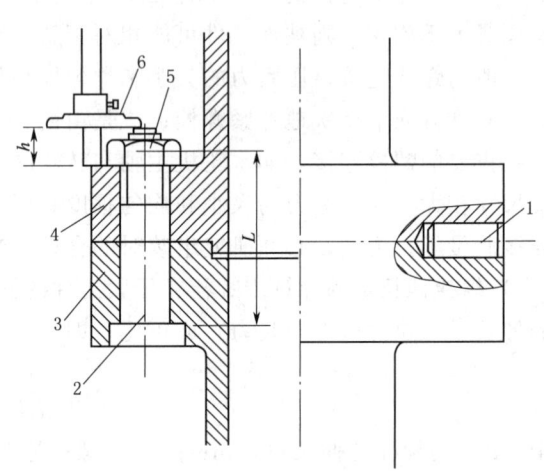

图1-9 中小型机组联轴螺栓伸长量的测量
1—圆柱销；2—螺栓；3—水轮机轴法兰；
4—发电机轴法兰；5—螺母；6—高度游标尺

用高度游标尺测螺栓伸长量，为了保证测量精度需注意两点：①游标尺应有足够的精度，如选用每格0.02mm的高度游标尺；②螺栓端面应平整并与其轴线垂直，每次测量游标尺都应在同一位置与法兰背面接触。

3）联轴螺栓的组装和拧紧方法。按联轴螺栓与孔的配合关系不同，分为粗制螺栓和精制螺栓两大类。粗制螺栓与孔之间有0.5～1.0mm的间隙，装拆比较方便，但螺栓只能承受拉力，法兰之间的定位以及切向力的传递要靠圆柱销等来实现，图1-9中的联轴螺栓就是粗制螺栓的典型结构，组装时应先检查并试装圆柱销。图1-8中的螺栓则是精制螺栓，它与孔成过渡配合关系，没有间隙或者间隙很小。精制螺栓在承受拉力的同时可承受剪力，因而可以传递扭矩。但组装前必须经过检查和试装，螺栓与孔、螺栓与螺母都应试装、配对，必要时应编号，以后则对号入座。插入螺栓时还应加适当的润滑剂，如透平油或水银软膏。

对于拧紧螺栓的方法通常用专用扳手，用大锤锤击拧紧。而尺寸很大的联轴螺栓，必须用特殊工具和方法拧紧，如图1-10所示，利用桥机吊钩的上升，经过滑轮转为水平移动去拉转螺母，此方法简单省力；或利用特殊的液压机构，先将螺栓拉长再拧动螺母，最后解除油压让螺栓回缩而连紧。对于拧紧力不大的螺栓,在工程上可采用风动和电动扳手拧紧,以减轻劳动强度、提高工作效率。目前大型部件连接螺栓用液压拉伸器预先将连接螺栓拉长至规定值,如图1-11所示。然后扳动螺母驱动齿轮,使螺母紧靠,撤除油压后达到紧固的目的。对非销钉螺栓,可把螺栓加热伸长达到要求的长度,然后很快地将螺母拧到一定位置,当螺栓冷缩后就产生了预紧力,这样便达到了连接的要求。

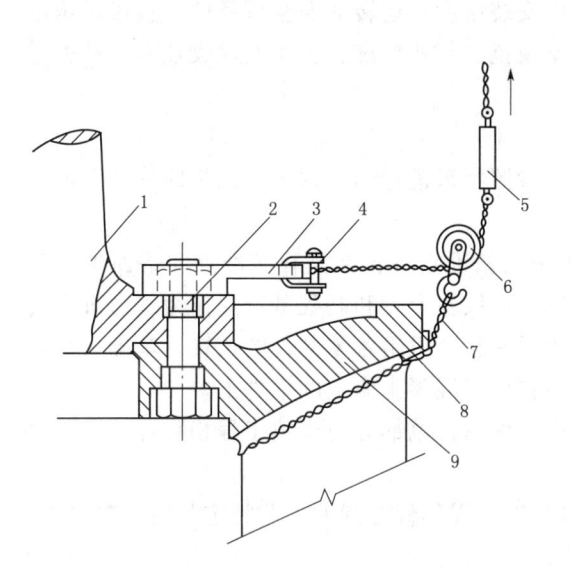

图1-10 桥机拉紧螺栓示意图
1—主轴;2—连接螺栓;3—扳手;4—卡扣;
5—钢筋测力计;6—导向滑轮;7—钢丝绳;
8—垫板(木板或铝板);9—转轮

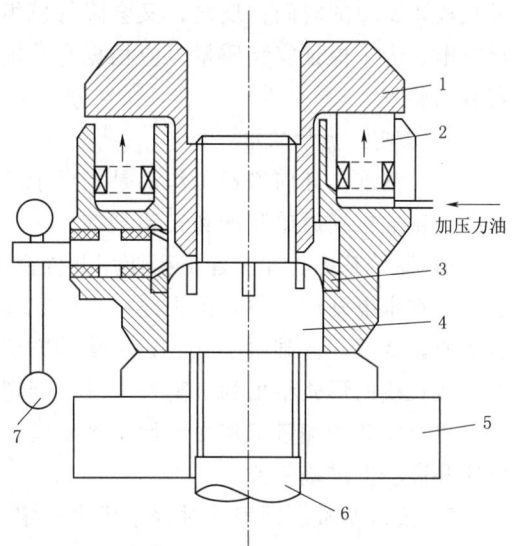

图1-11 液压拉伸器拉紧螺栓示意图
1—拉伸套;2—活塞;3—螺母驱动齿轮;
4—螺母;5—法兰;6—螺栓;7—手把

1.5 校正调整与基本测量

在安装现场,电站机电设备的校正调整及安装测量的基本方法及使用的测量仪器大体上是一样的。机件校正调整工作进行的粗细程度、采用的测量方法是否正确合理、仪器精度的高低,都直接影响着整个水力机组的安装质量和进度,为此,必须对这些工作给予足够的重视,以免在安装过程中出现返工,拖延机组安装工期。

1.5.1 校正调整工作

校正调整工作,就是检查与调整零部件的几何尺寸、相对位置以及整个机组的位置,使之满足图纸上的技术质量要求。

1. 确定机件的校正调整项目

机件的校正调整项目,需按照机电设备的结构和技术要求来决定。在现场进行校正调整时,通常根据零件和部件的平面、旋转面、轴、中心,以及其他几何元素来检查它们的位置,特别是部件之间相对位置的正确性。在工程上经常遇到的各种部件的校正调整项目如下:①平面的平直、水平和垂直;②圆柱面本身的圆度、中心位置及相互之间的同心度；③轴的光滑、水平、垂直以及中心位置；④部件在水平平面上的方位；⑤部件的高程或标高；⑥面与面之间的间隙等。

2. 规定合理的安装质量标准（即安装允许的偏差）

确定机电设备安装的允许偏差，必须考虑到机组运转的安全可靠和安装工作简单两方面。假如安装允许偏差规定得小，则校正调整工作复杂，甚至无法调整达到技术要求，延长校正调整的时间；反之，又会降低机组的安装精度和运转的安全可靠性，直接影响正常发电。为了保证安装质量，应根据有关国家规范、行业标准、施工及验收技术文件进行安装与验收。

3. 确定正确的基准

(1) 基准。任何测量工作都是相对于某种参照物来进行的，这个参照物即进行测量的基准。基准包括原始基准和安装基准。

1) 原始基准。即土建工程使用并保留下来的基准点，包括高程基准点和平面坐标基准点。在水电站厂房中，由土建单位给定基础中心线基准点和高程基准点作为水力机组安装的原始基准。基础中心 X、Y 轴线的方位决定着整个机组各零部件的位置。基础中心是以轴线拉线的形式给出的，高程基准点则埋设在厂房混凝土墙上的钢件上。

机组安装的测量工作由原始基准出发，就可保证机电部分与土建工程相吻合，在平面位置和高程上准确一致。

2) 安装基准。即安装过程中用来确定其他有关零部件位置的一些特定几何元素（点、线、面）。安装基准包括工艺基准和校核基准。

(a) 工艺基准：工艺基准在被安装部件上，它既是被安装部件加工时的定位面，也是安装过程中对它调整、定位的面。工艺基准代表被安装部件的安装位置，机组其他部件都以它为准。如立式混流式水力机组，水轮机座环以座环的顶平面为工艺基准，而发电机定子则以定子的底平面为工艺基准。上述安装中校正零部件的位置，首先就应该决定该零部件工艺基准的位置。

(b) 校核基准：校核基准本身不在被安装部件上，而是另外一个点、线或面。校核基准是检查被安装部件安装质量时使用的测量基准，用以确定被安装部件相对于机组其他部分的位置。如立式机组，检查水轮机座环、发电机定子等的平面位置时，机组轴线即是它们的校核基准。

(2) 安装基准件。在整个机组的安装过程中，总有一个重要部件最先安装，其定位将决定整个机组的位置。把确定其他有关部件位置的部件称为安装基准件。

安装基准件上应有一个以上的校核基准，其安装精度对其他零部件的安装精度有决定性的影响。显然，基准件的安装是十分重要的，基准件安装的精度将在很大程度上决定整个机组的安装质量。不同类型的水力机组，基准件是各不相同的。必须正确选择安装基准件才能保证机件相对位置的正确性。通常安装基准件应最先安装，其基准面必须精加工，允许偏差必须限制在尽量小的范围内。

对立轴混流式水轮机来说，座环是安装基准件，座环安装的水平、高程、中心以及座环对 X、Y 轴线的方位（其中 $+Y$ 指向上游方向，$+X$ 指向蜗壳进口方向），对整个水力机组以及其他各零部件的安装位置有决定性的影响。立式轴流式水轮机以转轮室为安装基准件。水斗式水轮机则以机座为安装基准件。

1.5.2 水力机组安装与检修的常用工具

1.5.2.1 小型工具

常用的小型工具主要有以下几种：

(1) 手电钻。手电钻是一种电动工具，主要用于钻孔，常用的有手提式和手枪式两种。

(2) 手提式砂轮机。手提式砂轮机也是一种电动工具，主要用于大型的、不便于搬动的金属表面的磨削、去毛刺、清焊缝、去锈等加工。还有一种软轴式砂轮机，它由一根软轴把电动机轴的转动传递给工具头，使用时只需握住工具头即可对工件进行加工，能适用于复杂位置的加工。

(3) 螺栓电阻加热器。螺栓电阻加热器是装配螺栓预加应力的一种专用工具。

(4) 千斤顶。千斤顶是一种轻便的易携带的起重工具。它可以在一定高度内升起重物，用于校正构件变形和设备的安装位置。

(5) 风动工具。风动工具包括风钻、风镐、风板、风动砂轮等。

(6) 喷砂枪。喷砂枪用于清扫粗糙机件表面锈污。

1.5.2.2 量具

1. 框形水平仪

框形水平仪是测量水平度和垂直度的精密仪器，由方框架、主水准和与主水准垂直的辅助水准组成，如图 1-12 所示。方框架的四边相互垂直，每边长 200mm（也有比 200mm 长的），其底面和某一侧面开有直角形的槽，以便于在圆柱面上测量垂直或水平。主水准和辅助水准是两个封闭的略带弧形的玻璃管，管内装有易流动的液体乙醚或酒精，制成后管内有一气泡。玻璃管纵剖面的内表面为一具有一定半径的圆弧面，如图 1-13 (a) 所示，圆弧面中心点 S 称为水准器的零点。过零点与圆弧面相切的切线 $H—H$ 称为水准器的水准轴线。根据气泡在管内占有最高位置的特点，过气泡顶点所作的切线必为水平线。当气泡中心位于水准器的零点时（称为气泡居中），则水准轴线就处于水平位置。框形水平仪就是根据方框架的底面与水准轴线相平行的原理制成的。以零点为对称向两侧刻有分划线，两分划线的间距（即 1 格）为 2mm，如图 1-13 (b) 所示。

图 1-12 框形水平仪
1—主水准；2—辅助水准（横向水准器）；3—方框架

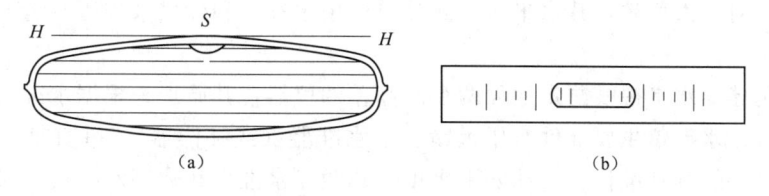

图 1-13 主水准器
(a) 玻璃管纵剖面；(b) 分划线示意图

由于制造精度不同,框形水平仪又分为许多种规格,常用的框形水平仪精度为1格=0.02~0.05mm/m。当被测面稍有倾斜时,水准器气泡就向高的方向移动,由气泡移动的格数,便可知平面的平直度和水平度。使用前应采取调头测量方法来检验水平仪自身精度。即把它放在标准平面上同一位置,调头测量两次,若气泡的方向与读数相同,说明仪器准确,否则应对仪器进行微调,调整量应等于两次读数之差的一半。

在测量前,应把水平仪的测量面与被测表面擦拭干净,以免脏物影响测量精度。使用后,应及时擦干净并涂防锈油。当被测部件尺寸较大时(因框形水平仪的长度不能满足要求),或被测平面较粗糙时(直接用框形水平仪测量误差会大),常用特制的水平梁与框形水平仪配合使用。水平梁一般用8~12kg/m的轻钢轨或工字钢制成,如

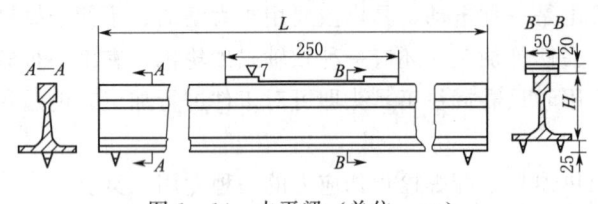

图1-14 水平梁(单位:cm)

图1-14所示,要求平直并有一定刚度,其长度根据被测平面尺寸决定,中部有一个精加工面,梁的一端有一个支点,另一端有两个可调支点(支点用螺母焊接在梁的下方,螺母内各旋上一个小螺栓,拧动螺栓可调整水平梁的高低)。

进行水平测量时:①将水平梁放在较平整的面上;②为消除仪器(包括水平梁和水平仪)本身的误差,在同一测量位置上要调头180°测两次,调节水平梁的可调支点,先后两次用框形水平仪测出气泡的移动格数和方向相同,则水平梁自身调整完毕,将两只可调支点上的并紧螺母并紧;③将水平梁放在被测部件的测点上,再把框形水平仪放在水平梁上,记下水平仪读数N_1;④将框形水平仪与水平梁一起旋转180°,再次测量,读数为N_2。则部件的水平误差H的计算公式为

$$H = CD\frac{N_1+N_2}{2} \tag{1-3}$$

式中:H为部件水平误差,mm;C为框形水平仪的精度,mm/(格·m)[常用精度为0.02~0.05mm/(格·m)];D为部件两测点的直径或长度,m;N_1,N_2为第一、第二次测量时水平仪内气泡移动的格数。

若规定N_1为正值,N_2的数值应当根据实际情况进行判定:N_2与N_1同向时取正值,N_2与N_1反向时取负值。

根据H值的大小与符号调整被测部件的水平。另外,光学合像水平仪,除可用来测量安装部件的高程外,还可代替水平梁来测定座环、底环等部件的安装水平值,精度可达0.01mm/m。对于大部件,其水平多由测量单位用水准仪和标尺来进行测量。

2. 水准仪

水准仪是建立水平视线测定地面两点间高差的仪器,其原理为根据水准测量原理测量地面点间高差。水准仪主要部件有望远镜、管水准器(或补偿器)、垂直轴、基座、脚螺旋。按结构分为微倾水准仪、自动安平水准仪、激光水准仪和数字水准仪(又称电子水准仪);按精度分为精密水准仪和普通水准仪。水准仪的主要功能是用来测量标高和高程,广泛用于控制、地形和施工放样等测量工作,主要应用于建筑工程测量控制网标高基准点

的测设及厂房、大型设备基础沉降观察的测量。在设备安装工程施工中用于连续生产线设备测量控制网标高基准点的测设及安装过程中对设备安装标高的控制测量。

在我国，水准仪是按仪器所能达到的每千米往返测高差中数的偶然中误差这一精度指标划分的，共分为4个等级。水准仪型号以DS开头，分别为"大地"和"水准仪"的汉语拼音第一个字母，通常书写省略字母D。其后"0.5""1""3""10"等数字表示该仪器的精度。S3级和S10级水准仪又称为普通水准仪，用于我国国家三、四等水准及普通水准测量，S0.5级和S1级水准仪称为精密水准仪，用于我国国家一、二等精密水准测量。

测定地面点高程的工作，称为高程测量。高程测量按所使用的仪器和施测方法的不同，可以分为水准测量、三角高程测量、GPS高程测量和气压高程测量。水准测量是目前精度最高的一种高程测量方法，它广泛应用于国家高程控制测量、工程勘测和施工测量中。

3. 经纬仪

经纬仪是一种根据测角原理设计的测量水平角和竖直角的测量仪器，具有两条互相垂直的转轴，以调校望远镜的方位角及水平高度。经纬仪主要部件有望远镜、度盘、水准器、读数设备和基座等。经纬仪根据度盘刻度和读数方式的不同，分为电子经纬仪和光学经纬仪。光学经纬仪的水平度盘和竖直度盘用玻璃制成，在度盘平面的周围边缘刻有等间隔的分划线，两相邻分划线间距所对的圆心角称为度盘的格值，又称度盘的最小分格值。一般以格值的大小确定精度，按精度从高精度到低精度分为DJ0.7、DJ1、DJ2、DJ6、DJ30等。

经纬仪是测量任务中用于测量角度的精密测量仪器，可以用于测量角度、工程放样以及粗略的距离测取，主要应用于机电工程建（构）筑物建立平面控制网的测量以及厂房（车间）柱安装垂直度的控制测量。在水电站机电设备安装工程中，用于测量纵向、横向中心线，建立安装测量控制网并在安装全过程进行测量控制。整套仪器由仪器、脚架部两部分组成。测量时，将经纬仪安置在三脚架上，用垂球或光学对点器将仪器中心对准地面测站点上，用水准器将仪器定平，用望远镜瞄准测量目标，用水平度盘和竖直度盘测定水平角和竖直角。

4. 全站仪

全站仪即全站型电子测距仪，是一种集电子经纬仪、光电测距仪及微处理器为一体的高技术测量仪器，是集水平角、垂直角、距离（斜距、平距）、高差测量、三维坐标测量、导线测量、交会定点测量和放样测量等功能于一体的测绘仪器系统。与光学经纬仪比较，电子经纬仪将光学度盘换为光电扫描度盘，将人工光学测微读数代之以自动记录和显示读数，使测角操作简单化，且可避免读数误差的产生。因其一次安置仪器就可完成该测站上全部测量工作，所以称之为全站仪。全站仪广泛用于地上大型建筑和地下隧道施工等精密工程测量或变形监测领域。

全站仪几乎可以用在所有的测量领域。电子全站仪由电源部分、测角系统、测距系统、数据处理部分、通信接口、显示屏及键盘等组成。同电子经纬仪、光学经纬仪相比，全站仪增加了许多特殊部件，因此使得全站仪具有比其他测角、测距仪器更多的功能，使用也更方便。这些特殊部件构成了全站仪在结构方面独树一帜的特点。全站仪具有角度测量、距离（斜距、平距、高差）测量、三维坐标测量、导线测量、交会定点测量和放样测量等多种用途。

5. 激光测量仪器

激光测量仪器的共同点是将一个氦氖激光器与望远镜连接，把激光束导入望远镜筒，并使其与视准轴重合，利用激光束方向性好、发射角小、亮度高、红色可见等优点，形成一条鲜明的基准线，作为定向定位的依据。在大型建筑施工、大型机器设备安装以及变形观测等工程测量中应用甚广。常见的激光测量仪器有：激光准直仪和激光指向仪、激光准直（铅直）仪、激光经纬仪、激光平面仪。

（1）激光准直仪和激光指向仪。两者构造相近，用于沟渠、隧道或管道施工、大型机械安装、建筑物变形观测。目前激光准直精度已经达到 $10^{-6} \sim 10^{-5}$。

（2）激光准直（铅直）仪。将激光束置于铅直方向以进行竖向准直，主要应用于大直径、长距离、回转型设备同心度的找正测量及高塔体、高塔架安装过程中同心度的测量控制，也可用于高层建筑、烟囱、电梯等施工过程中的垂直定位及以后的倾斜观测，精度已经达到 0.5×10^{-4}。

（3）激光经纬仪。用于设备安装中的定线、定位和测设已知角度。通常在 200m 内的变差小于 1cm。

（4）激光水准仪。除了具有普通水准仪的功能外，还可以准直导向之用。如在水准尺上装自动跟踪光电接收靶，即可进行激光水准测量。

（5）激光平面仪。其铅直光束通过五棱镜转为水平光束，微电机带动五棱镜旋转，水平光束扫描，从而给出激光水平面。

6. 橡胶管水平器

橡胶管水平器运用连通管原理，用两根长约 200mm，直径 15mm 的玻璃管分别插在橡胶管的两端，橡胶管的长度不小于被测部分距离的 1.5 倍。使用前先排除管内空气，然后将两玻璃管靠近，检查它们的水面是否在同一水平面上。测量时，将玻璃管的一端液面和一个被测点对齐，玻璃管的另一端靠在另一个被测点处，观察液面和被测点高差就可测出两被测点的水平度，其精度为 1mm。它适于测量水平要求较低的项目。水平尺与水准仪也可测量平面水平。

7. 指示式量具

指示式量具包括百分表、千分表及量缸表等，用来测量机组摆度、振动值及内孔直径等。现在常用的百分表有机械式和电子数显式两类。如图 1-15 (a)、(b) 所示，机械式百分表的工作原理是将测量杆的直线位移通过齿条-齿轮传动放大，转化为表盘指针的转动，从而读出被测尺寸的大小；图 1-15 (c) 所示为电子数显式百分表，表盘上有电源按钮、置零按钮、公英制转换按钮，侧面还有 USB 接口以便于与计算机连接。

百分表的刻线原理为：测量杆移动 1mm 则表盘上长针旋转一周，将表盘圆周 100 等分，每格为 1/100mm，即 0.01mm（俗称 1 丝或者 1 道）；表盘上短针指示长针旋转圈数（即每小格为 1mm）。

千分表的结构及工作原理与百分表相同，其刻线原理为：测量杆移动 0.1mm 则长针旋转一周，表盘圆周 100 等分，则每格为 1/1000mm，表盘上短针用来指示长针旋转圈

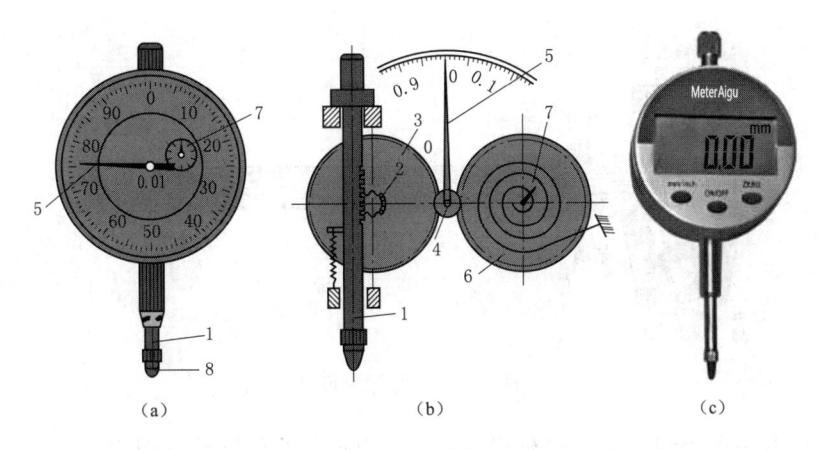

图 1-15 百分表
(a) 机械式百分表；(b) 机械式百分表工作原理图；(c) 电子数显式百分表
1—测量杆；2、4—小齿轮；3—大齿轮；5—长指针；6—游丝；7—短指针；8—测头

数（即每小格为 0.1mm）。

百分表和千分表与磁性表座联合使用。使用时测量杆的中心应垂直于测量平面且通过轴心，测量杆接触到测点时，应使测量杆压入表内 2~3mm 行程，然后转动表盘，使长针对准"0"位调零。

8. 塞尺

塞尺可用来检查转动部分与固定部分的间隙和合缝的接触面的紧固程度。如图 1-16 所示，塞尺是一组薄厚不同的不锈钢片，可有不同的长度和不同的张数，但每张钢片的厚度是相当精确并且标明的，最薄片厚度为 0.02mm，所以也常被称为厚薄规或间隙规。

9. 游标读数量具

游标读数量具主要有游标卡尺、高

图 1-16 塞尺

度游标卡尺、深度游标卡尺及游标量角尺等。用来测量零件的内外径、长度、宽度、厚度和角度。

游标卡尺由主尺和副尺（又称游标）组成，如图 1-17 所示。主尺与固定卡脚制成一体；副尺与活动卡脚制成一体，并能在主尺上滑动。游标卡尺有 0.1mm、0.05mm、0.02mm 3 种测量精度。一般常用的是读数为 0.1mm 的卡尺，主尺每小格的刻度为 1mm，副尺上的游标刻度在 9mm 长度内分为 10 等份，即每格宽度为 $9 \times (1/10) = 0.9(mm)$。当主尺与游标两刻度的零线（起始线）对准重合时，则游标上最后一条刻度与主尺 9mm 的线重合。

游标卡尺读数分 3 步（以测量精度为 0.05mm 的游标卡尺为例），如图 1-18 所示：①在主尺上读出副尺零线以左的刻度，该值就是最后读数的整数部分（图中为 20mm）；

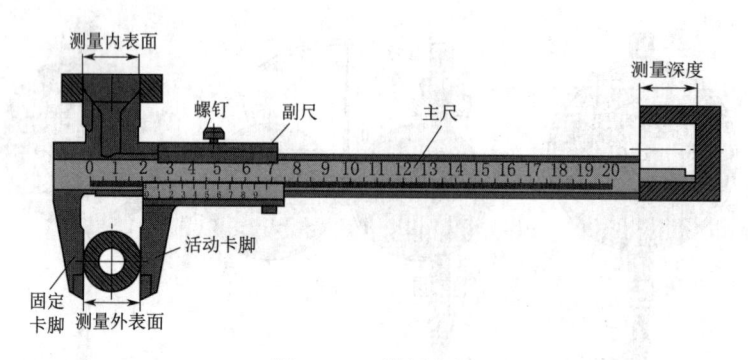

图1-17 游标卡尺

②副尺上一定有一条刻线与主尺的刻线对齐，读出该刻线的格数（图中为19格），并将其与测量精度（图中为0.05mm）相乘，就得到最后读数的小数部分（19×0.05＝0.95mm）；③将所得到的整数部分和小数部分相加，就得到最后读数，即总尺寸（图中为20.95mm）。

10. 螺旋读数量具

螺旋读数量具主要有外径千分尺、内径千分尺等，用来测量部件的内外径、宽度、高度等尺寸，如图1-19所示。内径千分尺带有一套不同长度的接杆，测量大尺寸时可将几节连接起来使用。

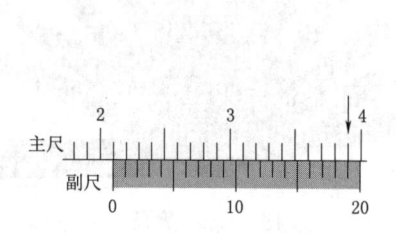

图1-18 游标卡尺读数示例

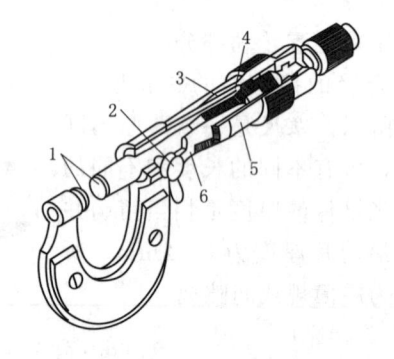

图1-19 外径千分尺结构简图
1—测量面；2—锁紧装置；3—精密螺杆；
4—螺母；5—微分筒；6—固定套筒

总之，要保证量具的精度和工作可靠性，必须掌握正确的使用方法，做好量具的维护与保养工作。精密量具应定期检验，合格才准使用。

1.5.2.3 自制工具

1. 测圆架

为检查转轮止漏环、定子、转子的圆度，需要做测圆架帮助测圆。测圆架要有足够的刚度，在导轴上只能滑转而不能上下移动。如图1-20所示，测圆架为角钢焊接的结构件，测圆架上端做一个螺栓中心锥，紧顶在轴中心孔内，测量架的中部与轴抱紧，要求不费力就可转动；桁架3与轴之间的抱箍5内，垫有铜或铝板制成的摩擦片4并涂上黄油，

1.5 校正调整与基本测量

以防止支架窜动;滚轮 6 支承在被测部件的端面,作为轴向支承;在支架的垂直支臂 7 上装有百分表 2,百分表的测头 8 与被测表面垂直接触。转动圆架,百分表上读数就可反映被测圆柱面的圆度。

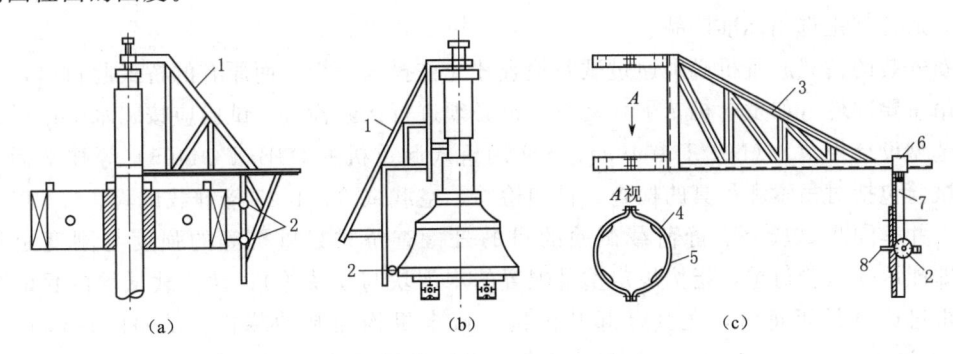

图 1-20 测圆架
(a) 转子测圆架;(b) 转轮测圆架;(c) 测圆架结构
1—测圆架;2—百分表;3—桁架;4—摩擦片;5—抱箍;6—滚轮;7—支臂;8—百分表测头

2. 调整高程与间隙用的楔子板

楔子板是两面都经过加工的楔形钢板,通常一面为平面,另一面为斜度 1:15~1:25 的斜面。楔子板应成对使用,一对楔子板的斜面互相贴合,搭接长度越长,总的厚度就越大。由于楔子板简单,调整方便且支撑稳定,在机组安装中经常使用。但调整完后,楔子板的搭接长度应该在板长的 2/3 以上,相互间的偏斜角应小于 3°,否则它对工件的支撑会不稳定。对于承受重要部件的楔子板,安装后应用 0.05mm 塞尺检查接触情况,每侧接触长度应大于 70%。

3. 测量中心用的工具

这类工具包括中心架、求心器、重锤及油桶等。中心架用槽钢和角钢焊制,其长度可根据支点的跨距确定。要保证整个中心架有足够刚度。在中心架中间设有螺孔,用于固定求心器,如图 1-21 所示。确定中心用的钢琴线(直径为 0.3~0.5mm)绕在求心器卷筒上,钢琴线的一端拴在卷筒轮缘的小孔上,另一端通过求心器底座圆孔垂下。求心器上有 4 个中心调节螺杆可调卷筒的位置,使调整钢琴线与基准中心一致。在琴线末端拴以重锤用于拉直琴线,重锤是用铁板焊成的有底圆筒,锤内灌以水泥浆(或砂),重锤高度与直径比值为 2~2.5,质量 10kg 左右,锤的外缘四周焊成 4 个叶片,将锤放在黏度大的油桶中处于自由悬吊状态,以尽快稳定琴线。油桶(常用机油)放在事先搭好的工作平台上。

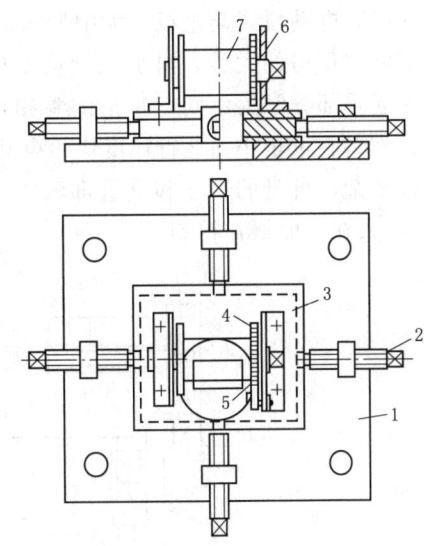

图 1-21 求心器
1—底板;2—中心调节螺杆;3—中心滑板;
4—棘轮;5—棘轮爪;6—支承;
7—钢琴线卷筒

1.5.2.4 起重机具

起重机具包括起重机、吊索、吊具、千斤顶及临时使用的葫芦等。吊具就是吊装需要的工具，如平衡梁等。除了少数重要吊具，如发电机定（转）子吊具由制造厂提供外，其余部分通常都是选用标准产品。

新安装的桥式起重机必须通过试验检查才允许投入运行。而原有的桥式起重机，在每次起吊重要部件（如发电机转子）之前，也必须进行试验检查。试验应按《水电站桥式起重机选型设计规范》（NB/T 10499）、《通用桥式起重机》（GB/T 14405）等技术标准进行。试验包括对吊索和吊具的检查、目测检验、空载试验、1.25倍静载试验、1.1倍动载试验、并车同步试验等。静荷载试验的目的是检查桥式起重机等的强度与刚度是否足够（即能承受试验荷重，指按规定重量配置的水泥块与铁块等）；动荷载试验的目的是检查起重机运行是否正常，尤其是起升机构、行走机构和制动装置。试验时用起重量的110%作试验荷重，按工作速度吊起、下落，同时检查大车、小车在负重情况下的行走及停止（这里的试验荷重，是指按规定重量配置的水泥块与铁块等）。

1. 桥式起重机

桥式起重机在水电站最常用，大中型水电站的主厂房内都装有桥式起重机。桥式起重机因用桁架或钢梁横跨主厂房成为桥形而得名。桥式起重机可在沿厂房长度方向的轨道上移动，其行走部分称为"大车"；其重机构可在桥形结构上沿厂房的横向移动，常称为"小车"；起重起升机构部分使重物的上升、下降。这样就形成了主厂房内3个方向的空间运动体系。

桥式起重机按结构、动力的不同，又可分为不同类型，水电站中常用的有电动桥式起重机、电动双梁或电动单梁起重机以及手动双梁或手动单梁起重机。

(1) 电动桥式起重机。大中型水电站常用的电动桥式起重机如图1-22所示。它有两根横跨主厂房的大梁，再加上钢桁架构成桥形结构。其小车成平台形，在主梁的上方行走。起重部分常为不同起重量的卷扣机，具有主、副两个挂钩，主钩起重量大但升降缓慢，副钩起重量小而运行速度快。电动桥式起重机的起重量范围很大，运行平稳，但结构比较复杂，自身的尺寸和重量都较大。电动桥式起重机常在大车梁旁边设控制室（司机室），人在上面操作控制。

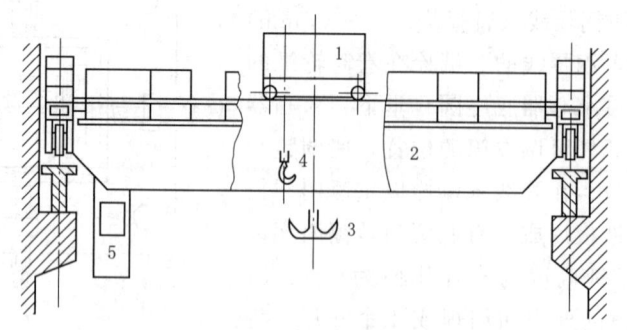

图1-22 电动桥式起重机
1—小车；2—主梁；3—主钩；4—副钩；5—控制室

(2) 电动双梁或电动单梁起重机。电动单梁起重机如图1-23所示，这是简化后的桥式起重机，常在中小型电站见到。它用两根或一根工字梁横跨主厂房，其大车的形式与桥式起重机类似，但起重部分多为电动葫芦，吊在主梁的下翼沿上，而小车也就相应得以简化。电动双梁或电动单梁起重机只有一个挂钩，但升降的速度可分挡变化。而操作控制常为吊牌式的按钮开关，人在地面上操作。电动双梁的起重量较大，电动单梁的起重量较小，由于结构比桥式起重机简单，因而尺寸和自重较小，造价也降低不少，但运行的稳定性不如桥式起重机。

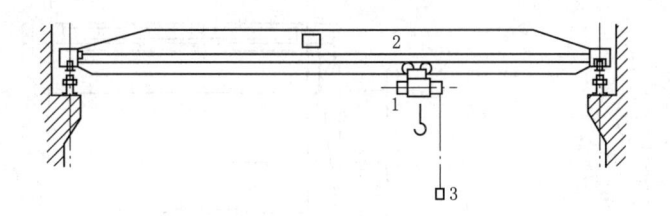

图1-23 电动单梁起重机
1—电动葫芦；2—大梁；3—控制开关

（3）手动双梁或手动单梁起重机。该种起重机由人力驱动，大车、小车靠人力拉链条驱动，起重则靠手动葫芦。手动单梁的起重量一般不超过10t，手动双梁的起重量通常也在15t以下，简单实用，适用于机组容量很小且台数不多的水电站。

2. 手动葫芦和千斤顶

手动葫芦和千斤顶结构简单，尺寸不大且安装、使用灵活，是水电站常用的辅助性起重工具。在机组安装、检修过程中常用于零部件的临时性起吊、支撑或者位置调整。

（1）手动葫芦。其结构如图1-24所示，其额定起重量一般为1t、2t、3t、5t、10t等，起重高度一般有3m、6m、9m等不同规格，特殊订货还可使起重高度达到12m。使用时应注意：实际起重量不得超过额定起重量；实际起吊高度不得超过规定的起吊高度；挂钩与吊钩应在同一直线上。

（2）千斤顶。千斤顶分螺旋式和油压式两大类。螺旋千斤顶的起重量一般为5t、10t、15t、30t、300t等，升起高度在130~200mm之间，其底座是圆形的，靠人力转动螺母，使螺杆升降来进行工作；油压千斤顶的起重量同螺旋千斤顶，升起高度在130~160mm之间，其底座是方形的，用人力动作一个柱塞泵，

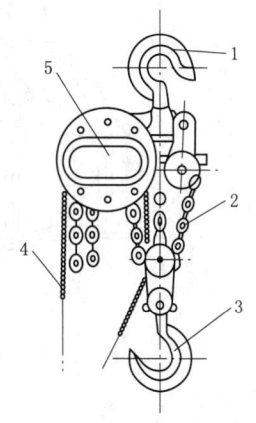

图1-24 手动葫芦
1—挂钩；2—起重链；
3—吊钩；4—手拉链；
5—传动箱

产生高压油来顶升活塞，从而实现对重物的升降。选择千斤顶时起重量和顶升高度都应符合要求，实际使用时还必须保持底座的支撑平稳、牢固。

3. 钢丝绳及其附件

起重工作离不开各种索具，而使用最广泛的是大大小小的钢丝绳，以及与之配套的绳卡、卸扣等附件。若索具及附件选用不当，则会在起重过程中引起严重事故，必须正确选择和使用。

4. 吊耳、吊头及吊梁等

这些吊具往往由制造厂配套供给，应按厂家规定使用。如转子很重，吊装时必须借助专用吊具进行。由于转子重量及结构的差异，转子的专用吊具也不相同。一般小型转子用端耳吊具，如图1-25所示；中型转子用套耳吊具，如图1-26所示；大型转子用平衡梁，如图1-27所示；大型无轴转子用梅花吊具和起重梁，如图1-28所示。

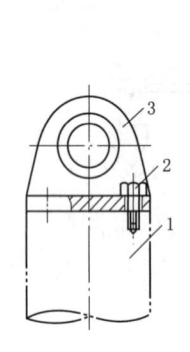

图1-25 端耳吊具与主轴的连接
1—主轴；2—螺钉；3—端耳吊具

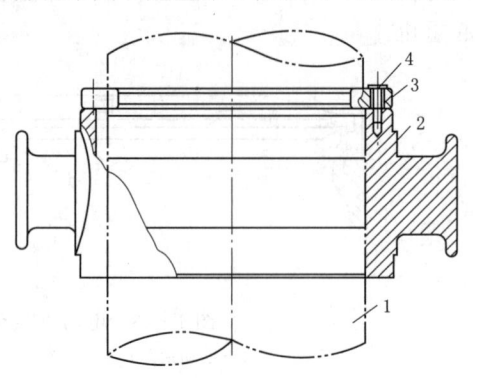

图1-26 套耳吊具与主轴的连接
1—主轴；2—套耳吊具；3—卡环；4—螺钉

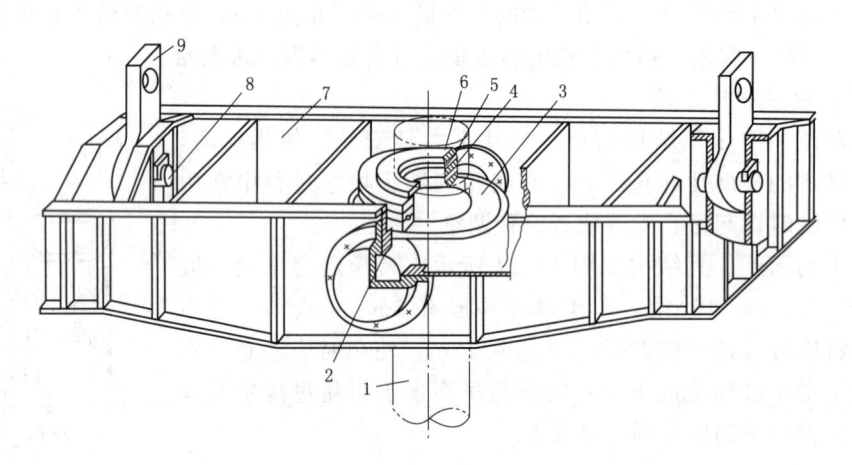

图1-27 平衡梁
1—主轴；2—铜套；3—轴套；4—止推轴承；5—垫板；6—卡环；7—起重梁；8—轴销；9—吊耳

1.5.3 基本测量方法

1. 平面的平直度测量

把标准平面（或平尺）置于被测量的平面上，其接触情况即为该平面的平直度。其测量方法如下：

（1）被测平面尺寸小时，用标准平面研磨，通过接触情况判断。在被测平面上涂一层很薄且均匀的显示剂（如红丹、石墨粉），将此平面与标准互相接触，并使两者往复相对移动数次，这时被测量平面上的高点可显示出来。根据接触点的多少，可知平面的平直程度。如推力瓦、主轴法兰面的研磨等即采用该方法。

（2）被测平面尺寸大时，使用平尺和塞尺。把平尺置于被测量的平面上，然后用塞尺检查平尺和平面之间的间隙。如相连的一对主轴法兰的错牙情况等即采用该方法。

2. 平面的水平测量

对于机件的水平，根据精度要求不同，一般可用前面介绍的橡胶管水平器、框形水平仪、水平尺以及水准仪等进行测量。

3. 高程的测量

一般是用水准仪和标尺等，如图1-29所示，按照提供的高程基准点D，来测量被测部件1上的所求点C与D点的高程差（标高），进而可计算出所求点C（在安装件上）的高程。其测量方法：①用三脚架将水准仪安置在高程基准点和被测点附近，调整水准仪3水平；②把标尺立于高程基准点D，扭转水准仪的镜头，对准立于基准点的标尺上，在标尺上所得读数为A值；③在被测部件上找出一测点C，将标尺立于上面，以同样的水平镜头看标尺上的读数，得到B值。

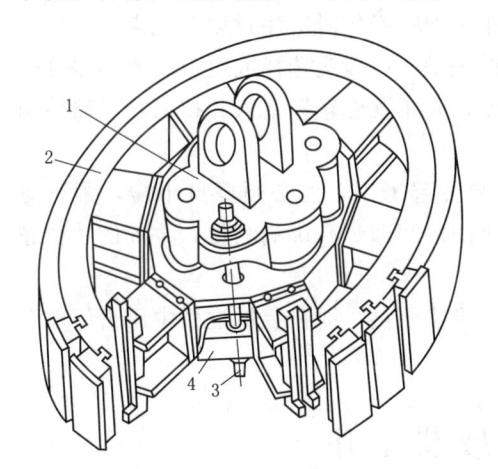

图1-28 梅花吊具
1—梅花瓣；2—转子；3—连接螺杆；4—下部横梁

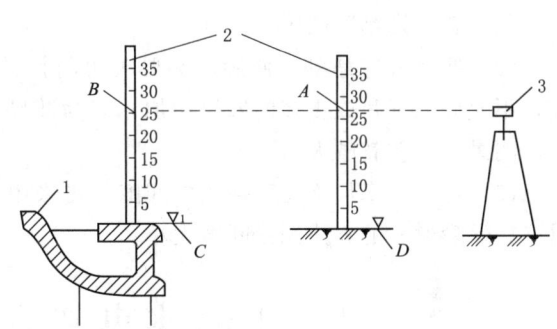

图1-29 高程测量
1—座环的上环；2—标尺；3—水准仪

根据以上所测到的数值，可以得到测点的高程为

$$\nabla_1 = \nabla + A - B \tag{1-4}$$

式中：∇_1为被测部件上测点的实际高程，m；∇为高程基准点的高程，m；A为高程基准点上标尺的读数，m；B为被测部件测点上标尺的读数，m。

若被测部件的设计高程为∇_2，则其实际安装偏差为

$$\delta = \nabla_2 - \nabla_1 \tag{1-5}$$

可根据安装偏差δ的大小来调整被测部件的高程，使其与设计高程一致。同理，其他测点的高程可用上述同样的方法测得。

4. 外圆柱面的圆度测量

水力机组尺寸较大的一些外圆柱面部件，主要有发电机转子、转轮、止漏环、主轴等。在安装前或装配时，需检查它们的圆度，可采用前面介绍的测圆架配合百分表测量。测量部件半径的变化量，在被测部件的四周均匀布置若干个测点，计算平均值，取最大偏差值作为结果。

5. 环形部件圆度和中心位置的测量

水力机组尺寸较大的环形部件，主要有尾水管里衬、基础环、座环、顶盖、发电机下机架、定子、上机架等。在机组安装过程中，通常不进行大尺寸绝对值的精确测量。对大尺寸环形部件圆度和中心位置的测量是在环形部件内，沿着同一圆周取若干等分点（一般取 8~64 个分点，根据被测部件的尺寸决定）。以这些分点为测点，测量各测点至基准中心线各半径之间的相对差值，计算平均差值，求出偏差，以进行调整。

环形部件中心的测定，一般采用一根与机组垂直中心线重合的钢琴线作为基准，用内径千分尺测量。为了悬挂和调整钢琴线与基准中心重合，常需中心架与求心器配合使用。具体测量方法前已介绍。

6. 间隙测量

测量间隙的常用基本量具是塞尺。选择厚度适当的钢片，塞入要测量的间隙中去，若刚好能塞入和拉出，则钢片的厚度就是间隙的大小。但在操作时应注意以下几点：

（1）塞尺塞入和拉出的压紧程度是影响测量的关键，一般应选择或组合成不同厚度去分别试测，直到手感适度为止。这里说的手感适度，是指既能轻轻塞入和拉出，又略感阻力，似乎有"发黏"的感觉。

（2）塞尺最好是单片使用，必要时可将两片合并起来用，但必须擦拭干净，紧密重叠，不允许用三片或更多的塞尺相加，因为塞尺之间的间隙势必影响测量，叠加的片数越多，测量的误差就越大。

（3）对一些塞尺不便于插入的间隙，可采用压铅法测量，即在装拆过程中用挤压软金属（如保险丝）的方法测量间隙大小。

1.6 水电站的吊装工作

1.6.1 吊装工作基本要求

在大中型水电站的建设过程中，有很多部件（尤其是机电设备）的尺寸和重量比较大，安装工作必须借助于起吊设备来完成。加之机电设备安装质量要求高，安装工期紧迫，必须制定先进的吊装措施和合理的吊装方法，并与其他安装工作密切配合，相互协作，这是加快安装进度、提高安装质量、实现安全第一的重要保障。对此，吊装工作应满足如下要求：

（1）吊装前应认真细致检查所使用的工具，如钢丝绳、滑车等是否超过报废标准，凡超过报废规定的不准使用。尤其要注意认真检查起重机的起升机构、行走机构和制动装置等。

（2）捆绑重物的钢丝绳与机件棱角相接触处，应垫以钢板护角或木块。捆绑重物的钢丝绳与垂直方向的夹角一般不得大于 45°。

（3）吊绳应系在起重物件的牢固部位，数根吊绳的合力线应通过重物的重心，各吊绳应均衡拉紧，平起平落。

（4）起重机吊装重物时，其起重量（包括吊重和吊具）不得超过起重机的额定起重量。两台起重机吊装同一重物时，其起重量（包括吊重和吊具）不得超过两台起重机的额定起重量之和，且悬吊点应分配合理，不超过每台起重机的额定起重量。

(5) 起吊设备前，应先提起少许，使其产生动荷重，以检查绳结及各钢丝绳的受力是否均衡，通常用木棍或钢撬棍敲打钢绳，使其靠紧。

(6) 专用起重机具，应经验算和试验，合格后方准起吊。

(7) 起重与运输工作应由专人统一指挥，作业人员持证上岗。

1.6.2 主要吊装方法

在水电站机电安装工作中，吊装作业的工作范围广，施工条件比较复杂，因此，拟定设备吊装方案，必须根据所吊重物的重量、特点、安装质量要求、工机具、人力以及吊装现场的具体条件等，进行综合分析，灵活运用，制定出安全可靠、简单可行和能保证安装质量的合理的吊装方法。吊装工作千变万化，但归纳起来主要有以下几种方法。

(1) 吊升和顶升。即将重物垂直吊升或顶升。例如定子、转子、转轮等主要部件，都要采用吊升的方法吊入机坑找正。

(2) 移行。使重物沿水平或倾斜平面移动。

(3) 翻转。将重物上、下翻面。例如，对于有操作架结构的转桨式转轮，在组装时，必须将转轮体倒置在支墩上，以便组装下半部分的零件，这样工作起来既安全又方便。待下半部分组装完毕，再将转轮正放在支墩上组装上半部分零件和联轴工作。为了保证转轮在翻转过程中不致造成个别受力零件变形或损坏，必须采取有效的措施。

转轮翻转通常有落地翻和空中翻两种方法。

1) 落地翻即转轮翻转过程始终不离开地面。当厂内只有一台桥式起重机而副钩的起重量又不足以吊起转轮的重量时，一般可采用落地翻，并采取可靠措施，对着地叶片进行适当加固，防止变形。从受力分析看，只要翻转过程中叶片的受力不超过设计值，落地翻是可行的。但是只采用一个吊钩进行落地翻，转轮容易产生倾覆事故，不安全。因而采用以主钩为主，副钩辅助的办法进行落地翻较有把握，具体操作过程如图1-30所示。

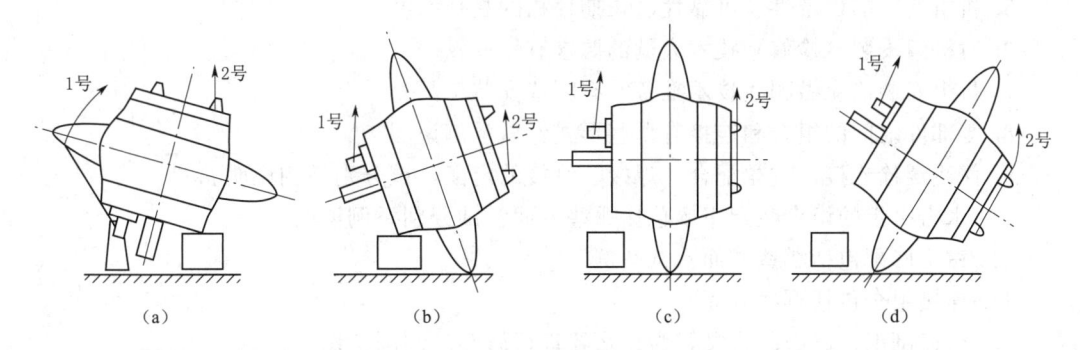

图1-30 转轮落地翻的操作过程
(a) 落地翻状态1；(b) 落地翻状态2；(c) 落地翻状态3；(d) 落地翻状态4

这种翻转方法的特点是：两钩（1号和2号）均受力，支点不离地，主钩（1号）不断提升使支点受力减轻，边翻边走车，关键在找正。从受力分析看，最不利的受力状态是在副钩（2号）不受力时。在90°位两钩均不受力的情况下，为确保安全，可采用一些加固措施，如将支点侧的相邻叶片端部用型钢焊成一体，使其联合受力。将支点侧叶片与转轮体之间用楔子板打紧，减少作用在枢轴法兰面上的挤压力。需要注意的是，在翻转过程中，小车要适时走车，找正重心，勿使支点处产生水平方向滑动，支墩要加固，防止副钩过载。

这种翻转法吸取了空中翻的优点，避免了单钩翻不稳定的缺点，叶片受力减小，提高了安全可靠性。

2) 空中翻即先吊起转轮离开地面一定高度，然后在空中翻转后，再放在支墩上。空中翻是比较理想的翻转方法，这种方法安全而有把握，操作简单迅速，有条件的应尽量采用。当厂内有两台桥式起重机时，一般都采用空中翻，与图 1-30 所示相类似。首先用 1 号主钩吊起转轮离开支墩一定高度，使转轮在翻转时不致碰支墩。然后，提升 2 号钩，使转轮轴线水平，再降落 1 号主钩，使转轮重量完全由 2 号钩承担，转轮翻转 180°。最后走车，把转轮仍放在支墩上。

(4) 转向。在水平面上将重物转一个角度。

(5) 转起和滑起。使重物竖立时一端着地慢慢吊起。如主轴竖立，采用的就是转起法，通常把主轴下端法兰用方木垫稳，把端耳吊具装在主轴上端，进行立吊。吊钩边提升边向主轴下端一侧移动，以保持吊绳的垂直，防止主轴平移。直至把主轴垂直吊起，然后吊至组装位置。

习　题

1. 简述我国水力机组安装的发展历程。
2. 水力机组的整个安装期指的是什么？
3. 提高水力机组安装与检修质量有何意义？
4. 水力机组的安装与检修有哪些特点？对其有何要求？
5. 机组运行的稳定性、可靠性、长期性指的是什么？
6. 对机组安装（检修）技术人员的要求有哪些？
7. 机组安装前应做哪些技术准备？有哪些安装工具？
8. 零部件之间的组合和连接有哪些形式？试举例说明。
9. 简述螺栓连接、过盈配合、焊接、铆接的定义，试分别举例说明。
10. 水力机组的组合装配主要包括哪些方面？试分别举例说明。
11. 钳工修配包括哪些方面？试举例。
12. 连接组合包括哪些方面？
13. 简述刮削、研磨的含义，为什么要进行研磨、刮削工作？
14. 大中型机组的镜板如何研磨？研磨时应注意什么？
15. 推力瓦如何刮研？其刮削程序如何？常用哪些刀具？
16. 导轴瓦如何刮研？
17. 轴领如何研磨？应注意哪些问题？
18. 什么是热套法、压入法？
19. 怎样保证联轴螺栓连接紧密而且均匀一致？

20. 机件校正调整项目有哪些？
21. 什么是测量的原始基准、安装基准、工艺基准、校核基准？
22. 什么是安装基准件？不同机组以哪些部件为安装基准件？
23. 机组安装与检修工作中的常用工具有哪几类？
24. 常用的量具有哪些？分别用来测量什么？
25. 水准测量的原理是什么？
26. 塞尺的作用是什么？使用塞尺检查间隙大小应注意什么问题？
27. 自制的工具有哪些？可用来测量什么？
28. 常用的起重机具有哪些？各有何作用？
29. 机组的基本测量包括哪几方面？
30. 怎样检查平面的水平度？使用框形水平仪需注意什么问题？
31. 怎样检查平面的垂直度？
32. 怎样检查大尺寸部件外圆柱面的圆度、同轴度？
33. 怎样测量环形部件的中心位置，以及内圆柱面的圆度、同轴度？
34. 高程如何测量？间隙如何测量？
35. 水电站的吊装工作有哪些基本要求？
36. 转轮翻转通常采用什么方法？如何操作？

第 2 章 立式水轮机的安装

2.1 水轮机基本介绍

在水轮机安装之前，必须先了解水轮机的整体结构。本节重点介绍目前常用的立轴混流式与轴流式水轮机的基本结构。

从大的方面来看，同种类型水轮机的组成部件基本相同，但各种类型水轮机由于布置方式、水头高低以及单机容量大小等因素的影响，它们的结构又有不同程度的差异，对安装顺序、安装方法和安装技术质量的要求也有差异。反击式水轮机目前应用最为广泛，其结构主要由以下三大部分组成：

(1) 转动部分：主要包括转轮、主轴及其附件。

(2) 固定部分：主要包括顶盖、底环、导水机构、轴承、主轴密封，以及其他附属设备（包括紧急真空破坏阀、尾水管十字补气架或补气管、各种测压管路、测温装置、信号装置）等。

(3) 埋入部分：主要包括座环、基础环或轴流式水轮机转轮室、水轮机室里衬、接力器基础、接力器里衬、尾水管里衬、蜗壳、埋设管道等（这些部件埋入混凝土中，由混凝土结构来固定和支撑）。

2.1.1 混流式水轮机的基本结构

图 2-1 所示为某混流式水轮机的总体结构图（图中蜗壳、尾水管未全部画出）。转轮 4 位于水轮机的中心，上部与主轴 16 连接，带动发电机转动；下部与尾水管 5 相连，将水排至下游；转轮外围均匀布置导叶，水流经蜗壳→固定导叶 2→活动导叶 3→转轮 4→尾水管 5；活动导叶有 3 个轴颈，下轴颈支承在底环 21 的轴承孔内，上轴颈和中轴颈通过套筒 7 装在顶盖 6 上，并伸出顶盖与导叶传动机构相连；底环侧面与转轮下环配合止漏，底环上端面与活动导叶下端面配合止漏，在底环孔的底部用螺栓柱销分别与基础环 20 定位连接；顶盖用螺栓固定于座环 1 的上环上，盖住转轮和导叶 3；导叶传动机构有接力器（图中未画）、控制环 13、连杆 12、拐臂 11、连接板 8 构成，拐臂 11 套在导叶上轴颈上，两者之间用分半键 9 固定，拐臂与连接板由剪断销 10 连成一体，连杆两端分别与连接板和控制环相连，控制环支撑在支座上，支座固定于顶盖 6 上，接力器通过推拉杆带动控制环转动，控制环的转动依次传递到连杆→连接板→拐臂→活动导叶上，控制导叶开度的大小；座环四周与蜗壳相连，下部与基础环相连，基础环下部连接尾水管里衬；主轴穿过顶盖，由装在顶盖内法兰上的导轴承 15 来保持旋转轴线不变，此外还有主轴密封装置 14、油冷却器 17、顶盖排水管 18、补气装置 19 等。

2.1 水轮机基本介绍

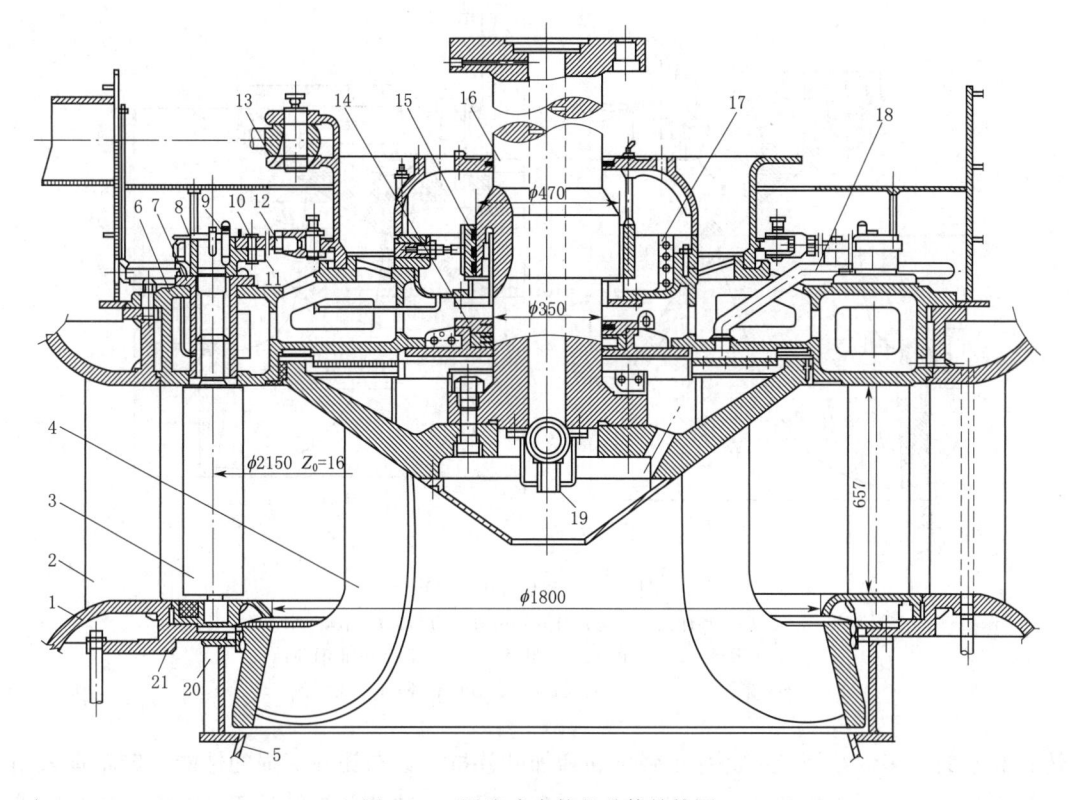

图 2-1 混流式水轮机总体结构图

1—蝶形边座环；2—固定导叶；3—活动导叶；4—转轮；5—尾水管；6—顶盖；7—套筒；8—连接板；9—分半键；10—剪断销；11—拐臂；12—连杆；13—控制环；14—密封装置；15—水轮机导轴承；16—主轴；17—油冷却器；18—顶盖排水管；19—补气装置；20—基础环；21—底环

2.1.1.1 混流式水轮机转轮

混流式水轮机转轮由叶片、上冠、下环、泄水锥、止漏环及减压装置组成，一般有 9~22 个固定叶片，与上冠和下环构成流道；上冠外形与圆锥体相似，其侧面或顶面处装有转动止漏环（对高水头混流式水轮机，上冠顶面还装有减少轴向水推力的减压装置），下部固定泄水锥；下环外缘装有下部转动止漏环；泄水锥主要是将经减压装置上止漏环的漏水（以及橡胶导轴承的润滑水）尽可能平顺地导向尾水管，其外形呈倒锥体，其结构型式有铸造和钢板焊接两种，还可作为主轴的中心补气和部分转轮的顶盖补气通道之用。

由于混流式水轮机的转轮应用水头和尺寸不同，它们的构造型式、制作材料及加工方法均不同，主要有整铸结构转轮、铸焊结构转轮、分瓣结构转轮等。

1. 整铸结构转轮

整铸结构转轮是指上冠、叶片和下环一起整体浇铸而成的转轮，如图 2-2（a）所示。图 2-2（b）中转轮因上冠尺寸较大，其中一部分外环做成可拆卸的结构，大中型泄水锥均单独制造并用螺栓固定在转轮上。低水头中小型混流式转轮，可采用优质铸铁 HT20~40 或球墨铸铁整铸；高水头中小型和低水头大型转轮，可采用 ZG30 或 ZG20SiMn 等整

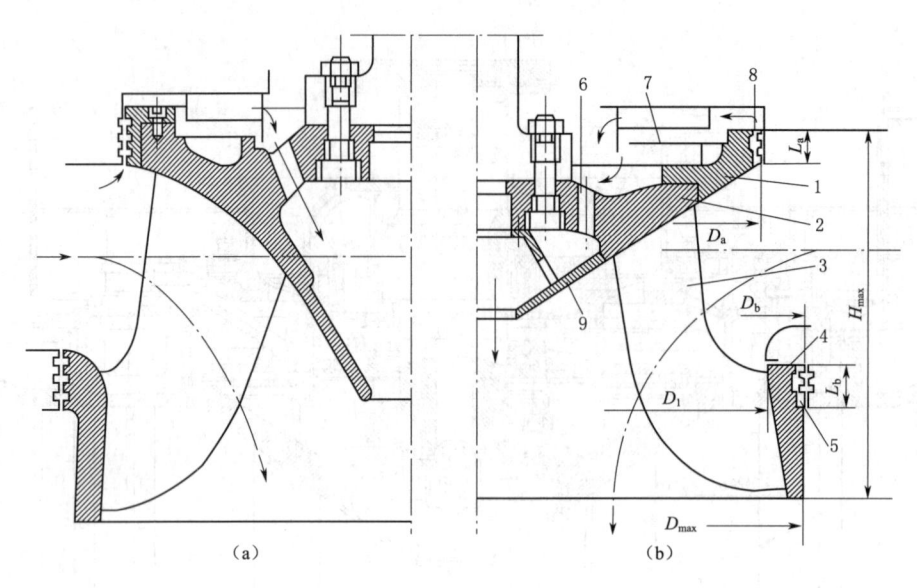

图 2-2 整铸结构转轮
(a) 整体浇铸结构；(b) 部分外环可拆卸的结构
1—上冠外环；2—上冠；3—叶片；4—下环；5—止漏环；
6—减压孔；7—减压装置；8—上冠止漏环；9—泄水锥

铸；高水头和多泥沙河流，为保证强度和增加叶片抗空蚀与泥沙磨损的性能，转轮宜采用不锈钢材料。对于采用普通碳钢的转轮，可在其容易空蚀和磨损的过流部位表面进行防护处理。

整铸结构能保证转轮具有足够的强度，并能适用于任何外形的转轮。缺点是容易产生铸造缺陷，铸造质量不易保证，尤其当转轮尺寸大时，需要铸造设备的生产能力也大。

2. 铸焊结构转轮

铸焊结构转轮是将形状复杂的混流式转轮分成几个单独铸件，经机加工后再组装焊接成整体，如图 2-3 所示。目前广泛采用将上冠、下环和叶片单独铸造的方法。

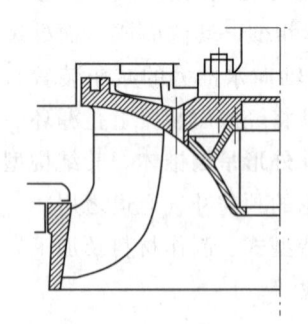

图 2-3 铸焊结构转轮

转轮采用铸焊结构，铸件小，形状较简单，易保证铸造质量，有利于提高制造精度及合理使用材料，同时降低了对铸造能力的要求，并且分别铸造和机加工而扩大了工作面，缩短了制造周期。如能在工地现场进行组焊，运输问题就变得较为简单。另外，可对不同部位采用不同的钢种，如上冠和下环采用普通铸钢而叶片采用不锈钢，这样既可提高转轮的抗空蚀能力，又可节省镍铬等金属。这种结构型式在大型水轮机中现已得到了广泛的应用。但铸焊结构转轮焊接工作量大，对焊接工艺要求高，应确保每条焊缝的质量，避免和消除焊接温度应力等。

3. 分瓣结构转轮

当转轮直径较大时，因受铁路运输的限制，或因铸造能力不足，必须把转轮分瓣制作，运到现场再组合成整体。转轮分瓣形式较多，主要有以下两类：

（1）过中心面剖分。我国主要采用上冠螺栓连接、下环焊接结构，在上冠连接处有轴向和径向的定位销，如图 2-4 所示。这种结构剖分对称，剖分后形状简单，机械加工量小。但有一对叶片的整体性被破坏，需在工地组装、定位后焊接，这往往会出现变形和错位。因此，在组焊后应根据具体情况适当修正叶型及止漏环外圆尺寸。

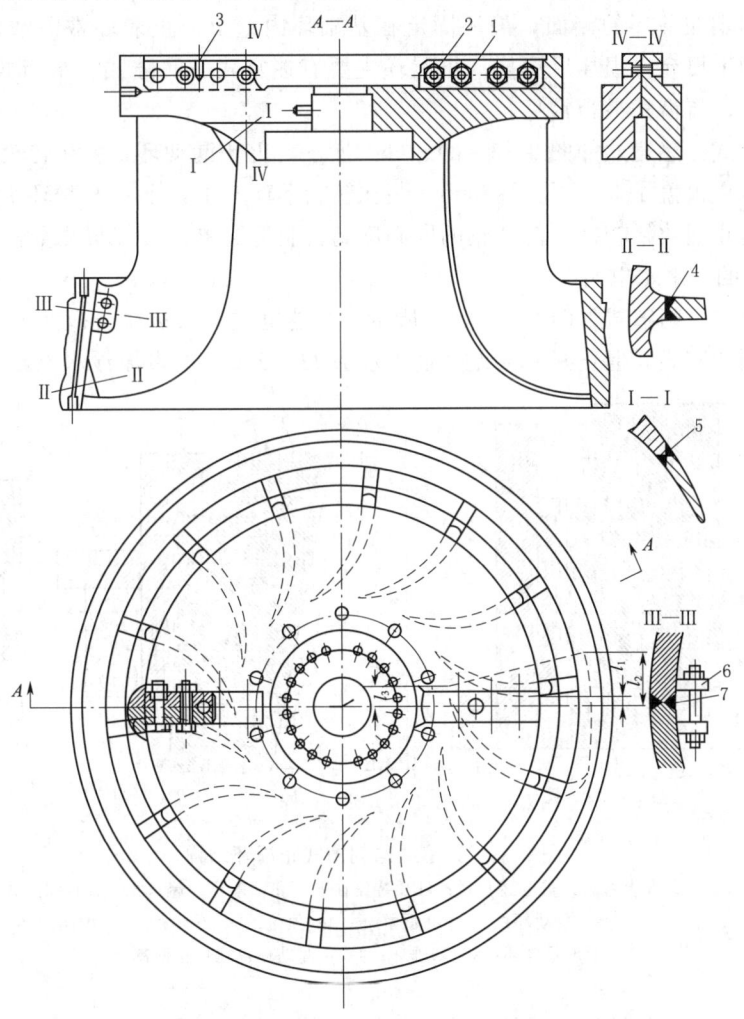

图 2-4 对称分瓣结构转轮
1—把合螺栓；2—把合定位螺栓；3—定位销；4—下部分剖面；
5—上部分剖面；6—临时组合法兰；7—下环分瓣面

当转轮叶片数为奇数时，为减少分瓣面叶片的切割，可采用偏心分瓣的剖分法。例如，龙羊峡水电站采用的转轮即是这种分瓣结构，该转轮上冠用螺栓把合，分瓣叶片及下环则在工地焊接。

（2）阶梯平面剖分。为避免转轮叶片被切，可采用阶梯平面剖分结构，剖分面是阶梯形。此外，上冠和下环的分瓣面全部采用螺栓把合结构，以避免在工地组焊时引起的错位和变形。这种结构组装后下环外侧要热套或焊接保护环。这种分瓣结构，制造精度高，机加工量大，若叶片数为奇数时，分瓣不可能对称。

2.1.1.2 混流式水轮机的止漏装置

为减少混流式转轮周围间隙的漏水损失，在上冠和下环处分别装有止漏装置，它由动环和静环组成。上止漏环的动环固定在上冠侧面或顶面，静环固定在顶盖内侧面上；下止漏环的动环固定在下环的侧面，静环固定在基础环内壁上。止漏环常因磨损和空蚀而损坏。因此结构上要允许损坏后更换。止漏环主要有迷宫式、间隙式、梳齿式、阶梯式等，其中以迷宫式、梳齿式最为常见。

(1) 迷宫式。迷宫式如图 2-5 (a)、(b) 所示，上止漏动环 2 装在转轮上冠 1 上，上止漏静环 3 装在顶盖 4 上；下止漏动环 6 装在转轮下环 5 上，下止漏静环 7 装在基础环 8 上。其特点是止漏效果较好，与转轮的同心度高，制造简单，安装与测量较方便，适于水头 $H<200m$ 的清水水电站。

(2) 间隙式。间隙式如图 2-5 (c) 所示，与迷宫式无大区别，仅止漏环上无沟槽而已。其特点同迷宫式，但止漏效果差，适于水头 $H<200m$ 的多泥沙水电站。

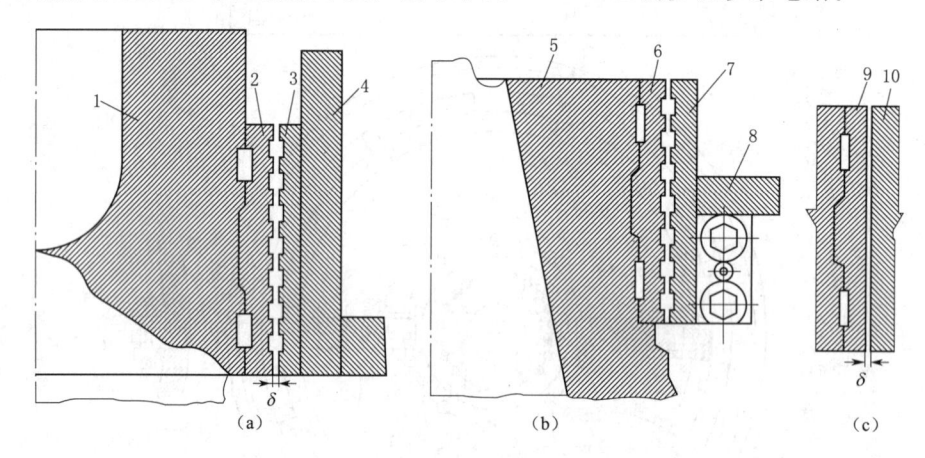

图 2-5 迷宫式与间隙式止漏环结构
(a) 装设在上冠和顶盖的迷宫式；(b) 装设在下环和基础环的迷宫式；(c) 间隙式
1—上冠；2—上止漏动环；3—上止漏静环；4—顶盖；5—下环；6—下止漏动环；
7—下止漏静环；8—基础环；9—止漏动环；10—止漏静环

上述两种止漏环与转轮的连接方式，一般对整体转轮可采用热套；分瓣转轮则在工地组焊；对清水水电站而转轮尺寸又较小时，可直接在上冠、下环外侧车制迷宫式止漏槽。

止漏环的间隙值 δ 与水头 H、运行时机组的摆度允许值、水导轴承的间隙、制造工艺和安装等因素有关。上述两种止漏环，一般可取其单边间隙 $\delta=(0.5/1000)D_1$，高度取 $(0.04\sim0.05)D_1$。对于标称直径 $D_1<1m$ 的转轮，可取 $\delta=(0.5/1000\sim1.5/1000)D_1$。

(3) 梳齿式。当水头 $H>200m$ 时，一般采用梳齿式止漏环，如图 2-6 (a) 所示，常与间隙式止漏环配合使用。其动、静环用螺栓固定在转轮、顶盖及基础环上，如图 2-6 (b) 所示。由于该种止漏环存在许多直角，水流方向不断改变，增大了水流阻力，使通过止漏环间隙的水流大大减小。其特点是止漏效果好，但与转轮的同心度难以保证，动、静环易摩擦，梳齿间隙 δ 不易测量。

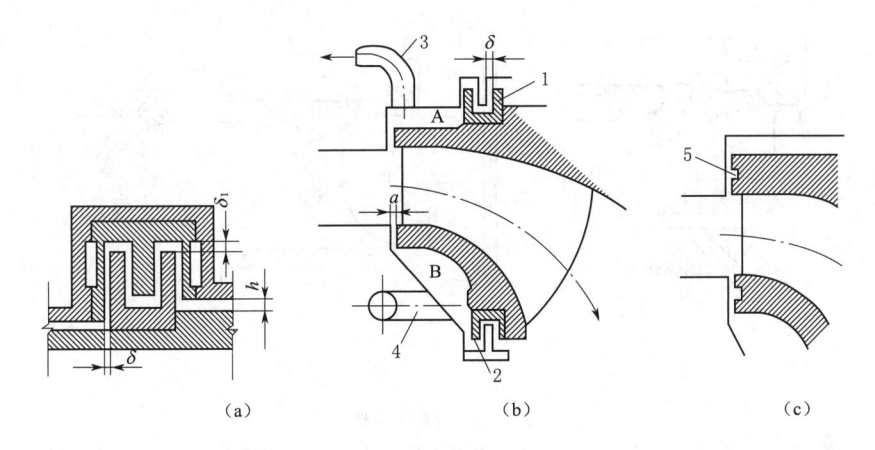

图 2-6　梳齿式止漏环结构
(a) 梳齿式止漏环；(b) 与间隙式止漏环配合使用的梳齿式止漏环；(c) 带环形槽的梳齿式止漏环
1—上梳齿；2—下梳齿；3—A 腔排水管；4—B 腔排水管；5—环形槽

梳齿式的间隙对机组运行稳定性影响较大。一般可取 $\delta=1\sim2mm$，$\delta_1=\delta+h$（h 为抬机量，一般 $h=10mm$），$a>\delta$（a 为外径间隙），$a>D_1/1000$ 但不得小于 1mm。为此，在转轮结构上应尽可能使转轮的上、下梳齿布置在同一半径的圆柱面上，这样有利于 A、B 两腔压力的均衡。梳齿式止漏装置由于加工及安装的误差以及机组在运行中产生摆度的影响，圆周方向的间隙会不均匀，可能导致转轮径向水作用力的不平衡，严重时产生振动危及机组正常运行。实践表明，适当加大间隙 a 值，或在 B 腔采用排水管 4，进口外圆车制环形槽 5 等措施，如图 2-6（c）所示，是可以减弱和消除压力波动的。

（4）阶梯式。当水头 $H>200m$ 时，还可采用阶梯式止漏装置，阶梯的数目可视水头高低选取，如图 2-7 所示。从机加工及安装方面考虑，阶梯式止漏环间隙的不均匀度容易减小，能够增强机组运行的稳定性，并且阶梯式止漏装置在旋转时的圆盘损失亦较梳齿式为小。其特点是兼有迷宫式和梳齿式止漏环

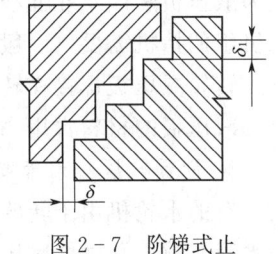

图 2-7　阶梯式止漏环结构

的作用，止漏效果较好，止漏环的刚度高，与转轮同心度易保证，安装、测量均较方便。

2.1.1.3　混流式水轮机的减压装置

转轮止漏装置可减少漏水量，但仍有一小部分水流从缝隙处漏掉了。从转轮上部止漏环进入转轮上冠外表面的水流具有一定的压力，这部分水压力作用在转轮上冠上，使转轮承受向下的水推力。为减轻水推力，在转轮结构上常采取以下 3 种减压措施。

1. 在上冠上开减压孔

这是最简单的减压措施，如图 2-8（a）所示。减压孔使转轮上冠顶部的压力和尾水管的低压相通，水流由减压孔流向尾水管，减轻了上冠顶部的压力，使轴向水推力减小。减压孔排水总面积，一般要求为上止漏环缝隙面积的 4~6 倍。据此可以确定减压孔的个

数和直径。泄水孔最好开成顺水流方向倾斜角 $\beta=20°\sim30°$。

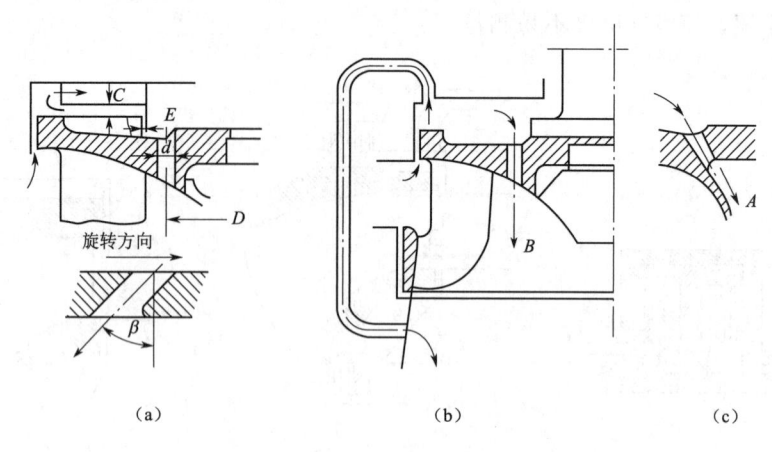

图 2-8 减压装置

(a) 上冠开减压孔减压；(b) 减压排水管与减压孔联合减压；(c) 经泄水锥内腔排入尾水管减压

2. 减压板与泄水孔联合减压

对高比转速混流式水轮机转轮除开有减压孔外，还在上冠处装设减压装置，以进一步减小轴向水推力，如图 2-8（a）所示。减压装置主要由两块环形板（减压板）构成，它们分别固定在顶盖底面和转轮上冠上，两板之间形成间隙 C。当漏水进入间隙 C 时，由于转轮旋转使漏水受离心力的影响，腔内水压力呈抛物线分布，外端的压力大于内侧。这样，漏水就由顶盖上环形板的空腔通过，经转轮减压孔排至尾水管。

此形式的减压效果与引水板面积、间隙 E 和 C 的大小及泄水孔的直径 d 有关。一般认为减压板和泄水孔面积越大，间隙 E 和 C 越小，减压效果越显著。确定间隙 C 时应考虑机组的抬机需要，一般 $C>20\mathrm{mm}$。

转轮减压板焊接在转轮上冠上，顶盖上的减压板一般是用埋头螺钉固定在顶盖的立筋上。减压板的材料常用 A3 钢板。

3. 设置减压排水管或与减压孔联合减压

有的水轮机由于转轮上冠上没有足够的开孔面积，采用了减压排水管的方法，或减压排水管与减压孔联合减压，如图 2-8（b）所示。顶盖内有数条排水管与尾水管相连，使上冠上面的漏水一部分经排水管泄至尾水管，另一部分经转轮上的泄水孔排入尾水管。另外，对于这种类型还有经泄水锥内腔排入尾水管的，如图 2-8（c）所示。经转轮上的泄水孔排入尾水管，使转轮上面的压力降低，从而减轻作用在转轮上的轴向水推力。但图 2-8（b）所示的方式可能在泄水锥的过流表面上产生空蚀损坏和磨损；而图 2-8（c）所示的方式又有可能影响补气的效果。

2.1.1.4 混流式水轮机的泄水锥

泄水锥为一锥体形状，其作用是引导由叶片流出的水流顺利通过并变成轴向，避免水流相互撞击和旋转造成水力损失。小型转轮的泄水锥与上冠浇铸为一体，大中型转轮的泄水锥常用铸钢整铸或用钢板焊接。可直接焊在转轮上冠的下部，或用螺钉把合在上冠上，再点焊加强。

2.1.2 轴流式水轮机的基本结构

轴流式水轮机一般都采用立轴装置，与混流式相比，结构上最明显的差别是转轮，其他过流部件大体相近。轴流式水轮机包括转桨式和定桨式两种。由于定桨式转轮结构简单，下面主要介绍转桨式转轮的结构。

如图 2-9 所示，轴流转桨式水轮机转轮主要由转轮体（也称轮毂）、叶片、叶片转动操作机构和泄水锥等组成，其中叶片转动操作机构较为复杂。

1. 转轮体

转桨式的转轮体外形多为球面，这样能使转轮体与叶片内缘之间在各种转角下都能保持较小的间隙，转轮体内要安装叶片转动操作机构。

2. 叶片

叶片通过悬臂固定在转轮体上，水轮机运转时受力最大的位置在叶片根部（轮毂端），所以叶片根部较厚，越向叶片边缘越薄。叶片数与应用水头有关，水头高，则叶片增多。转桨式转轮叶片，其末端有一枢轴（枢轴和叶片可做成整体或组合的结构），插入转轮体相应的孔中，与操作机构的转臂相连。当负荷变化时，操作机构带动叶片作相应的旋转，以适应工况变化。

3. 叶片转动操作机构

轮叶的转动与导叶的转动由双调节调速器的协联机构实现协联。叶片转动操作机构装在转轮体内，其作用就是在调速器的自动控制下，在改变导叶开度的同时，所有叶片通过操作机构同时改变同一转角。

叶片转动操作机构有多种型式，它们的主要区别在于轮叶接力器的位置、有无操作架、曲柄连杆机构等方面，其中最常见的主要有以下两种类型。

(1) 带操作架的直连杆式机构。其结构和受油器油路示意图如图 2-10 所示，它利用一个操作架来实现叶片同步转动。叶片转动由轮叶接力器活塞 13、活塞杆 4、操作架 8、连杆 9、转臂 10、枢轴 12 等组成。

(2) 无操作架的活塞-套筒式机构。为减轻转轮重量和减少加工工时，还可取消操作架和活塞杆，而采用活塞或接力器缸直接代替操作架的结构，无操作架的活塞-套筒式机构示意图如图 2-11 所示。活塞 3 上装有和轮叶数相同的套筒 5，套筒 5 穿过转轮体上部隔板 2，并可随活塞 3 在隔板 2 的套筒衬套（图中略）中上下移动。连杆 6 的上端用圆柱销（图中略）连接在套筒内，下端则和转臂 7 的轴销（图中略）相接。

4. 受油器与操作油管

(1) 受油器。受油器位于发电机轴的最上端，其作用是将外部的固定油管与主轴内的操作油管相连通，如图 2-10 所示。受油器底部是回油腔，操作油管的外层溢油道 a 的回油经旋转油盆进入回油腔。内外操作油管进入受油器后，被固定的导管分隔成与油道 b、c 相通的两油腔 18（图中未画旋转油盆和导管等部件）。在受油器的上部还布置有轮叶反馈机构，将反馈信号引入调速器。

(2) 操作油管。在机组主轴的中心孔内，布置两个同心的内外操作油管，与主轴一起转动。操作油管与主轴中心孔内壁形成 a、b、c 3 条油道，将轮叶接力器活塞上、下油腔与受油器相应油腔连通起来。油道 a（最外层油道）与受油器溢油腔相通，漏入转轮体

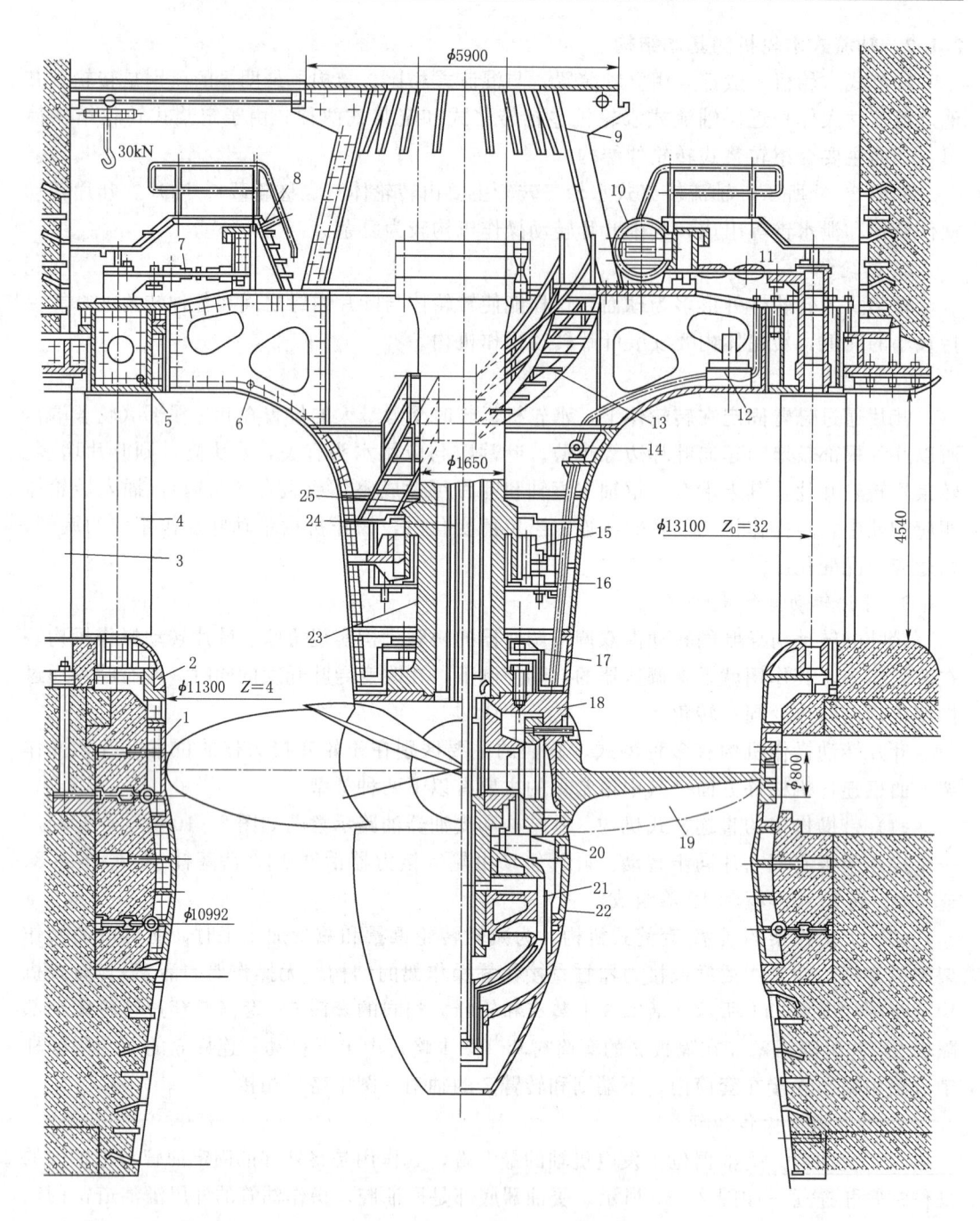

图 2-9 轴流转桨式水轮机

1—转轮室；2—底环；3—固定导叶；4—活动导叶；5—顶盖；6—支持盖；7—连杆；8—控制环；9—轴承支架；10—接力器；11—安全销；12—真空破坏阀；13—扶梯；14—排水泵；15—水轮机导轴承；16—冷却器；17—轴承密封；18—转轮体；19—轮叶；20—轮叶连杆；21—轮叶接力器活塞；22—泄水锥；23—主轴；24、25—操作油管

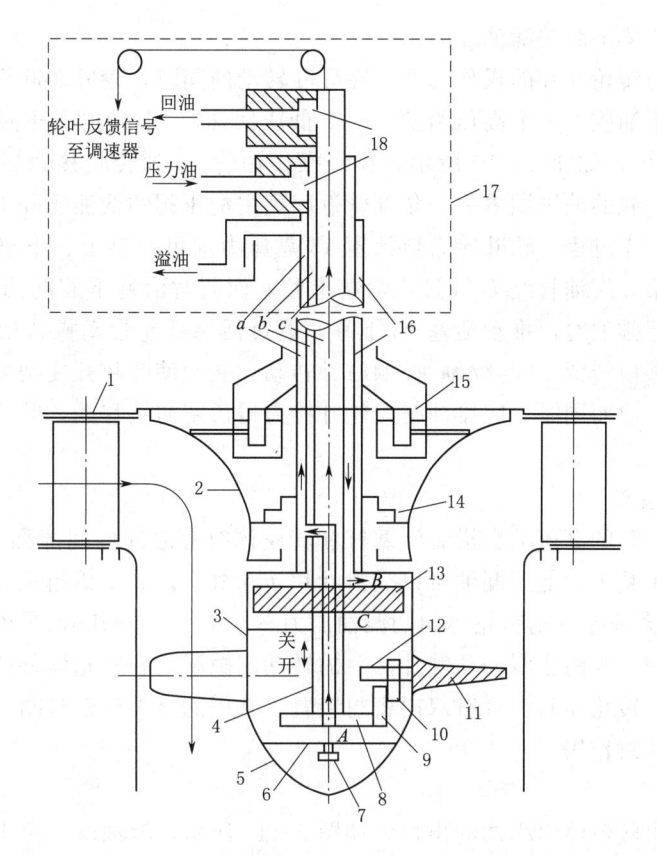

图 2-10 带操作架的直连杆式机构与受油器油路示意图

1—顶盖；2—支持盖；3—转轮体；4—活塞杆；5—泄水锥；6—底盖；7—泄油阀；8—操作架；9—连杆；10—转臂；11—轮叶；12—枢轴；13—轮叶接力器活塞；14—主轴密封；15—水导轴承；16—操作油管；17—受油器；18—油腔

下腔的油经连通管 A 进入油道 a；内、外操作油管形成的 b、c 油道则和受油器的两个操作油腔相通，分别向轮叶接力器的上、下油腔提供压力油和回油。

操作油管一般分为几段，分段数和机组主轴的段数有关。若机组主轴从下到上有水轮机、发电机、励磁机 3 段，则操作油管也分为下、中、上 3 段，分段处用法兰连接，管和管之间用螺钉定位。操作油管在主轴内要随轮叶接力器活塞作上下移动，因此在主轴法兰面接口处分别布置有导向钢套以增加其刚度。在钢套处装有导向管以利于操作油管滑动。受油器与操作油管也是通过法兰进行连接的。

(3) 连通管。如图 2-10 所示，连通管 A 设在转轮接力器活塞杆 4 中心，它向上与 a 油道相通，溢油由此上升到受油器的溢油腔。连通管起到了溢油和补偿回油的作

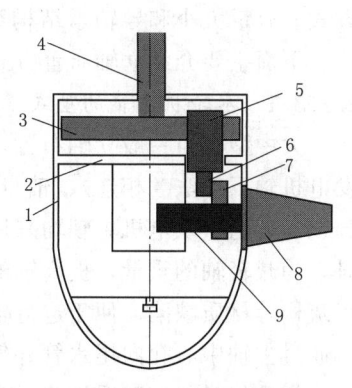

图 2-11 无操作架的活塞-套筒式机构示意图

1—转轮体；2—转轮体上隔板；3—轮叶接力器活塞；4—操作油管；5—套筒；6—连杆；7—转臂；8—轮叶；9—枢轴

39

用，可以降低转轮体下腔的漏油压力。

(4) 受油器与转轮叶片的操作油路。在导叶转动的同时，轮叶协联机构发出信号以控制主配压阀的两个油腔（一个高压给油，一个低压回油）。来自主配压阀的高压油进入受油器17的操作油腔，如图2-10所示，再经操作油管16到转轮接力器活塞13的一腔，接力器活塞的另一腔的油则顺着另一条油管返回到主配压阀的低油压腔中。

(5) 轮叶的动作过程。轮叶接力器活塞13靠压力油可控制上、下移动，当压力油从主轴中心孔内的第二层油管经B孔进入活塞上腔，而同时活塞下腔的油经C孔进入主轴中心孔内油管进行排油时，推动活塞13下移，通过活塞杆4带动操作架8及连杆9向下移动，连杆9下移使转臂10与枢轴12顺时针转动，从而使叶片开度增大。反之，当轮叶接力器活塞下腔进油而同时上腔排油时，轮叶接力器活塞向上移动，叶片逆时针转动，叶片开度减小。

5. 叶片密封装置

轮叶接力器下腔的高压油会沿着活塞杆和转轮体衬套之间的间隙漏入转轮体下腔内，叶片转动机构处于其中，低压漏油可以润滑叶片转动机构。大型机组从受油器到转轮体一般有20～30m的高程差，则转轮体内的漏油压力有0.15～0.3MPa，另外转轮转动时漏油还受离心力的作用。为防止漏油从叶片法兰的转动间隙漏出和转轮体外的高压水渗漏到转轮体内，在叶片和转轮体间设置有双向密封装置。常用的有λ形密封圈、皮碗形密封装置等，以达到双向密封作用。

6. 泄油阀

泄油阀是排出转轮体内积油的出口。如图2-10所示，泄油阀7位于转轮体底盖6的中心，主要由上部的止油阀和下部的螺塞组成。当卸掉其下部螺塞后积油不会泄出，必须拧入排油管顶起止油阀后才能将积油排出。

2.1.3 水轮机主轴

水轮机主轴要同时承受轴向力、径向力及扭矩的综合作用。其结构随机组类型、布置方式、容量大小和导轴承结构型式的不同而异。按布置方式分为卧轴布置和立轴布置形式。下面主要介绍立轴布置方式。

2.1.3.1 水轮机主轴的型式

大中型机组一般立轴布置，采用双法兰主轴。如图2-12所示，主轴由上部法兰（与发电机轴下部法兰相连）、轴身和下部法兰（与水轮机转轮相连）3部分组成。主轴两端分别与转轮、发电机主轴均采用螺栓连接。主轴直径较小时采用实心轴；当主轴直径较大时，为减轻轴的重量，提高轴的抗弯强度和刚度而做成空心轴，且可消除轴心部分材料组织疏松等材质缺陷，便于进行轴身质量检查，还可满足结构上的需要，例如混流式水轮机可通过主轴中心孔向尾水管补气。

主轴的材料一般采用优质碳素钢或合金钢。轴的全部表面都要加工光滑，在法兰表面、联轴螺孔、轴颈等处，要求有很高的加工精度。

当主轴尺寸较小时，采用整体锻造结构，如图2-12(a)所示，可改善材料质量，但其法兰尺寸比轴身大，需较大的冶炼和锻造设备，且其坯料的工艺性和经济性也较差，所以限制了在大型机组中的应用。

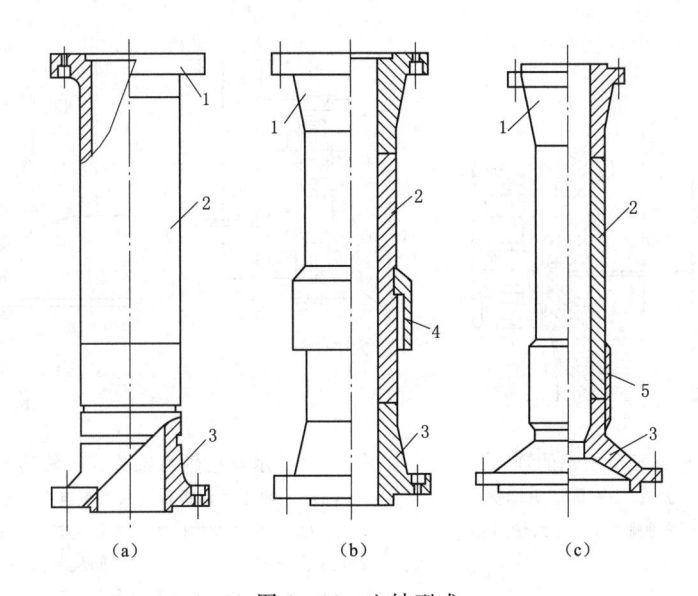

图 2-12 立轴型式
(a) 整锻主轴；(b) 焊接结构主轴轴身带轴领；(c) 焊接结构主轴轴身不带轴领
1—上部法兰；2—轴身；3—下部法兰；4—轴领；5—不锈钢轴衬

当主轴的尺寸较大时，也可采用焊接结构，主要有3种连接方式：①锻造轴身、铸造法兰，用环形电渣焊连接；②锻造轴身与法兰，再用环形电渣焊连接；③轴身用钢板卷成两个半圆后再焊接，法兰用铸钢，最后用环形电渣焊连接成轴。

主轴轴身有带轴领和不带轴领两种型式，如图 2-12（b）、图 2-12（c）所示。带轴领的主轴适用于稀油油浸式整体瓦或分块瓦式轴承；不带轴领的主轴适用于采用水润滑和稀油润滑的筒式轴承。当采用水润滑导轴承时，为防止主轴锈蚀，在与轴承瓦面相应部分的轴身表面要包焊不锈钢轴衬。

2.1.3.2 主轴的连接结构

1. 主轴与发电机轴的连接

采用联轴螺栓将水轮机主轴法兰与发电机主轴法兰连接起来，联轴螺栓传递扭矩，如图 2-13 所示。如厂房布置和锻造条件允许，还可把水轮机主轴和发电机轴设计为整体结构，由于没有中间连接法兰，可减少主轴重量和加工量，并可使主轴受力、轴承载荷等都得到改善，安装时也方便。

2. 主轴与转轮的连接

混流式与轴流式有不同的连接结构，主要有以下两点：

（1）主轴与轴流式转轮的连接。有两种连接结构，均采用联轴螺栓传递扭矩，如图 2-14 所示。图 2-14（a）所示结构是主轴法兰用螺栓5连接在转轮体的上盖上；图 2-14（b）所示结构是将主轴法兰扩大作接力器上盖，另外再用螺栓9连接在转轮体壁上，采用横向圆柱销11传递扭矩。显然后一种型式比较简单，加工量也较少。

（2）主轴与混流式转轮上冠法兰的连接。图 2-15（a）所示为常用的铰孔螺钉连接方式，联轴螺栓5同时承受轴向力和扭矩；图 2-15（b）所示为用圆柱键传递扭矩的连

41

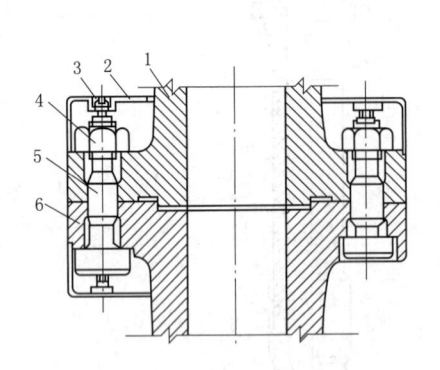

图 2-13 水轮机轴与发电机轴的连接结构
1—发电机轴；2—护罩；3—圆柱头螺钉；
4—联轴螺母；5—联轴螺栓；6—水轮机轴

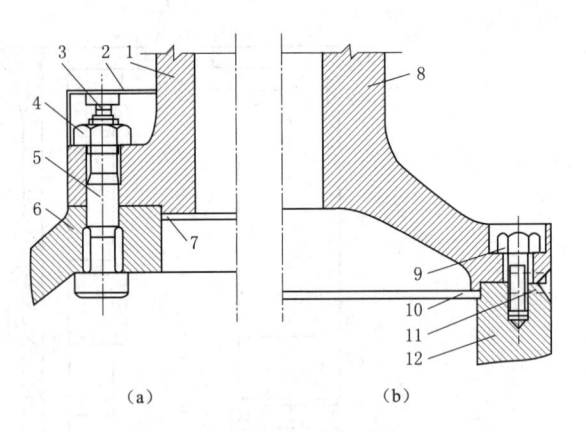

图 2-14 水轮机轴与轴流式转轮的两种连接结构
(a) 主轴法兰用螺栓连接在转轮体上盖的结构；
(b) 主轴法兰扩大作为接力器上盖的结构
1、8—水轮机轴；2—护罩；3—圆柱头螺钉；4—联轴螺母；
5—联轴螺栓；6—转轮上盖；7、10—密封条；
9—螺栓；11—圆柱销；12—转轮体

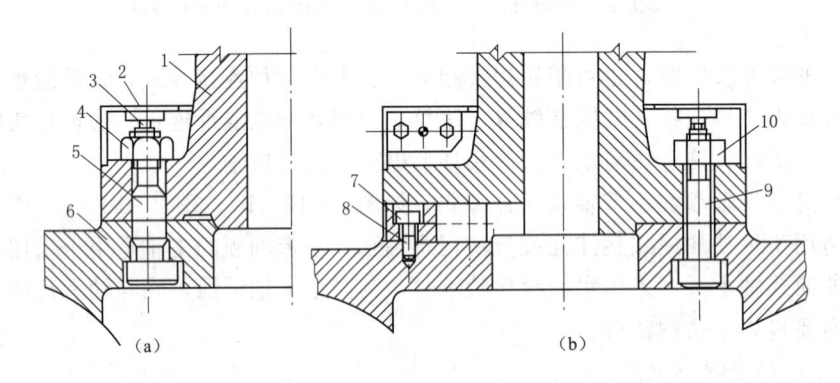

图 2-15 水轮机轴与混流式转轮的两种连接结构
(a) 铰孔螺钉连接；(b) 圆柱键传递扭矩连接
1—水轮机轴；2—护罩；3、7—圆柱头螺钉；4、10—联轴螺母；
5、9—联轴螺栓；6—混流式转轮上冠；8—圆柱键

接方式，联轴螺栓9只承受轴向力，用键传递扭矩可节省螺钉孔的铰孔工作，制造上有一定优点，安装较方便，但目前只应用在小型水轮机上。为减小损失在连接法兰处通常装有护罩。

我国水轮机制造厂对主轴的结构型式及尺寸已经标准化。有两种标准系列，一种为轴身壁厚大于法兰厚度的厚壁轴标准，另一种为轴身壁厚小于法兰厚度的薄壁轴标准。近年来设计的大型水轮机广泛采用薄壁轴结构，在新产品设计中，当主轴直径超过 600mm 时建议用薄壁轴结构；当主轴直径不超过 600mm 时则采用厚壁轴结构。

2.1.3.3 主轴的密封装置

水轮机主轴密封装置的作用，是为了防止压力水从主轴和顶盖之间间隙沿轴向上渗漏

到机坑内而淹没水导轴承。按其工作方式，可分为工作密封和检修密封。

1. 工作密封

工作密封是指在机组正常运行时，封堵水轮机导轴承下部的漏水的密封。工作密封又分为接触式密封和非接触式密封两种。非接触式密封是靠密封部分的水力阻力来达到密封的目的，仅在卧轴机组、安装高程为正值时采用。下面主要介绍接触式密封。

接触式密封封水性能好，但密封件在正常工作情况下处于半干摩擦状态。为保证密封件安全可靠运行，除密封件材料要求耐磨耐蚀外，在结构上还要考虑在摩擦面间进行必要的润滑和冷却，主要有填料密封、橡胶平板密封、径向密封、端面密封几种。

(1) 填料密封。填料密封又称盘根密封，图 2-16 所示为其中一种型式的结构。一般用几层橡胶石棉盘根作填料，放入填料箱 2 中，填料与主轴 3 接触而封住下部的水流上溢；压环 4 调节填料的松紧度，使运行时有少量漏水润滑和冷却填料摩擦面，有的在填料中间（层）加注压力水也是起同样的作用。其特点是结构最为简单、封水性能好。但由于填料磨轴且填料本身易损，故一般应用于小型和低水头水轮机上。

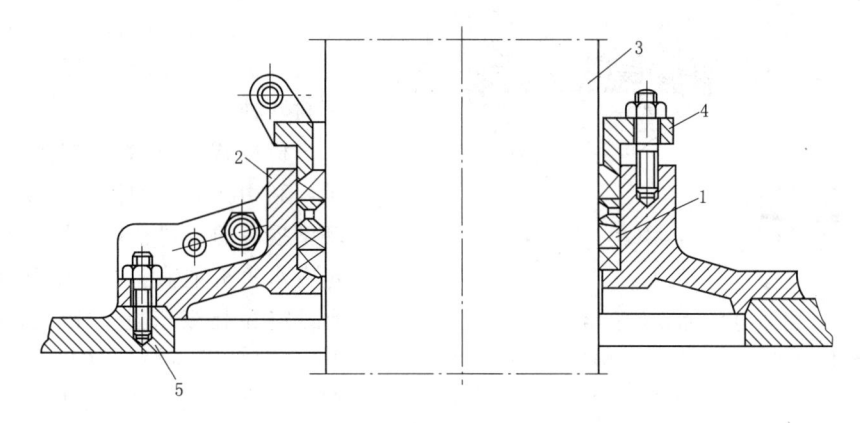

图 2-16 填料密封
1—填料；2—填料箱；3—主轴；4—压环；5—顶盖

(2) 橡胶平板密封。橡胶平板密封利用橡胶和固定在主轴上的动环形成端面接触，靠水压压紧接触面进行密封。其优点是不磨主轴，结构简单，更换方便，密封适应性好，摩擦系数小。橡胶平板密封又分为单层和双层结构。

单层橡胶平板密封如图 2-17 所示，靠水压使橡胶平板紧贴固定在主轴上的转环下面的抗磨板以封水，但抬机时漏水量增大。多用于水润滑橡胶导轴承上部压力水箱的主轴密封，或水质较干净时稀油润滑导轴承下部的主轴密封。

双层橡胶平板密封如图 2-18 所示，上层橡胶平板 6 固定于水箱 5 的上环，下层橡胶平板 4 固定在转架 3，清洁的压力水由管 7 引入，靠水压使上、下橡胶平板贴紧抗磨板而封水。同样，这种密封抬机时漏水量增大，其结构也比单层橡胶平板密封结构复杂，调整也较复杂。多用于水润滑橡胶导轴承上部压力水箱的主轴密封和稀油润滑导轴承下部的主轴密封和多泥沙水电站。

(3) 径向密封。径向密封是指采用径向调整密封件的松紧度方法来实现圆周向的密封。如图 2-19 所示，密封件由 3~4 层密封环组成，每一密封环由几块扇形环拼成。密封环常用碳精、氟塑料、尼龙等工程塑料及软金属材料。通常用弹簧围成圈来调整密封环的松紧度。要求水润滑与冷却，需在相应轴颈上包不锈钢，其密封性较好，但密封环的接口要错开及定位，以保证密封环不随主轴旋转。密封环加工精度要求高，磨损后调整量小。

（4）端面密封。对于稀油轴承，主轴密封设在轴承下面。由于空间狭窄，尤其是中小型机组，检修维护不便，要求密封装置结构简单，工作寿命长，而端面密封正好具有这些优点，在立式机组中被广泛采用。端面密封有机械式端面密封和水压式端面密封两种。

机械式端面密封如图2-20所示，利用托架5的机械滑动进行密封环磨损后的位置补偿。图中转环2固定在水轮机主轴上，密封环3用压环4固定在托架5上，密封环一般由2～4块扇形环搭接成圈，其材料常用橡胶、碳精或工程塑料；托架5与

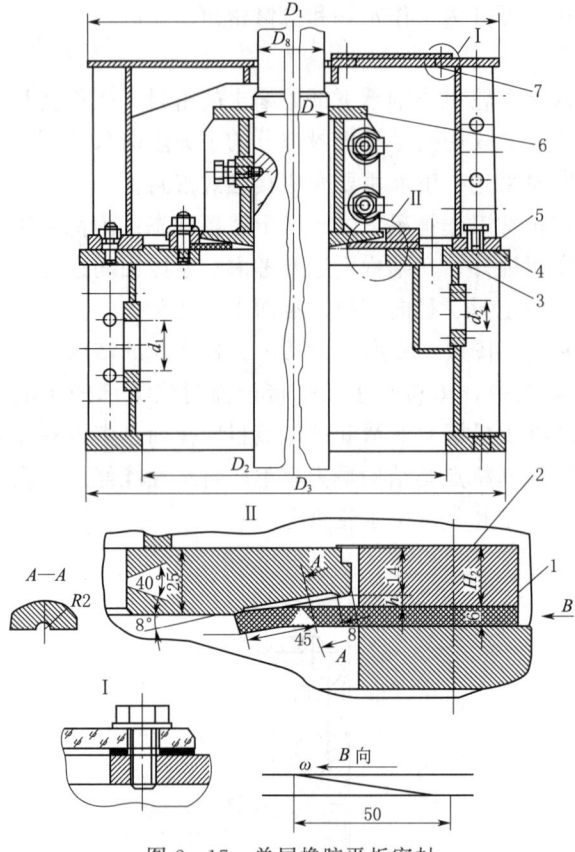

图2-17 单层橡胶平板密封
1—橡胶平板；2—压块；3—压力水箱；4—衬垫；5—封水箱；6—旋转动环；7—观察窗

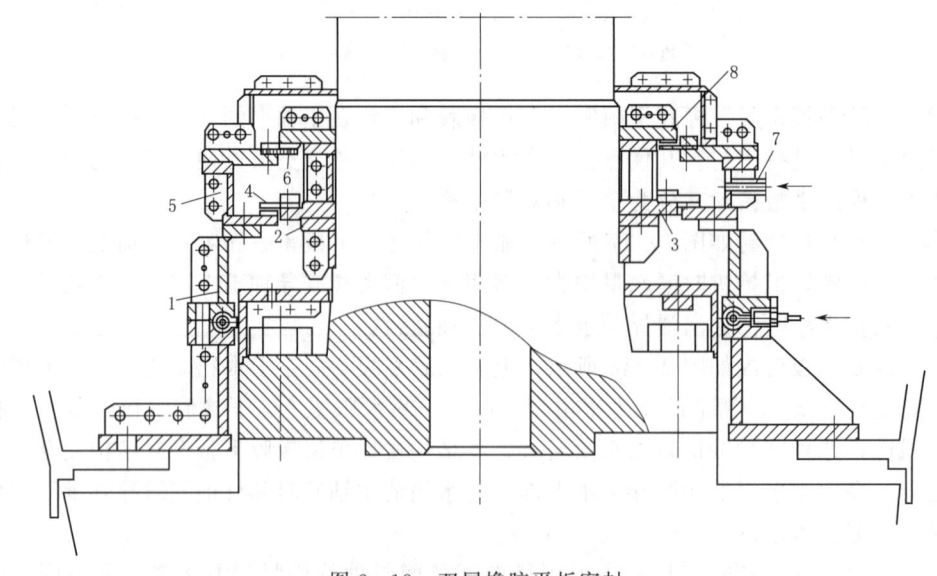

图2-18 双层橡胶平板密封
1—支架；2—衬架；3—转架；4、6—橡胶平板；5—水箱；7—进水管；8—转环

支座 8 之间沿圆周布置数个弹簧 7，靠弹簧的弹力使密封圈紧贴在转环的下端面上而起密封作用。主轴密封装置结构的密封性较好，磨损后轴向调整量较大，在水质较干净的电站采用较为有利；其缺点是当弹簧作用力不均时，密封易偏卡偏磨，性能不够稳定。现一般采用水压代替弹簧。

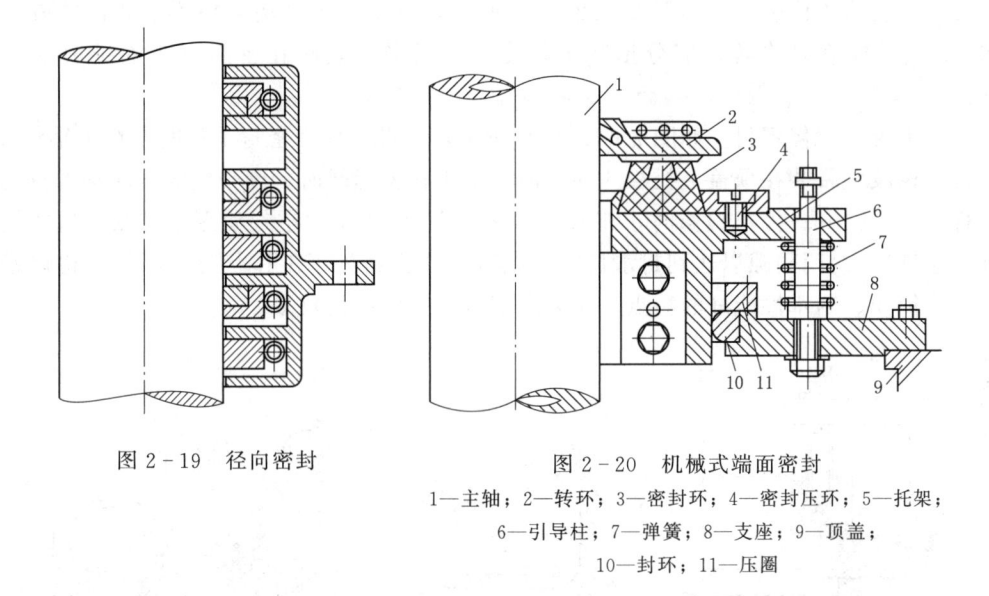

图 2-19 径向密封

图 2-20 机械式端面密封
1—主轴；2—转环；3—密封环；4—密封压环；5—托架；
6—引导柱；7—弹簧；8—支座；9—顶盖；
10—封环；11—压圈

水压式端面密封如图 2-21 所示。其特点是结构简单、安装方便、性能可靠，靠水压作用使密封圈 2 紧贴转动的抗磨衬板 5 的端面上而封水，克服了机械端面密封受力不均匀的缺点。图 2-21（a）为直接利用密封圈自重和漏水压力使密封圈贴紧的结构，适用于低水头、水质清洁的电站；图 2-21（b）为引入清洁压力水，利用水压封水，适用于水质较差的电站。

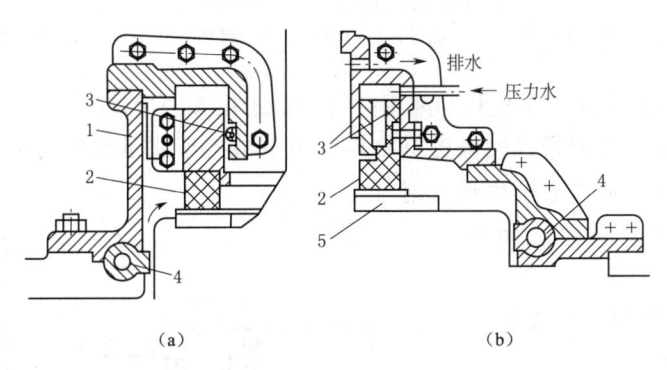

图 2-21 水压式端面密封
（a）利用密封圈和漏水压力封水；（b）引入清洁压力水封水
1—支承板；2—密封圈；3—橡皮条；4—检修密封；5—抗磨衬板

2. 检修密封

对于下游水位高于导轴承的机组，在停机检修导轴承或工作密封时，封堵尾水从顶盖涌出，这种密封称为检修密封。其结构型式常用的有机械式、抬机式和围带式等。

（1）机械式检修密封。如图 2-22（a）所示，它是在转动部分与固定部分之间装设硬橡胶密封环 1，正常运行中采用机械方式（如螺杆 3）提起，停机检修时把密封环压下封水。其结构简单，但操作不便，仅适用于小型水轮机。

（2）抬机式检修密封。如图 2-22（b）所示，它是在主轴法兰护罩上装设橡胶平板密封 1，停机检修时将转动部分抬起来，使橡胶板受压紧贴在密封座 4 的锥表面上而封水。

（3）围带式检修密封。如图 2-22（c）所示，围带式检修密封 1 一般设在主轴法兰 2 的部位。橡胶围带装在顶盖上托板 6 的槽内。机组正常运转时，围带内缘与转动部分的间隙 δ 保持 1~2mm；停机检修时，充入 0.5~0.7MPa 的压缩空气使围带扩张，抱紧旋转部件（主轴），封闭间隙以达到封水目的，此时检修密封处于工作状态。围带式检修密封具有操作简便、封水性能好的特点，在大中型水轮机中应用较多。

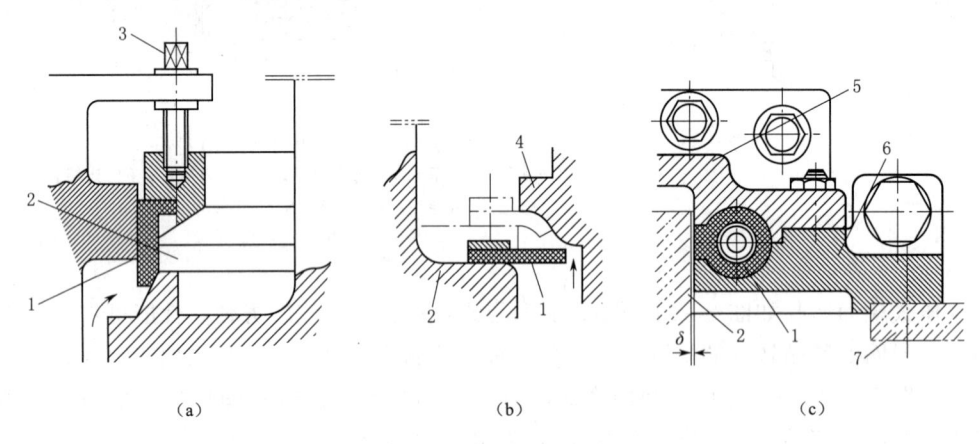

图 2-22 检修密封结构
(a) 机械式；(b) 抬机式；(c) 围带式
1—密封；2—主轴法兰；3—螺杆；4—密封座；5—围带压板；6—托板；7—顶盖

实际上，国内外大多数水轮机都采用空气围带式检修密封，图 2-23 中是常见的中空结构和实心结构的空气围带式检修密封结构。中空结构型式是橡胶密封自身做成空心结构，类似橡胶轮胎；而实心结构型式则是橡胶密封与固定部件之间形成一空腔。

2.1.4 水轮机固定部件的结构

2.1.4.1 顶盖

顶盖呈圆环状，箱形结构，固定在座环上。其作用一是封堵水流形成流道，二是支持和固定水轮机一部分零件。

水轮机顶盖上安装有控制环（通过

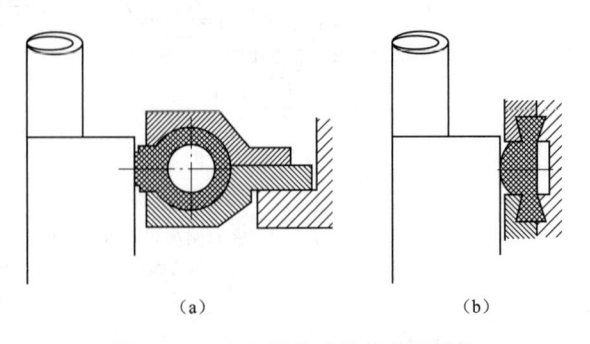

图 2-23 空气围带式检修密封结构
(a) 中空结构；(b) 实心结构

支持环支承在顶盖上)、导叶传动机构及水轮机导轴承等。大型水轮机结构中也有将接力器或推力轴承放在顶盖上的。

1. 混流式水轮机顶盖

混流式水轮机顶盖由导水机构顶环（支承导叶上套筒）、顶盖（支承控制环）两部分组成，两者合二为一。其结构决定于机组的尺寸、转轮型式、推力轴承布置的方式等。当推力轴承布置在顶盖上时，由于刚度的要求，顶盖的高度要比一般的高得多。

混流式水轮机的顶盖有铸造和焊接两种结构。铸造结构一般采用铸铁 HT21-40 或铸钢 ZG30，主要取决于工作水头和顶盖的尺寸。大中型机组一般采用钢板焊接结构，图 2-24 给出了几种焊接结构的顶盖型式（半个剖面），其中图 2-24（b）为推力轴承支架和顶盖结合在一起的结构，焊接顶盖多数设计成箱形结构，由外环板、内环板、上平板、底板构成，内外圈钢板间用径向筋板加强。

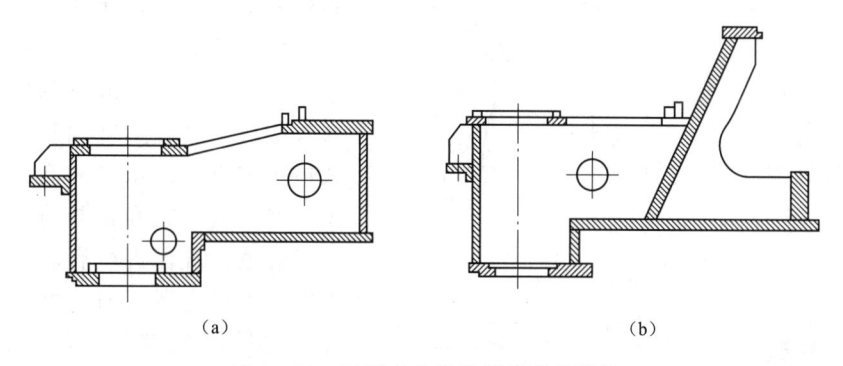

图 2-24 混流式水轮机焊接顶盖结构
(a) 普通顶盖结构；(b) 推力轴承支架和顶盖组合结构

顶盖外缘法兰有单层、双层两种型式。单层法兰结构简单，但对法兰焊缝的焊接质量要求高。顶盖法兰用螺栓固定在座环上，接合面间用止水橡胶皮条封水。

2. 轴流式水轮机顶盖

由于轴流式水轮机顶盖要引导水流转弯并向下延伸，为了使构件尺寸不致太大，结构上常由导水机构顶环、顶盖、支持盖（支承导轴承和主轴密封装置）3 部分组成。一般顶环和顶盖可分开设置，以便检修转轮时不必拆卸顶环和导叶。但对于中小型机组，有时为简化结构，通常将它们设计成整体的。

图 2-25 为一种轴流式水轮机的焊接顶盖结构，与混流式水轮机相同，均采用箱形结构。顶盖通过法兰 1 固定在顶环上，其下翼板 7 为轴流式水轮机过流通道表面的一部分，下环板 6 则下接支持盖，形成转轮前的过流通道。支持盖的下翼板 7 为水轮机过流通道表面的一部分，应做成流线型，该过流

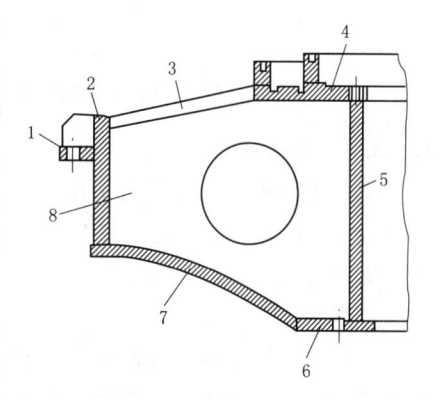

图 2-25 轴流式水轮机焊接顶盖结构
1—法兰；2—外环板；3—斜板；4—上平板；5—内环板；6—下环板；7—下翼板；8—内法兰

表面有承受转轮前水流压力的作用。当推力轴承安置在支持盖上时,支持盖还承受着作用在转轮上的轴向水推力和转动部分的重量。

2.1.4.2 底环

底环是导叶的下支撑部件,与顶盖形成环形流道并实现对导叶轴的定位与调整作用。底环为圆环形箱体结构,如图 2-26 所示。底环固定于座环的下部内法兰上,在底环上的导叶轴线分布圆周上,均布与导叶数相等的圆孔,安放导叶下轴颈。

中小型水轮机的底环一般采用铸造结构,大型底环因运输的要求多采用铸焊分瓣组合结构。底环的上表面内缘呈平滑的弧形,使水流平顺地进入转轮,其下部与基础环相连。对于多泥沙河流电站,底环和顶环的过流表面常铺设可更换的抗磨板。如三峡水电站水轮机在底环下部槽中均布着永久垫块,放置于基础环上,通过永久垫块调整底环水平和高程;底环上设压缩空气补气孔,并预留压缩空气补气管道,若在机组启动或运行过程中发生不稳定运行时,可通过补气管补入适量压缩空气,促使机组稳定运行。

轴流式水轮机的底环,因安装时悬挂转轮的需要,结构上设计有若干凹槽,如图 2-26(b)所示,转轮安装后用垫块封闭成形。

在导水机构有端面密封的结构上,顶环和底环过流表面应有鸽尾槽或压板式橡胶密封槽。

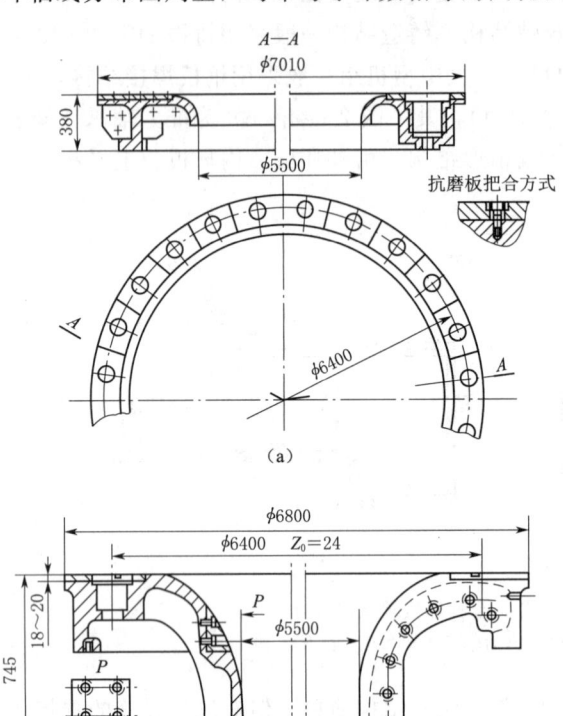

图 2-26 底环
(a) 混流式水轮机底环;(b) 轴流式水轮机底环

2.1.4.3 导水机构

径向式导水机构广泛用于反击式水轮机,它主要由顶盖(或顶环)、底环、导叶和其传动机构等组成,如图 2-27 所示。调速器改变导叶接力器活塞两侧油压使推拉杆向压力减小侧移动。

1. 导叶

(1) 导叶的结构。导叶由导叶体和上、下转轴组成。导叶体断面形状为翼形,在保证强度的基础上能减少水力损失。导叶可采用整铸和铸焊结构。中小型水轮机导叶常做成实心的,采用整体铸造。对于大型水轮机,为节约金属,导叶体常做成内部中空的,可采用铸焊结构,有两种:①导叶分3段铸造(上轴颈和导叶上端部、导叶体、下轴颈和导叶的下端部),然后组焊成整体;②导叶端部为一具有导叶形状的平板。

导叶体通常不加工，仅进行打磨，故铸造应保证表面的线型及质量。

(2) 导叶轴承及润滑。导叶转动要求灵活，常在轴颈处装有导叶轴承。近代大中型水轮机由于受力较大，一般采用3个轴承支承：下部轴承套（简称轴套，即轴瓦）装在导水机构底环上，上部两个轴承套安装在顶盖圆筒形导叶轴套内。

导叶轴套材料取决于其润滑方式。过去多采用锡基青铜铸造，加注黄油润滑，抗磨性能良好，单位面积的承载力较大，但需要昂贵的有色金属且轴套的润滑，密封设备也比较复杂。近年来正在推广用工业塑料代替，不但能简化水轮机的结构，而且大量节省有色金属，降低了制造成本，如三峡水电站水轮机的上、中、下导叶轴套衬有含油酮基的自润滑材料，内表面喷涂含有四氟乙烯粉粒及黏结剂的DG22黑色涂料，长期运行可保证良好的自润滑性能。

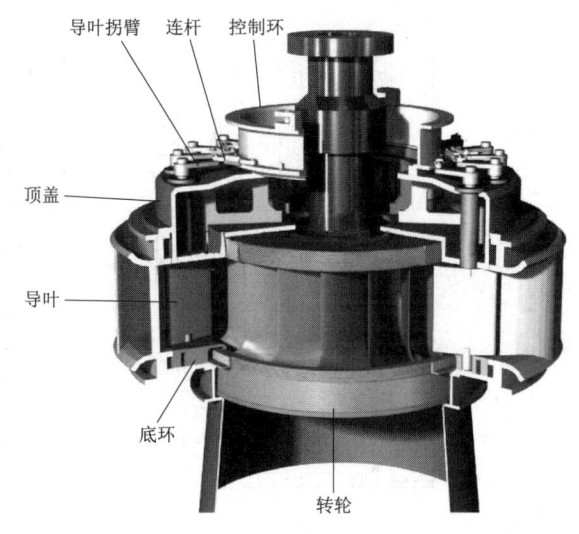

图2-27 导水机构结构示意图

当水头不高且河流水质较清时，导叶下轴承可采用水润滑。

(3) 导叶轴颈的密封。导叶的中、下轴颈需密封，以防压力水从导叶轴颈处泄漏。

1) 导叶的中轴颈密封。在导叶中轴颈处设有密封装置，多装在导叶套筒的下端，常用的密封主要有U形和L形结构，如图2-28 (a)、(b) 所示。

U形密封圈开口向下，置于导叶轴颈和套筒之间，张开时紧贴在导叶轴颈和套筒上，在下面压力水的作用下止漏面接触更为严密。少量渗漏水经密封垫环4和套筒上的排水孔，由专设的排水管引入顶盖中，或直接由排水孔排入顶盖内。U形密封圈材料一般为牛皮或橡胶。这种密封封水性能较好，但结构较复杂，现较少采用。

L形密封圈与导叶中轴颈之间靠水压贴紧而封水，在轴套和导叶套筒8上开有排水孔，以形成压差。密封圈的端面靠导叶套筒紧压在顶盖10上形成止漏，所以套筒与顶盖端面配合尺寸应保证橡胶有一定的压缩量。L形密封圈材料一般为中硬耐油橡胶，模压成型。这种密封封水性能较好，结构较简单，采用较多。

2) 导叶的下轴颈密封。一般采用O形橡胶密封结构，以防泥沙进入，磨损轴颈，如图2-28 (c) 所示。下轴承必须为油润滑或用尼龙轴套。

(4) 导叶的立面间隙、端面间隙以及导叶密封。导叶关闭后应封水严密，应尽量减小导叶间隙，以减小水流的漏损和空蚀破坏，以及调相运行时的漏气量。导叶间隙分为立面间隙（导叶与导叶之间）和端面间隙（导叶与顶盖、底环之间）。

对于立面间隙：中低水头的大中型水轮机，一般采用橡皮条密封，有两种结构。导叶全关时，导叶尾部靠接力器的作用力压紧在相邻导叶头部的橡皮条上，但在运行中会出现橡皮条脱落现象；橡皮条用压条和螺钉固定在导叶上，使用中不易脱落，广泛应用于中水

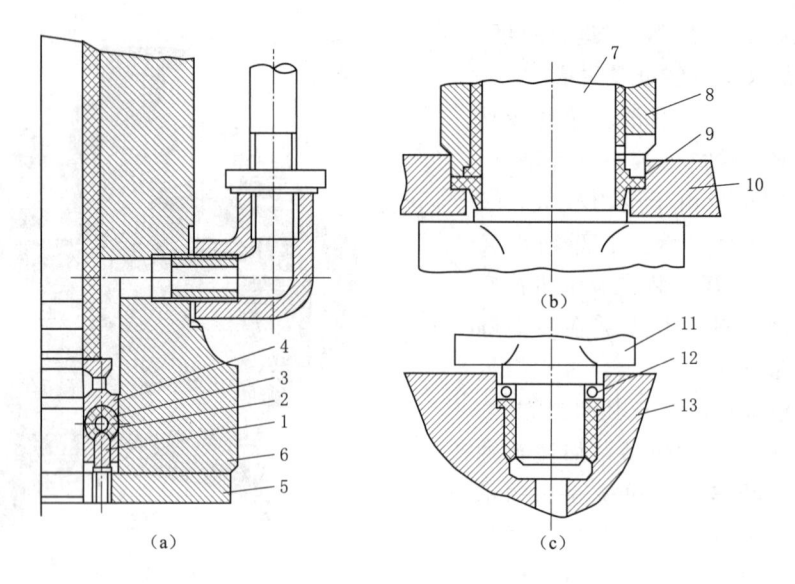

图 2-28 导叶上、下轴颈密封装置

(a) U 形密封；(b) L 形密封；(c) O 形密封

1—压紧环；2—U 形密封圈；3—橡皮条；4—密封垫环；5—压板；6、8—套筒；
7、11—导叶；9—L 形密封圈；10—顶盖；12—O 形密封圈；13—下轴套

头水轮机；高水头水轮机的导叶立面密封，主要靠研磨接触面来达到。

对于端面间隙：应小到不以卡住导叶为原则，结构上还必须采取相应的封水措施。常在上端面的顶盖、下端面的底环处开沟槽，其内装设橡皮条，以进行端面密封。

2. 导叶传动机构

导叶传动机构主要由控制环、连杆、连接板、拐臂、导叶转轴等组成，其作用是通过外部动力（接力器的油压作用力）使导叶转动，从而调节水轮机流量。

（1）控制环。受到接力器推拉杆传递的力使控制环转动，带动连接其上的导叶连杆与拐臂等使导叶转动。控制环安装在顶盖（顶环）上，在控制环与顶盖（顶环）的接触表面分段装设了抗磨板。控制环上部的大耳环与推拉杆相连，下部均匀布置的销孔与叉头或耳柄相连，通过它使每个导叶的传动机构同步动作。

（2）导叶传动机构的型式。导叶传动机构通常布置在顶盖上，用于转动导叶。导叶传动机构有多种型式，目前使用较多的是叉头式和耳柄式。

1) 叉头式传动机构。其组成如图 2-29 所示，有两个叉头，左边的叉头用叉头销与连接板连接，右边的叉头用叉头销 2 与控制环 1 相连，一头为左旋螺纹而另一头为右旋螺纹的连接螺杆 8 将两个叉头连在一起。安装中转动螺杆，可调整导叶的立面间隙，调整螺钉 10 可调整导叶上、下端面间隙。分半键 7 能保证在调整导叶端面间隙时，导叶上、下移动而其他传动部件的位置不受影响，结构如图 2-30（a）所示。

剪断销是导水机构的安全装置，其结构如图 2-30（b）所示，中部做成薄弱的断面，在正常调节导叶转动时，剪断销有足够的强度传递操作力矩。当关小导叶时，若有异物卡在导叶之间，所需操作力急剧增加，操作力增大到正常应力的 1.5 倍时，剪断销被剪断，被卡

2.1 水轮机基本介绍

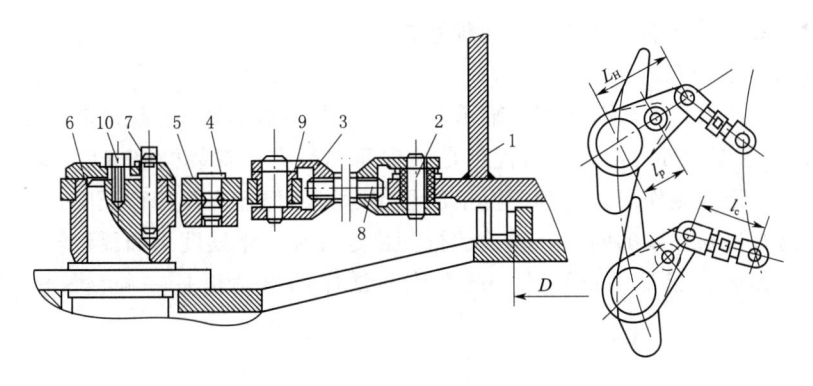

图 2-29 叉头式传动机构
1—控制环；2—叉头销；3—叉头；4—剪断销；5—连接板；6—拐臂；
7—分半键；8—连接螺杆；9—补偿环；10—调整螺钉

住的导叶失去控制，而其他导叶继续向关闭方向运动。剪断销的中心孔内装有信号装置，当剪断销被剪断时发出信号。

2) 耳柄式传动机构。如图 2-31 所示，耳柄式传动机构取消了连接板，拐臂 1 用剪断销 3 直接与耳柄 2 相连，导叶的立面间隙是通过旋套 4 调整的。这种结构中，连杆的水平中心线与拐臂的水平中心线不在同一平面内，使连杆销和剪断销都受有附加弯矩作用，因而剪断销的剪应力不稳定，容易受轴套配合间隙及装配质量影响，但它结构简单，多用于中小型水轮机。

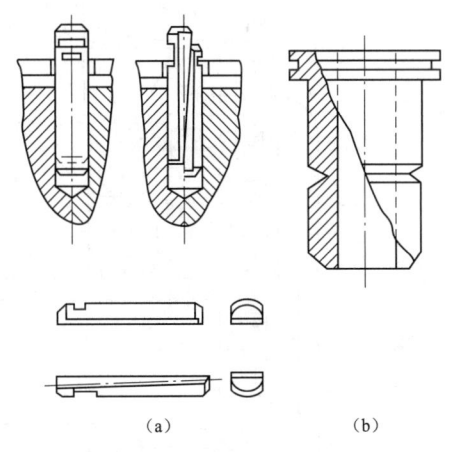

图 2-30 分半键与剪断销结构
（a）分半键；（b）剪断销

2.1.4.4 水轮机导轴承

水轮机导轴承承受水轮机转动部分的径向力，是保持转轮和主轴绕旋转中心转动的部件。根据水轮机主轴布置形式，可分卧轴水导轴承和立轴水导轴承两大类。下面主要介绍立轴水导轴承。

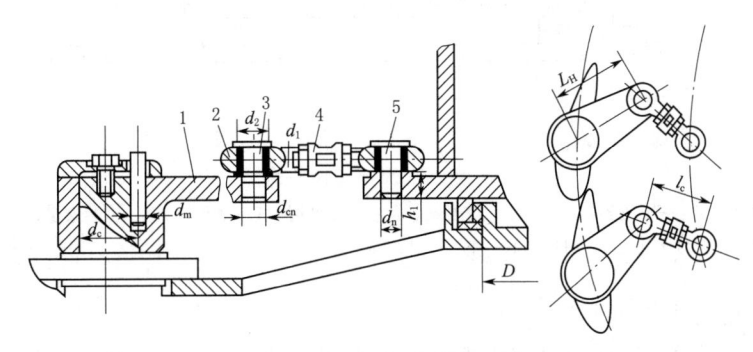

图 2-31 耳柄式传动机构
1—拐臂；2—耳柄；3—剪断销；4—旋套；5—连杆销

立轴水轮机的导轴承主要有以下几种结构型式。

1. 水润滑橡胶导轴承

如图 2-32 所示，水润滑橡胶导轴承基本上是由导轴承体 1、橡胶轴瓦 2、压力水箱 4、密封装置 6 等四大部分组成。其优点是结构简单可靠，安装检修方便，轴瓦与转轮位置较近，并有一定吸振作用，有利于机组的稳定运行。但经多年运行证明，主轴轴颈包不锈钢轴衬后仍有不同程度的腐蚀，轴承运行的稳定性和机组摆度不如稀油轴承好，对润滑水要求也高，逐渐被稀油轴承取代，但在水质洁净的电站仍是一种良好的导轴承结构型式。

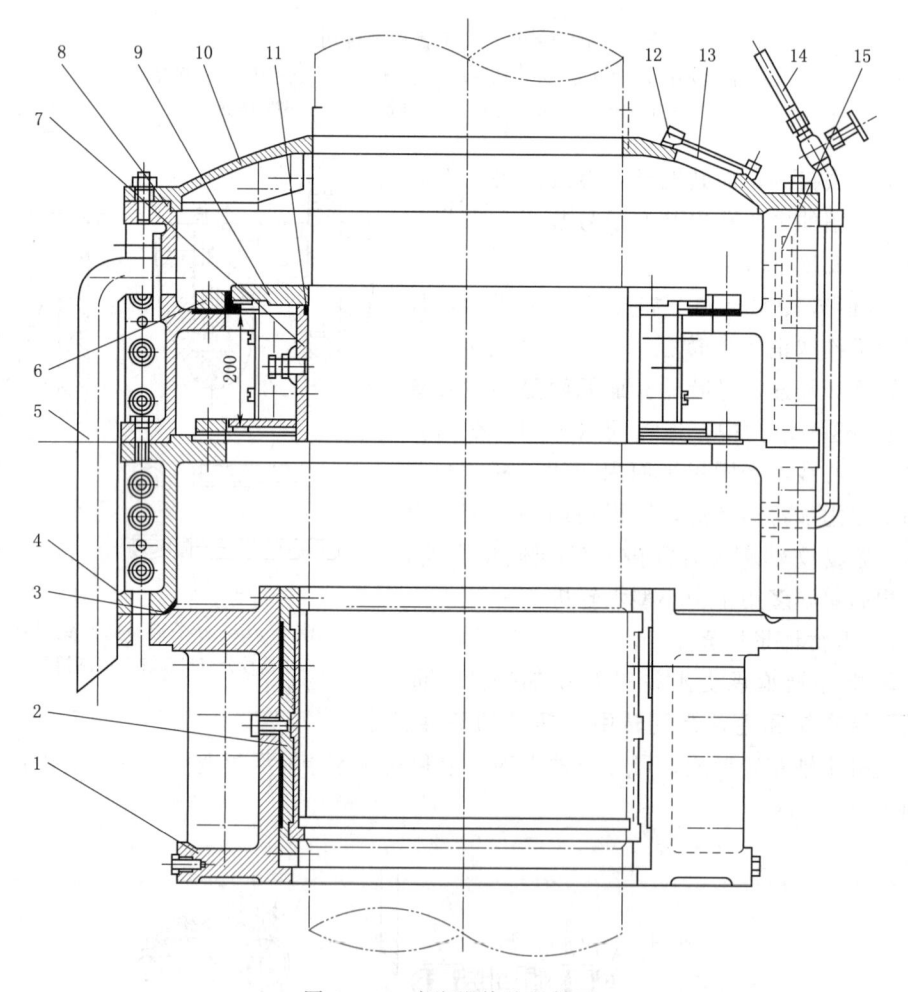

图 2-32 水润滑橡胶导轴承

1—导轴承体；2—橡胶轴瓦；3、11—密封条；4—压力水箱；5—排水管；6—密封装置；7—动环支架；8—封水箱；9—动环；10—封盖；12、13—观察窗；14—压力水表；15—接口法兰

2. 稀油润滑筒式导轴承

如图 2-33 所示，稀油润滑筒式导轴承是由转动油盆 6、轴承体 4、冷却器 3 与油面监视装置（浮子信号器 7）等主要部件组成。筒式导轴承平面布置紧凑，承载能力大，刚

性好，运行可靠，但主轴密封位于轴承下部，维修不方便，对于尺寸较小的筒式轴承，油盆安装很困难。与水润滑橡胶导轴承相比，转轮与轴承的悬臂距离较大。

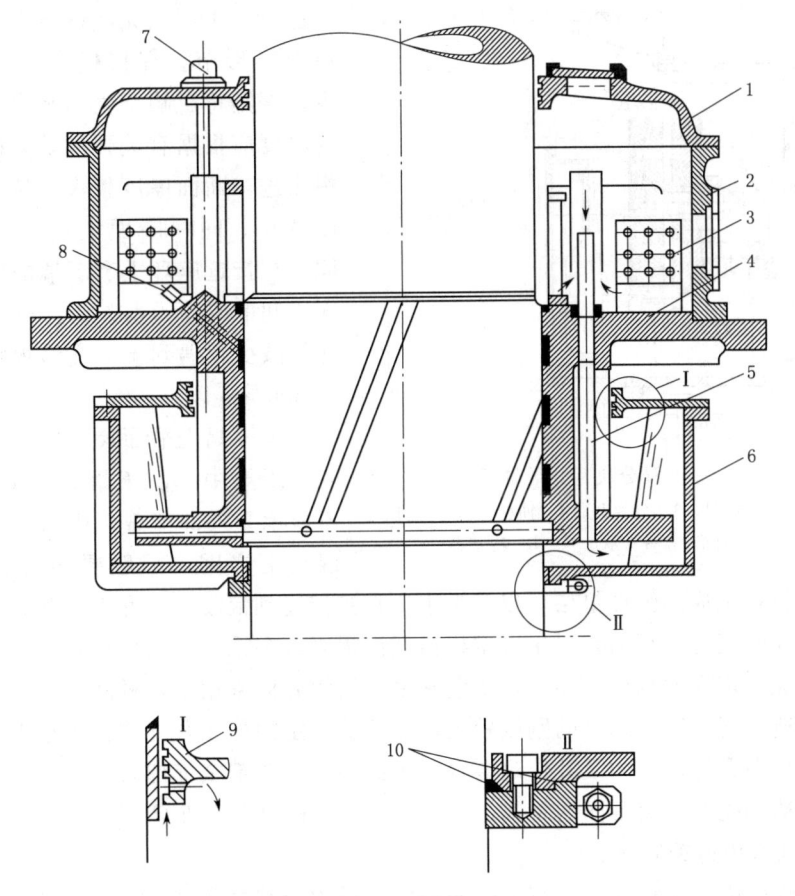

图 2-33 稀油润滑筒式导轴承
1—油箱盖；2—油箱；3—冷却器；4—轴承体；5—回油管；6—转动油盆；
7—浮子信号器；8—温度信号器；9—油盆盖；10—密封橡皮条

3. 稀油润滑油浸式导轴承

稀油润滑油浸式导轴承有分块瓦式和整体瓦式两种，前者适用于大中型机组，后者在水轮机中尚未应用。稀油润滑油浸式分块瓦导轴承，如图2-34所示，受力均匀，轴瓦刮研、调整方便，虽有平面布置尺寸较大，密封在轴承下部，转轮悬臂大及主轴带轴领、成本高等不足，但运行安全可靠，目前大中型机组较多采用这种结构。

2.1.5 水轮机埋入部件的结构

2.1.5.1 金属蜗壳

在水头高于40m以上的水电站中，由于强度的需要，一般采用金属蜗壳或金属钢板与混凝土联合作用的蜗壳。金属蜗壳按其制造方法，有焊接、铸造、铸焊3种类型：

（1）焊接蜗壳。这种蜗壳包括座环在内全部用焊接结构，钢板沿着整个圆周焊接到座环的上、下蝶形边上，一般用在尺寸较大的中低水头电站的混流式水轮机中。焊接蜗壳由

第 2 章 立式水轮机的安装

若干个节组成,每节又由几块钢板拼成,整个蜗壳的装配和焊接在工地安装时进行。工厂只完成钢板下料和卷制成单个环形节。焊接蜗壳的节数不应太少,否则将影响蜗壳的水力性能。钢板的厚度应根据有关强度计算确定,通常蜗壳进口断面厚度较大,越接近鼻端厚度越小。同一断面上钢板厚度也不相同,在接近座环上、下端的钢板较在断面中间的要厚一些。焊接蜗壳的焊缝应尽量减少,遇到十字交错焊缝时必须错开 300mm 以上。

焊接蜗壳平面尺寸较大,需全部埋入混凝土中。由于蜗壳壁薄、刚性差,不能承受外部荷载,所以在蜗壳上部与混凝土之间,一般要铺设由沥青、石

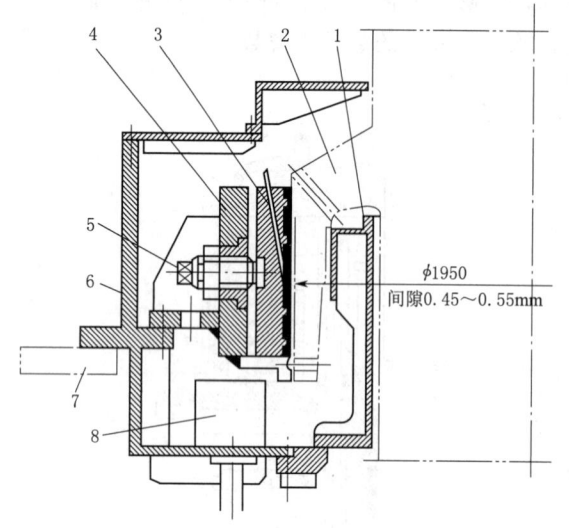

图 2-34 油浸分块瓦式导轴承
1—挡油箱;2—轴领;3—分块瓦;4—轴承体;5—支顶螺栓;6—油箱;7—支承法兰;8—冷却器

棉、毛毡等材料组成的弹性垫层,以避免水压直接传递到混凝土上和上部基础传来的外荷载直接作用在蜗壳上。目前,对于大型机组埋设蜗壳,多采用充水保压新技术,取消了弹性垫层,增强了蜗壳的刚度,如三峡水电站水轮机蜗壳即采用了这种新技术。

(2) 铸造蜗壳。这种蜗壳的刚度较大,能承受一定的外压,常作为水轮机的支承点并在它上面直接布置导水机构及其传动装置。铸造蜗壳一般不全部埋入混凝土。根据应用水头不同,铸造蜗壳可采用不同的材料,水头小于 120m 的小型机组一般用铸铁件,水头大于 120m 时则多用铸钢制作。

(3) 铸焊蜗壳。这种蜗壳与铸造蜗壳一样,适用于尺寸不大的高水头混流式水轮机。铸焊蜗壳的外壳用钢板压制而成,固定导叶的支柱和座环一般是铸造,然后用焊接方法把它们连成整体。焊接后需进行必要的热处理以消除焊接应力。

大中型机组的蜗壳上设有进人孔和排水孔。一般进人孔直径为 650mm,位置设在蜗壳的底部,并与蜗壳圆形断面中垂线成 15°,这样是为了打开进人门时不会有积水漏出。

另外,在蜗壳内部最低处,均设有排水阀,以便检修时排出积水。

在厂房的基础上,设有若干个均布的支墩,用于安放蜗壳,并用千斤顶和拉杆拉紧,把金属蜗壳牢固地固定在基础上,以免浇筑混凝土时蜗壳位置变动。

2.1.5.2 座环

座环既是承重部件又是过流部件,还是混流式机组的一个重要安装基准件。它承受水轮机的轴向水推力、机组的重量、座环上部混凝土的重量等荷载,并把荷载传递到下部基础上,其强度、刚度必须满足要求,其过流表面应为流线型。

座环位于蜗壳和活动导叶之间,是一个环形结构部件,通常由上环、下环和若干个固定导叶组成。上环、下环的圆周与蜗壳相连接,上环内圈法兰与顶盖连接,下环内圈法兰上安装基础环。

对于混流式水轮机，处于蜗壳尾部的几个固定导叶中设有排水管，以作为顶盖排水的通道之用。此外，在下环上开有多个灌浆孔，以备安装完毕后回填灌浆之用。

座环的结构类型及工艺方案主要取决于水轮机的参数、尺寸、制造和运输能力等条件。

1. 结构类型

(1) 单个支柱型。如图 2-35 (a) 所示，单个支柱带有上、下法兰，通过法兰和地脚螺栓与混凝土牢固地结合在一起。在特大型低水头轴流式水轮机中，由于制造与运输的原因，常采用该结构座环。

(2) 半整体型。如图 2-35 (b) 所示，支柱下端法兰直接固定在混凝土中，而上端则用螺栓连接或直接焊接在座环上。有的座环上环和顶盖的顶环合二为一。

(3) 整体型。如图 2-35 (c) 所示，座环的支柱、上环、下环为整体结构。这种结构刚性好，在制造厂可进行预装配，是最佳结构。

对于低水头大型轴流式水轮机，其蜗壳一般为混凝土，其座环既可是分件的也可是整体的，一般可采用上述 3 种结构。而对于混流式水轮机，其座环通常采用整体型结构。

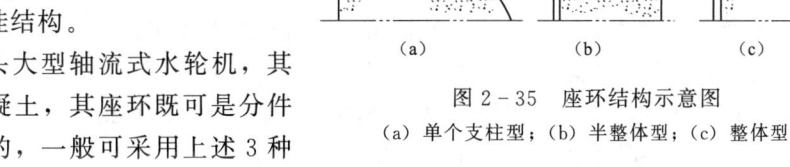

图 2-35 座环结构示意图
(a) 单个支柱型；(b) 半整体型；(c) 整体型

2. 结构工艺

座环的结构工艺可分为如下几种形式：

(1) 铸造结构。座环整铸或分瓣铸造。

(2) 铸焊结构。座环的上环、下环和固定导叶分别铸造后再焊成整体。

(3) 全焊结构。上环、下环和固定导叶均用钢板压制成形后再焊接成整体。全焊结构的固定导叶数一般和导叶数相同，以减小导叶钢板厚度，使之便于成形（其他结构中为减小水力损失，固定导叶数为导叶数的一半）。这种座环的机械加工量小，耗材少，部件重量轻，施工灵活，易于保证质量和精度，是大型机组中比较适合的结构。

按座环与金属蜗壳的连接方式，座环可分为以下两种：

(1) 带蝶形边的座环如图 2-36 所示。座环的蝶形边和蜗壳钢板采用对接焊缝焊接。这种座环结构受力不够合理，蜗壳对固定导叶有附加弯矩作用，必须加厚钢板；结构较笨重，径向尺寸较大；当用焊接结构时，其蝶形边需加压成形，工艺复杂，精度也不易保证。

(2) 无蝶形边的箱形结构座环如图 2-37 所示。座环径向尺寸有所减小，适合于全焊接。其特点是上、下环为箱形结构，刚度好，与蜗壳的联结点离固定导叶中心近，改善了受力情况；上、下环外圆焊有圆形导流板，改善了座环进口的绕流条件。

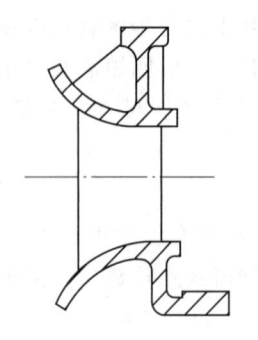

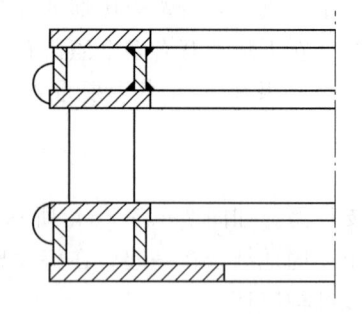

图 2-36　带蝶形边的座环　　　图 2-37　无蝶形边的箱形结构座环

总之，大、中型水轮机座环的尺寸均较大，无论铸造、焊接、全焊结构，常因运输问题而采用分瓣组合结构。可分为2瓣、4瓣、6瓣、8瓣等，分瓣面用螺栓把合。座环常用材料为碳钢A3，铸钢ZG30，或低合金钢ZG20MnSi与15MnTi等。

2.1.5.3　基础环与转轮室

1. 基础环

基础环是混流式水轮机的埋设部件（图2-1），预埋在混凝土中。其作用如下：

（1）基础环是连接座环和尾水管进口直锥段的基础部件。

（2）基础环形成了混流式水轮机的转轮室，转轮的下环在其内转动，可能承受转轮室传来的水力振动，因而要求与混凝土结合牢固。

（3）基础环是底环安装的基础部件，底环通过螺栓与基础环把合。

（4）基础环是布置混流式转轮下静止漏环的基础。

（5）基础环下法兰面也是安装和拆卸水轮机时落放转轮的基础，它与转轮下环底面之间有一定的间隙，作为安装时放置斜楔、调整转轮水平之用。

基础环通常与座环直接连接，或者与座环作成一个整体。大中型机组的基础环一般采用钢板焊接而成，其上部法兰面与座环下环用螺栓把紧，其下法兰直接与尾水管进口锥管里衬焊接；对于中小型水轮机，若运输允许，可将基础环和座环制作成一整体。

2. 转轮室

水轮机转轮室主要是指转轮在其内转动的圆周空间。如图2-9所示，轴流式水轮机转轮室是水轮机过流通道的一部分，其上部与底环连接（起部分支承作用），其下部与尾水管的锥管段连接。其作用相当于上述混流式基础环作用的"（2）""（3）"，但不与座环连接，对座环无支承作用。

转轮室的外形和选用的转轮型号有关。一般在叶片水平中心线以上为圆柱形，在中心线以下为球形，其形状和叶片外缘相吻合，以保证叶片转动时转轮仍具有最小的间隙。但也有采用全球形转轮室的，如三门峡水电站1号机改造后即是如此，叶片在各工况下均有最小的间隙，进一步减小了水流漏损，但不足的是在检修时需拆卸上半部转轮室。

转轮室的结构和转轮的大小、工作水头有关。小型机组一般采用碳素钢铸造结构，大中型机组一般采用焊接结构。由于大型机组的转轮室尺寸较大，多采用钢板卷焊而成，一般可分为上、下环两部分（或上、中、下环3部分），每一环分几瓣，用法兰及螺栓把合。

转轮室的内壁在叶片出口处常产生严重的磨蚀，通常采取的抗磨蚀措施是在转轮室内壁铺焊不锈钢板或堆焊不锈钢保护层。

运行时由于水流的压力脉动，在转轮室上作用有很大的周期性荷载。为加强转轮室的刚度和改善它与混凝土的结合，在其四周布有环向和竖向的加强筋，并用千斤顶和拉杆把转轮室牢固地固定在二期混凝土中。千斤顶在安装转轮室时还起调整中心的作用。

另外，转轮室一般设有进人孔，以便于进入转轮室检查叶片和修复叶片外缘。

2.1.5.4 尾水管

根据不同类型的机组和工作水头，其尾水管的具体结构有所不同。

对于轴流式和水头小于 200m 的混流式水轮机，一般采用混凝土尾水管，但在直锥段内衬有钢板卷焊而成的里衬，以防水流冲刷。为增加里衬的刚度，在里衬的外壁需加焊足够的环筋和竖筋。在混凝土中里衬要用拉杆或拉筋固定，以防机组运行时引起尾水管的振动。在里衬上还开有进人孔，以便于安装和检修时进入。

对于高水头混流式机组，尾水管直锥段不用混凝土浇筑而由钢板焊接而成，一般不埋入混凝土中，而作成可拆卸式，用螺栓把合在基础环上，以便于检修转轮时能从下面拆装，而不必拆装发电机。对于高水头水轮机，其尾水管内的水流流速较大，在混凝土肘管段内也衬有金属里衬以防冲刷。由于高水头尾水管直锥段没有混凝土固定，因此必须有足够的刚度和强度，结构上可根据机组的尺寸分为几节，每节也可分瓣用螺栓把合。

另外，在尾水管底板的最低点，设有盘形阀、相应的操作机构和排水管，以用于机组检修时排除尾水管内的积水。关于尾水管的详细结构，可查阅相关书籍，此处不再赘述。

2.2 水轮机的基本安装程序

水轮机的安装必须先安装埋设部件，再安装导水机构和转动部件，最后安装轴承及其他附属装置。其中有些工作是在水轮机轴与发电机轴连接之后才进行的，如水导轴承的安装即是这样。

对于混流式水轮机来说，其基本安装程序如下：

（1）尾水管里衬的安装。

（2）尾水管里衬周围混凝土的浇筑，座环支墩和蜗壳支墩混凝土的浇筑。

（3）座环、基础环的清扫与组合，座环、基础环、锥形管的安装，座环基础螺栓及底部混凝土的浇筑。

（4）蜗壳的安装，包括蜗壳的拼装、焊接和浇筑混凝土。

（5）水轮机室里衬、接力器基础及埋设管路的安装。

（6）发电机层以下混凝土的浇筑。

（7）导水机构的预安装。

（8）转动部分的预安装与正式安装。

（9）导水机构的正式安装。

（10）水轮机主轴与发电机主轴的连接。

(11) 水导轴承和其他附件的安装。

以上安装顺序并非一成不变,有些工作可以同时进行,有些工作还可以与发电机的安装交叉进行。

2.3 混流式水轮机埋设部件的安装

混流式水轮机的埋设部件是指尾水管里衬、座环、基础环、锥形管、蜗壳、水轮机室里衬、接力器基础及埋设管路、接力器里衬等,如图 2-38 所示。由于这些部件被浇筑在混凝土内,一旦安装后就不可拆卸,因此称为埋设部件。这些部件有以下安装特点。

(1) 由于其均埋设于混凝土中,靠混凝土固定和支撑,因此其安装工作与混凝土浇筑是交叉进行的,安装质量很容易受土建施工的影响,而且在程序上必须由下而上逐件进行。

(2) 对于大、中型机组,其尺寸较大,多数由薄壁的钢板拼焊而成,而且形状比较复杂,埋设于混凝土中时容易变形。因此,安装和浇筑混凝土时,防止变形和错位非常重要。

(3) 埋设部件是机组安装工作中最先安装定位的部分,其中座环是混流式水轮机安装的基准件。埋设部件的水平位置和高程将决定整台机组的位置,尤其是座环的安装精度将在很大程度上影响机组的安装质量。

(4) 大部分埋设部件属于水轮机的过流部件,过流部件的形状、尺寸必须符合设计要求,流道表面应光滑,以减小水力损失,保证水轮机的能量性能。

因此,对埋设部件的安装过程和质量有严格的要求。

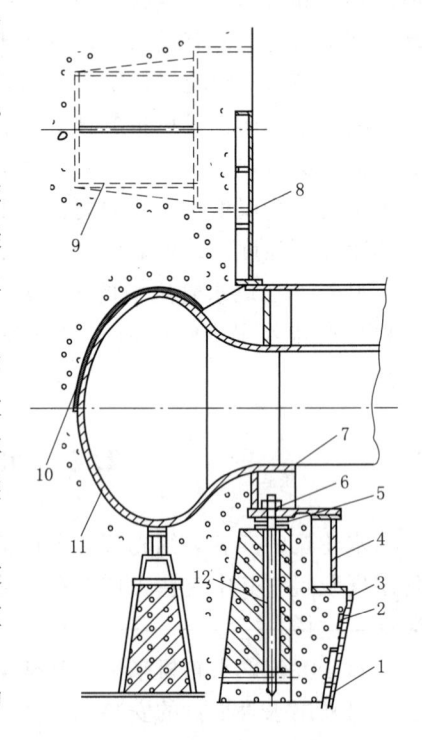

图 2-38 混流式水轮机的埋设部件
1—尾水管里衬;2—围带;3—锥形管;
4—基础环;5—楔子板;6—螺母;
7—座环;8—水轮机室里衬;9—接
力器里衬;10—蜗壳弹性层;
11—蜗壳;12—基础螺栓

2.3.1 尾水管里衬的安装

为防止水流冲刷和空腔涡带对混凝土尾水管内壁的损坏,可设置尾水管里衬(一般由钢板卷焊而成),它是所有埋设部件的最低部件。为方便维修和检查,设有进人孔,此外还设有蜗壳排水管及测压管路。

1. 尾水管机坑的清理和检查

清理预留机坑,去除模板木块、砂石等杂物,排除积水。用水准仪检查机坑底面高程是否符合设计要求。

2.3 混流式水轮机埋设部件的安装

2. 尾水管机坑内标高中心架的设置

机组中心在水电站厂房内的位置情况，是用一组平面坐标表达的。我国规定厂房的上下游方向为 Y 轴（上游为 $+Y$，下游为 $-Y$），厂房的纵向为 X 轴（蜗壳进水侧为 $+X$，反方向为 $-X$）。由于土建时厂房 X、Y 轴已经确定，并且已由原始基准和有关坐标值加以固定，因此在机组安装之前，只需把厂房坐标系统转移到机坑内，用标高中心架确定机组中心位置，为尾水管里衬安装和中心高程调整做准备。

标高中心架如图 2-39 所示，包括 4 个门形架。在机坑的 4 个轴线方向埋设门形架，门形架由角钢（或槽钢）焊接而成，一般位于座环外圆半径外，由两根垂直角钢和一根水平角钢构成，水平角钢的中心位置锯有一缺口，用于挂钢琴线。X、Y 轴的对称门形架的缺口分别挂上 X、Y 轴钢琴线，形成十字钢琴线。门形架对称位置上的缺口水平位置分别与 X、Y 轴线在同一垂直平面内，其底部高程应比尾水管里衬上管口设计高程高出 500～800mm，这样就可将标高中心架的中心和高程对应于机组中心线和高程。为防止两方向的钢琴线在交点处重叠，X 方向与 Y 方向角钢的缺口高程应有 50mm 左右的高差。标高中心设置好后，应根据机组标高、中心基准点复查校核，合格后方可使用。

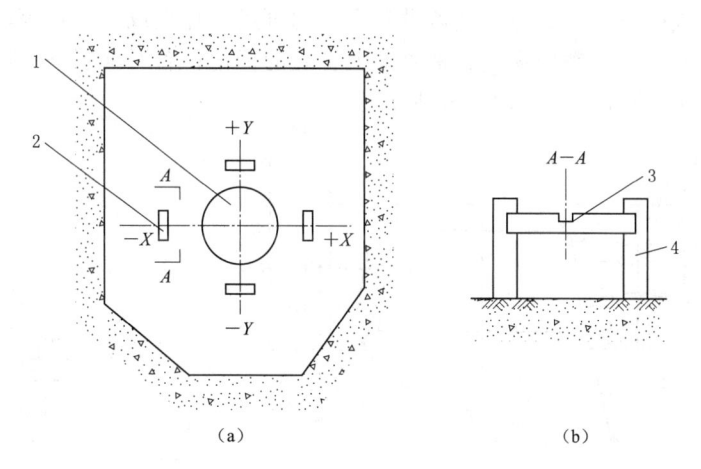

图 2-39 机组标高中心架
(a) 俯视图；(b) $A-A$ 向视图
1—预留机坑；2—门形架；3—中心缺口；4—角钢（或槽钢）

3. 尾水管里衬的组合和清扫

对于小型机组，尾水管里衬一般是整体结构，不需组合。

对于大中型机组，尾水管里衬是分节分块结构，需在工地上进行组合和焊接。里衬在工地上组装好后，需进行检查，主要检查用于安装定位标准的上、下管口的圆度。对于不符合要求的管口，要用拉紧器和千斤顶进行调整，并加设支撑固定，以防变形。组合完成后，应在里衬外表面用喷砂枪、钢丝刷等工具做去污去锈处理，然后涂上一层薄薄的水泥浆，以保证里衬与混凝土结合严密。

最后，按照设计图纸的要求，在里衬的上管口标出 $+X$、$-X$、$+Y$、$-Y$ 的轴线位置，以方便吊装尾水管里衬时确定中心和方位。

4. 基础板的准备

基础板是尾水管里衬吊入机坑后的临时支撑点，通常用厚度 12mm 或以上的钢板切割而成，大小根据需要确定，但必须大于调整用的楔子板。个数按厂家要求，一般为 4 个，分别放在 $\pm X$、$\pm Y$ 轴线上。

基础板可事先埋设好，也可平放在前期浇筑好的混凝土表面（支墩）上，并固定住。基础板的中心位置、高程和表面水平度都应符合要求。一般情况下，中心误差不得大于 10mm；高程误差在 0~5mm 之间；表面水平度误差在 1mm/m 以内。

5. 尾水管里衬的吊入与找正

在完成上述工作后，可进行里衬的吊装工作。吊装时，把里衬按 X、Y 标记吊入机坑，放在事先准备好的楔子板上（楔子板放在基础板上，用于位置调整）。然后在预先设好的标高中心架上通过缺口挂上 2 根直径为 0.3~0.5mm 的钢琴线，并在线的两端吊上 4 个 5~10kg 的重锤，以保证钢琴线的平直。然后在钢琴线上挂 4 个线锤，分别对准上管口，用于里衬中心和高程的测量与调整。

（1）中心测量与调整。检查上管口上方的 4 个线锤，并沿钢琴线移动，看尖端是否对准上管口 X、Y 轴线位置上的标记。若没对准，则可用千斤顶或拉紧器等调整工具进行里衬中心的调整，使 4 个线锤的尖端分别对准上管口的标记；若对准了，则说明里衬上管口中心和机组中心是一致的，如图 2-40 所示。

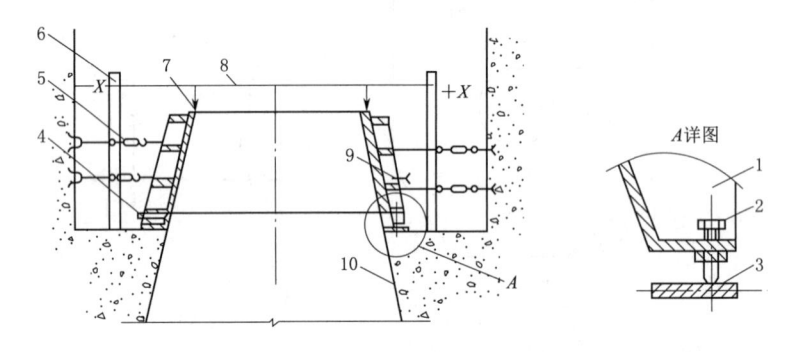

图 2-40 尾水管里衬安装
1—尾水管里衬；2—调整螺钉；3—基础垫板；4—楔子板；5—拉紧器；
6—标高中心架；7—线锤；8—钢琴线；9—锚栓；10—尾水管

（2）高程测量与调整。用钢板尺测量上管口到钢琴线的距离，即上管口上 4 个线锤的长度，然后用钢琴线的高程减去该长度，即为上管口的实测高程。若实测高程与设计高程之差在要求范围内，则无须调整；若存在差距，则两者的差值即为里衬所需调整的高程差值。高程可通过螺钉或楔子板来调整。需要注意的是高程应以上管口的最低点为准进行调整。

除此之外，还需检查尾水管里衬出口与弯管混凝土的错位，若存在较大错位，应设法调整里衬，或者适当去除混凝土的多余部分，使尾水管内壁平顺，以减少管内水力阻力，利于水流运动。

尾水管就位调整之后，其安装质量应符合表 2-1 的要求。

2.3 混流式水轮机埋设部件的安装

表 2-1 尾水管里衬安装允许偏差 单位：mm

项 目	转轮直径 D					说 明
	$D<3000$	$3000 \leqslant D<6000$	$6000 \leqslant D<8000$	$8000 \leqslant D<10000$	$D \geqslant 10000$	
肘管断面尺寸	$\pm 0.0015H$（B）$\pm 0.002r$				$\pm 0.001H$（B）$\pm 0.002r$		H—断面高度，B—断面长度，r—断面弧段半径
肘管下管口	与混凝土管口平滑过渡						
肘管定位节中心及高程	4	5	6	8	10	
肘管定位节管口倾斜值	3	3	4	5	5	
肘管、锥管上管口中心及方位	4	6	8	10	12	测量管口上 X、Y 标记与机组 X、Y 基准线间距离
肘管、锥管上管口高程	0~+8	0~+12	0~+15	0~+18	0~+20	等分 8~24 点测量
锥管管口直径	$\pm 0.0015D_2$					D_2—锥管管口直径设计值，等分 8~24 点测量
锥管相邻管口内壁周长之差	0.0015L				0.001L		L—管口周长
无肘管里衬的锥管下管口中心	10	15	20	25	30	吊线锤测量或检查与混凝土管口平滑过渡
纵/环缝错牙及间隙	错牙≤3mm，间隙≤4mm。坡口局部间隙超过 5mm 处，其长度不大于焊缝长度 10%，可在坡口处作堆焊处理						

6. 尾水管里衬的锚固

尾水管里衬的高程和中心调整合格后，应将调整工具（基础板、楔子板或调节螺栓）点焊固定，并在尾水管里衬四周用拉紧器或钢筋与固定部分（如预留的钢筋头）焊接起来，拉紧器本身也要点焊。如有需要，在里衬管内加焊支撑。最后安装里衬外围的埋设管路，如测压管、补气管等。

7. 尾水管里衬混凝土的浇筑

为了防止在混凝土浇筑、振捣及凝固的过程中，尾水管里衬等埋设部件变形，应从里衬四周对称均匀浇筑混凝土，而且必须缓慢地逐层上升地浇筑，浇筑层面高差应不大于 0.5m，浇筑上升速率应不大于 0.3m/h，且未初凝的混凝土厚度应不大于 0.6m。另外，为了不影响座环、基础环的安装，可在里衬混凝土浇筑时留有安装余地，或者把尾水管里衬与基础环、座环组合起来后一次性浇筑混凝土。

2.3.2 座环和基础环的安装

座环是整个混流式机组的安装基准件，对其中心、高程和水平的安装技术质量要求都很高，误差要小，尤其是水平误差要更小。由于座环不平会直接引起整个机组的倾斜，对座环的安装就位要认真测量，细心调整。

基础环是转轮室的组成部分，上与座环用螺栓连接，下与锥形管焊接相连。

对于中小型水轮机，座环与基础环常常是铸成整体的，现场安装时只需吊入就位调整即可。对于大型机组，为了运输的方便，常将座环与基础环分开，且各自均是分瓣制造的，故需在现场组合安装，再吊入就位调整。安装基本程序如下。

1. 座环、基础环的组合

首先对座环、基础环的各加工面进行清扫，去漆、锈、毛刺，修磨高点。用汽油擦洗组合面，干净后涂上铅油。然后分别对分瓣座环和基础环进行组合，组合时按分瓣件的编号进行组合。再把组合好的座环、基础环用螺栓或者电焊连接在一起，以便于整体吊装。

组合时应注意：①组合面上的把紧螺栓间隙应符合规定，过流面应无错牙；②座环和基础环的圆度要符合要求。

最后需在座环的法兰顶平面上划出 X、Y 轴线，以确定应有的安装位置。座环的轴线方位取决于蜗壳的进水方向、固定导叶的分布等因素，一般制造厂都有明确的标记，安装之前应复查。

2. 座环、基础环的整体吊入与找正

先在座环支墩的垫板上放好 3 对楔子板（或 3 个螺旋千斤顶），呈三角形。注意：①楔子板的搭接长度应大于其长度的 2/3，相互间的偏斜角应小于 3°；②楔子板与垫板的接触面积应大于 70%；③楔子板的顶面高程应使座环放上后，座环法兰面的高程符合设计值。然后将座环、基础环的整体件或整体组合件按 X、Y 标记吊入机坑。最后进行就位调整，主要是中心、高程和水平的就位调整。

（1）中心测量与调整。座环放稳后，可按尾水管里衬安装所用的方法，挂出机组的十字钢琴线，然后挂 4 个线锤，锤心对准座环法兰面上的 +X、-X、+Y、-Y 标记。若未对准，可用起重设备调整座环的位置，使座环上的中心标记与线锤尖端对准，如图 2-41 所示。

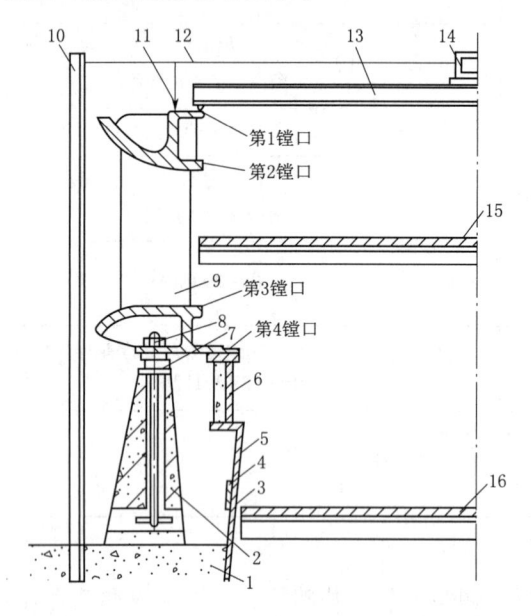

图 2-41 座环、基础环、锥形管安装调整示意图
1—尾水管；2—座环支墩；3—尾水管里衬；4—围带；5—锥形管；6—基础环；7—楔子板；8—基础螺栓；9—座环；10—标高中心架；11—线锤；12—钢琴线；13—水平梁；14—框形水平仪；15—测量用平台；16—尾水管安装平台

（2）高程测量与调整。用钢板尺测量座环法兰面上的线锤长度，若不符合要求，可用下部的楔子板（或千斤顶）进行调整。

（3）水平测量与调整。利用水平梁配合框形水平仪，在座环法兰面上测量，根据测量计算结果，用下面的楔子板（或千斤顶）调整。一边调整一边拧紧螺栓，经几次反复测量与调整，直至螺栓紧度均匀，水平也合格为止。注意：目前部件高程测量和大环形部件的水平测量，多采用水准仪进行测量。

座环的安装质量应符合表 2-2 的要求。

2.3 混流式水轮机埋设部件的安装

表 2-2　　　　　　　　　基础环、座环、转轮室安装允许偏差　　　　　　　　单位：mm

项　目		转轮直径 D					说　明
		D<3000	3000≤D<6000	6000≤D<8000	8000≤D<10000	D≥10000	
中心及方位		2	3	4	5	6	测量埋件上 X、Y 标记与机组 X、Y 基准线间距离
高程		±3					
顶盖和底环的安装法兰面平面度	径向测量	现场不机加工	0.03mm/m，最大不超过 0.30				最高点与最低点高程差
		现场机加工	0.15				
	周向测量	现场不机加工	0.20	0.30	0.40		
		现场机加工	0.12	0.15	0.20		
顶盖和底环的安装法兰面之间的距离		按设备技术要求的允许偏差控制					
转轮室圆度		各半径与设计半径之差，应不超过叶片与转轮室设计平均间隙的 ±5%					轴流式测量上、中、下 3 个断面，周向每米应不少于 1 个测点，等分 8～64 测点
基础环、座环圆度、与止漏环或转轮室同轴度	现场不机加工	1.0	1.5	2.0			等分 8～32 测点，混流式机组以下部固定止漏环中心为准，轴流式机组以转轮室中心为准
	现场机加工	0.50					

3. 锚固

座环、基础环整体件的位置调整合格后，可用电焊将下部的楔子板（或千斤顶）、基础螺栓、拉筋等点焊固定。应特别注意的是：焊接时，要防止座环发生变形和位移，因此应对称施焊，在锚固过程中，用框形水平仪和百分表进行监视。

在这些部件锚固后，即可安装排水管等有关的附属装置。

4. 混凝土浇筑

混凝土必须从四周均匀浇筑和振捣，逐层上升直至预定高度。浇筑过程中还应监视座环位置的变化，方法是用水平梁和框形水平仪监视水平度是否变化，在一个或两个轴线方向设百分表监视中心位置是否变化。这样可以及时发现问题并立即纠正，以确保座环的安装质量。

2.3.3 锥形管的安装

锥形管位于基础环与尾水管里衬上管口之间，由于是在现场按实际尺寸下料用钢板卷焊制成，因此称为凑合节，如图 2-42 所示。锥形管下口留有 55°的焊接坡口，上口用电焊先与基础环相接。等座环下部混凝土养护合格后，再焊接锥形管与尾水管里衬上管口的环缝，以

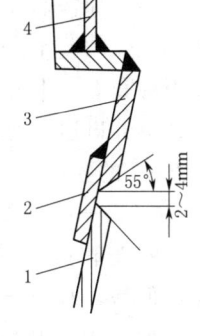

图 2-42 锥形管安装示意图
1—尾水管里衬；2—围带；3—锥形管；4—基础环

免因焊接变形而引起座环变位。为此，在该环缝外面先用电焊把宽 50～100mm 的薄钢板围带焊在锥形管上。围带与尾水管里衬搭接的环缝不焊，若其间隙太大，可用麻绳或棉絮塞死，以免浇混凝土时水泥浆流入，同时也防止在锥形管与尾水管里衬的环缝焊接时，混凝土受热产生蒸汽进入焊缝，从而影响焊接质量。

上述工作结束后，复查座环的中心、高程和水平，并检查加固情况，符合要求后即可移交给土建单位浇筑混凝土。浇筑时，同样要用水平梁配合框形水平仪监视水平度的变化情况。

2.3.4 蜗壳的安装

混流式水轮机一般采用金属蜗壳。小型机组的蜗壳由于尺寸较小，一般为整体结构。而大中型机组的蜗壳由于所承受的水压较大，常采用钢板拼焊而成，其安装工艺复杂。下面重点介绍钢板焊接蜗壳的安装和焊接工艺。

1. 蜗壳单节的拼装

钢板焊接蜗壳在制造厂试装后要分成若干单节运至工地。对于大型机组的蜗壳，有的节还分成若干瓦片，在现场需先将瓦片拼成单节，再进行装配。拼装蜗壳单节时，先按蜗壳单线图为各节准备中心支架，如图 2-43 所示，然后按钢板编号把钢板支撑在中心支架上，再用马蹄铁、压码、楔子板、法兰螺栓、拉紧器等调整对缝间隙及弧度，最后施焊纵缝。为防止纵缝焊接时引起弧度变化，每条纵缝的连接固定板可加 3 道。

若拼装的单节蜗壳不符合有关规定，可用千斤顶、拉紧器等调整。合格后应在环节内部加焊支撑加固，使单节的形状和尺寸固定下来，如图 2-43 所示。

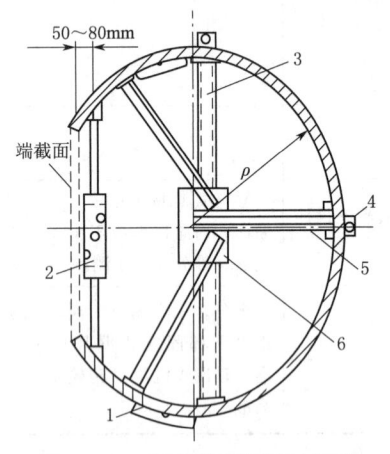

图 2-43 蜗壳单节拼装示意图
1—连接固定板；2—拉紧器；3—角钢或槽钢；4—吊环；5—角钢；6—定心板

2. 蜗壳大节的拼装

为了加快蜗壳安装工期，可在单节拼装完成之后，将相邻的 2～3 节拼装成一大节，组成蜗壳的若干大节。拼装时，两单节均以中分面为基准，调整焊缝的间隙和锚牙，并用样板检查上、下开口边的弧度，合格后，则可施焊拼装后的环缝。为了便于挂装时调整上、下开口边，对离开口边 300～500mm 长的环缝可先不施焊。蜗壳的拼装质量应符合表 2-3 的要求。

3. 蜗壳的挂装

蜗壳单节或大节拼装完成后，即可进行蜗壳的挂装，也可边单节拼装边挂装交叉作业。但是，蜗壳挂装必须按一定顺序逐节进行，首先挂装大口平面在 +X 轴向的定位节（如图 2-44 中的 1 节）；再依次挂装 2、3、…、10、11、12 各节，同时可从尾部依次挂装 25、24、23、…、16、15、14 节；然后进行凑合节 13 的切割及挂装；最后依次挂装水平段 ⅰ～ⅳ 节。

有时为了加快挂装进度，可以再确定一个与 +Y 轴线重合的 22 节作为定位节，这样可以开辟 Ⅰ、Ⅱ、Ⅲ、Ⅳ 工作面同时进行蜗壳的挂装。为了补偿焊接变形以及在安装过程

2.3 混流式水轮机埋设部件的安装

中可能产生的误差,设置了有一定余量的凑合节13,该节在蜗壳其他节环缝全部焊完之后,根据空间实际尺寸在工地现场下料配装。

表 2-3　　　　　　　　　　　蜗壳拼装允许偏差　　　　　　　　　　　单位:mm

项目	允许偏差	说　　明
G	$+2\sim+6$	G—管节开口;K—开口对角线;e—腰线; L—管节周长;D—管节进出口直径
K_1-K_2	±10	
e_1-e_2	$\pm0.002e$,e 为设计值	
L	$\pm0.001L$,最大不超过±9	
D	$\pm0.002D$	
管口平面度	3	在钢平台上拼装或拉线检查管口,应在同一平面上(属核对检查项目)

具体挂装程序如下:
(1) 蜗壳各节的清扫和焊缝坡口的修整。
(2) 根据机组中心挂十字钢琴线。
(3) 蜗壳中心标志的设置和工作平台的搭设。先在尾水管内搭建一工作平台,在该平台中心设一角钢支架,在支架顶端焊一块钢板,使其顶面高程与座环的水平中分面一致,即机组的安装高程,也即与蜗壳的水平轴线等高度。然后根据机组中心十字钢琴线的线锤与钢板的交点,打出冲眼以标记机组中心,作为蜗壳安装的中心基准。蜗壳挂装如图2-45所示。

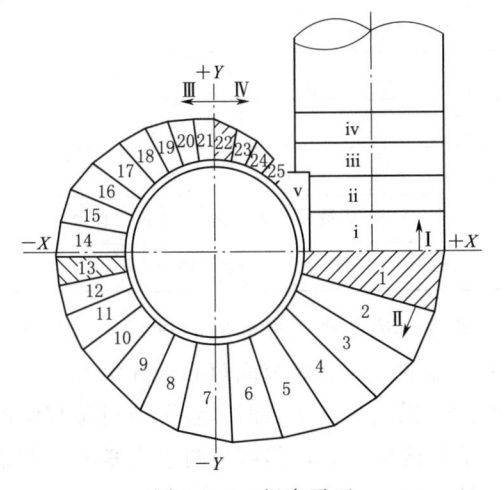

图 2-44　蜗壳平面
1、22—定位节;13—凑合节;i~iv—水平段;
v—尾部(鼻端)

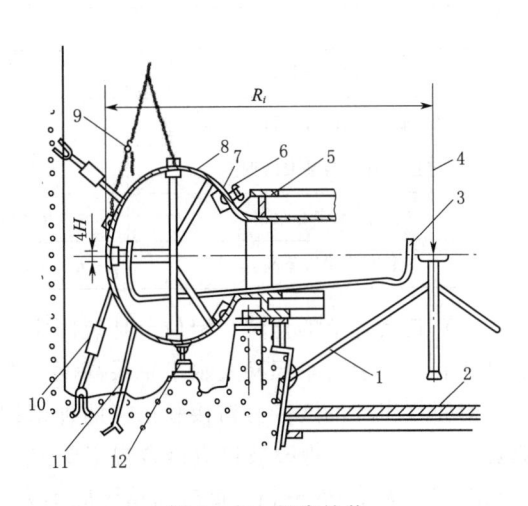

图 2-45　蜗壳挂装
1—中心支架;2—工作平台;3—胶管水平仪;4—机组轴线;
5—座环;6—拉紧螺栓;7—固定连接板;8—蜗壳;
9—手动葫芦;10—拉紧器;11—锚固钢筋;12—千斤顶

(4) 准备好千斤顶、拉紧器、胶皮管水平器、线锤等。

(5) 蜗壳定位节的挂装。蜗壳安装前，必须确定3个方向：上下方向，应使蜗壳水平轴线达到中心标志的高程，即步骤（3）中的支架顶端钢板上的中心标示；半径方向，应使蜗壳的最大半径 R_i 符合单线图的规定；圆周方向，应保证蜗壳进口断面与尾部的位置符合图纸要求。这3个方向，最难定位的是圆周方向，为此设置了蜗壳定位节（如图2-44中1节和22节），其大口分别沿 $+X$ 和 $+Y$ 轴线就能准确地测量和调整，应先挂装。

定位节吊入后用千斤顶支撑，拉紧器与四周的固定部分连接，再通过固定连接板，拉紧螺栓挂在座环的蝶形边上，然后进行以下3个项目的测量和调整：

1) 检查大管口与 X 轴线是否重合。可从十字钢琴线上挂下两线锤，定位节的大管口应在这两条垂线所形成的平面内。检查并调整大管口上、下、左、右与垂线间的距离就能实现这一要求。同时检查大管口上、下、左、右的倾斜值不大于5mm，如超差，应用起重设备和下部的千斤顶进行调整。

2) 用胶皮管水平器检查蜗壳内表面上水平中分面的高程，与设计值的偏差不大于±15mm，如超差，应用下部的千斤顶进行调整。

3) 用卷尺测量蜗壳外侧表面至机组中心的距离，其误差不应超过 $0.003R_i$（R_i 为机组中心至蜗壳外缘的设计值），如不合格，则用拉紧器和千斤顶进行调整。

上述3项调整合格后，用电焊把拉紧器、千斤顶等点焊固定。如开辟4个工作面，定位节22也用同样方法挂装。蜗壳的安装质量应符合表2-4的要求。

表2-4　　　　　　　　　蜗壳安装允许偏差

项　目		允许偏差/mm	说　明
直管段中心	到机组Y轴线的距离	0.003D	D 为蜗壳进口直径，与钢管管口中心偏差应不大于蜗壳板厚的15%
	高程	±5	
最远点高程		±15	
定位节管口倾斜值		5	
定位节管口与基准线偏差		±5	
最远点至中心距离		$±0.003R_i$	R_i 为最远点至机组中心距离设计值
定位节管口节高		$±0.002H$	H 为定位节管口断面直径

(6) 其余各节的挂装。定位节挂装固定后，可按上述几个工作面同时进行其余各节的依次挂装。挂装时，仅检查水平轴线高度、最大半径的大小、焊缝间隙和错牙情况。

蜗壳与座环的连接有对接和搭接两种结构形式。采用对接形式时，各环节对接焊缝间隙要求2~4mm，焊缝坡口应符合规定要求；采用搭接形式时，其搭接两边应紧密，其搭接间隙应不大于0.5mm，过流面错牙应不大于板厚度的10%，最大错牙应不大于2mm。

待蜗壳全部（不含凑合节）挂装完毕，并复查挂装质量合格后，方可进行蜗壳环缝的焊接工作。

(7) 凑合节配装。凑合节是在蜗壳其他环节的纵缝、环缝全部焊完之后，根据实际空间尺寸制作的。常采用样板法制作凑合节，即在装凑合节的实际空间上，围上薄铁皮，在薄铁皮上划出空间尺寸，并标出蜗壳的水平中分面，然后按划线剪裁成形，再按此样板在凑合节上划线切割。此法制作起来较准确且简单。

(8) 蜗壳的焊接。

1) 环焊缝的焊接。各节挂装均合格后（除凑合节外），才能进行正式的焊接工作。为了减少变形并保证焊接质量，必须由合格焊工施焊，蜗壳的焊接顺序应该是先纵缝，后环缝，最后焊接蝶形边。焊接环缝应由2人或4人同时进行，如图2-46（a）所示，按对称分段退步焊法施焊，每一段的长度控制为300～500mm，而且逐道、逐层地堆焊。每焊完一道焊缝，应立即清扫、检查，发现裂纹、气孔、夹渣等应及时处理。

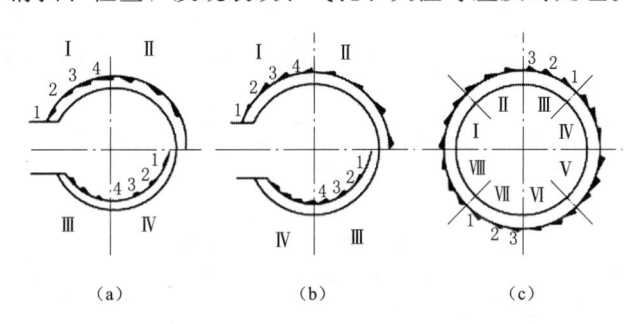

图2-46 蜗壳焊缝的焊接顺序
(a) 环缝单节；(b) 凑合节焊缝；(c) 蝶形边焊缝

2) 凑合节的焊接。由于蜗壳分节拼合，再逐节挂装，尺寸和定位上的误差在所难免，各节环缝的焊接也会发生不均匀的收缩，这些因素会影响到最后一节（凑合节）的形状和尺寸。为此，凑合节应根据实际需要在现场切割，其形状和尺寸都以刚好填补缺口为准。由于凑合节两边均有环焊缝，焊接过程中不能自由伸缩，因而可能产生较大的焊接应力，也容易产生裂纹。一般采用2人或4人按分段退步的跳焊法施焊，如图2-46（b）所示，而且每焊完一段或一层焊缝，就用手锤打击焊波，尽量消除焊接应力。

3) 蝶形边的焊接。蜗壳与座环蝶形边之间的焊缝，应当在蜗壳的纵、环焊缝全部焊完之后才焊接。如果在挂装及环缝焊接中一部分一部分地焊，蜗壳的焊接变形就势必影响座环。但是，最后焊接蝶形边，前面的焊接过程必然影响蝶形边焊缝，造成焊缝宽窄不均，甚至在某些部位与蜗壳不能恰当配合。为此，必须先对蝶形边焊缝进行检查和校正，必要时可以重新修整坡口，或者采取堆焊、镶边等方式作处理。蝶形边的焊接仍采用对称方向的分段退步焊法，如图2-46（c）所示。为了保证过流面平滑又便于施焊，上蝶形边应在内部加衬板，先在外部施焊，最后清除衬板，在内部作封底焊，下蝶形边则可在外部加衬板，在内部一次焊完。蝶形边焊缝往往较宽大，应当用多层、多道的堆焊，同时需注意各层焊道的接头应相互错开。焊接蝶形边时，为防止座环变形，可将水轮机顶盖吊入并组装在座环上，以增加座环的刚度。焊接过程中还可以设百分表及框形水平仪监视座环的位移情况，座环的中心位置及上平面水平度不得超出允许的精度范围。

(9) 焊接质量的检查。蜗壳的焊缝多且复杂，将来还要承受动水压力作用，因而必须

经过以下严格的质量检查:

1) 焊缝外观检查。焊缝外观检查是焊接检验的项目之一,主要是检验焊缝外观的缺陷和尺寸。检查前应将熔渣、飞溅清理干净,常见的焊缝外观缺陷有:裂纹、气孔、夹渣、咬边、焊瘤、未焊满等,除此之外还要检查焊缝的余高、焊脚及焊肉的大小是否符合标准要求。蜗壳的焊缝外观检查质量应符合表2-5的要求。

表2-5　　　　　　　　　　　蜗壳焊缝外观检查　　　　　　　　　　　单位:mm

项　目		允　许　缺　陷　尺　寸
裂纹		不允许
表面夹渣		不允许
咬边		深度不超过0.5,连续长度不超过100,两侧咬边累计长度不大于10%全长焊缝
未焊满		不允许
表面气孔		不允许
焊缝余高 Δh	手工焊	12<钢板厚度≤25,Δh=0~2.5 25<钢板厚度<80,Δh=0~5
	埋弧焊	0~4
对接焊缝宽度	手工焊	盖过每边坡口宽度2~4,且平滑过渡
	埋弧焊	盖过每边坡口宽度2~7,且平滑过渡
飞溅		清除干净
焊瘤		不允许
电弧擦伤		不允许

2) 焊缝探伤检查。焊缝的内部质量,通常用无损探伤进行检查。用X射线探伤时,环缝抽查10%的长度,纵缝和蝶形边焊缝抽查20%的长度。用超声波探伤时,则应检查全部焊缝。

3) 整体水压试验。试验压力应按厂家的要求,或者由蜗壳设计压力决定:当设计压力小于或者等于2.5MPa时,试验压力为1.5倍的设计压力;当设计压力大于2.5MPa时,超过2.5MPa的部分取1.25倍,再加上3.75MPa的基数作为试验压力。

试验时,必须按照厂家规定的加压保压曲线进行。若厂家未规定,应当分级加载,每级均应作检测。当压力升到额定工作压力后保持30min以上,检测压力表指针保持稳定,无指针颤动现象等异常情况,才允许继续加压。加压速率以不大于0.3MPa/min为宜,当压力大于10MPa以上时,加压速率不大于0.2MPa/min为宜。升到最大试验压力,保持30min以上,此时压力表指示的压力应无变动。然后下降至工作压力,保持30min以上。整个试验过程中应无渗水,混凝土支墩应无裂缝、无异常变位等异常情况。

(10) 蜗壳的锚固和混凝土浇筑。由于蜗壳是空心薄壁结构,又是水轮机尺寸最大的部件之一,在浇筑混凝土时,需承受很大压力,易发生位移。因此,要将调整工具焊接固定，并适当地对蜗壳进一步加固，在蜗壳内、外装设必要的支撑，以防止浇筑混凝土时，蜗壳变位和变形。在蜗壳混凝土浇筑时，应对蜗壳和座环进行变形位移监测，浇筑要用力均匀、缓慢、逐步上升，通常要求每小时混凝土的升高不超过300mm，每层浇高一般为1~2m，浇筑应对称分层分块。液态混凝土的高度一般控制在0.6m左右。目前，国内许多大中型水轮机的蜗壳混凝土浇筑采用保温保压浇筑的方式进行，具体施工方法可以查阅相关文献，此处不再赘述。

对于大型机组的蜗壳安装，也可适当调整以上安装顺序，以加快施工进度。如三峡左岸电站后8台机组蜗壳的安装，采取了先挂装后调整蜗壳节的新方法，即先将定位节挂装、调整合格后，再将除凑合节外的其余节全部挂装完毕，每节挂装后进行粗调并临时加固，当上一节焊缝焊接至约2/3焊接工作量后进行下一节的精调。此方法使蜗壳单节运输与吊装连续进行，既提高了设备的利用效率，又缓解了吊装、运输设备的使用矛盾，可使工期缩短。另外，采用该方法可使环缝在无约束状态下焊接，减少了焊接应力，有利于焊缝质量的保证。龙滩电站水轮机蜗壳采取4个定位节进行挂装，以加快安装进度。

2.3.5 水轮机室里衬、接力器基础及埋设管路的安装

蜗壳安装后，在浇筑混凝土之前，开始进行水轮机室里衬、接力器基础及埋设管路的安装。

水轮机室里衬又称机坑里衬，是在机墩内壁下段所设置的钢板裙边，用以保证水轮机顶盖上方的水轮机室尺寸，且便于设置机坑内的踏脚板，为机组维护及检修提供必要的条件，也为机墩浇筑混凝土提供了方便。

水轮机室里衬是用钢板卷焊成的圆形筒，其内圆尺寸是按水轮机顶盖的外圆尺寸确定的。安装前应先将分块的里衬组焊成整体的圆形筒，检查和校正其形状后，在内部加以适当的支撑、加固。然后将里衬整体吊入放在座环上法兰面上，按座环第一镗口至里衬下法兰内侧的距离（图2-47所示A）来找正其中心位置。定位时，要考虑进人门和安装接力器的位置应符合设计要求。检查里衬下法兰的内径，此值应大于顶盖的外径并留有10~15mm的单边空隙。中心和方位调整合格后，将水轮机室里衬焊接固定在座环上法兰面上。

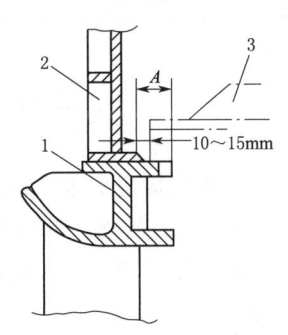

图2-47 水轮机室里衬安装
1—座环；2—水轮机室里衬；3—顶盖

水轮机室里衬装完后，即可进行接力器基础安装和调整工作。接力器基础调整合格后，应可靠固定并焊接于水轮机室里衬连接处。接力器支座要与混凝土中的钢筋焊在一起，但不得焊于蜗壳上。复测一次法兰面垂直度、中心高程、至机组中心线距离。水轮机室里衬和接力器基础的安装质量应符合表2-6的要求。

水轮机室里衬和接力器基础装完后，即可按照管路施工图纸进行埋设管路的安装。安装时应严格控制管路的设计位置及管接头的焊接质量，并作耐压试验，合格后将管口封堵好，以免进入杂物，堵塞管道。

所有安装完毕后，可移交给土建单位，浇筑混凝土机墩。

表 2-6　　　　　　　　机坑里衬、接力器基础安装允许偏差　　　　　　　　单位：mm

项　目		转轮直径 D					说　明
		D<3000	3000≤D<6000	6000≤D<8000	8000≤D<10000	D≥10000	
机坑里衬	中心	5	10	15	20	20	测量里衬法兰与座环上部法兰镗口间距离，等分8～16点
	上口直径	±5	±8	±10	±12	±12	
	上口高程	±3	±3	±3	±3	±3	等分8～16点，从座环上法兰面测量。现场加工的座环宜以固定导叶中心高程为基准
	上口水平	6	6	6	6	6	等分8～16点
接力器基础	垂直度 mm/m	0.30	0.30	0.30	0.25	0.25	
	中心及高程	±1.0	±1.5	±2.0	±2.5	±3.0	从座环上法兰面测量。现场加工的座环宜以固定导叶中心高程为基准
	至机组坐标基准线平行度	1.0	1.5	2.0	2.5	3.0	
	至机组坐标基准线距离	±3.0	±3.0	±3.0	±3.0	±3.0	

2.4　混流式水轮机导水机构的预安装

导水机构主要包括活动导叶、导叶传动机构、控制环以及底环和顶盖等部件，如图 2-48 所示。从加工的角度看，要制造一样的活动导叶及相应的传动机构是很难做到的，为达到工作要求，导水机构必须进行预安装和正式安装两个阶段的工作，才能完成安装工作。

预安装的目的，一是检查导水机构各部分的配合情况，发现问题，进行处理，为正式安装做准备；二是给底环、顶盖定中心，并钻铰销钉孔定位。

如果导水机构各部件已在制造厂内预装过，在安装现场不再进行预装配，正式安装时只按厂家预装编号或标记进行安装即可。

导水机构的一般预装步骤如下：

（1）对水轮机埋件部分进行清扫检查，机坑测定，即复测座环水平、高程，确定水轮机的中心。

（2）对下部固定止漏环进行定位。

（3）导水机构预装。

2.4.1　机坑测定

机坑测定包括座环水平、高程的复测和水轮机中心的确定。对于混流式机组，座环的水平、高程和中心是整个机组的定位基准。在座环安装过程中，由于混凝土的浇筑可能会使其发生变形。因此，在导水机构预装前，需进行座环水平、高程的复测和水轮机中心的

2.4 混流式水轮机导水机构的预安装

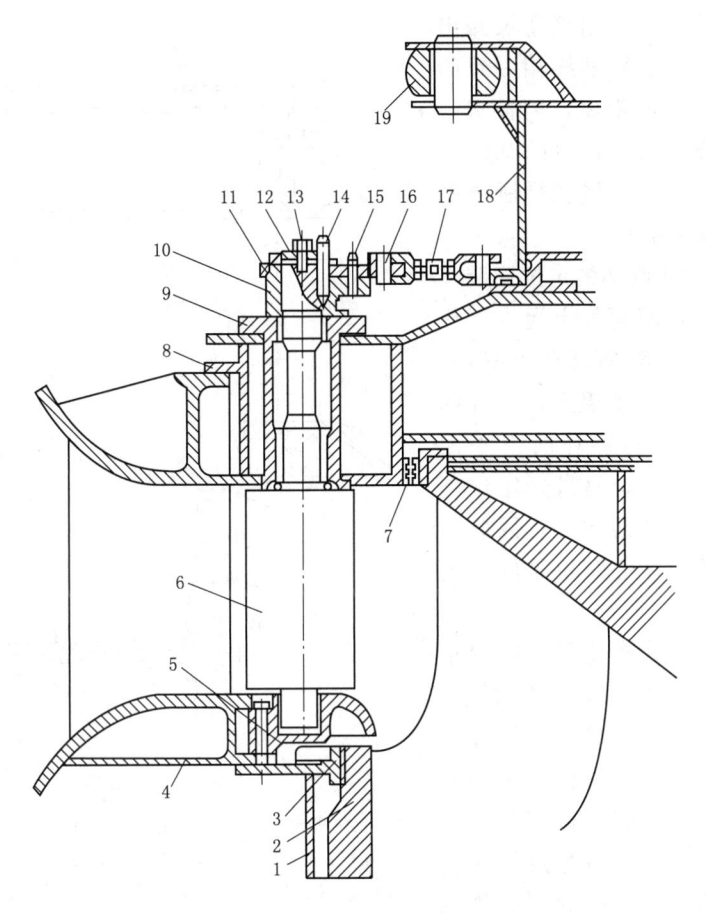

图 2-48 导水机构
1—基础环；2—转轮；3—下部固定止漏环；4—座环；5—底环；6—活动导叶；7—上部固定止漏环；
8—顶盖；9—套筒；10—拐臂；11—连板；12—压盖；13—调节螺钉；14—分半键；
15—剪断销；16—圆柱销；17—连杆；18—控制环；19—推拉杆

测定。

1. 座环水平、高程的复测

(1) 水平复测。常在座环上均匀划分 8 个或 16 个测点，用水平梁加框形水平仪或用精密水准仪，对座环上平面和下平面的水平进行复测。如水平度超差，应用锉、磨、车削等方法进行处理，边处理边测量，直至合格为止。

(2) 高程复测。座环高程可用水准仪复测。先按机组轴线测量座环的上平面 4~8 点，记录数据；再用内径千分尺、钢卷尺或水准仪测量，记录好基础环至座环下平面的高差 h_1、座环上下平面高差 h_2 及座环上平面至第二镗口平面的高差 h_3，如图 2-49 所示，每一圆周不应少于 4 个测点。

2. 水轮机中心的确定

中心测定一般都是以座环的第二镗口立面为准。把第二镗口的立面沿圆周方向按 X、Y 轴线等分 8~16 点，作为中心的测定点。在座环的上平面或发电机下机架基础平面上，挂出垂直钢琴线。然后用钢卷尺测出座环第二镗口与 X、Y 轴线相一致的对称 4 点至钢琴线的距离，调整求心器，使钢琴线通过第二镗口的几何中心。调整好的钢琴线位置就是所要确定的水轮机的安装中心线。

2.4.2 下部固定止漏环的定位安装

混流式水轮机转轮的上冠、下环与固定部分之间一般都设有止漏环。上部固定止漏环装在顶盖上；下部固定止漏环用螺栓装在座环的下平面上（图 2-49 中 ?下），是最先定位预装的，其中心就是机组中心，因此其预装工作与水轮机中心定位是同时进行的。

安装过程如下：先将下部固定止漏环吊入机坑，装在座环下平面上，装入螺栓，但不拧紧；然后以挂好的钢琴线为基准，用环形部件测中心的方法来测量和调整各测点的半径，各半径与平均半径之差应不超过转轮止漏环设计间隙的 ±5%，圆度符合规范要求；止漏环工作面高度超过 200mm 时，应同时检查上下两个截面。最后用螺栓固定，钻铰定位销钉孔，配制销钉。

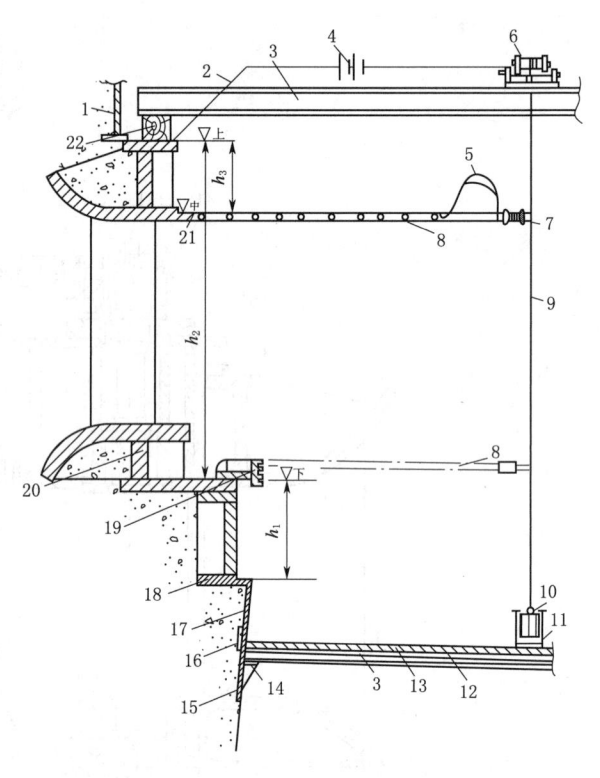

图 2-49 机坑测定
1—水轮机室里衬；2—导线；3—中心架；4—干电池（6V）；5—耳机；6—求心器；7—千分尺测头；8—测杆；9—钢琴线；10—重锤；11—油桶；12—平台；13—木板；14—钢支腿；15—尾水管里衬；16—围带；17—锥形管；18—基础环；19—下固定止漏环；20—座环；21—座环第二镗口；22—方木

2.4.3 导水机构的预装

导水机构预装前，应对分瓣底环和顶盖进行清理，并用螺栓连接组合面，使其组合缝不能通过 0.05mm 的塞尺。然后检查整体或者组合好的底环、顶盖的圆度和主要配合尺寸，上部固定止漏环是否有错牙。检查导叶配合高度，导叶上、中、下轴颈与其配合尺寸是否合适。随后开始导水机构的预装，其过程如下。

1. 底环、导叶、顶盖的吊入

先将整体底环吊放在座环的下平面上，测量底环与座环第三镗口间隙 δ 值，如图 2-50 所示，并据此值初步调整底环的中心位；再按编号对称吊入 1/2（或全部）的活动导叶，检查其转动的灵活性，应无卡劲和不灵活的情况，并能向四周倾斜，否则对轴瓦的孔径进行处理；然后吊入整体顶盖；最后按编号吊装相应的套筒。

2. 顶盖中心的测量与调整

如图 2-51 所示，以下部固定止漏环中心为基准，挂吊钢琴线锤，使其处于水轮机中

2.4 混流式水轮机导水机构的预安装

心；再测量上部固定止漏环（在顶盖上）的中心和圆度，并调整其中心位置，使其径向间隙偏差不超过设计间隙的±10%，调好后拧紧不少于一半的顶盖与座环的组合螺栓，并对称拧紧套筒与顶盖的连接螺栓；然后进行间隙检查，用塞尺测量导叶上、下端面间隙，要求导叶大（进水边）、小头（出水边）的端面间隙 $\Delta_大$、$\Delta_小$ 应相等，不允许存在有规律的倾斜，总间隙最大不超过设计间隙，并应考虑承载后顶盖的变形值。

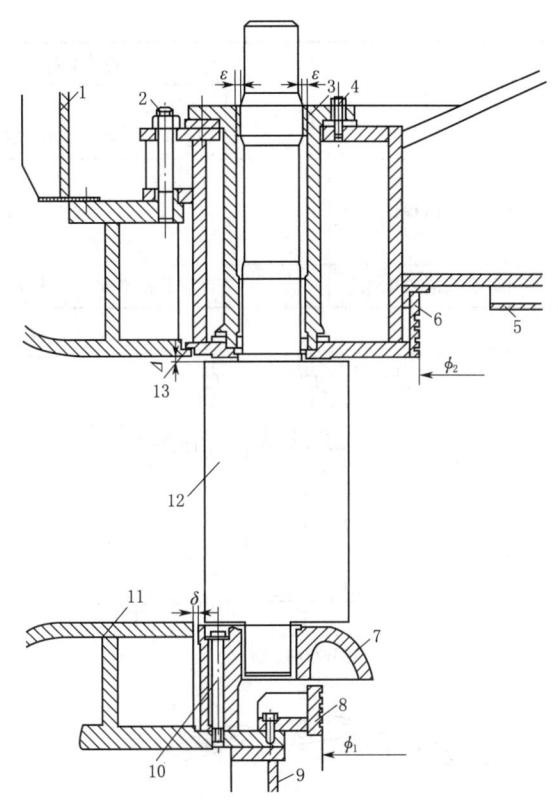

若 $\Delta_大 \neq \Delta_小$，则表明导叶轴线在圆周方向是倾斜的，底环应该在圆周方向适当移动。若间隙过大，可在底环与座环组合面间加垫；若间隙过小，在顶盖与座环组合面间加垫或车削导叶，修整上、下端面。加垫时，要考虑装在顶盖与座环之间的橡胶止水盘根的型号与尺寸，否则会直接影响止水效果。测量导叶套筒轴瓦与轴颈的间隙 ε，沿周向和径向测 4 点，要求 $ε_b = ε_d$，其迎水面的 $ε_a$ 应不小于设计最小间隙，以保证在受水压作用下，导叶各断面的应力均匀，否则，将底环或者顶盖沿圆周方向移动，使之符合间隙要求。底环和顶盖的预装质量应符合表 2-7 的要求。

图 2-50 导水机构预装
1—水轮机室里衬；2—顶盖组合螺栓；3—套筒；4—套筒组合螺栓；5—顶盖减压板；6—顶盖固定止漏环；7—底环；8—下部固定止漏环；9—基础环；10—底环组合螺栓；11—座环；12—导叶；13—顶盖止水盘根

表 2-7 底环和顶盖调整允许偏差 单位：mm

项目	转轮直径 D					说明
	D<3000	3000≤D<6000	6000≤D<8000	8000≤D<10000	D≥10000	
止漏环圆度	±5%转轮止漏环设计间隙					均布 8~24 测点
止漏环同心度	0.15	0.15	0.15	0.15	0.15	均布 8~24 测点；调整顶盖
底环安装方位偏差	2	2	2	2	2	测量 X、Y 标记与座环 X、Y 基准线间距离
检查底环上平面水平	0.15	0.20	0.20	0.25	0.25	周向测点数不少于导叶数，取最高点与最低点高程差
现场机加工的座环，其座环内镗口与底环径向间隙偏差	±10%设计间隙					对内镗口现场不加工的座环，应满足设备技术要求或密封安装要求

续表

项 目	转轮直径 D					说 明
	D<3000	3000≤D<6000	6000≤D<8000	8000≤D<10000	D≥10000	
底环上平面高程	±1					测量底环上平面至固定导叶中心线距离，由座环上的安装面确定底环上平面高程偏差
导叶轴套孔同心度	符合设备技术要求，未明确时为0.15					

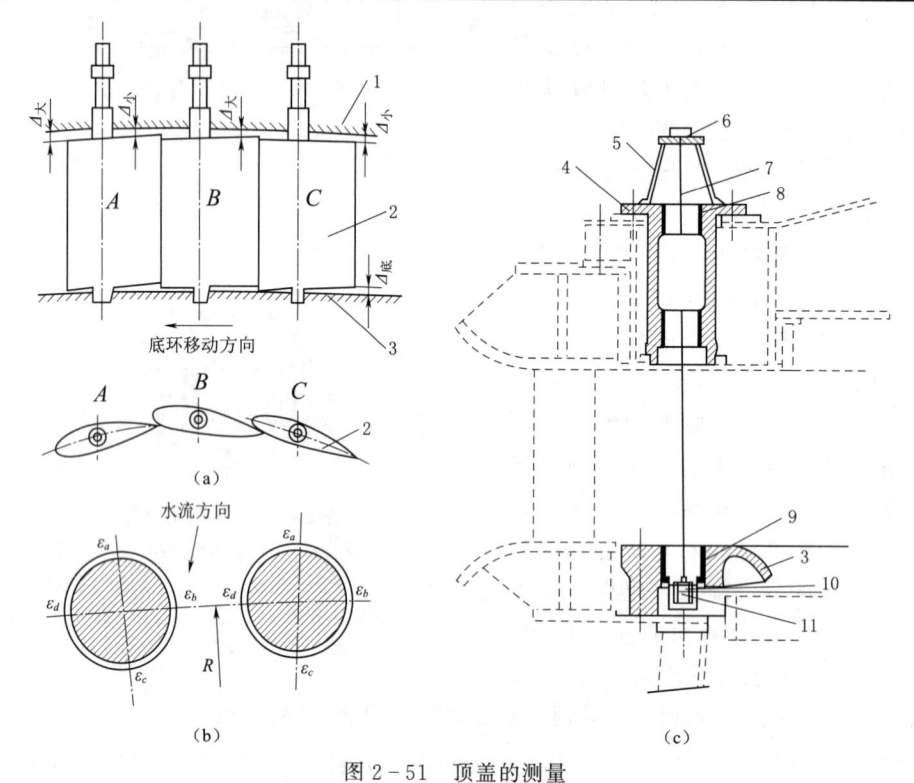

图 2-51 顶盖的测量
(a) 导叶端面间隙测量；(b) 套筒与轴颈间隙测量；(c) 导叶上下轴孔同轴度测量
1—顶盖；2—导叶；3—底环；4—导叶套筒；5—中心架；6—求心器；7—钢琴线；
8—导叶上轴瓦；9—导叶下轴瓦；10—油桶；11—重锤

以上调整合格后，应按设计图纸对顶盖、底环钻铰销钉孔，最后吊出所有预装部件，以便进行水轮机的正式安装。

2.5 混流式水轮机转动部分的组装

混流式水轮机的转动部分包括转轮、水轮机主轴、泄水锥、保护罩、止漏环、减压环等部件，需在工地组装成整体，尤其是大型分瓣转轮。因此，在水轮机正式安装前，导水机构预装的同时，还应进行水轮机转动部件的组装，其组装程序一般为：先进行水轮机主轴与转轮的连接，然后进行泄水锥、保护罩、止漏环和减压环的安装。

2.5 混流式水轮机转动部分的组装

2.5.1 水轮机主轴与转轮的连接

1. 准备工作

(1) 清扫和修磨。在主轴与转轮连接前，先将主轴与转轮连接法兰面、主轴轴颈、螺栓、螺母上的防锈漆层清除干净，检查各加工面有无毛刺或凹凸不平，去除毛刺。

(2) 主轴法兰和转轮止口的尺寸和表面平直度检查。应对主轴与转轮连接的结合面，即法兰和止口，进行平直度检查。对不平直处，可用标准平台涂以红丹物进行研磨检查，如有凸出部分应用油石仔细修磨。用特制的外径千分尺测量法兰下端面上凸出部分的尺寸；用内径千分尺测量转轮止口的尺寸。两者配合尺寸应符合要求。

(3) 螺栓外径和螺孔内径的尺寸检查。对连接螺栓的外径和法兰上螺孔的内径应进行测量，复核螺栓与螺孔的号码是否相符。如发现配合尺寸不对，应先进行预装配。

(4) 螺栓和螺母的预装配。对连接用的螺栓和螺母应进行螺纹检查修整，并对号试套。试套时在螺纹部分涂以润滑脂，套上螺母，用手搬动螺母应能灵活旋下，以免正式连接时发生丝扣"咬死"现象。

(5) 分瓣转轮的组合。如图2-52所示，其组合过程如下：

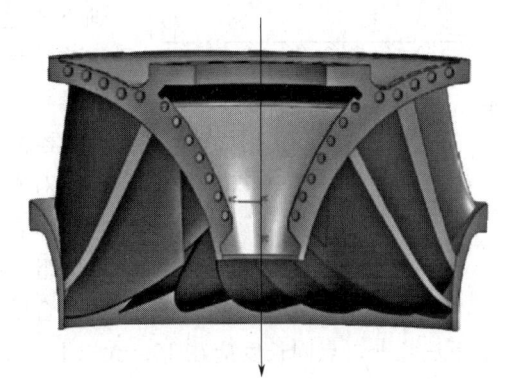

图2-52 分瓣转轮示意图

1) 准备工作。准备分瓣转轮支撑用的6个等高工具，组合用的吊索、液压千斤顶、卡子、搭块、活动垫铁等所需要用的工具。然后用金属清洗剂对所有分瓣面坡口面及坡口面周围进行反复清洗，直到现出金属本色。准备焊材，如焊丝、焊条、加热器、焊钳、风铲、打渣器、风镐等工具。

2) 用吊具吊起一瓣转轮，平放于预先放置好的3个等高工具上，用液压千斤顶调平，用活动垫铁垫好。

3) 吊另一瓣转轮，平放于另外3个等高工具上，销孔与销对齐，把合螺栓。

4) 利用主轴加工平面找平转轮上冠上平面的水平度。吊主轴与转轮上冠把合，套螺栓，拧紧螺栓。使上冠与主轴之间没有间隙。分瓣转轮之间的螺栓采用电加热棒加热至伸长值要求，主轴与上冠把合面的把合螺栓采用液压拉伸器伸长增加预紧力。主轴与上冠把紧后，测量上冠把合面与主轴之间是否有间隙。

5) 下环劈开。采用液压千斤顶顶开下环把合面，然后分别在把合面叶片分瓣面上装焊卡子。

6) 测量原始尺寸数据，并做好记录。

7) 开始焊接。主要包括上冠过流面、下环合缝面、叶片对焊、叶片进口与上冠、叶片出口与下环和上冠的焊接。一般采用气体保护焊、分段退步焊和边焊边锤击的方法焊接。

8) 焊接质量检查，主要包括焊后尺寸检查和无损伤探测。

2. 主轴与转轮的连接

(1) 转轮的吊装。先在装配场地按转轮下环尺寸放置好4个钢支墩，在支墩上放4对

第 2 章 立式水轮机的安装

楔子板，用水准仪找平，并将泄水锥吊放在 4 个支墩的中央。然后吊起转轮放于稳固的支墩上，调整楔子板使转轮水平。最后在对称的连接螺孔中穿入两个事先准备的直径较小的临时导向销钉螺栓，并用千斤顶自下向上顶住，如图 2-53 所示。

（2）主轴和转轮法兰面的清扫。用白布、酒精等彻底清扫主轴与转轮的法兰面。

（3）水轮机主轴的吊装。吊起水轮机主轴，在悬空中调好主轴法兰水平，误差应小于 0.5mm/m，按厂家标记或螺孔编号，将主轴徐徐落在转轮上。当主轴下法兰凸出部分进入转轮的止口后，按编号穿上所有连接螺栓，把螺母套在螺栓上，先初步对称拧紧 4 个螺栓，再对称拧紧另外 4 个螺栓，用同样方法将所有螺栓都初步拧紧。注意螺母丝扣和底部应涂上润滑脂。然后对螺栓伸长值进行测量，边测量边对称地拧紧所有螺栓，直到螺栓伸长值达到厂家给定值或计算值为止。法兰组合面应无间隙，用 0.03mm 塞尺检查，不能塞入。当组合缝和螺栓紧度合格后，用电焊将螺栓、螺母点固

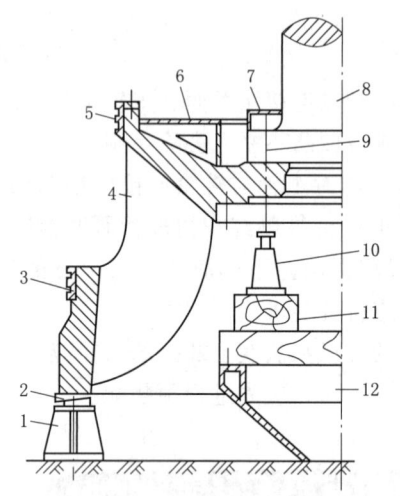

图 2-53 混流式水轮机转动部分组装
1—钢支墩；2—楔子板；3—下部转动止漏环；4—转轮；5—上部转动止漏环；6—减压环（填充盖）；7—法兰保护罩；8—主轴；9—联轴螺栓；10—千斤顶；11—方木；12—泄水锥

在上下法兰上，点固长度应在 15mm 以上，以免水轮机运行时，发生螺栓、螺母松动脱落等现象。

2.5.2 其他零部件的安装

1. 保护罩的安装

在安装法兰保护罩前，需在连接螺栓、法兰表面涂上防锈漆。若需要在保护罩底部钻孔排水时，应钻 2~4 个 10mm 的小孔。

如果是分瓣保护罩，应先组装成整体；再吊装到法兰上，用埋头螺钉固定，并填平螺栓。最后将保护罩电焊在法兰盘上，焊点要修磨平滑。若需承担检修密封作用时，应做圆度检查。

2. 泄水锥的安装

先通过泄水孔吊起泄水锥，然后用螺栓将其固定在上冠中心部分的下端面上。拧紧螺栓，使组合缝局部间隙不应超过 0.1mm。然后用锁定片锁定或用电焊点固螺栓，以防机组运行时，泄水锥掉落。最后用沥青、环氧树脂或铁板封堵螺栓孔，以保证水流畅通。

3. 减压环的安装

如图 2-54 所示，首先按图纸把减压环安装在上冠上，测量调整中心，使其与主轴同心，调好后将其焊接在转轮上，再通过调整减压板内侧的调整环，使间隙符合设计值，以减少作用在转轮上的水推力和容积损失。

需要注意的是在安装减压环时高度不宜过高，与顶盖的间隙不能小于规定值，以免发生电机顶转子时引起减压环与顶盖相碰。

2.5 混流式水轮机转动部分的组装

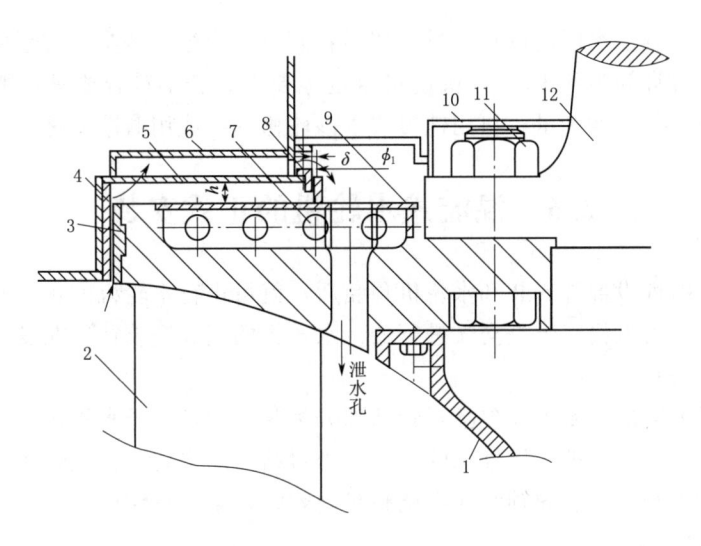

图 2-54 减压环安装图
1—泄水锥；2—转轮；3—上部转动止漏环；4—上部固定止漏环；5—减压板；
6—顶盖；7—分瓣转轮组合螺栓；8—调整环；9—减压环；
10—保护罩；11—主轴与转轮连接螺栓；12—主轴

4. 转轮上、下止漏环的组装

对于尺寸不大的整体转轮，止漏环是在制造厂内加工好的，仅需进行止漏环的测圆与磨圆工作。对于大尺寸的转轮，其止漏环是分块运到工地的，应在工地进行止漏环的组装。

由于大尺寸止漏环都是焊接结构，容易变形，因此在安装前需用角尺检查止漏环及转轮上安装面的垂直度。如不合格，用顶压方法校正，以免止漏环与转轮结合不严或装好后的圆度、同心度偏差太大，从而影响机组中心调整。

尺寸检查完毕后，进行止漏环组装。首先用专用拉紧器把止漏环逐段连接起来，在转轮体的预留槽中组合成圆环；然后对称拧紧各立面的拉紧螺栓，再拧紧上面的拉紧螺栓，使止漏环紧贴在转轮的上冠和下环上，用塞尺检查配合面的间隙，允许有不大于 0.2mm 的局部间隙，但连续长度不应超过周长的 2%，总和不应大于周长的 6%；止漏环组装检查合格后，就可以进行组合缝的焊接工作，焊接时先在对称方向上用分层、分段的退步焊法焊接止漏环与转轮之间的结合缝，然后对螺孔等处进行补焊。

2.5.3 转轮止漏环的测圆和磨圆

在混流式水轮机正式安装时，常以止漏环周围各处间隙的大小来确定水轮机中心位置。另外，止漏环间隙不均匀，还会引起机组振动和摆度的增加。因此，对止漏环的圆度要求较高。

如图 2-55 所示，常用测圆架配合千分尺，对转轮

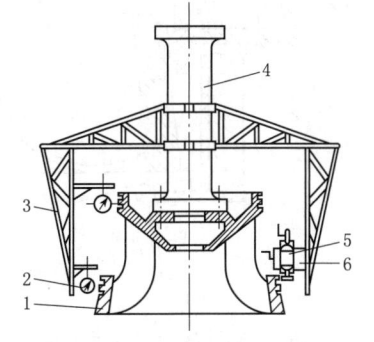

图 2-55 转轮测圆及修磨
1—转轮；2—百分表；3—测圆架；
4—主轴；5—砂轮机；6—车床刀架

上、下止漏环的同轴度和圆度进行测量。测量各测点的半径，各半径与平均半径之差应不超过转轮止漏环设计间隙的±5%，圆度符合规范要求。若不符合要求，则需要根据测量记录计算出磨削方位和磨削量，再用锉刀或手砂轮修磨，或用磨圆机进行磨圆。

2.6 混流式水轮机的正式安装

在完成水轮机埋设部件安装和水轮机预装后，就可进行水轮机的正式安装。应说明的是，水轮机安装与发电机安装是交叉进行的。水轮机的正式安装往往在发电机定子等已经安装定位之后才进行。

水轮机正式安装的主要工作包括：转动部分吊装和找正、导水机构的正式安装、与发电机联轴和轴线检查与调整、导轴承的安装、密封结构的安装、其他附属装置的安装。其中联轴及轴线检查与调整、导轴承间隙调整等内容将在第3章讨论。

2.6.1 转动部件的安装

1. 准备工作

（1）机坑的清扫。转动部件吊装之前，把妨碍转动部件吊入的预装件吊出机坑，并清理座环、基础环等埋设部件的表面，对螺栓孔仔细清理。然后在基础环上呈十字形放置4组或呈等边三角形放置3组楔子板，调整楔子板使顶面高程一致，并且留有一定的调整余量。调好后的楔子板高程，一般应使主轴和转轮吊入机坑后的放置高程较设计高程略低，其主轴上部法兰面顶面与吊装后的发电机轴下法兰止口底面之间有2~6mm间隙。需要注意的是，对于推力头安装在水轮机主轴上的机组，主轴和转轮吊入基坑后的放置高程，应较设计高程略高，以使推力头套装后与镜板有2~5mm的间隙。

（2）起重工作的准备。用起吊转动部件的方法全面检查起重设备。检查时，用主钩吊起组装好的转轮，作2~3次升降试验，检查起重设备是否正常与安全。调整主轴法兰顶面水平，使其偏差在0.5mm/m以内。符合要求后即可进行转轮吊装工作。

2. 转动部件的吊入安装

（1）转动部件的吊入。用起重设备将组装好的转动部件吊至机坑上方，从上往下缓缓下落，并使转轮大致找正中心，四周与固定部分间隙均匀、平稳地落在早已放好的楔子板上。应注意：吊放时，楔子板不能有位移。

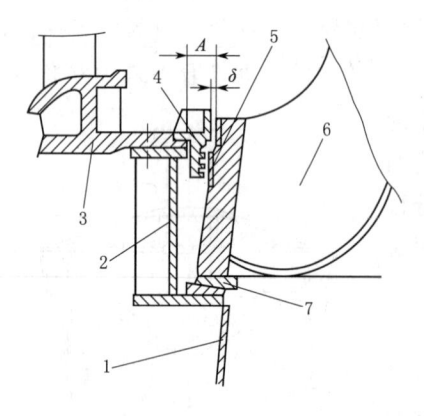

图 2-56 转动部分吊入找正
1—锥形管；2—基础环；3—座环；4—下部固定止漏环；5—下部转动止漏环；6—转轮；7—楔子板

（2）中心测量与调整。首先在下部固定止漏环未吊入前进行中心粗调，即用钢卷尺测量座环第四镗口至下部转动止漏环间的 A 值，如图2-56所示，并通过千斤顶或楔子板调整，以保证下部固定止漏环能吊放在安装位置上。然后将下部固定止漏环吊入，进行中心精调。下部固定止漏环吊入后，按预装时的定位销钉孔找正，打入销钉，对称均匀地拧紧组合螺栓。用塞尺测量止漏环间隙值 δ，并用千斤顶微调转

2.6 混流式水轮机的正式安装

动部件的中心。调整好的止漏环间隙，其误差不应超过规范允许值。

(3) 水平测量与调整。由于水轮机主轴的中心和垂直度将是发电机安装中心和水平度的基准，因此除找正主轴的中心位置外，还需调整主轴的垂直度。主轴垂直度的调整，一般有两种方法：

1) 用框形水平仪测定主轴的垂直度。调整主轴垂直度偏差应不大于 0.03mm/m。主轴垂直度测量有困难时，也可测量主轴法兰顶面水平，主轴法兰面水平偏差应不大于 0.02mm/m。测定时，可在主轴法兰顶面的 $+X$、$-X$、$+Y$、$-Y$ 四个位置放框形水平仪，测法兰顶面的水平。根据测量值，调整转轮下面的楔子板，使法兰面的水平偏差不大于 0.02mm/m，这时主轴也达到垂直的要求。这是目前常用的方法。

2) 用挂钢琴线测定主轴垂直度。这种方法测量精度较高，但装置复杂，费时间，一般情况下不用。

转轮的安装质量应符合表 2-8 的要求。

表 2-8 转轮安装高程及间隙允许偏差 单位：mm

项目		转轮直径 D					说明
		D<3000	3000≤D<6000	6000≤D<8000	8000≤D<10000	D≥10000	
高程	混流式	±1.5	±2.0	±2.5	±3.0	±3.0	测量转动与固定止漏环高低错牙；或测量转动部分过流面与固定部件过流面高低错牙（高水头转轮）
	轴流式	0～+2	0～+3	0～+4	0～+5	0～+5	测量转轮体至底环顶面距离
间隙	轴流式	各间隙测量值与平均值之差应不超过平均值的±12%					叶片全关位置测进水、出水和中间 3 处
	额定水头<200m 混流式	各间隙测量值与平均值之差应不超过平均值的±10%					
	额定水头≥200m 混流式	各间隙测量值与平均值之差应不超过平均值的±10%，但最大应不超过±0.15mm					

中心、水平、高程调整合格后，即可进行导水机构安装。当水轮机大件安装完成后，还需复测一次中心、水平、高程，合格后用白布或塑料布将下部止漏环间隙盖好，以防杂物掉入。

2.6.2 导水机构的安装

导水机构正式安装前，一般已经预装过，或者在制造厂经过试装配，因此正式安装时，只需按制造厂或预装的编号、标记，按顺序进行安装。其安装的主要技术要求为：底环、顶盖的中心应与机组垂直中心线重合；底环、顶盖应互相平行，其上的 X、Y 刻线与机组的 X、Y 刻线一致；每个导叶的上、下轴孔要同轴；导叶端面间隙及关闭时的紧密程度应符合要求；导叶传动部分的工作要灵活可靠。

1. 底环、导叶、顶盖、套筒的安装

(1) 吊装。首先将底环吊入安装位置，清扫底环组合面，涂上白铅油，对准销钉孔打入销钉，均匀地拧紧全部组合螺栓，并用塞尺检查其严密性，如图 2-57 所示。在底环的导叶下轴孔内，涂以少量黄油。然后，将导叶按编号对称地吊入，放在底环上。在座环第二镗口的盘根槽内，放好经预装检查合格的橡皮盘根。吊起顶盖，调好水平，缓缓放到安装位置上，打入定位销钉，均匀对称地拧紧全部组合螺栓。最后安装套筒。注意，安装时，应先将套筒的止水盘根放好，然后按编号吊入安装位置组合面上，垫上帆布或橡胶石棉板，均匀对称地拧紧组合螺栓。

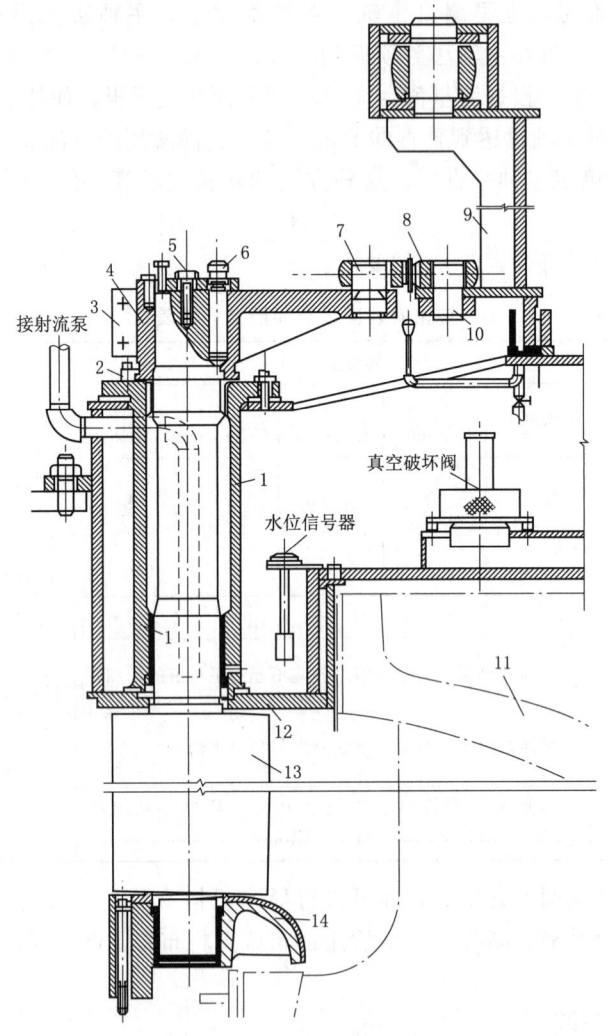

图 2-57 导水机构安装

1—套筒；2—止推块；3—拐臂组合螺栓；4—拐臂；5—调整螺钉；6—分半键；7—剪断销；
8—连杆；9—控制环；10—轴销；11—转轮；12—顶盖；13—导叶；14—底环

(2) 检查。导水机构在正式安装中还应检查、测量、调整以下项目：

1) 检查上部止漏环间隙，各间隙测量值与平均值之差应不超过平均值的±10％。

2) 检查转轮与顶盖的轴向间隙，其值应大于发电机顶转子时的最大高度。

3) 检查导叶端面总间隙，其最大值不得超过设计间隙值，并测量导叶与顶盖间隙是否均匀。

4) 检查导叶上部轴孔间隙，应符合要求，用导叶扳手转动导叶，应灵活无憋劲。

当底环、导叶、顶盖、套筒安装完成之后，接着安装导叶传动机构，包括拐臂、控制环、推拉杆、接力器等。

2. 导叶传动机构的安装

(1) 拐臂安装及导叶间隙的调整。

1) 拐臂的安装。按编号将拐臂吊装在相应的导叶轴颈上，对于整体结构，用大锤打入或用专用工具压入轴颈里，对于开口结构，用螺栓将拐臂紧固于轴颈上。调整导叶上、下端面间隙，合格后，检查分半键槽应无错位，把分半键导入导叶轴颈和拐臂之间的键槽内，分半键的合缝应与拐臂装配缝垂直，以固定拐臂的位置。复测导叶上、下端面的间隙，装止推块，检查和调整导叶立面间隙。

2) 导叶端面间隙的调整。导叶端面间隙调整方法有两种，一种是用导叶轴颈上端的顶盖和调节螺钉调整，另一种是用专用工具调整。

一般采用第一种调整方法，其过程为：先把导叶轴颈上端的推力盖和推力螺钉装好，然后用松紧螺钉的方法，调整导叶上、下端面间隙。导叶端面间隙的要求一般为：上端面间隙为实测总间隙的60%~70%；下端面间隙为实测总间隙的30%~40%；工作水头200m以上的机组，下端面间隙为0.05mm，其余间隙留在上端。

3) 导叶立面间隙的调整。导叶立面间隙检查时，先将导叶全部关闭，再在蜗壳内用钢绳捆在导叶外围的中间部分，绳的一端固定在座环的固定导叶上，另一端用导链拉紧。然后边拉紧导链，边用大锤敲打导叶，使各导叶立面靠紧、间隙分配均匀。在捆紧导叶时，用0.05mm塞尺检查，不能贯通。立面局部最大间隙允许值不得超过表2-9的规定。局部间隙的总长度不大于导叶高度的25%，其间隙不宜连续。

表2-9　　　　　　　　导叶立面局部最大间隙允许值　　　　　　　　单位：mm

项　目	导叶高度h					说　明
	h<600	600≤h<1200	1200≤h<2000	2000≤h<4000	h≥4000	
不带密封条的导叶	0.05	0.10	0.13	0.15	0.20	
带密封条的导叶	0.15	0.15	0.20	0.20	0.20	在密封条装入后检查导叶立面，应无间隙

带有盘根的导叶在装上盘根之后，导叶应关闭严密，各处立面应无间隙。如有不合格处，可作相应标记，放松导叶，用锉刀或砂轮机等在接触高出的地方进行锉削修磨，直至合格为止，如图2-58所示。

(2) 接力器的安装。接力器一般是制造厂组装成整体运至安装工地的，然而在工地安装之前需分解接力器，并对各零件进行清洗、检查和重新组装。重新组装完成后，通入高压油推动接力器活塞动作，要求活塞动作平稳、灵活、无憋劲。对于两个直缸式接力器来说，两个活塞实际行程相互偏差不大于1mm。以1.25倍的工作压力油做耐压试验，并保持30min，然后降至工作油压并保持60min，在整个试验过程中应无渗漏现象。合格后，将接力器整体吊入，安装在接力器里衬事先埋设好的基础法兰上。由于接力器推拉杆仅在水平方向上运动，故安装时应严格控制接力器的水平度，可用框形水平仪

第 2 章 立式水轮机的安装

在接力器活塞套筒上测量水平度，其偏差不得超过 0.1mm/m。如超过规定值，可在接力器固定支座与基础法兰间加垫处理。最后检查锁定闸板与活塞套筒端部的间隙。

（3）控制环的安装。控制环应在接力器吊入安装后，再吊入水轮机室进行安装。先清扫好顶盖上装控制环的安装面，当控制环位于安装面上后检查其间隙，应符合图纸要求。

（4）连杆的安装。在导叶和控制环都处于全关位置时，才能安装连杆。首先用水平尺检查拐臂和控制环同连杆连接的平面高程是否一致（图 2-57），如两端高低相差较大时，应修整连杆上的轴瓦或加垫片。连杆安装好后，应利用中间带有正反螺纹的螺杆调整连杆的长度，通常规定各连杆的长度与设计值的允许偏差为 ±1～±2mm。如果各连杆安装长度超过规定值，将会造成导叶开度不等，引起转轮进口水流不均匀，这样就会造成转轮的水力不平衡。

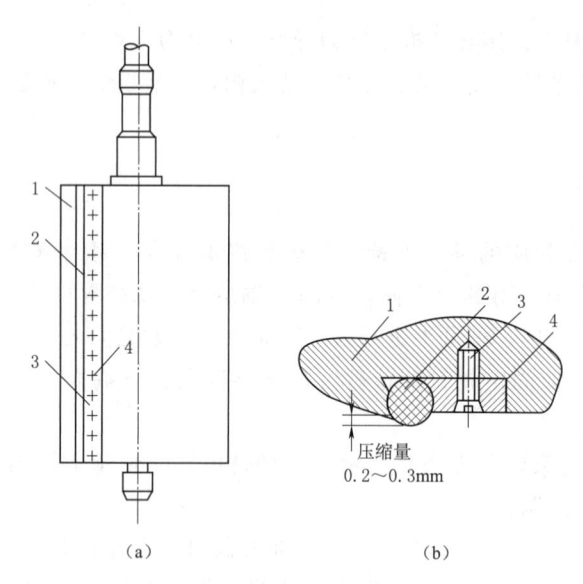

图 2-58 带盘根的导叶密封结构
(a) 导叶立面圆橡皮盘根密封；(b) 圆橡皮盘根安装详图
1—导叶；2—圆橡皮盘根；3—埋头螺钉；4—压板

（5）推拉杆的安装。推拉杆用于连接控制环和接力器，由两段组成。一段装在接力器活塞上，称为长拉杆；另一段装在控制环上，称为短拉杆；中间用正反螺纹的螺帽连接，并以背帽固定。在推拉杆连接之前，应检查推拉杆和正反螺帽的螺纹连接情况，并进行试装，避免正式连接时发生"咬死"现象。然后将长短杆调好水平，两拉杆的高程差应在 0.5mm 以内才允许连接。由于长杆装在活塞上，不宜拆卸，故常用短拉杆的高低位置进行调整。在处理短拉杆与控制环接触平面时，可用刨削轴或加垫片的方法调整。

当推拉杆的高低位置调整合格，同时拐臂、连杆与控制环都已装配好，控制环两个接力器的活塞均处于全关闭位置时，可以连接推拉杆。先将短拉杆与控制环脱掉，然后将短、长拉杆连接起来，调整连接螺帽，使推拉杆逐渐缩短并对准控制环的轴销孔，装上轴销。连接时，在螺纹部分应涂上水银软膏等润滑剂，并调整推拉杆长度，应使长、短拉杆拧入连接螺帽中的长度大致相等。

3. 压紧行程的调整

由于水力矩常常会使导叶转动系统各部分发生弹性变形，加上各部件连接处存在配合间隙，因此接力器活塞关闭时，关闭的导叶仍会存在一小缝隙，增加漏水量。为了防止大量漏水，应根据各部件的变形情况和配合间隙，调整接力器行程，使导叶关闭后仍具有几毫米的接力器行程裕量。此行程裕量称为压紧行程。压紧行程值根据转轮直径的大小以及接力器型式等而确定，见表 2-10。

表 2-10　　　　　　　　　　接力器压紧行程值　　　　　　　　　单位：mm

项　目		转轮直径 D					说　明
		D＜3000	3000≤D＜6000	6000≤D＜8000	8000≤D＜10000	D≥10000	
直缸式接力器	带密封条的导叶	5～10	8～12	10～15	12～19	15～22	导叶在全关位置，当接力器自无压升至工作油压的50%后，撤除接力器油压，测量活塞返回距离的行程值
	不带密封条的导叶	4～8	7～10	8～13	10～18	13～20	
摇摆式接力器		导叶在全关位置，当接力器自无压升至工作油压的50%时，其活塞移动值，即为压紧行程					如限位装置调整方便，也可按直缸接力器要求来确定

调整压紧行程的方法：当导叶和接力器都处在全关闭位置时，调整接力器与控制环上的连接螺帽，使接力器两活塞向开启方向移动至需要的压紧行程值。在调整过程中，可测量活塞杆外露的部分长度，检查压紧行程的大小，也可按连接螺帽的螺纹螺距计算。

2.6.3　水轮机导轴承的安装

水导轴承的安装是在推力轴承受力调整好、机组中心固定之后进行的。水导轴承安装前，机组的轴线应位于中心位置，检查上、下止漏环间隙，以及发电机转子的空气间隙，若符合规定要求，可进行导轴承安装。安装时，先用楔子板塞紧止漏环的间隙，在发电机上部导轴承处用导轴瓦抱紧主轴，使转动部分不能任意移动。然后将预装好的导轴承体吊入安装位置。该安装位置可按水导轴承设计规定间隙、机组轴线摆度和主轴所在位置来分配调整确定。其应调间隙的计算公式为

$$\delta_c = \delta_{cs} - \frac{\varphi_{ca}}{2} - e \qquad (2-1)$$

式中：δ_c 为水导轴承各点应调的间隙值，mm；δ_{cs} 为水导轴承单侧设计间隙值，mm；φ_{ca} 为水导轴承各对应点的双幅净摆度，mm；e 为主轴所在的实际位置与机组中心的偏差，mm，当两者重合时，e 为 0。

调整后，其最小间隙值不应小于油（水）膜的最小厚度值，一般最小油膜厚度为 0.03mm，最小水膜厚度为 0.05mm。

对于筒式导轴承，在确定调整的间隙之后，用千斤顶调整，其间隙允许偏差，应在分配间隙值的±20%以内，瓦面应保持垂直；对于分块瓦导轴承，用小千斤顶或楔形块进行调整，其间隙允许偏差不应超过±0.02mm。轴承间隙调整好之后，将轴承体与顶盖用螺栓固定，钻定位销钉孔，打入销钉。再安装水轮机的其他附属设备。

水导轴承也可与发电机导轴承同时进行安装，以保证各轴承安装后的同轴度。

2.7　轴流转桨式水轮机的安装

轴流式水轮机的埋设部件、导水机构、水导轴承等，均与混流式水轮机的大同小异，主要区别在于转轮本体和部分埋设部件上。埋设部件的安装程序是：先进行尾水管里衬和基础环安装，再进行转轮室安装，然后是座环安装。埋设部件具体安装程序如下：

(1) 将尾水管里衬吊入尾水管机坑调整找正后，浇筑混凝土，并养护至合格。

(2) 吊装基础环和转轮室下环，调整找正合格后，再与尾水管里衬相连。

(3) 吊装转轮室下环上部分的埋设部件，并调整找正。安装时应根据水轮机叶片中心高程调整埋设部件的高程，一般测量转轮室上平面的安装高程和水平，其中心和圆度则以转轮室内圆加工面为准。转轮室必须精心测量调整，牢牢固定，以保证整个机组的安装质量。

因轴流转桨式水轮机安装工艺较复杂，下面介绍其主要部件的安装。

2.7.1 埋设部件的安装

轴流转桨式水轮机的埋设部件，一般由尾水管里衬、转轮室、座环，蜗壳上下衬板、水轮机室里衬等组成，如图 2-59 所示。

1. 埋设部件的安装特点

(1) 以转轮室为安装基准件。轴流转桨式水轮机的转轮室，一般由上环（又称支承环）和下环（又称基础环）组成，有的水电站还有中环。下环（或中环）是机组的安装基准件，对其安装质量要求较高。

安装时，除了保证转轮室的尺寸、形状之外，其中心位置、高程、上口水平度等必须精心测量与调整，固定可靠，才能保证机组的安装质量。应根据水轮机叶片中心高程调整埋设部件的高程，一般测量转轮室上平面的安装高程与水平，其中心和圆度则以转轮室内圆加工面为准。

在后续的安装工作中，一律以转轮室的轴线作为基准。

(2) 埋设程序上，转轮室与座环一起定位。转轮室与座环之间通常用螺栓连接，而且有精加工的止口定位；而它与尾水管里衬常为焊接连接。因此，总是先埋设尾水管里衬，再一次性安装转轮室和座环，最后再焊接尾水管里衬与转轮室之间的连接缝。

(3) 埋设部件采用分瓣结构的较多。由于需要通过的流量很大，轴流式水轮机的座环、底环等部件尺寸往往很大，经常会采用分瓣结构。安装时正确组合并固定其形状就成了非常重要的事情。

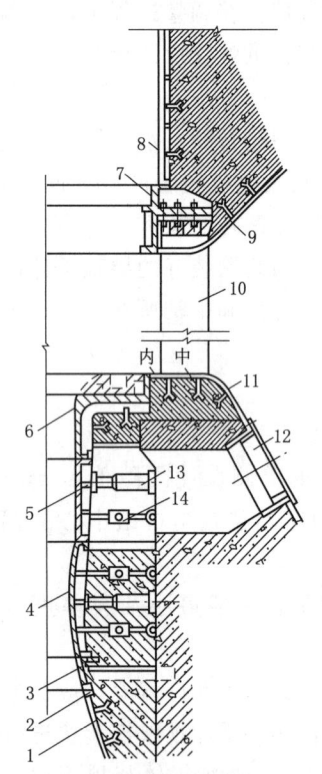

图 2-59 轴流式水轮机埋设部件
1—尾水管里衬；2—衬板；3—连接板；4—转轮室下环；5—转轮室中环；6—转轮室上环；7—座环的上环；8—水轮机室里衬；9—蜗壳上衬板；10—固定导叶；11—蜗壳下衬板；12—可拆段进人门；13—千斤顶；14—拉紧器

(4) 混凝土蜗壳需现场浇筑。轴流式水轮机大多采用混凝土蜗壳，需在座环安装以后现场浇筑。施工时必须注意的是：混凝土应合理地分期浇筑，前期混凝土要使座环、转轮室等部件埋固，又要为蜗壳的立模、浇筑留有余地。另外，座环与蜗壳的连接，如蜗壳衬板、蜗壳尾端钢板等应按图纸要求，还须保证过流面平整、光滑。

2. 座环的安装

对于轴流转桨式水轮机来说，整体座环的安装方法与混流式水轮机一样，但非整体座环安装较为复杂且工作量大。一般来说，转桨式水轮机的座环不是整体的。为保证活动导叶的端面间隙和座环上环与支承环之间的距离，对座环的上环的标高需要严格控制。座环的上环与固定导叶的组装，用样板找正、上环定位等方法进行定位找正，其中上环定位法找正较方便，安装精度较高，应用普遍。

上环定位法，是在制造厂内把每个固定导叶与座环的上环进行预组装，并在座环的上环上钻铰销钉孔定位。分件座环运到现场后，按制造厂的标记和要求直接安装。若制造厂未做过预装工作，则应在现场安装间预装。具体办法是先将上环翻身组合成整体环，调好水平，然后将固定导叶倒置于上环的安装位置上，按图纸要求用经纬仪定位，钻铰销钉孔，并标定$+X$、$-X$、$+Y$、$-Y$方向，最后再把固定导叶拆下来，以待正式安装。

在机坑安装座环时，先将$+X$、$-X$、$+Y$、$-Y$方向的4个固定导叶吊入，将其高程调至设计高程，再吊入其余固定导叶，其高程均低于设计高程10~15mm。然后将组合成整圆的上环吊入，并与上述X、Y方向的4个固定导叶相连接，打入销钉，跟上环一起调高程、中心和水平。合格之后，拧紧上述X、Y方向4个固定导叶的地脚螺栓。再将其余的固定导叶提上来，以销钉定位、用螺栓同上环连接，拧紧所有地脚螺栓，再复查上环的高程、中心和水平。合格后将所有连接件点焊固定，并进行加固（应有监视），以防浇筑混凝土时发生变形或变位。

3. 蜗壳的安装

对于混凝土蜗壳，一般要在蜗壳靠近座环、固定导叶支柱处装配上下蜗壳钢板里衬，钢板里衬应从固定导叶的支柱开始向两个方向同时进行。由于每一固定导叶形状不同，其衬板上固定导叶支柱切口应事先按模板进行切割，与固定导叶的装配间隙要尽量小，以减少焊接应力，其背面焊接在预埋于混凝土内的铁件上，里衬内圈应与座环和底环接拼，并用电焊把钢板与固定导叶支柱装配间隙以及各衬板间的接缝焊接起来，其表面凹凸不平度应符合规定的要求。里衬外圈与混凝土表面连接处应平滑过渡，其错牙不应超过规定范围。最后一块钢板里衬装配可按实际尺寸下料配装。待混凝土浇筑养护合格之后，用手锤敲打检查钢板里衬与混凝土的接触是否合格，不应有接触不严实和有空隙情况，否则需要进行灌浆处理。

2.7.2 转轮的组合安装

1. 转轮的组合

轴流转桨式水轮机的转轮，按转动叶片的传动机构不同，可分为有操作架和无操作架两种。若转轮叶片较多，或为了减小转轮体直径，宜采用有操作架的结构，如图2-60所示。对于转轮叶片数少的，则采用结构简单的无操作架转轮，如图2-61所示。对于有操作架结构的转轮，组装时，通常将转轮体翻身倒装。对于无操作架结构的转轮，在组装时，转轮无须倒装，直接进行组装。

（1）无操作架结构转轮的组装。

1）支架固定与转轮体调平。将支架与基础牢牢固定，然后把转轮体正放于支架上，调整水平，使其误差在0.05mm/m以内。

2）转臂、连杆、枢轴、活塞安装。先将转臂与连杆组合好，然后用导链吊起，挂到钢梁上，利用配重吊起枢轴，找好水平。对正、装入转轮体的枢轴孔和转臂孔中，再用槽

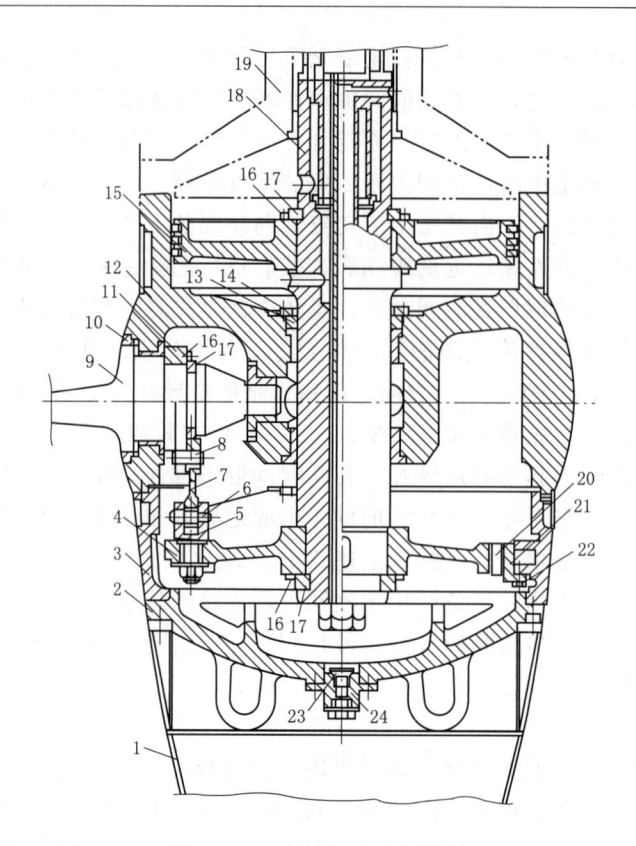

图 2-60 有操作架转轮结构

1—泄水锥；2—下端盖；3—连接体；4—操作架；5—叉头；6—叉头销；7—连杆；8—转臂销；
9—叶片；10—止漏装置；11—转臂；12—转轮体；13—U形橡皮圈；14—底环；
15—活塞；16—压圈；17—下环；18—活塞杆；19—主轴；20—导向滑动板；
21—导向键；22—紧固螺钉；23—泄油阀；24—孔盖

钢与拉紧螺栓将转臂与枢轴靠紧，把枢轴推入轴承孔内。枢轴、转臂和连杆的组装如图 2-62（b）所示。

在连杆与套筒连接端的孔中，按编号装上套筒销，用导链将连杆拉入套筒孔内，下面用支墩及千斤顶等将连杆顶住固定，再吊入套筒，对准套筒孔，使套筒销进入套筒销槽内后再旋转 90°。检查套筒与轴间隙是否均匀。用千斤顶调整套筒与活塞组合面的高程，一致后将活塞吊入，检查活塞与缸体的间隙，四周应均匀，中心偏差应在 0.05mm 以内。然后拧上与活塞连接的套筒螺母，通常按对称两次拧紧，使其紧力符合设计要求。无操作架转轮枢轴、转臂和活塞安装示意图如图 2-62（a）所示。

3）转轮叶片、下端盖、活塞杆、转轮盖的安装。在套筒与活塞连接的螺栓紧固之后，先用桥机或千斤顶将活塞拉（或顶）至全关位置，然后对称安装叶片。安装时，应挂好一只叶片即用千斤顶、支墩顶住，防止转轮体倾倒，并且拧叶片螺钉时应先拧上部，后拧下部，上下对称分两次按设计力矩拧紧，使叶片螺钉受力均匀，紧力符合规定要求。

叶片安装完成后，将叶片转至设计位置（即零度转角位置），检查各叶片，其安装误差不应大于±15′，否则应予以调整。

2.7 轴流转桨式水轮机的安装

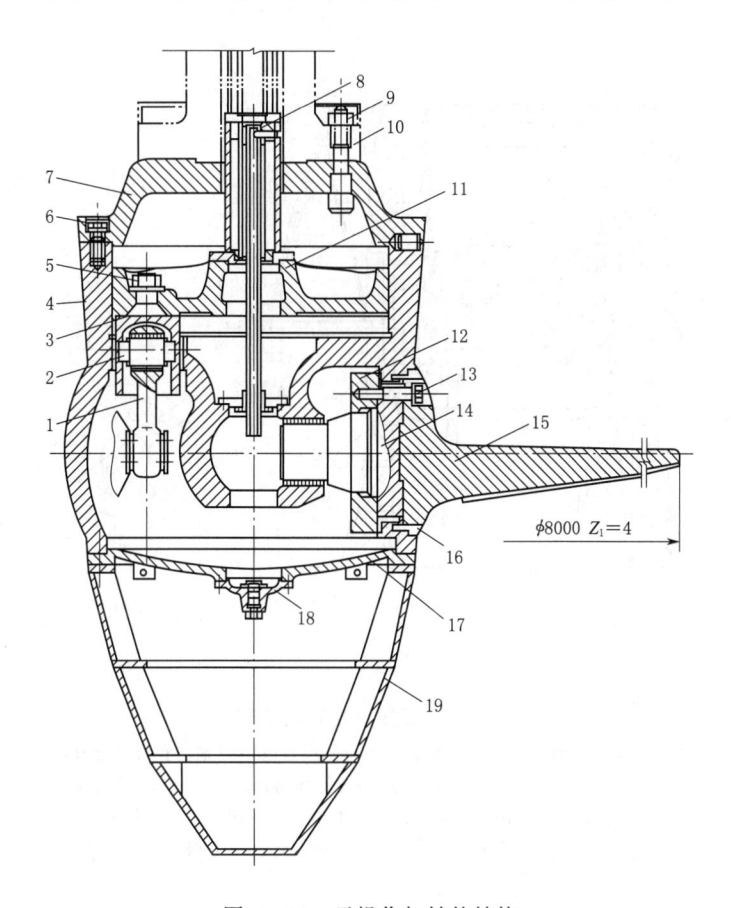

图 2-61 无操作架转轮结构
1—连杆；2—套筒销；3—套筒；4—转轮体；5—套筒螺栓；6、13—连接螺钉；7—转轮盖；
8—活塞杆；9—连接螺栓；10—主轴；11—活塞；12—转臂；14—枢轴；
15—叶片；16—叶片止漏装置；17—下端盖；18—孔盖；19—泄水锥

最后，将转轮体吊起，安装下端盖、活塞杆和转轮盖，测定叶片关闭位置时的圆度及最大直径。

4) 叶片密封装置安装与油压试验。转轮叶片密封止漏装置有多种，常用的有弹簧牛皮止漏装置、λ形橡胶止漏装置和金属密封圈等，其中以λ形橡胶止漏装置应用最普遍，如图 2-63 所示。在安装 λ形止漏装置时，应注意橡胶圈要松紧适度，尖部切勿划破，以免降低止漏效果。在安装顶紧环时，应按图纸要求使弹簧留有预紧力。在安装压环时，应注意先装叶片与转轮体间的压环，然后转动叶片将其他压环装上，不要将橡胶圈挤坏。

叶片密封止漏装置在进行油压试验前，应根据要求配置管路和试验设备，检查各止漏装置和各组合缝处的渗漏情况，并检查叶片转动的灵活性。试验压力可按转轮中心至受油器顶面油柱高度的 3 倍来确定，对于 λ形密封，一般为 0.5MPa。

试验时，应在最大压力下保持 16h。试验过程中，每小时操作叶片全行程开、关转动叶片 2~3 次；在最后 12h，每只叶片漏油量不应大于有关规定。试验开启和关闭的最低油压一般不超过工作油压的 15%。在开关过程中，叶片转动应平稳，与转轮体应无撞击

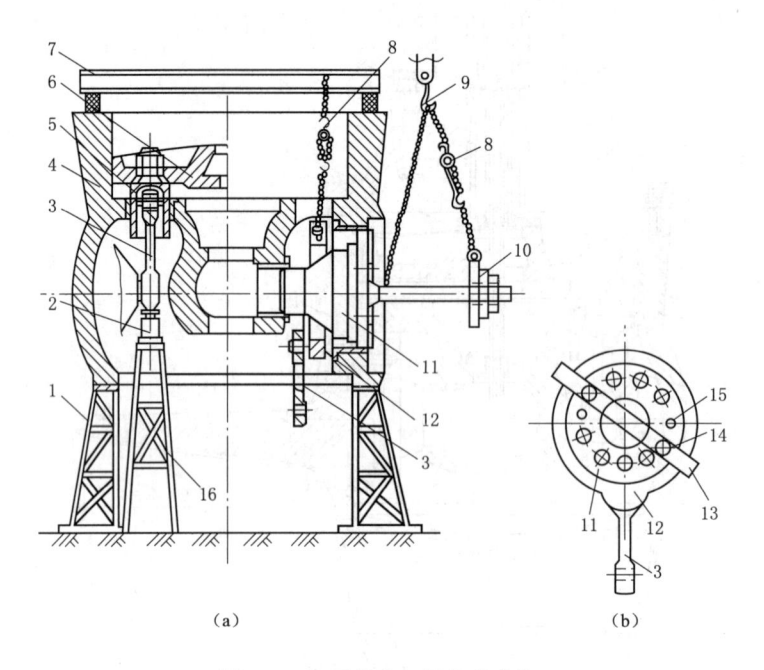

图 2-62 无操作架转轮的安装

(a) 无操作架转轮转臂、枢轴、活塞安装示意图；(b) 枢轴、转臂和连杆的组装

1—支架；2—千斤顶；3—连杆；4—转轮体；5—套筒；6—活塞；7—钢梁；8—导链；
9—桥机小钩；10—配重块；11—枢轴；12—转臂；13—槽钢；
14—拉紧螺栓；15—叶片轴销；16—支墩

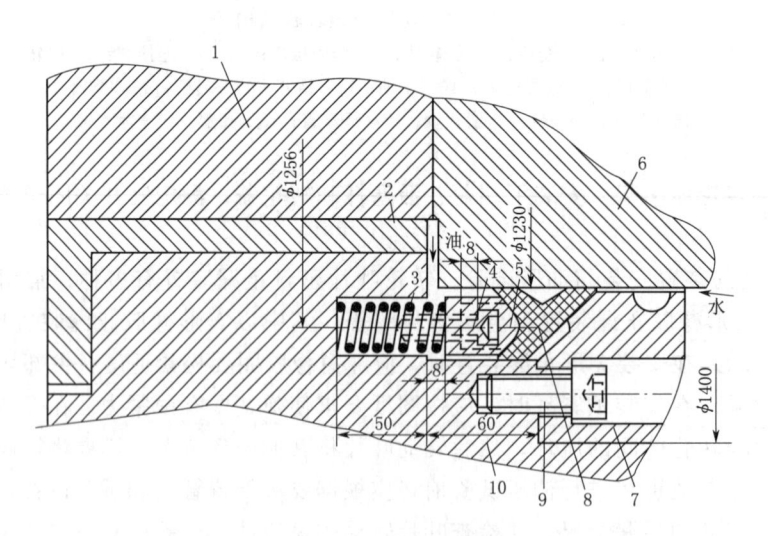

图 2-63 λ 形橡胶止漏装置

1—枢轴；2—轴瓦；3—弹簧；4—特殊螺钉；5—预紧环；6—叶片；
7—压环；8—λ 形橡胶圈；9—内六角螺钉；10—转轮体

2.7 轴流转桨式水轮机的安装

现象,并要录制活塞行程与叶片转角的关系曲线。

(2) 有操作架结构转轮的组装。有操作架的转轮,因正置不便于吊装转臂、连杆等,所以将转轮体翻身倒置。其步骤如下:

1) 活塞杆、转轮体的倒立。将活塞杆插入转轮体(或先将活塞杆倒立在机坑中,待其上的转轮体装好转臂、连杆、枢轴后,再将活塞杆提上来安装操作架),用适当方法加以固定,然后与转轮体一起翻身并置于支架上,调好转轮体的水平。

2) 转臂、连杆、枢轴的安装。将转臂吊挂在安装位置上,找好中心。吊起带枢轴的叶片,按编号插入转轮体和转臂的轴孔中,如图 2-64 所示。装上已组装好的连杆与叉头的组合体,然后装操作架,并与叉头连接,再装事先经过研磨的导向链,并调整其间隙,应左右均匀,拧紧紧固螺钉。采用桥机拉的方法,检查叶片转动是否灵活。如叶片转动灵活,即可将导向链点焊固定,对传动机构中的螺母、轴销进行固定。然后装上、下端盖。翻转转轮,装上 U 形橡皮圈,再装活塞。测量活塞四周的间隙应均匀。最后装上试验盖,准备作转轮油压试验。

2. 转轮的吊装

转轮组装完成并经油压试验合格之后,就可进行转轮的正式安装。先把转轮吊入机坑,再利用悬吊工具挂住转轮,并对转轮的高程、水平和中心进行调整并固定,如图 2-65 所示。

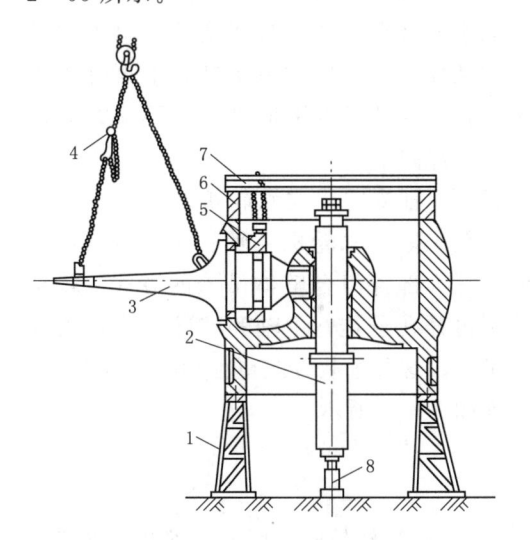

图 2-64 有操作架转轮的转臂、连杆、枢轴安装
1—支架;2—活塞杆;3—叶片;4—导链;5—转臂;6—加高块;7—钢梁;8—千斤顶

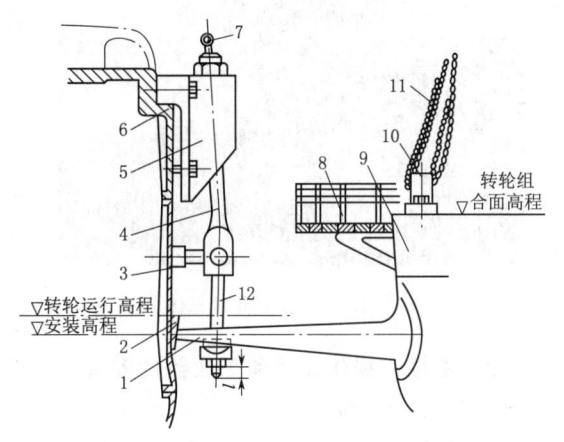

图 2-65 转桨式水轮机转轮安装
1—叶片;2—楔子板;3—转轮室;4—长吊杆;5—悬臂;6—支承环;7—吊攀;8—安装平台;9—转轮;10—吊环;11—钢丝绳;12—短吊杆

(1) 悬吊方式。若轮叶上有预留的安装孔,可通过安装孔用螺栓及吊架悬挂在底环上。多数轴流式水轮机都采用这一方式,如图 2-65 所示。安装孔由厂家加工,螺栓、吊架通常也由厂家提供,应按制造厂的要求装设和使用。在机组安装工作的最后,应该用与轮叶相同材料的堵头封住安装孔,焊牢后打磨平整。

若轮叶上无安装孔，可用钢丝绳绕过轮叶根部进行悬挂。一些小型机组常用此方法。最好是用两个葫芦将转动部分悬挂在机墩上，以便于位置的调整。

(2) 位置的调整和固定。

1) 转轮的安装高程应略低于设计高程。应使主轴的上法兰面低于工作位置15～20mm，以免发电机主轴吊入安装就位时，其下法兰面止口与水轮机轴头相碰。故一般将转轮的安装高程转换到转轮与主轴连接的组合面上，便于用水准仪进行高程测量。

2) 转轮的水平，用框形水平仪在转轮组合面上测量。调整量较大时，应吊起转轮，用手扳动短吊杆的螺母来调整；调整量不大时，可用专用扳手扳动长吊杆上的螺母来调整。调整后，其水平度偏差要求不大于0.10mm/m。

但是轴流式水轮机转动部分位置的调整较为困难，需改变吊挂螺栓的长度、位置，或用千斤顶、楔子板挤动转轮，这些都必须小心谨慎地进行。

3) 转轮的中心位置，可根据转轮叶片与转轮室间的间隙进行调整。用钢制的楔子板打入间隙内进行调整，并用硬木制成的楔形塞规和外径千分尺测量，各间隙测量值与平均值之差应不超过平均值的±12%。轮叶与转轮室之间的间隙由制造厂规定，常取$(0.5\sim 1)D_1/1000$，且必须四周均匀。测量时应注意每个轮叶须在全关位置靠进水边、出水边以及中段各测3个间隙，以准确掌握四周的间隙情况。

4) 转动部分位置的固定。转轮的高程、水平和中心经调整符合要求之后，除了固定吊架和螺栓之外，应在每个叶片上再打入两只楔子板，使调整好的间隙固定下来，通常还可加点焊固定。

目前，轴流转桨式水轮机转轮吊入机坑时，一般采取与水轮机主轴、支持盖（带导流锥）三大部件组合整体吊入的方式，转轮叶片不再开孔悬挂，主轴和转轮的重量由支持盖承受。这种吊装方式也称为"三体联吊"法，如图2-66所示。

图2-66 转桨式水轮机"三体联吊"

2.7.3 主轴、操作油管和受油器的安装

1. 主轴的安装

由于转桨式水轮机主轴内有操作油管，并且有些主轴带转轮盖，因此其安装与混流式水轮机主轴安装略有不同。对于主轴与转轮盖分开的结构，则应先将主轴与转轮盖连接，然后与转轮体连接；或先将联轴螺栓按编号穿入转轮盖的螺孔内，下部用钢板封堵，待密封渗漏试验合格后，再将主轴与转轮盖连接。

2. 操作油管的安装

操作油管是由不同直径的无缝钢管套在一起组成的，一般分成2～3段，因此安装前应先进行预组装、耐压试验、内外腔检查以及结合面的渗油检查，并且操作油管的导向轴颈与轴瓦的配合应符合要求。

为便于把操作油管插入主轴，一般是在主轴与转轮盖连接后，将操作油管插入主轴内，同主轴一起吊入机坑安装。安装时，先使下操作油管与活塞杆连接，再进行转轮盖与转轮体连接。中、上操作油管应配合发电机和受油器的安装逐步进行。

3. 受油器的安装

受油器一般安装在机组的最上端。在安装受油器前，应检查上、中、下轴瓦的同轴度，可将受油器倒置并调整好水平，再将内、外操作油管倒插入轴瓦孔内，根据其配合间隙的要求，可用刮刀修刮上、中、下轴瓦。为了确保轴瓦安全运行，其配合间隙应适当扩大。受油器水平偏差，在受油器座的平面上测量不应大于 0.05mm/m；旋转油盆与受油器座的挡油环间隙应均匀，且不小于设计值的 70%；受油器对地绝缘电阻，在尾水管无水时测量，一般不小于 0.5MΩ。

安装时，受油器操作油管与上操作油管连接后，要进行盘车找正，并测量其摆度值。如果摆度超过受油器轴瓦的总间隙时，常会引起烧瓦，可在受油器操作油管与上操作油管之间的连接面中垫入不同厚度的紫铜片或刮削紫铜垫片的方法来进行调整。

如果采用浮动瓦式受油器，由于上、中、下轴瓦在径向可自行调整（调整范围为 2mm），而圆周方向则用限位螺钉来防止轴瓦切向转动，轴瓦与内、外油管的配合间隙均较小，在运行中有助于各轴瓦漏油量的减少。

习　题

1. 反击式水轮机结构由哪三大部分组成？各包括哪些主要部件？
2. 混流式水轮机转轮有哪几种结构？
3. 转轮止漏装置有哪几种型式？各有何特点？
4. 为什么混流式转轮要装减压装置？常采用哪些减压措施？
5. 轴流转桨式转轮由哪几部分组成？叶片转动操作机构主要有哪些类型？
6. 水轮机主轴有哪几种型式？
7. 水轮机主轴工作密封与检修密封各有哪几种类型？各有何特点？
8. 顶盖、底环各有何作用？导叶轴颈采用哪些密封？
9. 导叶传动机构的组成？导叶传动机构是如何传力的？
10. 金属蜗壳有哪几种类型？
11. 座环有何作用？有哪几种结构类型？
12. 基础环有何作用？转轮室是指什么，有何作用？
13. 水轮机导轴承有何作用？一般安装在什么位置？
14. 简述立式混流式水轮机的一般安装程序。
15. 混流式水轮机的埋设部件包括哪些部分？有什么共同特点？安装应注意什么问题？
16. 尾水管里衬安装前应做哪些准备工作？
17. 安装尾水管里衬的程序是什么？怎样测量和调整它的位置？
18. 座环安装就位后，怎样进行中心、高程、水平的测量和调整？
19. 简述如何进行锥形管的安装。

20. 单节蜗壳完拼装完之后，应进行哪些项目的测量工作？
21. 怎样进行蜗壳定位节的挂装？
22. 蜗壳凑合节有哪些制作方法？哪种方法常用，为什么？
23. 蜗壳的纵焊缝、环焊缝、蝶形边焊缝应如何焊接？焊接质量如何检查？
24. 座环混凝土养护合格后，导水机构预装前，怎样进行水轮机中心的确定？
25. 怎样进行下部固定止漏环的预装定位工作？
26. 怎样进行底环、导叶、顶盖、套筒的预装定位工作？
27. 怎样进行主轴与转轮的连接工作？
28. 怎样进行转轮上下止漏环的测圆和磨圆？
29. 怎样组装水轮机的转动部件？应满足的基本要求是什么？
30. 转动部件吊入机坑后，怎样进行找正？
31. 混流式水轮机转动部件吊入后如何支撑？
32. 导水机构预装配的目的是什么？大中型机组导水机构如何预装配？
33. 导水机构的正式安装要进行哪些工作？基本要求是什么？
34. 怎样进行导叶端、立面间隙的测量和调整？
35. 在何情况下进行水轮机与发电机的主轴连接？如何进行连接？
36. 怎样进行水导轴承间隙的测量与调整？
37. 轴流式水轮机埋设部件的安装有什么特点？
38. 简述轴流转桨式水轮机无操作架转轮组合的一般程序。
39. 轴流式水轮机转动部分吊入后如何支撑？什么是三体联吊法？

第 3 章 立式水轮发电机的安装

3.1 水轮发电机基本介绍

3.1.1 水轮发电机基本知识

3.1.1.1 水轮发电机的工作原理

在结构上，水轮发电机是一种凸极式三相同步发电机，其磁极一个个地挂在磁轭外圆上并凸出在外。由于水轮机的转速较低，要发出工频电能，相应的发电机的磁极个数就比较多，所以做成凸极式在结构工艺上就比较简单，如图 3-1 所示。外圈静止部分为水轮发电机定子，它主要由机座、铁心（或铁芯）和电枢绕组等组成，铁心是硅钢片叠装而成的，在铁心部分开有槽，槽内安放 3 个绕组（A-X、B-Y、C-Z）代表三相定子绕组；内圈部分为水轮发电机凸极转子，主要由磁轭、磁极、励磁绕组（转子绕组）和转轴等组成。将直流电流引进励磁绕组后将会建立磁场（该磁场对转子来说是恒定的），当水轮机拖动发电机转子旋转时，旋转的转子磁场切割定子铁心内的电枢绕组，在定子绕组中就会产生三相感应电动势，当电枢绕组与外界三相对称负载接通时，定子绕组内将产生交流电流。

从上述水轮发电机工作原理可知，磁路是发电机建立磁场的必要条件。对于旋转发电机，每对相邻磁极扇形段有一个磁路，如图 3-2 所示。励磁电流是维持磁场恒定的关键，一般励磁电流由直流励磁机或交流电源通过整流变成直流后供给。励磁系统是水轮发电机的重要组成部分之一，它由励磁主电路和励磁调节电路两部分组成。

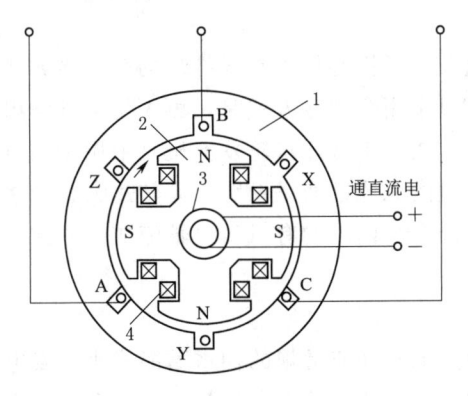

图 3-1 水轮发电机工作原理图
1—定子；2—转子；3—滑环；4—励磁绕组

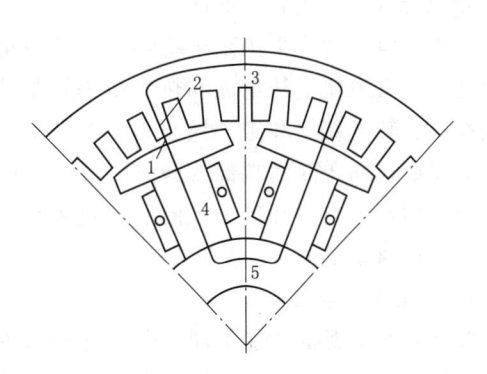

图 3-2 水轮发电机磁路
1—空气间隙；2—定子齿；3—定子铁心；4—磁极；5—转子磁轭

3.1.1.2 水轮发电机的类型

1. 卧式和立式

按水轮发电机主轴布置的方式不同，可分为卧式和立式两种。通常小容量（单机容量小于1MW）的水轮发电机一般采用卧式，适合配用混流式、贯流式、冲击式水轮机；中等容量的两种皆可；大容量的则广泛采用立式结构，适合配用混流式和轴流式水轮机。水轮发电机的结构型式在很大程度上与水轮机的特性和类型有关。

2. 悬式与伞式

对于立式机组，根据推力轴承位置的不同又分为悬式水轮发电机和伞式水轮发电机。

悬式水轮发电机是指把推力轴承布置在转子上部的型式，把整个机组转动部分悬挂起来，一般适用于高中速（在100r/min以上）水轮发电机，其优点是机组径向机械稳定性好，推力轴承磨损小，维护与检修方便；缺点是机组较高，消耗钢材较多。

伞式水轮发电机是指把推力轴承布置在发电机转子下部的型式，一般适用于低速（在150r/min以下）水轮发电机，其优点是机组高度低，可降低厂房高度，节约钢材；缺点是推力轴承损耗大，不便于安装与维护。

3. 空气冷却式与内冷却式

按水轮发电机的冷却方式不同，可分为空气冷却和内冷却两种形式。

空气冷却式简称空冷式，是利用空气循环来带走水轮发电机内部所产生的热量，目前应用较为广泛。空冷式又分为封闭式、开启式和空调式3种。目前大中型水轮发电机多采用封闭式，小型的采用开启式通风冷却，空调冷却很少采用，仅在一些特殊条件下才采用。

内冷却式又分为水冷却和蒸发冷却两种。水冷却包括双水内冷却和半水冷却。双水内冷却即将经过处理的冷却水通入定子和转子绕组空心导线内部，直接带走发电机产生的热量，定子与转子绕组都复杂，一般不采用；半水冷却即定子绕组水冷却而转子仍为空气通风冷却，目前大容量水轮发电机都采用半水冷却方式。蒸发冷却式即将液态冷却介质通入定子空心铜线内，通过液态介质蒸发，利用汽化传输热量进行发电机冷却，这是我国具有自主知识产权的一项新型的冷却方式。

水轮发电机优先采用定子绕组、转子绕组及定子铁心均为空气冷却的全空冷方式。当特大型水轮发电机受槽电流和热负荷等限制难以采用全空冷方式时，可采用定子绕组介质直接冷却、转子绕组和定子铁心为空气冷却的方式。中低速水轮发电机宜采用密闭自循环径向双路或径向单路的端部或旁路（混合）回风的无风扇通风系统。高转速大容量水轮发电机可采用密闭自循环轴、径向端部或旁路（混合）回风的有风扇（轴流或离心式）或其他形式的通风系统。

4. 常规式与非常规式

按水轮发电机的功能不同，分为常规水轮发电机和非常规的抽水蓄能式水轮发电机两种。常规水轮发电机一般为同步发电机；而抽水蓄能式水轮发电机为发电电动机，有双向运转的要求，通常转速较高。

3.1.2 水轮发电机的基本结构

由于大中型水轮发电机尺寸较大，故多为立式布置。下面将着重介绍悬式和伞式这两种型式水轮发电机的结构与特点。

3.1.2.1 悬式水轮发电机

悬式水轮发电机有两种型式：①在上机架中装有上导轴承，也有在推力头外缘装有上导轴承，同时在下机架中还装有下导轴承，连同水轮机的水导轴承组成了3个导轴承的结构型式，如图3-3（a）所示；②取消了发电机的下导轴承，保留上导轴承和水导轴承，组成两个导轴承的结构型式，如图3-3（b）所示。至于采用何种结构型式和确定上导轴承的位置，应根据机组的临界转速和轴系的稳定性来选择。

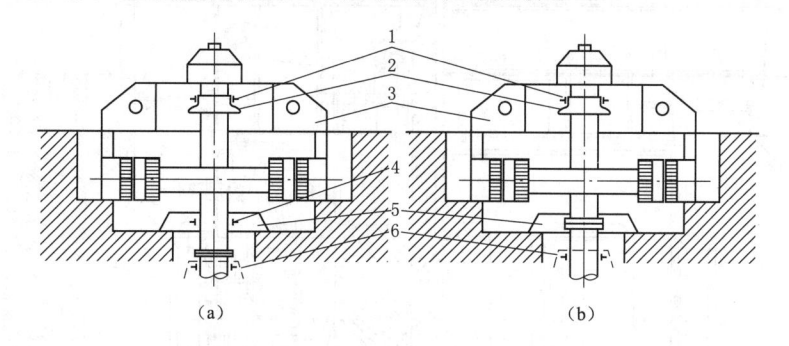

图3-3 悬式水轮发电机结构示意简图
(a) 有上、下导轴承；(b) 有上导而无下导轴承
1—上导轴承；2—推力轴承；3—上机架；4—下导轴承；5—下机架；6—水导轴承

此外，采用无下导轴承和下机架的结构型式，可降低发电机的高度，使发电机的重量减轻和厂房的高度降低。但大型水轮发电机若选用悬式结构，则其上机架要承受较大的机组总轴向力并传递到定子基座上，对定子基座的刚度要求较高。因其成本较高，现只用于高速水轮发电机。图3-4、图3-5所示是悬式水轮发电机的典型结构。

悬式发电机定子机座除了用来固定定子铁心，还要支撑发电机上机架和推力轴承。因此，必须在机座结构上增加横向立筋或盒形筋来加强机座的刚度。一般中、小容量水轮发电机，机座直径在4m以下均设计成整圆机座，目前都采用钢板焊接结构，整圆机座整体性好，不用对机座强度作特殊要求；容量较大的水轮发电机的机座通常采用分瓣结构，分瓣数由机座直径而定，常用的有2、4、6瓣。

3.1.2.2 伞式水轮发电机

根据导轴承的数量和布置的位置，伞式水轮发电机又分为以下3种结构类型。

1. 全伞式结构

全伞式水轮发电机，有一个推力轴承和一个下导轴承，如图3-6（a）所示，主要适用于转速150r/min以下的低速大容量发电机。

2. 半伞式结构

半伞式水轮发电机有一个推力轴承和一个上导轴承，上导轴承可以增加机组的稳定性。这种结构可以扩大伞式结构的适用范围，其转速适用范围也可以扩大到200～300 r/min。目前，国外的半伞式结构发电机转速已提高到500r/min。

3. 普通伞式结构

有两个导轴承的伞式水轮发电机，推力轴承、上导轴承、下导轴承各一个，如图

第 3 章 立式水轮发电机的安装

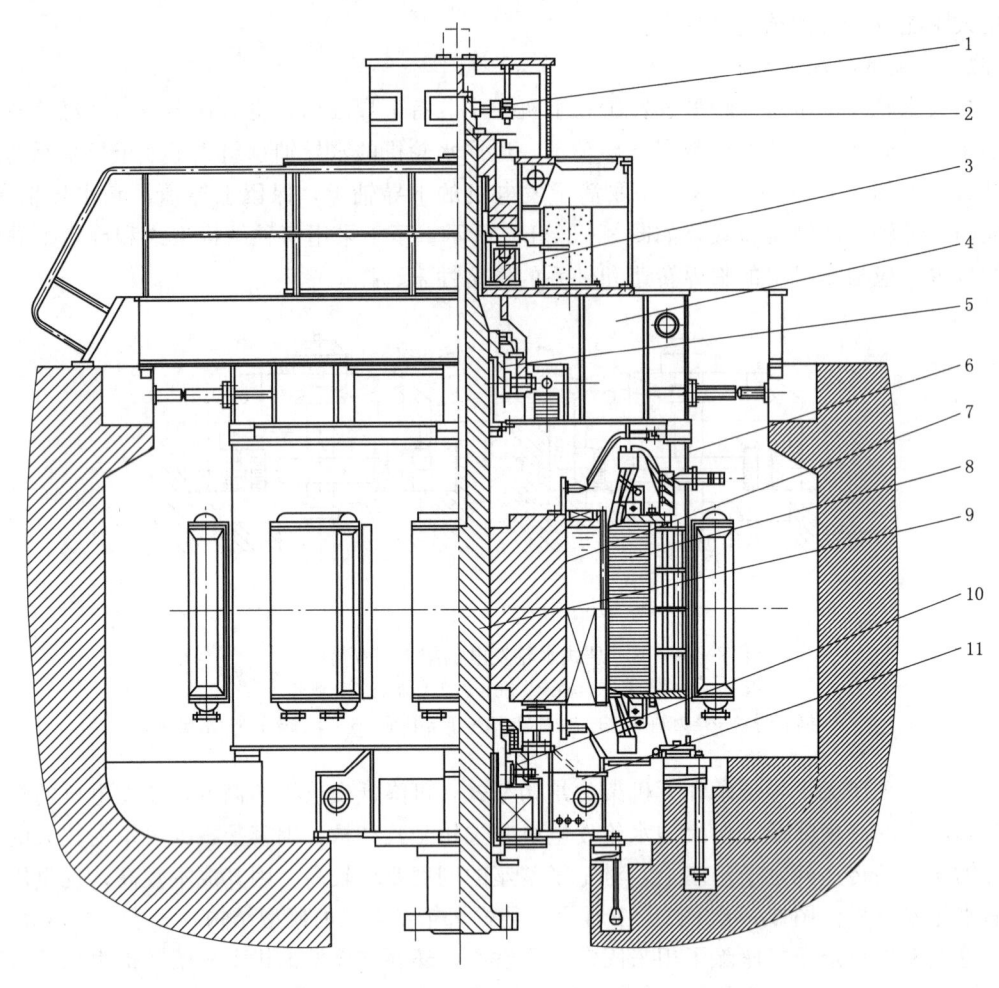

图 3-4 普通悬式结构
1—集电环；2—电刷装置；3—推力轴承；4—上机架；5—上导轴承；6—定子；
7—转子；8—定子铁心；9—发电机轴；10—下导轴承；11—下机架

3-6（b）所示。该结构适用于大容量机组，其下导轴承的布置有两种结构型式。

（1）将下导轴承与推力轴承设计在同一油槽内，如图 3-7 所示。

（2）将下导轴承设计成一个独立的与推力轴承分开的油槽结构，如图 3-8 所示。

具体采用何种结构型式，应根据机组轴系的稳定性和临界转速来选择，从轴承的冷却和油循环考虑，下导轴承和推力轴承分开的结构更为优越。

伞式结构在大型水轮发电机中越来越显示出其优越性。一般采用此结构的发电机转子可设计成分段轴结构，其最大优点是可以解决由于机组大而引起的大型铸锻件问题。同时也可减轻转子起吊重量，降低起吊高度，从而降低厂房高度。这种结构的推力头也可设计成与大轴为一体，便于在车床上一次加工，既保证了推力头与大轴之间的垂直度，又消除了推力头与大轴之间的配合间隙，免去镜板与推力头配合面的刮研和加垫，使安装调整及找摆度十分方便。

3.1 水轮发电机基本介绍

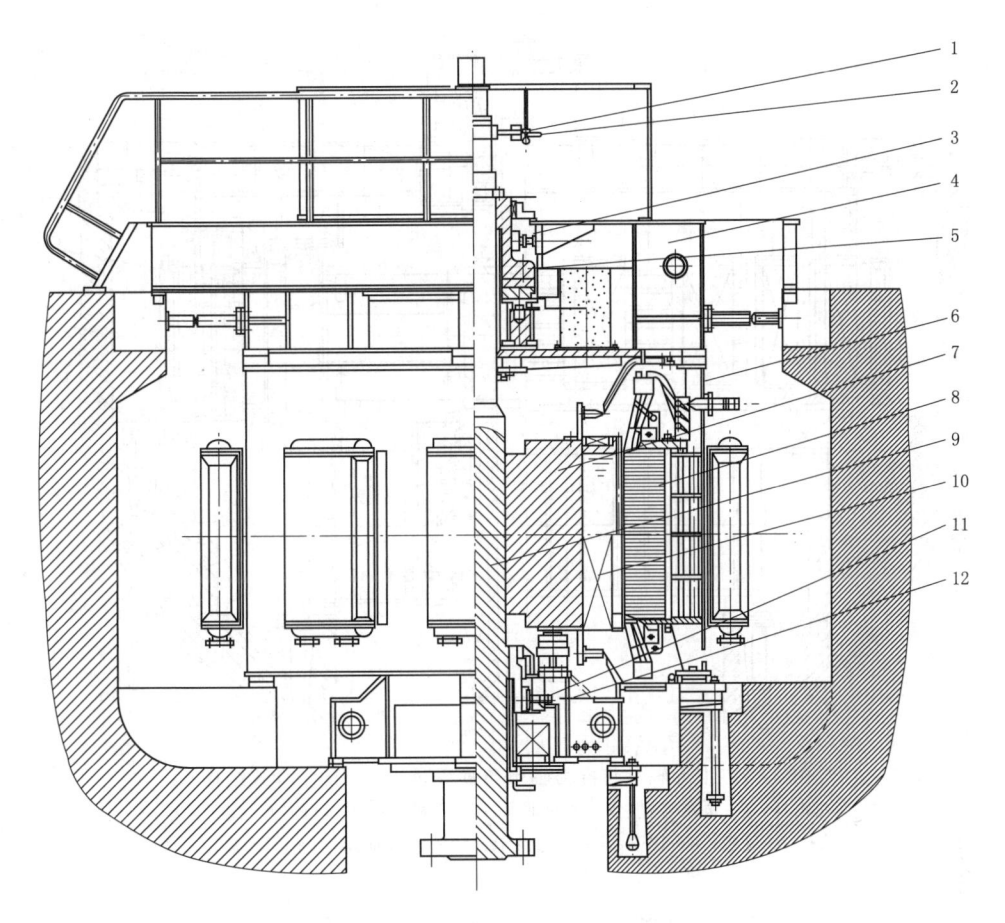

图 3-5 上导轴承置于推力头外缘的悬式结构
1—集电环；2—电刷装置；3—上导轴承；4—上机架；5—推力轴承；6—定子；
7—转子；8—定子铁心；9—轴；10—磁极；11—下导轴承；12—下机架

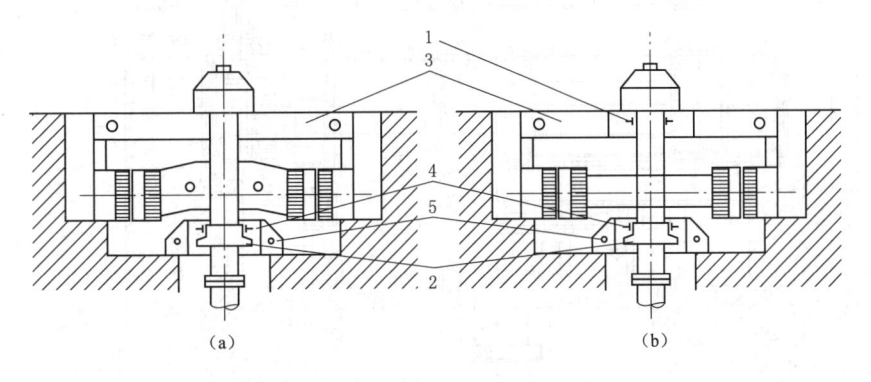

图 3-6 伞式水轮发电机结构示意简图
(a) 全伞式；(b) 普通伞式
1—上导轴承；2—推力轴承；3—上机架；4—下导轴承；5—下机架

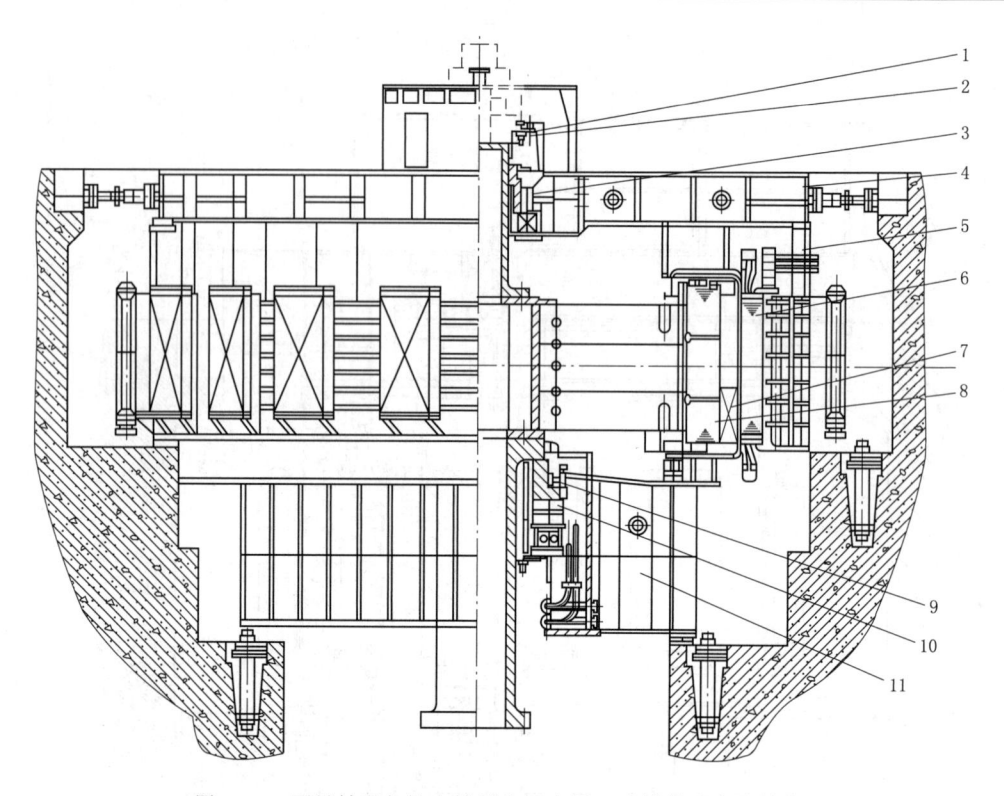

图 3-7 下导轴承与推力轴承布置在同一油槽的半伞式结构

1—集电环；2—电刷装置；3—上导轴承；4—上机架；5—定子；6—定子铁心；
7—磁极；8—转子；9—下导轴承；10—推力轴承；11—下机架

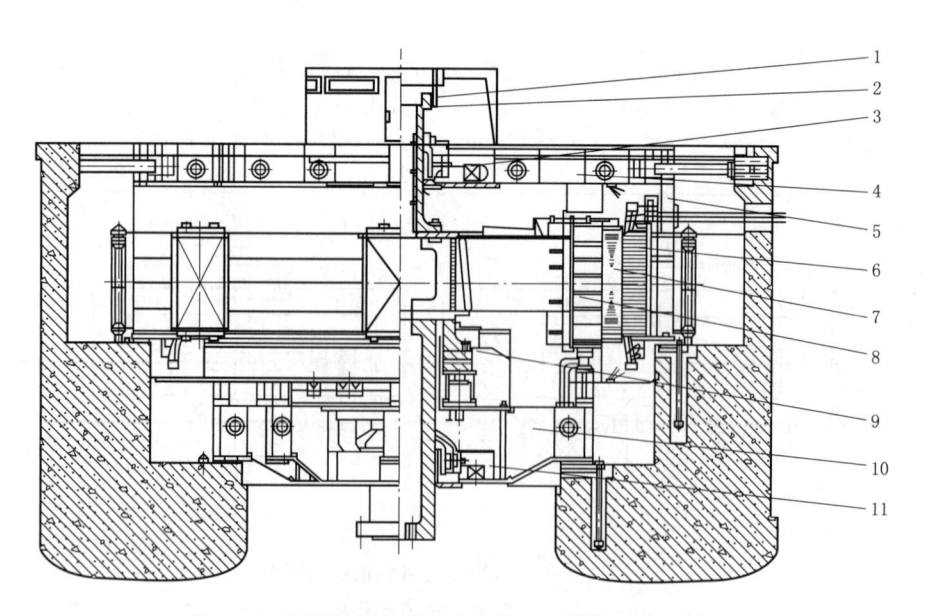

图 3-8 下导轴承与推力轴承分开油槽的半伞式结构

1—集电环；2—电刷装置；3—上导轴承；4—上机架；5—定子；6—定子铁心；
7—磁极；8—转子；9—推力轴承；10—下机架；11—下导轴承

3.1 水轮发电机基本介绍

另外，伞形结构的推力轴承一般布置在下机架上，下机架是承重机架，承受推力轴承传递过来的轴向力并传递给机墩，如图3-9所示。大型机组的推力轴承也可以有自己的推力支架承重，布置在水轮机的顶盖上，通过顶盖将轴向力传递到固定导叶，然后传递到基础，如图3-10所示。推力轴承的这两种布置方式都可以减轻定子基座的受力。例如国外的伊泰普、大古力，国内的三峡、隔河岩、岩滩、龙羊峡、乌江渡等水电站的推力轴承，即是布置在下机架上；俄罗斯的萨扬-舒申斯克，国内的葛洲坝、大化、水口、铜街子等水电站的推力轴承，即是通过推力支架布置在顶盖上。

但是，伞式结构因其推力轴承直径较大，故轴承损耗比悬式结构的大。

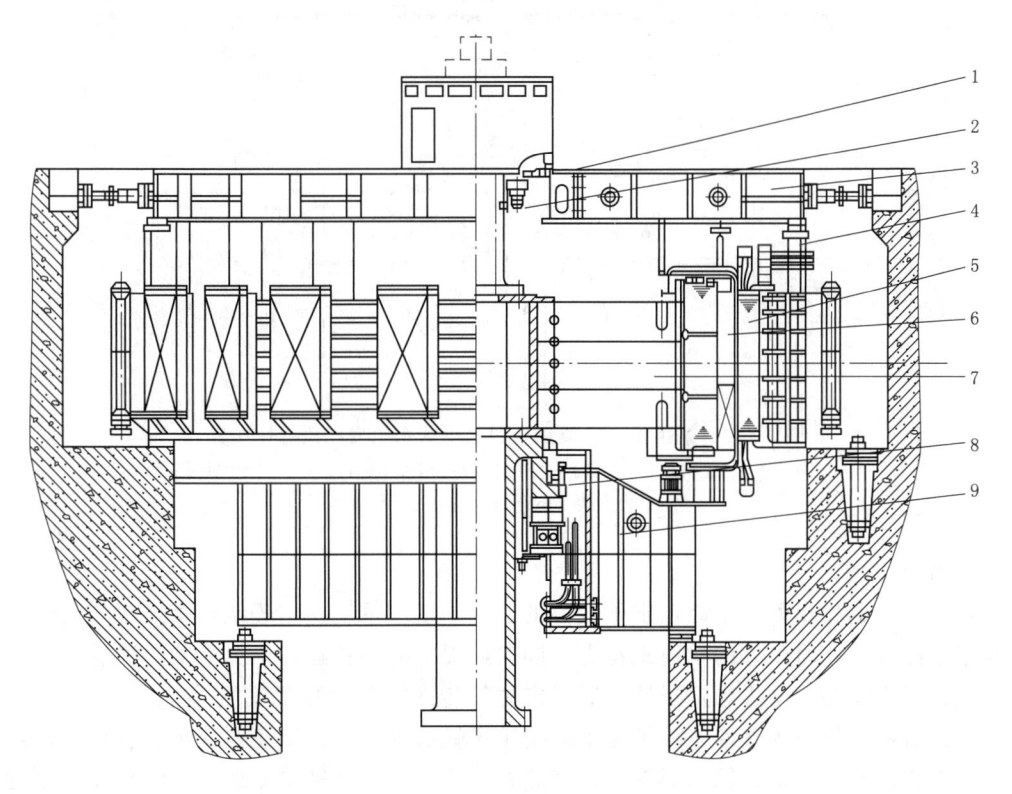

图3-9 全伞式水轮发电机总体布置
1—集电环；2—电刷装置；3—上机架；4—定子；5—定子铁心；
6—磁极；7—转子；8—推力下导轴承；9—下机架

3.1.3 水轮发电机的主要组成部件

水轮发电机主要由定子、转子、推力轴承、导轴承、机架等部件组成。下面介绍这些主要部件的结构特点。

3.1.3.1 定子

定子是发电机产生电磁感应的电枢，是将旋转机械能转换为电能的主要部件，主要由机座、定子铁心、定子绕组、端箍、铜排引线、定子基础部件（如基础板、基础螺杆）等组成，如图3-11所示。

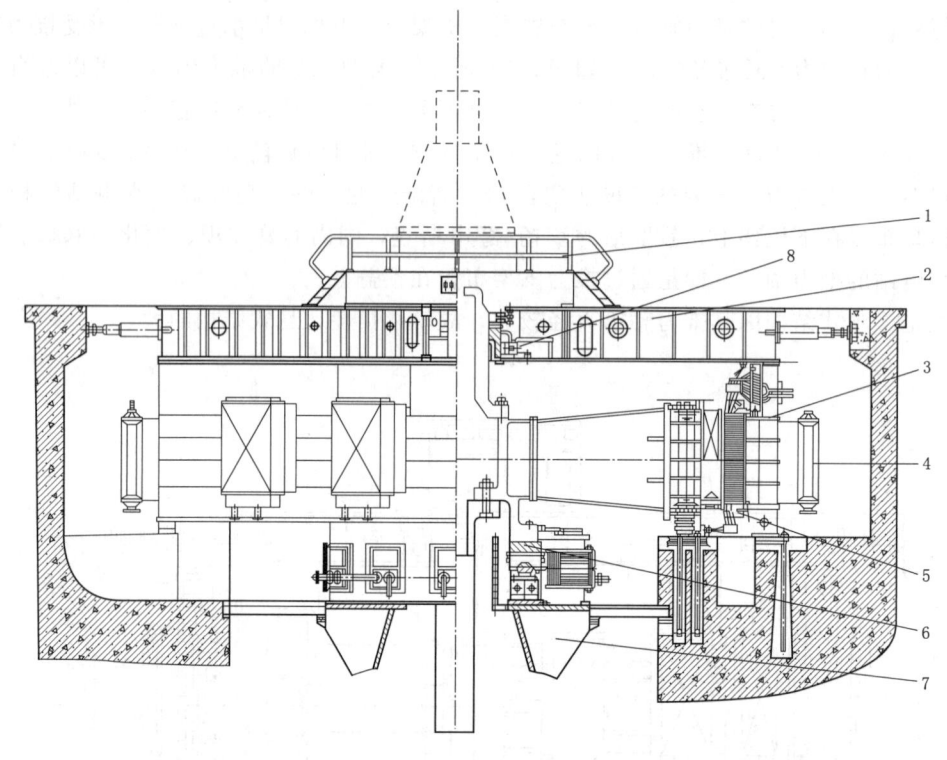

图 3-10 采用推力支架承重的半伞式水轮发电机总体布置
1—外罩；2—上机架；3—定子；4—空气冷却器；5—转子；6—推力轴承；
7—推力支架（下部略去）；8—上导轴承

1. 定子机座

定子机座的作用是用来固定定子铁心的。定子机座承受在定子绕组短路时产生的切向力和半数磁极短路时产生的单边磁拉力，同时还要承受各种运行工况下的热膨胀力，以及额定工况时产生的切向力和定子铁心通过定位筋传来的 100Hz 的交变力。

立式机座应用较为普遍，除了用于固定定子铁心外，其顶部还要支承上机架，对悬式水轮发电机还要支承推力轴承等部件，因此在结构上应增加轴向立筋来加强机座的刚度以承受轴向力。机座外侧面开有风口，在风口处安装有空气冷却器。

一般中小容量机组的定子机座直径在 4m 以下时，均设计成整圆机座以增加其刚度，整圆机座目前都采用钢板焊接结构；大中容量机组则要分瓣，采用钢板焊接结构机座。定子机座的平面形状呈圆形或多边形。机座的立筋多采用普通立筋、盒形筋或斜形筋结构，如小湾水电站定子机座采用的就是斜立筋结构。

2. 定子铁心

定子铁心是发电机磁路的主要组成部分，并用以固定定子绕组。它主要由扇形硅钢片（扇形冲片）、通风槽片及铁心固定用零件装压而成。定子铁心是用高导磁率、低损耗、无时效、机械性能优良的冷轧硅钢片冲成扇形片叠装于定位筋上。对于采用径向通风的大中型水轮发电机，在定子铁心段上都有一定数量的通风槽片构成的通风沟，以利于径向通风。

水轮发电机运行时，定子铁心将受到机械力、热应力及电磁力的综合作用，因此应保证定子铁心运行中稳固。定子铁心固定用零件主要由定位筋、拉紧螺杆、托板、齿压板、调节螺杆、固定片、碟形弹簧等组成。定位筋主要起固定扇形冲片的作用，定位筋通过托板焊于机座环板上，并通过上、下齿压板用拉紧螺杆将铁心压紧成整体而成。拉紧螺杆对铁心起压紧作用；托板与齿压板是固定铁心的主要零件，铁心的轴压紧力是通过齿压板及拧紧螺母和拉紧螺杆而产生并维持的；调节螺杆主要是在定子铁心松动时起压紧作用；固定片是为了防止拉紧螺杆在运行中发生振动或抖动；碟形弹簧是为了补偿铁心的收缩，保证定子铁心长期运行而不松动。

3. 定子绕组

定子绕组属于发电机的导电元件，其作用是当转子磁极旋转时定子绕组切割磁力线而感应出电动势。目前水轮发电机的定子绕组多为三相、双层多匝圈式或单匝条式绕组。定子电流通过绕组的出线端经铜环引线和铜排引出发电机机座外壁，再由铜母线引出发电机机坑，与系统中的电气设备连接，将电流送入电力系统。

4. 定子基础部件

由于悬式机组的定子基础部件承担整个机组转动部分轴向力、定子与上机架的重量，而伞式机组的下机架基础部件承担整个机组转动部分轴向力、下机架的重量，因此这些基础部件受力较大。

立式水轮发电机的定子主要通过定子基础部件固定在发电机基础混凝土上。为使基础部件便于调整其高程和水平度以及有足够的承压面积，需在基础板底部设基础垫板和楔形板。定子基础部件包括基础板、楔形板及基础螺杆等，如图3-12所示。

3.1.3.2 转子

水轮发电机的转子是转换能量和传递转矩的主要部件，其作用是产生磁场。转子位于定子里面且与定子保持一定的空气间隙，通过主轴与水轮机轴连接。转子一般由磁极、转子体（磁轭、轮毂等）、主轴等部件组成，如图3-13所示。

1. 磁极

磁极是提供励磁磁场的磁感应部件，属于转动部件，主要由磁极铁心、励磁线圈、阻尼绕组等零部件

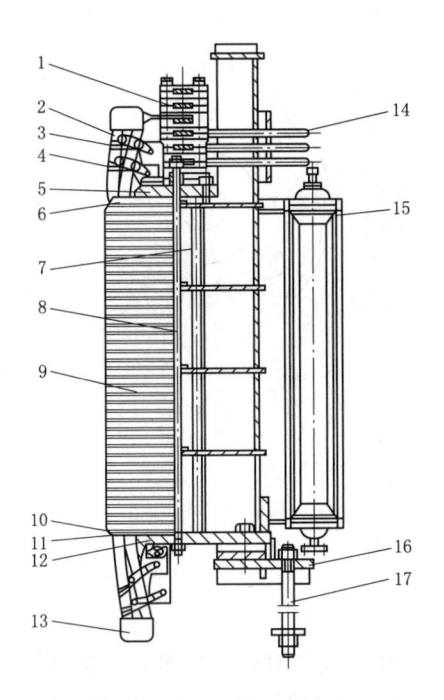

图3-11 定子结构
1—铜排引线；2—定子绕组；3—端箍；4—碟形弹簧；5—上齿压板；6—上压指；7—机座；8—拉紧螺杆；9—定子铁心；10—槽楔；11—下压指；12—下齿压板；13—绝缘盒；14—引出线；15—空气冷却器；16—基础板；17—基础螺杆

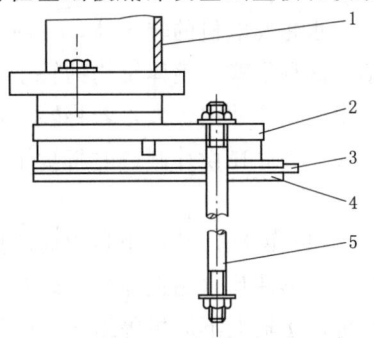

图3-12 定子基础部件
1—定子机座；2—基础板；3—楔形板；4—垫板；5—基础螺杆

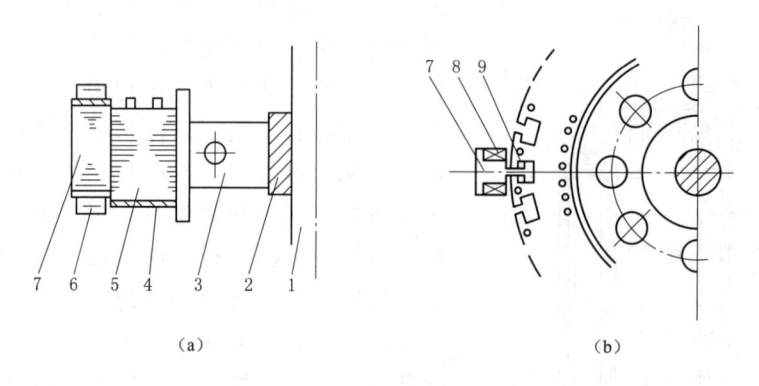

图 3-13 转子基本结构示意图

(a) 立面图；(b) 平面俯视图

1—主轴；2—轮毂；3—轮臂；4—制动环；5—磁轭；6—风扇；
7—磁极；8—转子励磁线圈；9—磁极键

组成。

(1) 磁极铁心。主要由磁极冲片、压板、螺杆（拉杆）或铆钉等零件组成。磁极铁心固紧结构有铆钉固紧结构、拉紧螺杆固紧结构、拉杆固紧结构、套筒螺杆固紧结构等。

(2) 励磁线圈。由铜线或铝线制成，立绕在磁极铁心的外表面上，匝与匝之间用石棉纸板绝缘，线圈绕好后经浸胶热压处理，形成坚固的整体。磁极线圈与集电环连接是指从线圈的两个引出线，径向向下引到转子体上，最后引至轴上。立轴悬式水轮发电机中间插入推力轴承，使引线在轴的表面上通过，必须在轴上开槽或钻孔，使引线穿过槽或轴孔引至集电环。铜排引线采用线夹固定在转子磁轭和转子支架上，要求有防止引线在运行中径向移动的结构措施。

(3) 阻尼绕组。其作用是当水轮发电机产生振荡时起阻尼作用，使发电机运行稳定，在不对称运行时，它能提高担负不对称负载的能力。实心磁极因本身有很好的阻尼作用，故不装设阻尼绕组。

2. 转子体

水轮发电机的转子体，一般由磁轭、转子支架、轮毂等部件组成，有整体结构和组合结构两种形式。整体结构的转子体是由磁轭圈、支架和轮毂合为一体的结构；大、中型水轮发电机尺寸都较大，若将转子体做成整体结构，会给加工制造、安装、运输等方面带来不便，因此在设计制造时将转子体分为磁轭、转子支架和轮毂等部分，成为组合结构的转子体。

(1) 磁轭。其作用是构成磁路、固定磁极，产生转动惯量 GD^2 的主要部件。磁轭主要由扇形冲片（磁轭冲片、磁轭铁片）、通风槽片、定位销、拉紧螺杆、磁轭键、锁定板、卡键、磁轭上下压板等组成。磁轭有整体磁轭和叠片磁轭两种结构。一般小型发电机的转子体做成整体结构，其磁轭为整体磁轭，采用热套方式通过键与轴连成一体；大、中型发电机转子采用叠片磁轭，磁轭是通过转子支架与轮毂和轴连成一体，这种磁轭是由扇形冲片交错叠成并用拉紧螺杆固紧，扇形冲片上冲有T尾或鸽尾槽以固定磁极。

(2) 转子支架。转子支架是连接主轴和磁轭的中间部分，并起到固定磁轭和传递转矩的作用。它由轮毂和轮臂两部分组成，通过合缝板连成一体。其结构型式依据发电机容量、转速、尺寸及运输条件设计与选择，主要有以下几种结构：

1) 磁轭圈为主体的转子支架。整体结构转子体的中小型水轮发电机适宜采用此种结构，支架由磁轭圈、辐板和轮毂组合成一体，转子支架与轴之间依靠键传递扭矩，如图 3-14 (a) 所示。

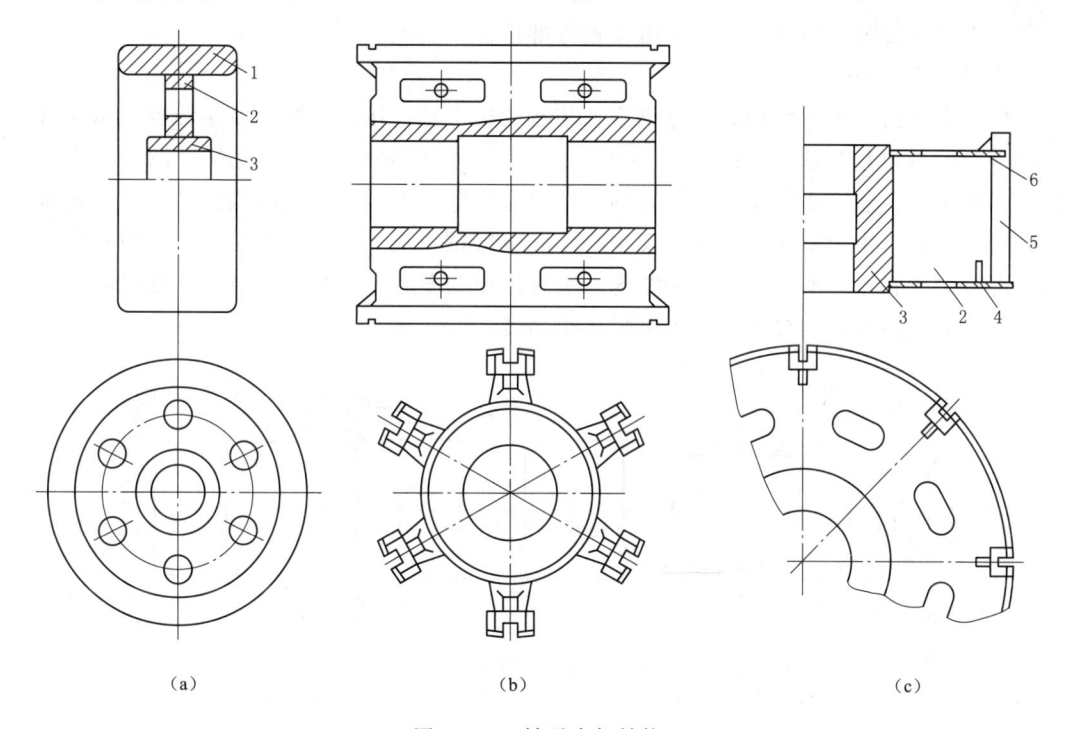

图 3-14 转子支架结构
(a) 带磁轭圈转子体；(b) 整体铸造结构转子支架；(c) 简单圆盘式转子支架
1—磁轭圈；2—辐板；3—轮毂；4—下圆板；5—立筋；6—上圆板

2) 整体铸造或焊接转子支架。中型水轮发电机由于尺寸适中（定子铁心外径在 410~550cm 范围内），采用整体铸造或焊接转子支架，结构紧凑、简单。如果采用铸件，则轮毂、辐板和立筋须铸成一体，如图 3-14 (b) 所示。整体铸造结构虽有一些优点，但质量要求高，加工量大，近年来焊接结构已逐渐代替铸造结构。焊接结构的整体支架的轮毂可用钢板卷制成筒形，也可用铸件。

3) 简单圆盘式转子支架。此种支架为焊接结构，由轮毂上、下圆盘，腹板和立筋组成，如图 3-14 (c) 所示。这种转子支架具有重量轻、刚度大的优点，特别适合于径向通风的水轮发电机。为满足通风要求，须在支架圆盘上开通风孔。

4) 支臂式转子支架。大中型水轮机由于受到运输条件的限制，一般采用由中心体和支臂装配组合而成的结构。中心体由轮毂、上圆盘、下圆盘、筋板及合缝板组成，采用铸造轮毂和钢板焊接或全用钢板焊接结构，中心体外径一般控制在 4m 左右，超过限制可制成分瓣结构，但很少采用。支臂有工字形和盒形两种结构。悬式发电机常用工字形结构；

盒形结构，支臂比较轻，每个支臂能布置两根立筋，与工字形结构相比，支臂数少了一半。

5）多层圆盘式转子支架。大容量、大尺寸水轮发电机大多采用此种结构。如伊泰普、二滩、三峡等电站的大型发电机就是采用这种转子支架。

6）斜支板圆盘式转子支架。将支臂板设计成斜元件，它连接两个处在同一平面而有不同直径的环形元件（转子中心体和圆盘）。

除上述部件外，转子上还有集电装置等部件。

3. 发电机主轴

（1）发电机主轴的结构。发电机主轴与水轮机主轴连接，主要起传递转矩、承受机组转动部分的总重量及轴向水推力的作用。主轴有一根轴和分段轴两种结构。图3-15所示为一根轴结构，悬式水轮发电机，特别是中小型发电机都采用一根轴结构；图3-16所示为分段轴结构，由上端轴、转子支架中心体和下端轴组成，中间段以转子支架中心体作为组成部分，无轴段，所以又称无轴结构。下端轴可为单独一根轴，也可与水轮机轴设计成一根轴（取消两根轴连接法兰，可缩短机组高度，节省钢材）。

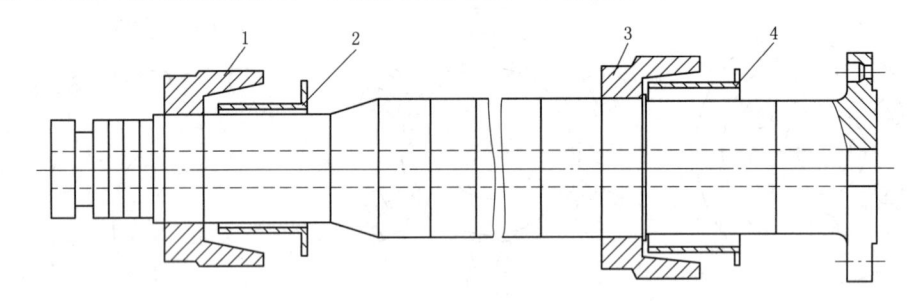

图3-15 一根轴结构
1—上导轴领；2—上导挡油管；3—下导轴领；4—下导挡油管

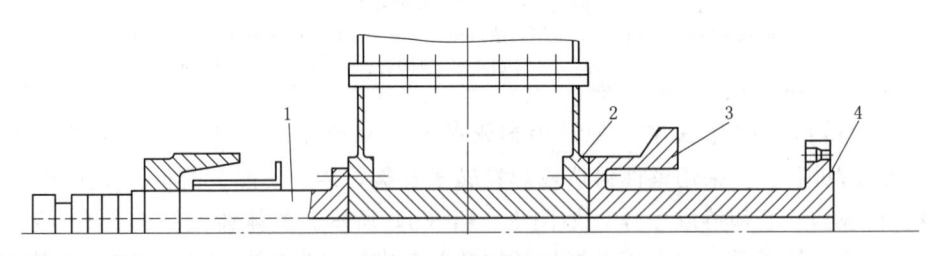

图3-16 分段轴结构
1—上端轴；2—转子支架中心体；3—推力头；4—下端轴

主轴法兰是连接发电机轴与转子支架中心体、发电机轴与水轮机轴的过渡部分。主轴法兰主要有外法兰和内法兰两种结构型式。外法兰直径一般比轴身直径大，外法兰结构优点是轴连接方便，一般适用于中小型悬式水轮发电机；内法兰结构与轴外径一致，此种结构法兰连接在内径处，结构较复杂，广泛适用于大型分段轴结构的水轮发电机。

小型水轮发电机采用整锻的实心轴身结构；大中型水轮发电机采用整锻空心轴结构。近年来大型水轮发电机还采用焊接结构，轴身与法兰采用电渣焊工艺，将锻造法兰和锻造的轴身焊成整体。目前，一些特大型发电机轴身采用钢板卷焊结构，此种轴常为薄壁结构，与整锻的厚壁轴身有差别。

（2）发电机主轴的连接。发电机主轴的连接，对于一根轴结构是指发电机轴与水轮机轴的连接，对分段轴结构是指上端轴与转子支架中心体、下端轴与转子支架中心体及水轮机轴的连接。

发电机主轴的连接方式，主要通过联轴螺栓在轴或转子支架中心体的法兰处连接。发电机轴与转子支架中心体的连接，可根据支架中心体的结构采用不同的连接方式。图3-17（a）为转子支架中心体与轴内法兰连接结构，推力头固定在转子支架中心体上；图3-17（b）为转子支架中心体与推力头铸成一体，在中心体（轮毂）内法兰处连接，优点是轮毂上的止口和推力头的外圆可以一次加工，保持同心，安装时便于找正轴线，缺点是大型铸件，质量难以保证；图3-17（c）、（d）都属于外法兰连接方式，图3-17（c）为推力头与发电机下端轴锻或焊成一体，加工时可将轴的外径与推力头外圆一起加工，保持同心，安装时方便调整轴线；图3-17（d）中推力头固定在转子支架中心体上；图3-17（e）中推力头固定在轴的法兰上。

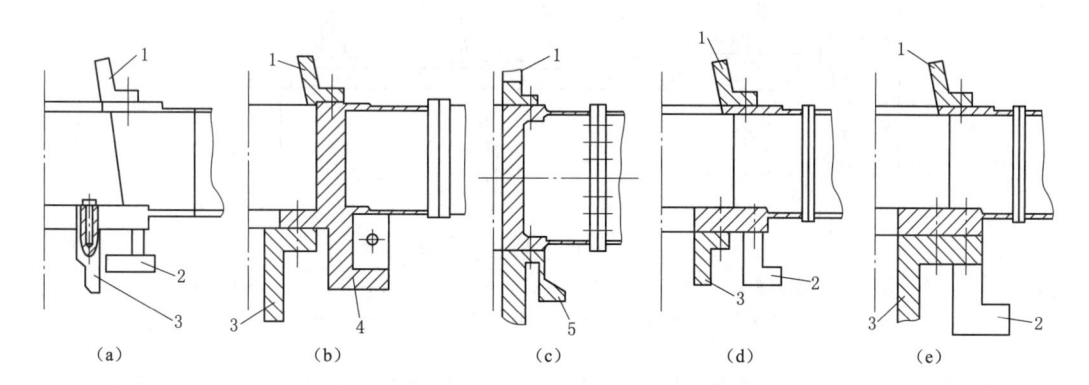

图3-17 转子支架中心体的连接方式
（a）中心体与轴内法兰连接；（b）中心体（轮毂）内法兰连接；
（c）、（d）外法兰连接；（e）推力头固定在轴的法兰上
1—上端轴；2—推力头；3—下端轴；4—轮毂带推力头；5—下端轴推力头

3.1.3.3 推力轴承

立式水轮发电机的推力轴承根据机组布置形式的不同装于上、下机架内或通过推力支架布置在水轮机顶盖上。如图3-18所示，推力轴承由转动和固定两部分组成。转动部分主要包括推力头、镜板等；固定部分主要包括推力瓦、推力轴承支承、冷却装置、减载装置等。立式机组运行时，其推力轴承将承受机组旋转部分的重量和轴向水推力，并把这些重量和轴向水推力通过机架传递到混凝土基础上。同时，推力轴承又是决定机组轴线是否铅直的重要轴承，为保证机组正常运行，它应达到如下基本要求：

（1）转动部分连接紧密，不允许松动，镜板的工作平面与轴线应垂直。
（2）推力瓦工作表面应呈水平状态，达到应有的工作高程，各推力瓦受力均匀一致。
（3）推力头与镜板、轴承座与油槽间应设绝缘垫。

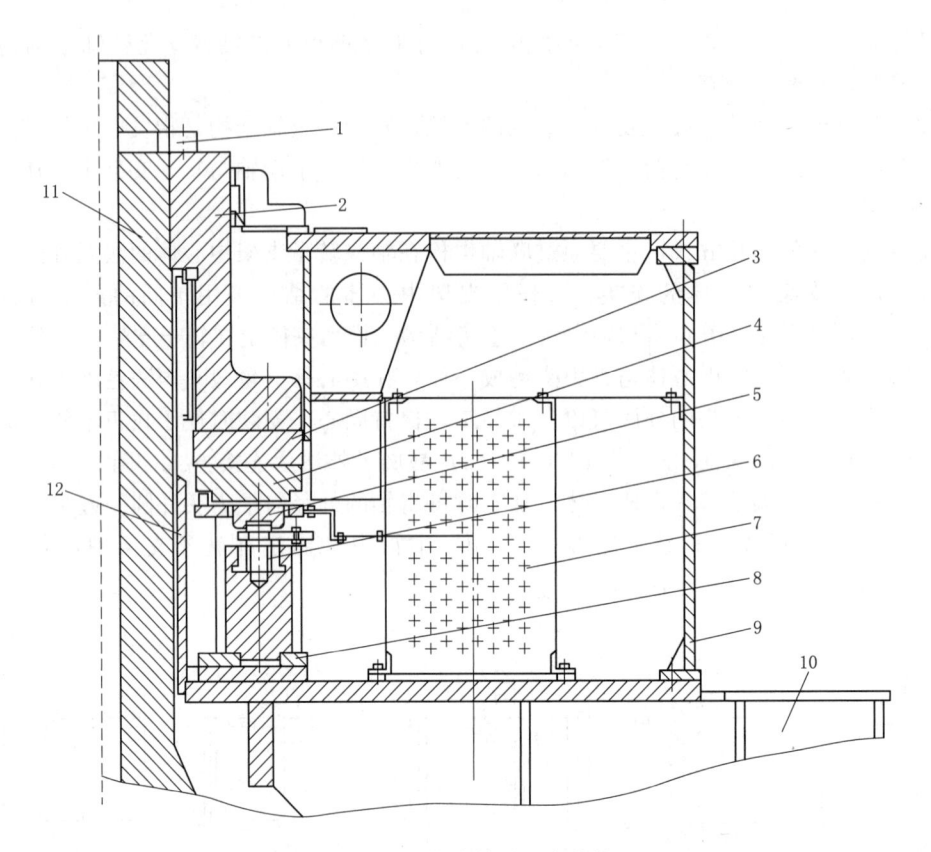

图 3-18 推力轴承基本结构

1—卡环；2—推力头；3—镜板；4—推力瓦；5—托盘；6—支柱螺钉；7—油冷却器；
8—轴承座；9—油槽；10—机架；11—轴；12—挡油管

大中型立式水轮发电机都采用扇形瓦推力轴承，属于滑动轴承。滑动轴承接触面之间有油膜，因此建立有一定厚度的稳定液体动态压力油膜，是推力轴承工作的基本条件之一。

推力轴承是水轮发电机的重要部件，其性能优劣将直接影响机组是否能安全、可靠、长期运行。随着单机容量和转速的不断增长，推力负荷也相应增大，这对大负荷推力轴承性能的要求就更高了。

1. 推力轴承支承结构

推力轴承支承结构是支承推力负荷的主要部件，必须具有足够的弹性，能尽量将承载向推力瓦面各处扩散和均衡，能使沿周向各瓦块之间具有自动调节负载的性能。推力轴承支承结构主要有以下几种：

(1) 刚性支承。主要由托盘、支柱螺钉及套筒等零件组成，如图 3-19 所示。其结构简单，便于制造，轴瓦转动较灵活，但轴瓦属于单支点支承，承载力较小，轴瓦受力不均且受力靠调节支柱螺钉的高低来实现，较难调整。中小型混流式机组多采用这种型式。

(2) 液压弹性油箱支承。也属于单支点支承。弹性油箱和支柱螺钉作为轴瓦的支承件，如图 3-20 所示。其主要特点是利用油箱的轴向变形及油压传递使各瓦受力均匀，每块瓦间的受力差可以做到小于3%，瓦间的温度差也小于刚性支承，运行性能较好，但这种结构对油循环有不利影响。

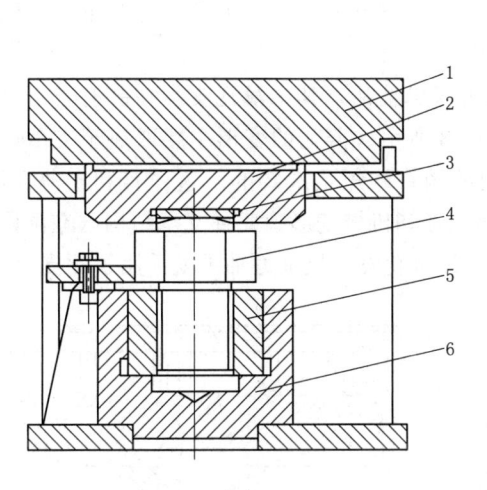

图 3-19 刚性支承结构
1—推力瓦；2—托盘；3—垫片；4—支柱螺钉；
5—套筒；6—轴承座

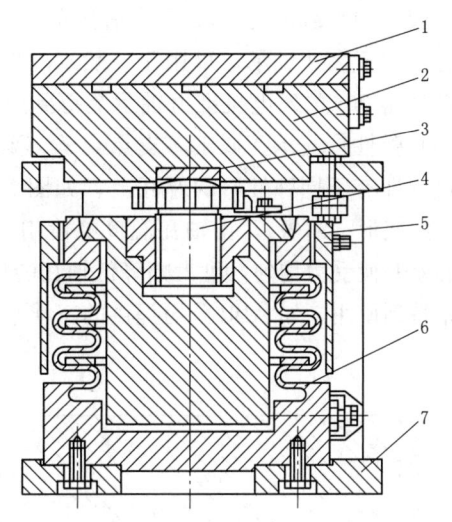

图 3-20 弹性油箱支承结构
1—推力瓦；2—托瓦；3—垫片；4—支柱螺钉；
5—保护套；6—弹性油箱；7—底盘

（3）平衡块支承。利用上、下平衡块的互相搭接组成一个整体系统，也属于单支点支承，如图3-21所示。平衡块推力轴承运行时，推力负荷作用在轴瓦上，引起平衡块间的互相作用，从而连续自动调整每块瓦上的受力，改善轴瓦受力的均匀性，提高了轴瓦的单位压力和运行可靠性，且结构简单、制造方便、易安装。这种结构适用于中低速推力轴承，如葛洲坝水电站水轮发电机3800t推力轴承采用的便是这种结构。

（4）弹簧束支承。这是一种多支点支承，推力瓦放置在一簇具有一定刚度、高度相等

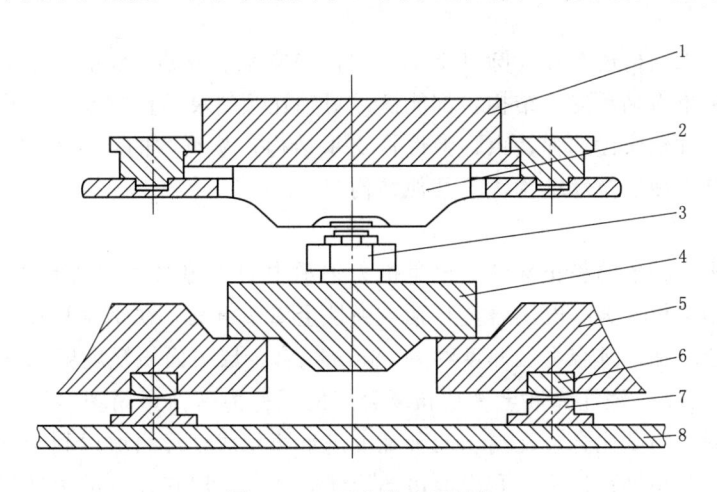

图 3-21 平衡块支承结构
1—推力瓦；2—托盘；3—支柱螺钉；4—上平衡块；5—下平衡块；
6—接触块；7—垫块；8—底盘

的支承弹簧上（过去采用圆柱螺旋弹簧，现在采用承载力较大的碟形弹簧），如图 3-22 所示。支承弹簧除承受推力负荷外，还能均衡各块瓦间的负荷和吸收振动。弹簧束支承结构具有较大的承载能力，较低的轴瓦温度和运行稳定性等优点，不仅适用于低速重载轴承，也适用于高速轴承，可用于一般水轮发电机和发电电动机。如碟形弹簧束支承已在三峡水电站 4600t 的发电机推力轴承上得到应用。

（5）弹性杆支承。属于多支点支承。采用双层轴瓦，其中薄瓦支承在装有若干不同直径销钉（即有不同弹性）的厚瓦上，如图 3-23 所示。薄瓦的变形主要取决于支承销钉在荷载下的变形（缩短），由轴瓦温度梯度引起的销钉缩短是次要的。这样有利于薄瓦散热，减少温差并使受力均匀，可大幅降低轴瓦的热变形和机械变形。此种支承结构已在国内外多个电站得到使用，如ABB公司提供的三峡水电站水轮发电机推力轴承就采用了此支承结构。

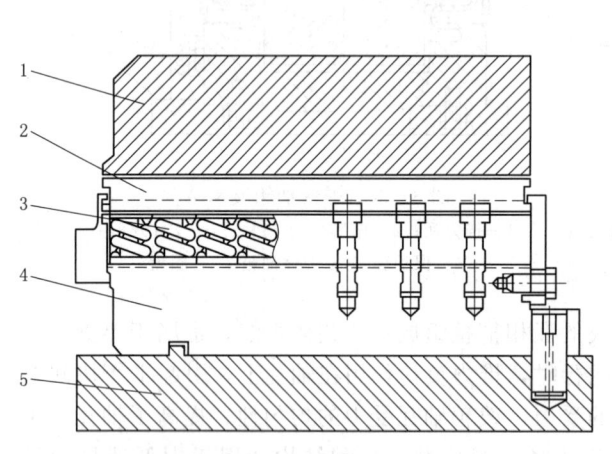

图 3-22　弹簧束支承结构
1—镜板；2—推力瓦；3—弹簧束；
4—底座；5—支架

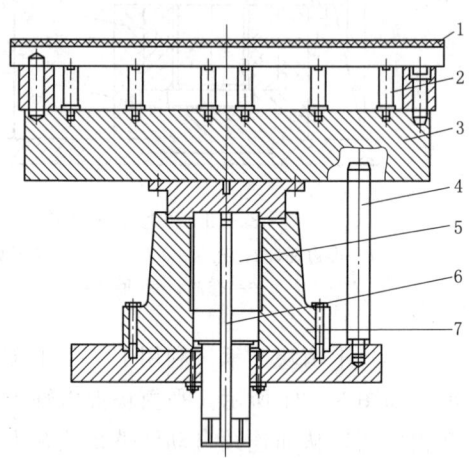

图 3-23　弹性杆支承结构
1—推力瓦；2—弹性杆；3—托瓦；4—抗扭销；
5—弹性支柱；6—负荷测量杆；7—支柱座

推力轴承支承结构还有弹性圆盘支承、弹性垫支承、支点-弹性梁支承等型式。实践证明，上述各种推力轴承支承结构，都能满足对轴瓦倾斜灵活性的要求。从推力瓦变形角度看，大型推力轴承应优选弹簧束、弹性杆支承结构；从负载的均匀性及其调整角度看，液压弹性油箱和平衡块支承结构优于其他结构。

2. 推力瓦

推力瓦是推力轴承的静止部件，也是推力轴承中的关键部件。其形状一般为扇形块。推力瓦可以采用轴承合金（巴氏合金）瓦或弹性金属塑料瓦。在钢制瓦坯上浇注一层巴氏合金的瓦称为合金瓦，其合金层厚度约 5~8mm，合金层表面粗糙度要求达到 0.8μm，接触点为 1~3 个/cm²。浇注弹性金属塑料复合层的瓦称为弹性金属塑料瓦，其表面为光滑的平凹面，表面粗糙度比合金瓦高。两种瓦的进油边刮成楔形斜坡以利于发电机启动时油膜的形成。为了减小轴瓦进油边和出油边的流体阻力，一般在瓦进油边外径的上角和出油边内径的下角切去一块，如图 3-24（a）所示，其边长约为 30~100mm，若切去的部分为圆弧形或双曲线形则更好，如图 3-24（b）所示。当采用巴氏合金瓦时，根据需要设置高油压顶起装置并应允许在事故情况下，不投入高油压顶起装置也能安全停机。当采用弹性金属塑料瓦时，不应再设置高油压顶起装置。

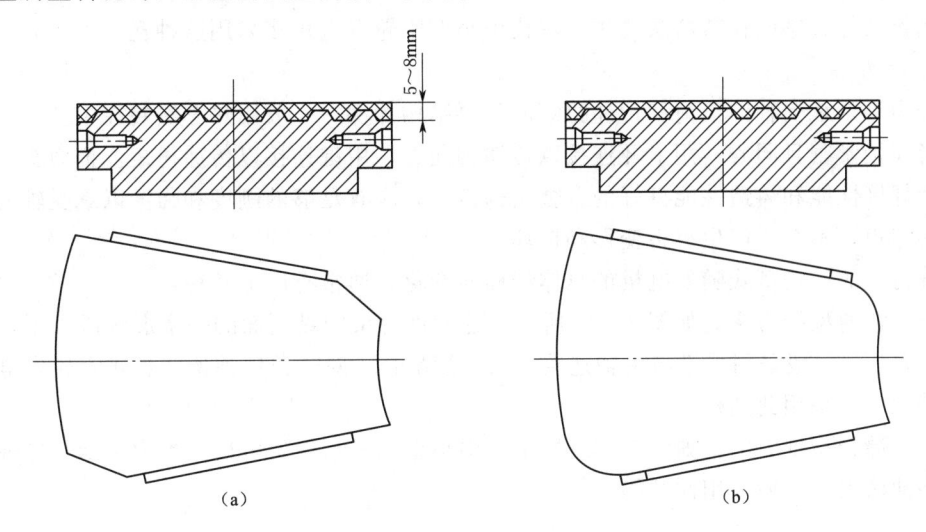

图 3-24 推力瓦块
(a) 直线形；(b) 圆弧形

(1) 合金瓦。合金瓦主要有以下几种：

1) 普通轴瓦。结构简单，用 60~150mm 的钢板作为瓦坯，加工出鸽尾槽，浇注轴承合金或采用堆焊轴承合金的方法，适用于一般中小型水轮发电机。

2) 双层轴瓦。由一个带有轴承合金的上层薄瓦（厚 60mm 左右）和一个厚托瓦（厚 240~280mm）组成。托瓦刚度大，可以减少瓦的压力变形。薄瓦刚度小，被压在托瓦上面，以达到推力瓦综合变形减小的目的。这种瓦的特点是瓦上、下两面温差小，整个推力瓦的变形小，具有良好的运行性能，广泛用于大中型水轮发电机。

3) 水冷轴瓦。在轴瓦体内埋设冷却水管，通以冷却水，直接带走轴瓦摩擦表面的大部分损耗，降低瓦温，提高轴承承载能力。其特点是承载力高，但沿轴瓦厚度方向温度梯度差很大，瓦面凉，瓦底热，造成瓦变形不均匀，会引起烧瓦事故。水冷轴瓦曾在一些大负荷推力轴承上应用过，近年来应用较少。

4) 绝热轴瓦。用耐油橡胶包在瓦的底部和两侧，可使轴瓦内的温差降至最小。

5) 双排轴瓦。将承载量很大的狭长推力瓦在径向一分为二，用刚性支柱螺钉将各自下面的托盘固定在略具弹性的平衡梁上，以合理分配内、外排瓦上的负载。该瓦能有效地解决承载量很大的狭长推力瓦变形过大问题，但推力瓦受力不均匀性仍较严重。

(2) 弹性金属塑料瓦。按专用工艺技术规范，将弹性金属塑料复合层焊牢在推力轴瓦的金属瓦基上，经加工后其形状和几何尺寸符合要求的轴瓦称弹性金属塑料推力轴瓦，简称塑料推力瓦或 EMP 推力瓦，如图 3-25 所示。弹性金属塑料复合层（elastic metallic plastic compound layer，简称弹性

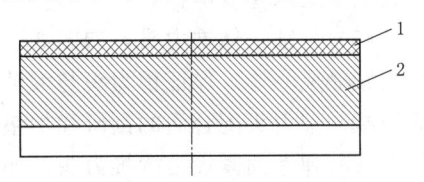

图 3-25 弹性金属塑料瓦块
1—弹性复合层；2—瓦基

复合层),厚度为12~15mm,由绕簧状的金属丝层(一般为青铜丝)与塑料材料(一般为聚四氟乙烯)在一定工艺条件下压制而成的具有一定弹性模量的复合材料层,其绕簧状的金属丝已部分镶嵌在塑料层之中。现代中小型水轮发电机多采用这种瓦。

3. 推力头

推力头是承受轴向负荷和传递扭矩的重要结构部件。一般用热套法装在主轴上,以保证两者连接紧密且同心,用卡环连接以传递轴向力,用键连接以传递扭矩。推力头的材料一般为焊接性能和铸造性能良好的合金结构铸钢,应有足够的刚度和强度以承受轴向推力产生的弯矩,不至于产生有害变形和损坏。

推力头的结构型式随发电机的总体结构而变化。通常有以下几种:

(1) 普通型推力头,如图3-26所示,这种推力头的纵剖面的一半形状似L形,故称L形推力头。一般采用平键与主轴连接,为过渡配合。对于单独油槽的悬式水轮发电机的推力轴承,多采用此结构。

(2) 混合型推力头,如图3-27所示。中小型悬式水轮发电机,推力轴承与导轴承设在同一油槽内,一般采用此结构。

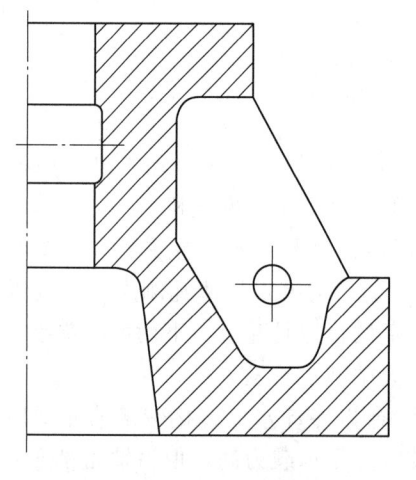

图3-26 普通型推力头

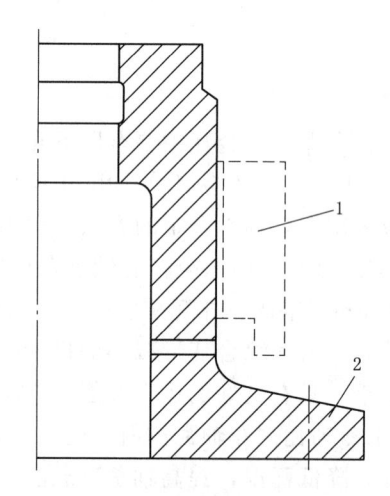

图3-27 混合型推力头
1—导瓦;2—推力头

(3) 组合式推力头,如图3-28所示。推力头与转子支架轮毂把合在一起的组合式结构,用螺钉和止口方式与轴连接。大中型伞式水轮发电机推力轴承多采用这种结构。

(4) 与轮毂一体推力头,如图3-29所示。这种推力头多采用热套法套在轴上,常用于大型伞式水轮发电机。

(5) 与轴一体推力头,如图3-30所示。分段轴结构的伞式水轮发电机,常将推力头与大轴做成一体,保证推力头与大轴之间的垂直度,消除推力头与大轴间的配合间隙,免去镜板与推力头配合面的刮研和加垫,便于安装调整和大轴找摆度。

(6) 弹性锁紧板结构推力头,如图3-31所示。沿推力头圆周装设6~10个辐射排列的弹性锁紧板,在板端固定点上加垫进行调整,使其受力均匀,并具有一定的预紧力,以适应轴向不平衡负荷。国外工程曾采用过这种结构。

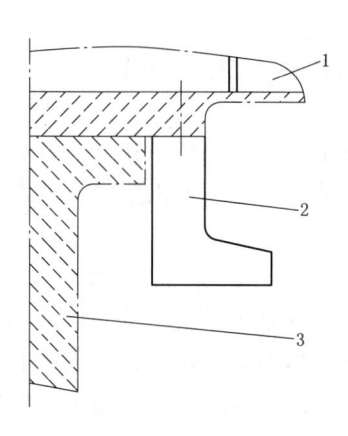

图 3-28 组合式推力头
1—转子支架；2—推力头；3—大轴

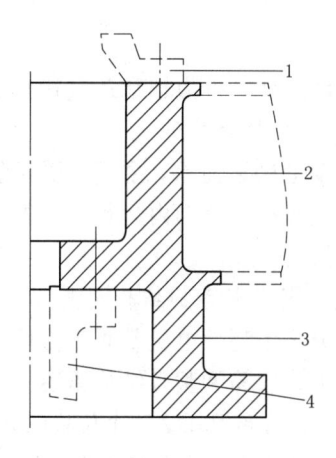

图 3-29 与轮毂一体推力头
1—上端轴；2—轮毂部分；3—推力头部分；4—下端轴

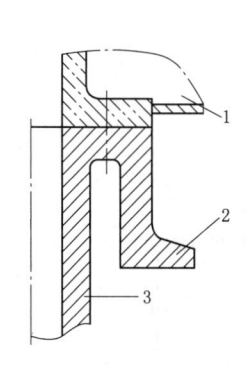

图 3-30 与轴一体推力头
1—转子支架；2—推力头；3—轴身

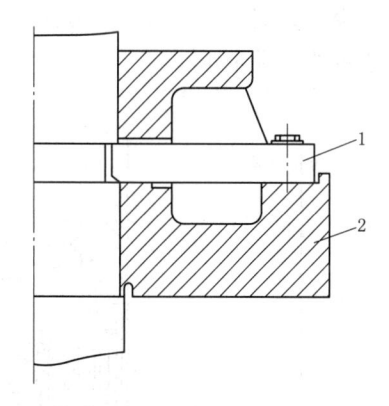

图 3-31 弹性锁紧板结构推力头
1—弹性锁紧板；2—推力头

4. 镜板

镜板是推力轴承的重要结构部件，固定在推力头下面，随主轴一起转动。镜板与推力瓦构成动压油膜润滑，以承受轴向荷载。镜板使用的材料大部分为锻钢，也有采用特殊钢板，由锻压加工或高性能钢板焊接而成，且具有足够的刚度和时效（对锻压镜板），对其硬度和表面加工精度要求较高，以满足推力轴承在不同工况下的需要。对镜板的制造技术要求为：硬度不小于 180HB（锻钢）或不小于 150HB（钢板），硬度差值不大于 30HB；镜面粗糙度 0.2～0.4μm，镜板与推力头组合面粗糙度不大于 1.6μm，内外圆粗糙度不大于 3.2μm；镜板平面度不大于 0.02～0.03mm；两平面的平行度不大于 0.02～0.03mm。镜板上、下两平面的平行度将直接影响机组的安装和机组摆度的调整，并对机组运行的稳定性有直接影响。

水轮发电机采用可更换的镜板，或镜板与推力头锻成一体的推力头镜板，或镜板与推力头和主轴锻成一体的组合结构。中小型机组一般采用镜板与推力头做成一体的结构，大容量机组则采用镜板与推力头分开的结构。当镜板的尺寸超过运输极限时则采用分瓣镜板结构。

除以上部件之外，推力轴承还有托盘、轴承支架、绝缘垫等部件。

3.1.3.4 水轮发电机导轴承

立式水轮发电机导轴承，主要承受机组转动部分的径向机械和电磁的不平衡力，使机组在规定的摆度和振动范围内运行，根据布置需要，布置于上机架或下机架内，或同时布置于上、下机架内。

1. 水轮发电机导轴承的结构类型

现在大部分大中型发电机都采用分块式扇形瓦导轴承，属于滑动轴承，这种轴承具有较大的承载能力，容易调整且结构紧凑。导轴承可以布置在推力轴承镜板工作面或推力头工作面的外圆处；若布置在这两个位置的导轴承圆周速度大，会引起过大的损耗，也可以设计成在推力头的轴颈外圆处或直接布置在轴领（又称滑转子）处。发电机导轴承的结构、数量，与发电机的容量、转速及机组总体布置有关。发电机导轴承主要有以下两种结构形式。

（1）独立油槽的导轴承。此种导轴承为一个独立的油槽，一般有轴领，导轴承瓦直径较小，瓦块数也少，如图3-32所示。其运行条件良好，轴承损耗也小，适用于大中型悬式或半伞式发电机的上导轴承。

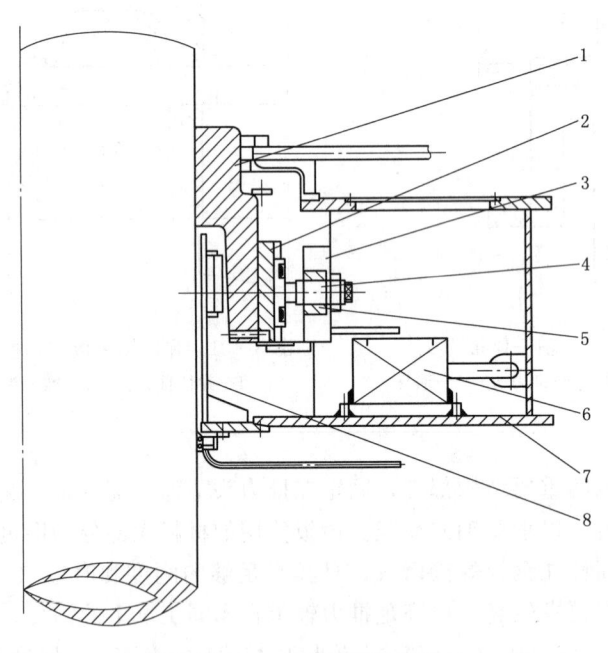

图3-32 独立油槽导轴承
1—轴领；2—导轴承瓦；3—座圈；4—支柱螺钉；5—套筒；6—油冷却器；7—机架；8—挡油管

（2）合用油槽的导轴承。导轴承与推力轴承合用一个油槽，推力头兼作导轴承的轴领，如图3-33所示。其结构紧凑，但导轴承直径较大，瓦块数较多，轴承损耗较大，适用于全伞、半伞式发电机的下导轴承以及中小型悬式发电机的上导轴承。

2. 导轴承的主要组成部件

导轴承主要由导轴承瓦、支承结构、套筒、座圈、轴领等部件组成，如图3-34所

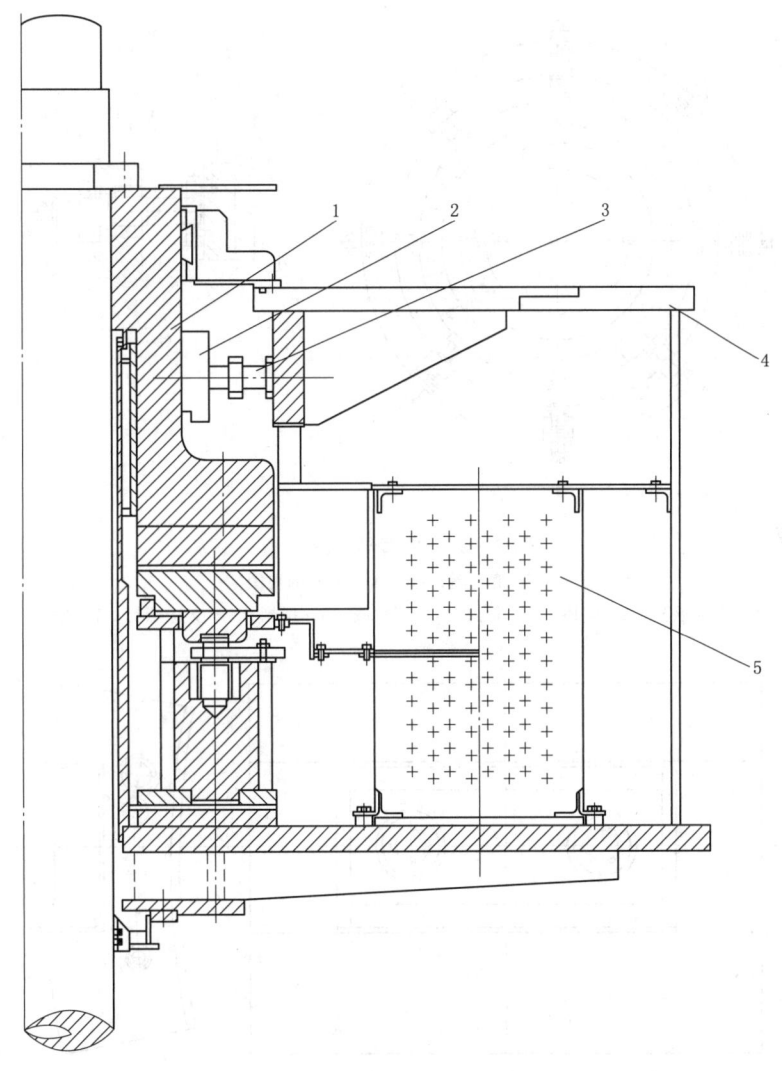

图 3-33 合用油槽的导轴承
1—推力头；2—导轴承瓦；3—支柱螺钉；4—机架；5—油冷却器

示。导轴承瓦主要由瓦坯、轴承合金、槽形绝缘、支持座、绝缘套组成，如图 3-35 所示。瓦坯采用铸钢，每块瓦坯留有加工余量；轴承瓦面为合金材料；槽形绝缘、绝缘套用来防止轴电流通过轴瓦损伤瓦面；支持座支承导轴承支柱螺钉。

导轴承支承结构有支柱螺钉支承和楔子板支承两种。套筒与导轴承支柱螺钉需要互相配合，要求套筒底面与座圈接触良好。导轴承座圈在与机架焊接前加工，大型导轴承座圈要求备有调节轴瓦间隙的顶丝螺孔。轴领表面与导轴承瓦摩擦面组成一对润滑表面，轴领要求热套于轴上并与轴一起加工，轴领内径的轴向长度设计时应考虑与挡油管的高度相匹配。

需要注意的是，采用巴氏合金瓦的导轴承和推力轴承，在油槽油温不低于10℃时，应允许机组启动，并允许水轮发电机在停机后立即启动和在事故情况下不制动停机，但此

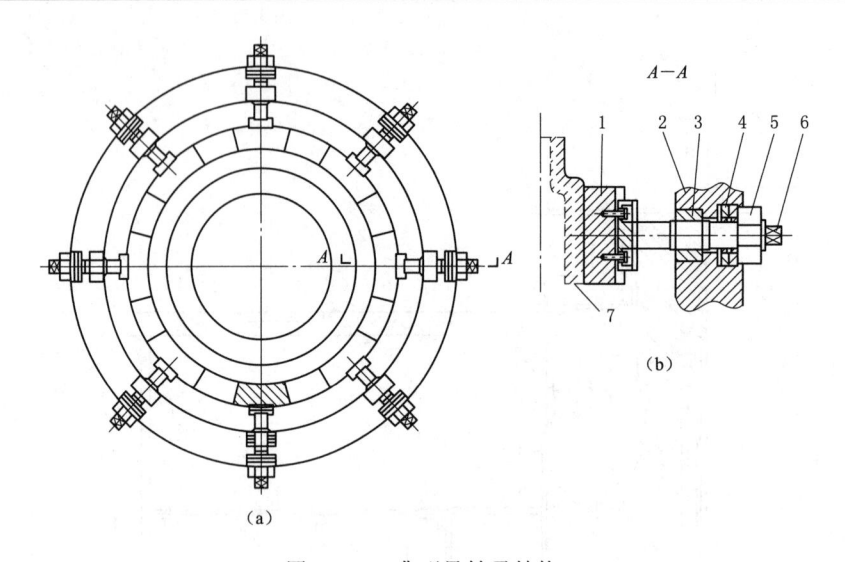

图 3-34 典型导轴承结构
(a) 俯视图；(b) A—A 向剖视图
1—导轴承瓦；2—座圈；3—套筒；4—密封圈；5—螺帽；6—支柱螺钉；7—轴领

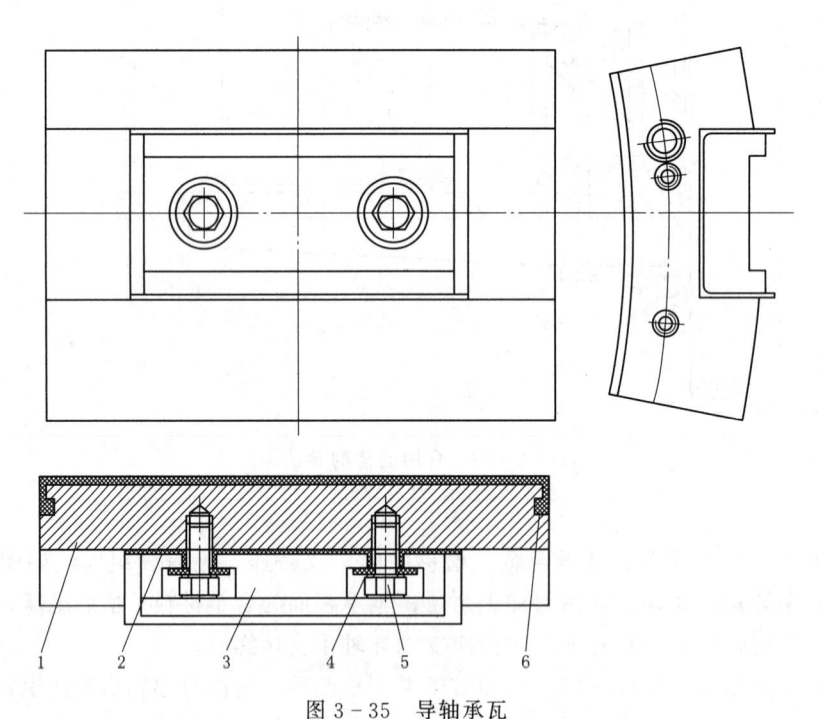

图 3-35 导轴承瓦
1—瓦坯；2—槽型绝缘；3—支持座；4—绝缘套；5—固定螺钉；6—轴承合金

种停机一年之内不宜超过 3 次。采用弹性金属塑料瓦的导轴承和推力轴承，在油槽油温不低于 5℃时，应允许机组启动，并允许水轮发电机在停机后立即启动和在事故情况下不制动停机。立式水轮发电机的推力轴承，宜采用润滑油在油槽内冷却的自循环系统，也可采用镜板泵外部冷却自循环系统、导瓦自泵外部冷却自循环系统以及带油泵的外部冷却循环系统。导轴承可采用润滑油在油槽内冷却的自循环系统。采用巴氏合金瓦的导轴承和推力轴承，当其油冷却系统冷却水中断后，一般允许机组无损害继续运行时间不少于10min。采用弹性金属塑料瓦的推力轴承，当其冷却水中断后，一般允许机组无损害继续运行的时间不少于20min。若其塑料瓦体的温度不超过55℃、油槽的热油温度不超过50℃，推力轴承应能继续运行，其允许运行时间由制造厂确定。轴承冷却器及轴瓦设计应能在不拆卸整个轴承的情况下进行更换或检修。轴承冷却器应有足够的热交换余量。轴承应设置防止油雾逸出和甩油的可靠密封装置。

3.1.3.5 机架

机架是安置水轮发电机推力轴承、导轴承、制动器及轴流式水轮机受油器的主要支撑部件，由中心体和支臂组成。其结构型式一般取决于水轮发电机的总体布置。

立式水轮发电机的机架包括上机架和下机架。上机架安装于定子之上，用螺栓固定于定子机座上，如图3-36所示；下机架一般布置在定子下端和转子制动环之下，如图3-37所示。上机架的径向支撑结构应保证轴系在上导轴承处有足够的刚度，并应能满足在各种事故工况下（如半数磁极短路、水轮发电机出口短路等）机组稳定的要求。可采用将作用在上机架的单边磁极拉力径向作用力转变为切向作用力传至发电机风罩混凝土内壁的支撑结构或联合受力的支撑结构，或全部径向力作用在混凝土内壁的支撑结构。

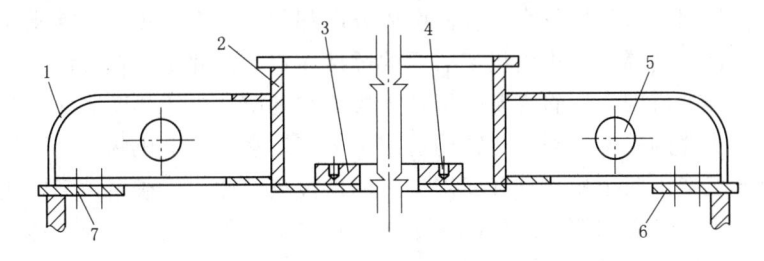

图3-36 立式水轮发电机上机架
1—机架支臂；2—支架中心体；3—推力轴承支座；4—限瓦螺钉孔；
5—起吊孔；6—定子机座；7—连接螺栓

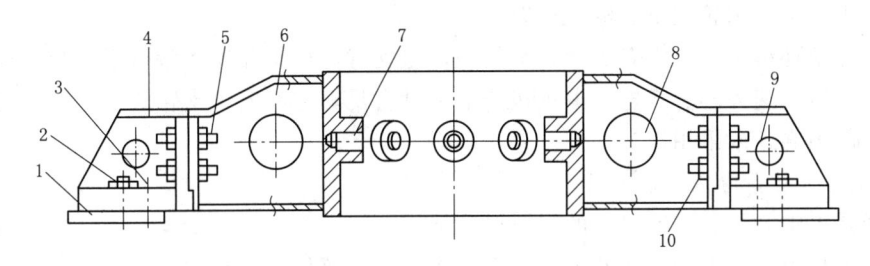

图3-37 立式水轮发电机下机架
1—机架基础板；2—机架紧固螺钉；3—机架固定销；4—支腿；5—机架连接螺栓；6—支臂；
7—下导瓦抗重螺钉座；8—机架起吊孔；9—支腿起吊孔；10—销子螺栓

机架按受力性质又可分为承重机架和非承重机架两种类型。支撑推力轴承的机架为承重机架，其主要承受来自水轮机水推力和整个机组转动部分的全部重量以及机架自重和作用在机架上的其他负荷；非承重机架承受的轴向负荷较小，主要承受径向负荷（若该机架上布置有导轴承时），径向负荷由发电机导轴承及水导轴承共同承担，通过导轴瓦的支承结构传递到机架上。如悬式发电机的上机架为承重机架，而下机架则为非承重机架。承重机架应能承受机组所有转动部分的重量和水轮机最大水推力叠加后的动荷载，并应能与导轴承支架一起安全地承受由于水轮机转轮引起的不平衡力，以及由于水轮发电机绕组短路、半数磁极短路等引起的不平衡磁拉力，且不发生有害变形。

1. 机架结构型式

（1）辐射型机架。辐射型机架又称星形机架，支臂由中心体向四周辐射，当机架支臂外端的对边尺寸小于 4m 时，通常采用机架中心体与支臂焊为一体的结构。当超过 4m 时，可采用可拆式机架，即将中心体和支架分开，运到工地后可将两者用合缝板组合或焊接成整体。辐射型各支臂和中心体受力均匀，适用范围比较广，适用于大中型水轮发电机的承重上、下机架和非承重下机架及一些低速大容量跨度较大的上机架。

（2）井字形机架。机架的各支臂与中心体构成井字形机架，由于受力原因，一般用于大中型水轮发电机的非承重机架。井字形机架支臂外端对边尺寸大于 4m 时，可将 4 个支臂做成可拆式的结构，以满足运输要求。

（3）桥形机架。中小型水轮发电机的推力负荷不大，机架尺寸比较小，无论承重和非承重机架都可采用此结构。

（4）斜支臂机架。机架的每个支臂沿圆周方向都偏扭一个支撑角，使支架支臂在运行时具有一定的柔性，支撑角大小由机架需要的柔性而定，由此定子铁心的热膨胀可不受上机架的影响，同样上机架采用斜支臂也可减少机架与基础件由于热膨胀而引起的应力，而刚度仍与径向式支臂的机架相同。此结构适用于大容量水轮发电机的上、下机架。

（5）多边形机架。两个相邻支臂间用工字钢连接成整体，构成多边形的机架，每对支臂的连接处焊有人字形支撑架，采用键（切向键）与基础板连接，键与支撑架之间留有一定的间隙以适应热膨胀的需要。支撑架与上机架焊接前，在间隙处应根据间隙的大小，垫上临时垫片以确保间隙值，并在键两侧放入侧键，以调节支臂中心。此结构最大特点是可以把导轴承传出的径向力，经连接的支撑架转变为切向力，可以减少径向力对基础壁的作用，适用于大容量水轮发电机的上机架。

（6）三角环形机架。没有支臂，重量轻，与支臂式机架相比重量可轻一半，而强度相同或更高，当高速大容量水轮发电机转子下部没有足够空间安置支臂式机架时，可采用此结构，目前国内还未采用。

2. 机架的主要构件

机架是由中心体、支臂组成的钢板焊接结构。

中心体是由上、下圆板和若干条立板组成的焊接部件。根据发电机总体布置不同，中心体的结构型式各有差异，有带导轴承的机架中心体，有推力轴承与导轴承合用一油槽的机架中心体等。

支臂是机架的主要结构部件。按其截面不同，分成 I 字形支臂和盒形支臂两种。I 字形支臂由上、下翼板和腹板组成，可根据机架的功能选择不同的型式。盒形支臂用钢板焊接，强度大，重量轻。当机架超出运输尺寸限制时，可做成可拆式结构，组合有大合缝板结构和小合缝板结构两种，大合缝板结构形式是在工地用合缝螺栓把合成一体，小合缝板结构是先在工厂用小合缝板加工定位，运到工地后再焊接成整体。

此外，为了减小水轮发电机的径向振动，对于高速水轮发电机，常在上机架支臂外端与机坑之间装设千斤顶。

3.2 水轮发电机的基本安装程序

水轮发电机的安装程序随土建进度、机组型式、设备到货情况及场地布置的不同有所变化，但基本原则是一致的。一般施工组织中，应尽量考虑到与土建及水轮机安装进程的平行交叉作业，充分利用现有场地及施工设备进行大件预组装，然后把已组装好的大件按顺序分别吊入机坑进行总装，从而加快施工进度。下面以立轴悬式水轮发电机为例，按自下而上的顺序，其安装基本程序如下：

（1）基础预埋。主要有下部风洞盖板地脚、下机架及定子基础垫板、上机架千斤顶基础板、上部风洞盖板地脚等。

（2）下机架的安装。把已组装好的下机架按 X、Y 方向吊入就位，根据水轮机主轴中心进行找正固定，浇筑基础混凝土，并按总装要求调整制动器顶部高程。

（3）定子的组合与安装。在定子机坑内组装定子并下线，安装空气冷却器等。为了减少与土建及水轮机安装的相互干扰，也可在定子机坑外进行定子组装、下线，待下机架吊装后，将定子整体吊入找正。

（4）下部风洞盖板的安装。吊装下部风洞盖板，按厂家提供的图样和预装时所打的标记铺设下盖板，根据水轮机主轴中心进行找正固定。

（5）上机架的预装。将上机架按图纸要求吊入预装；以水轮机主轴中心为准，找正机架中心和标高水平；同定子机座一起钻铰销钉孔，将上机架吊出。

（6）转子的吊入和找正。在安装间组装转子并将其吊入定子；按水轮机主轴中心、标高、水平进行调整。检查发电机空气间隙，必要时以转子为基准，校核定子中心，然后浇筑混凝土。

（7）上机架的安装。将已预装好的上机架吊放于定子机座上，按定位销钉孔位置将上机架固定。

（8）推力轴承的安装。先吊装推力轴承座到上机架上的油槽内；再吊装支柱螺栓；然后在其上安放推力瓦；再将镜板放置于推力瓦上并调整镜板的水平度；然后热套推力头；把转子重量转移到推力轴承上，调整推力轴承受力；最后对发电机进行单独盘车，调整发电机轴线，测量和调整法兰摆度。

（9）发电机与水轮机主轴的连接。

（10）机组整体盘车，进行机组总轴线的测量和调整。

（11）对推力瓦受力进行调整，并按水轮机止漏环间隙定转动部分中心。

（12）导轴承及其附属部件的安装，油槽及其油、水、气管路等的安装。

（13）安装励磁机和永磁机（若有）。

（14）其他零部件的安装，如集电环、上盖板等的安装。

（15）进行全面清理、喷漆、干燥，轴承注油。

(16) 一切准备就绪后进行机组启动试运转。

对于其他型式的立轴水轮发电机,其安装程序与上述大同小异。下面介绍发电机的一些主要部件的安装方法。

3.3 发电机定子组装与安装

当定子外径在 4m 以下时,一般在制造厂内完成组装并整体运到工地,在水电站现场只需安装就位。

当定子直径超过 4m 时,由于运输条件的限制,需在制造厂内将定位筋安装、定子铁心硅钢片装压、下线等工作完成后分瓣运输到工地,在工地再将分瓣的定子组圆和调整,最后还需对合缝附近的各槽下线、连接线圈。分瓣结构的定子在制造时就已准备好组合的结构,留有连接螺栓、定位板及销钉孔等。由于定子各瓣之间会有纵向接缝,对切割磁力线产生一定的影响,会降低发电机工作效率。此外,在运输过程中难免会产生有害变形,对定子安装工作也会造成影响。这种发电机定子的安装主要有以下工作:准备基础;吊入定子或吊入后组合定子;调整定子的位置;锚固后浇筑地脚螺栓周围的混凝土等工作。

目前,大中型水轮发电机定子均以散装的形式运输到工地,在工地完成定子机座组圆、焊接,定位筋安装,定子铁心硅钢片叠装及压紧、定子下线等工作(即定子的工地装配),避免或减少了因客观因素对定子组装所造成的不良影响。这些工作若在定子机坑内进行,势必要和水轮机的安装产生冲突和干扰,影响施工进度,不利于施工组织和安全生产,从而造成整个机组的安装工期延长,影响机组的投产发电。对此,可在定子机坑外组装下线,然后进行定子整体吊装就位。有的上机架和推力轴承的组装及空气冷却器挂装等都可在机坑外进行,最后与定子一起整体吊装就位。

对悬式发电机而言,定子的安装往往与下机架的安装同时进行,如图 3-38 所示。

3.3.1 分瓣定子的组合

分瓣定子组合时,先对定子合缝处进行平直度检查;对铁心处的局部高点或毛刺进行修整,清除干净铁屑后刷一层与原喷漆相同的绝缘漆;对定子机座合缝及基础板组合面进行清理,去掉保护漆,进行预组装,检查合缝间隙。为节省时间,也可参照在制造厂内预装时的间隙记录,一次组装成功。

当定子组合螺栓全部拧紧后,应对机座合缝板和铁心合缝面的接触情况进行全面检查。机座组合缝间隙用 0.05mm 塞尺测量,在螺栓及定位销周围不应贯通。铁心合缝处按设计要求加垫,加垫后铁心合缝应严密。铁心合缝处槽底部的径向错牙不大于 0.3mm,轴向错牙不大于 1.5mm。合缝处线

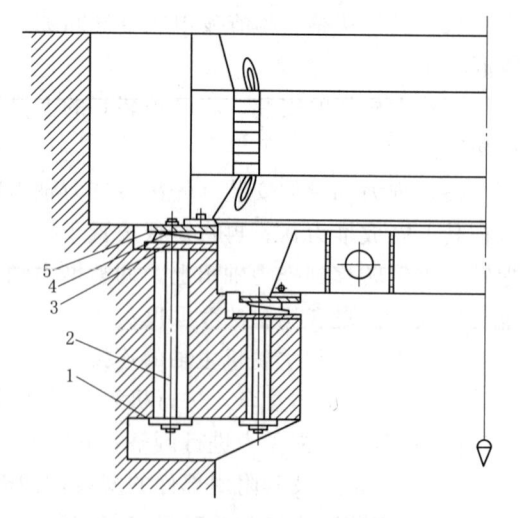

图 3-38 定子与下机架的安装
1—钢板;2—基础螺栓;3—垫板;
4—楔子板;5—基础板

槽宽度应当符合设计要求。

定子机座与基础板的组合面应当光洁无毛刺。组合面合缝处间隙用 0.05mm 塞尺检查，不能贯通；允许有局部间隙，用 0.10mm 的塞尺检查，深度不应大于组合面宽度的 1/3，有间隙的部位总长不应大于全长的 20%；组合螺栓及销钉周围不应有间隙；组合缝处安装面错牙应不大于 0.05mm。

组合成整体的定子，在嵌线之前应进行一次内圆圆度检查。对于机坑内组合的定子，圆度检查的方法一般用挂线法，测量每个半径尺寸。一般按铁心高度方向每隔 1m 选择一个测量断面，每个断面不少于 8 个测点，每瓣每个断面不少于 3 点，合缝处应有测点。要求各实测半径与平均半径值之差不应大于设计空气间隙值的 ±4%；对于机坑外组合的定子，可不挂中心线，直接测量定子的直径，并计算出椭圆度，其值应在设计空气间隙的 ±8% 以内。分瓣定子组合的基本要求见表 3-1。

表 3-1　　　　　　　　　　　分瓣定子组合基本要求

项　　目	要　　求
铁心合缝	加垫后无间隙
铁心合缝处径向错牙	≤0.30mm
铁心合缝处轴向错牙	≤1.5mm
组合缝处安装面错牙	≤0.10mm
铁心内圆半径偏差	不应大于设计空气间隙值的 ±4%
机座合缝间隙	螺栓及定位销周围小于 0.05mm
定子机座与基础板间隙	合缝间隙用 0.05mm 塞尺检查，不能贯通。允许有局部间隙，用 0.10mm 的塞尺检查，深度应不大于组合面宽度的 1/3，间隙部位总长应不大于全长的 20%

定子合缝错位，可分纵向和径向两种。纵向错位主要影响定子水平；径向错位主要影响定子圆度。对于过大的纵向错位必须松开合缝组合螺栓，拔掉横向销钉，使铁心合缝重新对正，再把螺栓拧紧，并重新钻配横向销钉。

径向错位除影响定子圆度外，还会影响合缝线槽的平整和合缝线圈的嵌放，因此在事先检查处理时，先松开合缝组合螺栓，并拔出纵向销钉，用特制的刚性很大的调整架和千斤顶调整。上述定子圆度、径向和纵向错位的检查和处理一般是同时进行的。

对于定子产生锥形面或倾斜等问题，处理的基本原则是使每个测量断面对称均摊。若经调整定子和机架仍不平时，可采用偏垫处理。

待定子组合测量合格后，即可进行合缝处的线圈嵌放，然后进行喷漆、干燥和耐压试验。

3.3.2　定子工地装配

大型与巨型发电机定子，受重量和尺寸的限制，有时分瓣运往工地仍有困难或不可能时，定子的装配工作就需全部在工地完成。有的定子机座由制造厂拼焊若干瓣，在工地再组装成圆，还有的定子机座也在工地拼焊，然后堆叠定子的硅钢片和线棒嵌放，这样的定子铁心就可以实现无隙装配。

无隙装配增加了定子的整体性和刚度，减少了运行产生的振动、噪声、发热、线槽超宽，从而大大改善了发电机的运行特性和可靠性。定子的无隙装配工作可在机坑内进行，但为了避免对水轮机安装作业的干扰，缩短机组安装的控制周期，一般也可在安装间或其他场地进行。

定子安装的主要工作内容包括：定子机座组焊、定位筋安装调整和焊接、下压指调整和焊接、定子铁心叠装和压紧、定子铁心铁损试验、定子线棒安装及试验、定子整体调整及其他辅助设备安装等。如三峡水电站机组定子采用无隙安装工艺，其安装工艺流程如图3-39所示。

1. 拼装定子机座成圆

定子机座的组装需按制造厂规定进行，若制造厂无明确要求，应当符合下列要求：

（1）按分度方向和分布半径布置调整组装支墩和楔子板，组装支墩应临时固定稳固。每瓣定子机座的支墩数不少于3个，支墩高度一般不小于0.6m，支墩顶面应有调整水平的楔子板，各楔子板顶面高程偏差应不大于1.5mm。

（2）中心测圆架安装应稳固，并检查测圆架中心柱的实际半径和测臂的静平衡情况，测圆时应避免各种外因的影响。中心测圆架的底座应可靠固定，施工作业平台与中心测圆架的支撑平台应分离。测圆架中心柱的垂直度不大于0.02mm/m，在测量范围内的最大倾斜不超过0.10mm。测圆架转臂旋转一周重复测量任意一点的径向偏差不大于0.02mm，轴向偏差不大于0.5mm。

图3-39 定子无隙安装工艺流程

（3）在机座组合的工艺合缝中加垫片。当环板为对接焊缝时，垫片厚度一般为2~3mm，当环板为搭接焊缝时，垫片厚度一般为1mm。

（4）定子机座组合调整后，焊接前机座下环板圆周上固定下齿压板的螺孔中心（对有穿心螺杆的机座，为穿心螺杆中心）的半径与设计半径之差不大于±1.5mm，各环板内圆绝对半径的平均值与设计值的偏差应符合规范要求。

将定子机座拼焊成整圆，调整其圆度、水平和垂直。如在机坑安装位置组焊，要同时以水轮机主轴或下部止漏环为基准，找正中心。

2. 定位筋的安装

定位筋是定子铁心安装的基准，是定子装配工作中精度要求最高而又最复杂的工作。

定位筋的安装质量直接影响定子铁心圆度、垂直度及发电机空气间隙等。在焊接过程中定位筋和机座又常会发生变形而影响定位筋的安装精度，同时环境温度也是影响安装尺寸不可忽视的因素。定位筋在安装前应当校直，用1.5m以上的平尺检查，定位筋在径向和周向的直线度不大于0.1mm/m。定位筋长度小于1.5m的，用不短于定位筋长度的平尺检查。

定位筋安装分预装和正式安装两步。

(1) 定位筋预装。定位筋预装首先是在机座下环板上分度画线，画出每根定位筋的中心线。将托板嵌入定位筋一一就位。筋与下环之间应留间隙。顶部托板用特制C形夹夹住，其余各层托板用千斤顶压住，如图3-40、图3-41所示。

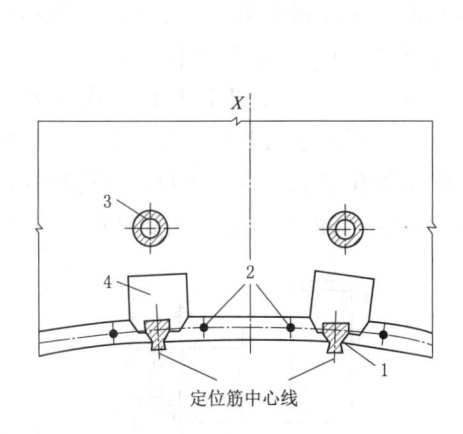

图3-40 定位筋布置图
1—定位筋；2—拉紧螺杆孔；3—撑管；4—托板

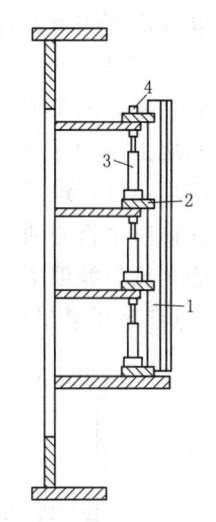

图3-41 定位筋临时固定布置图
1—定位筋；2—托板；3—平头千斤顶；4—特制C形夹

(2) 定位筋正式安装以预先画好的中心线为基准，调整定位筋的径向和周向尺寸及垂直度，然后点焊托板与定位筋配合面的两侧，点焊后再复查定位筋的位置及垂直度，将每根筋与其托板进行组焊，最后打上标记，取下定位筋，按要求焊好托板，再次校正定位筋。

定位筋的基准筋定位（或搭焊）后，其半径与设计值的偏差应在设计空气间隙值的±0.8%以内，周向及径向倾斜不大于0.10mm。

回装的第一根定位筋，应当严格控制其垂直偏差、中心偏差和半径偏差，然后点焊在机座各环板上。点焊后再复查其位置，并应符合要求。以安装的第一根定位筋为基准，每隔两根装一根。这项工作常利用装筋板进行找正。每根筋的安装要求与第一根一样。为了减小累积误差，每装一根筋，上下样板换一次，已装各筋的方位、尺寸误差均不允许超过要求。在焊接时，要严格按焊接标准要求，保证最小的焊接变形，等焊接冷却后再检查、记录。

定位筋托板全部焊接后，定位筋的半径与设计值的偏差应在设计空气间隙值的

±1.5%以内,最大偏差数值不超过±0.4mm;相邻两个定位筋在同一高度上的半径偏差不大于设计空气间隙的 0.5%;同一根定位筋在同一高度上因表面扭斜而造成的半径差不大于 0.10mm;定位筋在同一高度上的弦距与平均值的偏差不大于±0.20mm,累积偏差不超过 0.4mm。

3. 叠装定子铁心

定位筋焊好后,就可以进行定子铁心堆叠,顺次安装、分配和点焊拉紧螺杆,安装下齿压板,堆叠铁心,并分段压紧,如图 3-42(a)所示。分段压紧高度应根据铁心结构确定,一般每段不宜超过 600mm,可每叠 400~500mm 高,压紧一次。铁心叠片过程中应按每张冲片均匀布置不少于 2 根槽样棒和制造厂要求的槽楔槽样棒定位,并用整形棒整形。铁心的叠片高度应考虑整体压紧和热压的压缩量,一般热压的压缩量宜根据铁心高度的 0.2%~0.3%考虑,并且平均分配到每一叠片段中。

压紧前要在铁心全长范围内用整形棒整形,千斤顶下第一层不得是通风槽片,槽形棒不得露出铁心之上。千斤顶的承受能力不得超过冲片的允许单位压力(1.2~1.5MPa)。铁心全部堆好后,进行最后压紧,如图 3-42(b)所示,千斤顶的承受压力必须比前几次大,才能保证整个铁心的高度和波浪度。当达到要求后装齿压板,穿永久拉紧螺栓,并拧紧,使铁心高度、波浪度、压紧系数全部达到要求后,点焊螺母,进行铁损试验(铁心磁化试验)。有热态压紧要求的定子铁心,在铁心整体压紧后、铁心磁化试验前进行。

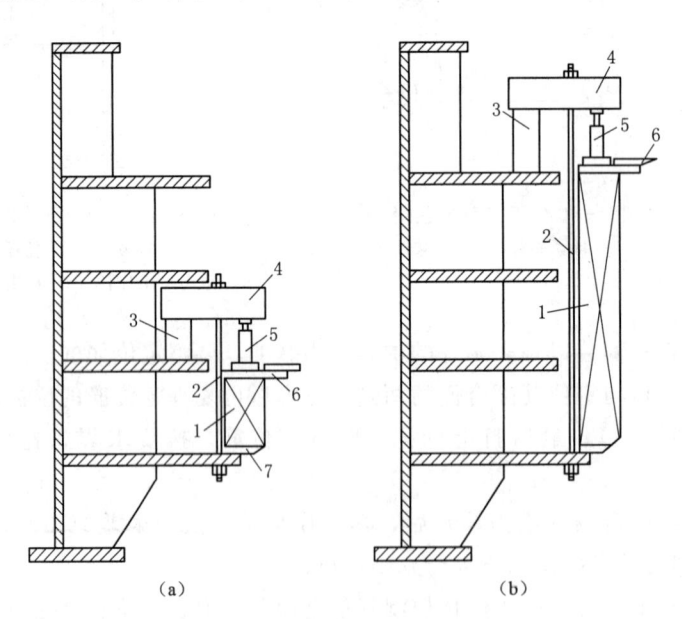

图 3-42 定子扇形片压紧
(a)分段预压示意图;(b)定子扇形片压紧示意图
1—铁心;2—临时拉紧螺杆;3—垫块;4—工字梁;5—油压千斤顶;6—上齿压板;7—下齿压板

定子铁心组装后检查铁心圆度,按铁心高度方向每隔 1m 左右,分多个断面测量,每个断面不少于 8 个测点。定子铁心直径较大时,每个断面的测点应适当增加,各半径与设计半径之差不超过发电机设计空气间隙值的±3%,铁心圆度(直径)偏差最大不大于

2mm。在铁心槽底、槽口齿尖和背部均布的不少于16个测点上测量铁心高度,各测点定子铁心高度测量值与设计值的偏差以及铁心上端槽口齿尖的波浪度应不超过表3-2的要求。

表3-2 定子铁心各测点高度和铁心上端槽口齿尖波浪度的允许偏差 单位:mm

铁心高度 h	h<1000	1000≤h<1500	1500≤h<2000	2000≤h<2500	2500≤h<3000	h≥3000
高度允许偏差	0～+4	0～+5	0～+6	0～+7	0～+8	0～+9
波浪度	4	5	7	8	9	10

4. 定子铁心的铁损试验

用铁损法加热定子,检查铁心各部温升情况,观察定子铁心振动情况,若出现冒烟、局部发热及严重异常声响时,应当切断电源,停止试验。试验全过程中,每隔10min记录各表计的读数及温度值,铁心各部位的最高温升不超过25K,相互间最大温差不超过15K(为试验磁感应强度折算至1T时的数值),试验持续时间一般为90min。单位铁损耗、铁心与机座的温差等应当符合制造厂规定。如定子铁心局部过热,则要重新拆开铁心进行处理。其原因是因机座限制铁心的热膨胀,使各段铁心无自由膨胀的可能,因而使叠片产生变形和翘曲,致使绝缘破坏,温升增高,如此形成恶性循环。为了避免上述现象发生,定位筋托板先不满焊到环板上,而在铁心堆好后,加热定子使定子铁心高于机座15～20℃,依次将定位筋满焊到环板上。

5. 嵌放绕组,安装汇流母线,进行定子的电气试验

定子铁心铁损试验合格后,就可以进行定子绕组的嵌放。定子绕组嵌放前应按要求进行检查、试验,如检查单个定子线圈在冷态下的直线段截面宽度、高度尺寸应符合设备技术要求。定子线圈嵌装前应对单根线棒进行抽查试验,试验包括交流耐压试验、测量绝缘电阻和起始电晕电压等。抽试率为每箱或每批次线棒总数的5%,如抽查中发现不合格的线棒,则相应提高抽试率。定子绕组的嵌放应按要求进行,线圈与铁心及端箍应贴紧靠实,上下端部线圈高度及斜边间隙符合设备技术要求,线圈固定牢靠。汇流母线与支架的绑扎按设计要求进行,绑扎应牢固、可靠。如有必要,汇流母线可先进行预装,预装完成后再正式安装。

在定子下线工作全部结束后,必须进行全面、彻底的清扫和检查,不得有任何金属碎屑、杂物等遗留在铁心通风沟或绕组缝隙中。合格后,按制造厂规定在绕组端部和铁心内圆喷涂覆盖漆,然后进行定子的干燥和定子绕组整体耐压试验等电气试验。

3.3.3 定子的整体吊装与调整

1. 定子的整体吊装

定子整体吊装是起重工作较复杂的吊装工艺。一般定子重量和尺寸都大,吊装时必须防止机座及铁心的变形,以及由此而产生的定子绕组绝缘的损坏,所以必须对定子进行加固,增加其刚度,减少作用于定子的径向力及在非吊点处产生的挠度。为此,可根据现场具体条件,用上机架加固或利用特制的抬梁托住定子,并在非吊点合缝处的上、下端和吊点组合缝的下端加焊钢板以加固。在正式吊装之前,应做以下工作:

(1) 检查桥式起重机、平衡梁、销轴、吊耳等,以及焊缝在全负荷下的工作情况,校

核设计强度。

(2) 测量定子、平衡梁、吊耳等在起吊状态下的应力和变形,给定子整体正式吊装提供技术数据。

(3) 为正式吊装做一次实际的预演习。

2. 整体定子的位置调整

定子的位置调整应考虑3种情况:①机坑外组装的定子吊入机坑后按水轮机位置调整好并定位(定子先于转子吊入机坑);②机坑内组装的定子按水轮机位置调整好并定位(转子后吊入机坑);③机坑外组装的定子吊入机坑后按转子位置调整及定位(定子后于转子吊入机坑)。

对于前两种情况,可进行以下调整工作:

(1) 定子的高程调整。定子的安装高程是指定子铁心中点所在的高程,但通常都用机座底面高程或定子顶面(上机架安装面)的高程来控制,称为定子的设计高程,制造厂在机组的安装布置图上对此有明确的要求。定子的设计高程是由水轮机安装高程计算而来的。

按水轮机主轴法兰盘高程及各部件实测尺寸核对定子安装高程,应使定子铁心平均中心高程与转子磁极平均中心高程一致,其偏差值应不超过定子铁心有效长度的±0.12%,最大不超过±3mm。对于转动部分很重的悬式机组,上机架可能产生3~5mm的挠度,为此需酌情提高定子的标高。

定子的实际安装高程,按要求只允许正偏差,即高于设计高程。由于发电机转子和水轮机转轮在安装后处于厂家设计的工作位置上,如果定子安装偏高,机组运行时转子上就势必有一个向上的磁拉力作用,从减轻推力轴承负荷来讲,这将是很有利的。当然,定子不能偏高得太多,否则有使转子上浮而破坏运行稳定性的危险。表3-3中规定了定子的位置精度要求。

表3-3　　　　　　　　　　　定 子 位 置 精 度 要 求

项　　目	要　　求
高程误差	铁心有效长度的±0.12%,最大不超过±3mm
上机架推力轴承座中心偏差	≤0.5mm
上机架安装面水平度误差	≤0.03m/mm,对于无支柱螺钉支撑的弹性油箱和多弹簧支撑结构的推力轴承的机架,水平偏差不大于0.02m/mm
内圆柱面垂直度误差	各半径与平均半径之差应不超过设计空气间隙的±3%

定子的高程可以用楔子板调整。楔子板应成对使用,搭接长度必须在板长的2/3以上,相互间的偏斜角应小于3°。对于承受重要部件的楔子板,安装后应用0.05mm的塞尺检查接触情况,每侧接触长度应大于70%。至于定子高程的测量,可以用水准仪测量上机架安装面的高程,也可以直接测量定子底面到水轮机座环顶面间的高度差。

(2) 定子的水平度调整。对定子顶面的水平度要求最高,因它将直接影响上机架和推力轴承的安装。定子的水平度一般按上机架组合面来确定。可用框形水平仪和水平梁来测量上机架安装面的水平度。若水平和垂直不能同时满足要求,则应首先保证铁心垂直,用楔子板调整其水平度。

定子的水平测量多与标高结合进行，直接用水准仪测量各点高程，如图3-43所示，然后按式（3-1）计算：

$$\delta_c = \frac{E_1 - E_2}{L} \quad (3-1)$$

式中：δ_c 为定子水平度误差值，mm/m；E_1 为定子机座任一点的高程，mm；E_2 为定子机座对应点的高程，mm；L 为对应两测点的间距，m。

水平度、高程和中心位置的调整往往相互影响，必须多次反复测量和调整才能同时符合要求。

（3）定子的中心位置、内圆柱面垂直度、圆度的调整。发电机定子的中心应与水轮机座环的中心对正。具体调整步骤如下：

1）以水轮机座环为基准，用中心架、求心器悬挂出机组轴线，如图3-44所示。

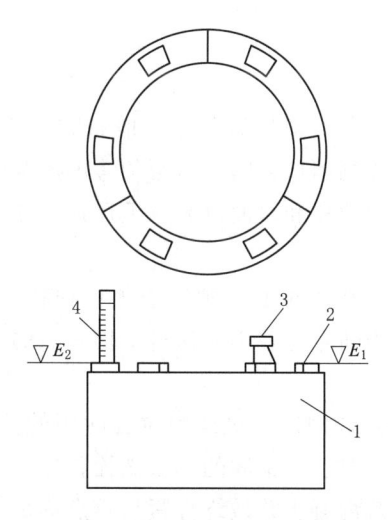

图3-43 直接用水准仪测各点高程
1—定子；2—机座加工面；3—水准仪及其支架；4—钢板尺

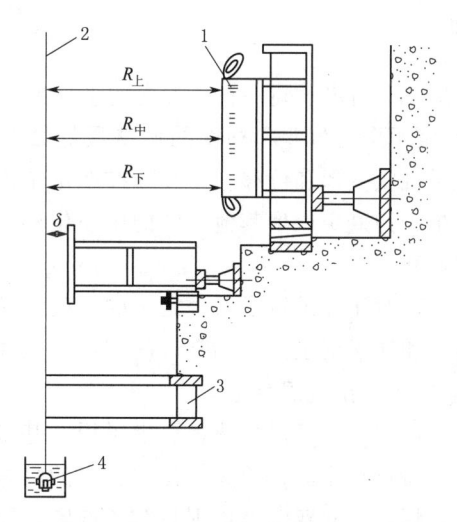

图3-44 定子中心位置调整及测圆
1—定子；2—中心钢琴线；3—座环；4—重锤

2）在定子上划分测点。通常在圆周上均匀测量位置，每个位置又在铁心高度上划分上、中、下3个测点。

3）用耳机配合内径千分尺测量各点的半径。就同一高度的各个测点，计算半径的平均值和各点半径的正、负偏差，这既反映了中心位置的误差情况，又反映了定子的圆度误差大小；不同高度上的半径偏差，既反映了定子内圆柱面的形状误差，也反映了内圆柱面的垂直度误差，如图3-45所示。

定子内圆柱面的垂直度误差的规定值见表3-3，各半径与平均半径之差应不超过设计空气间隙的±3%，但受叠片精度的影响，有可能发生较大的误差，而且可能出现内圆垂直度与顶面水平度在调整上相互矛盾的情况。该种情况下应先保证内圆柱面的垂直度符合要求，至于顶面不水平的误差，在安装上机架时可在结合面加适当垫片来调整。

图 3-45 定子测点分布图

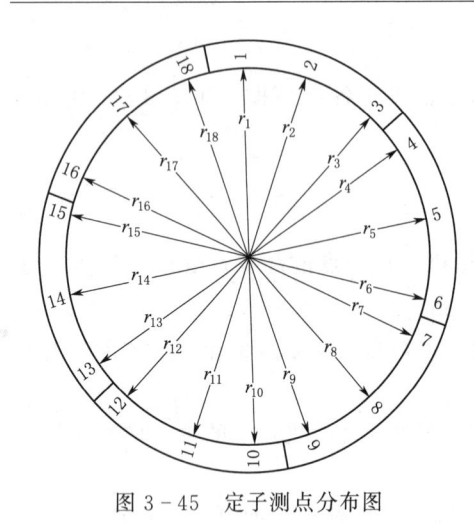

定子圆度一般应在机坑内与水平度、中心位置、垂直度等一起进行测量。由于分瓣定子圆度变形多发生在合缝或端部附近，因此，这些部位应标定测点。首先在定子铁心内径上、下两个测量断面上，每瓣定子标定3～5个测点。

定子圆度超差，主要是由于定子本身的圆度和中心偏差的存在造成的。定子圆度的调整按式（3-2）计算：

$$\sigma = \frac{D_1 - D_2}{2} \quad (3-2)$$

式中：$D_1 - D_2$ 为定子两垂直方向直径差，mm。

定子中心偏差调整按式（3-3）计算：

$$e = \frac{R - R'}{2} \quad (3-3)$$

式中：$R - R'$ 为定子同一直径方向的半径差，mm。

4）定子中心偏差和圆度的调整最好结合起来进行。调整的方法一般是利用千斤顶，强迫定子机座变形和位移。千斤顶撑在定子机座和风洞墙壁之间，但必须考虑风洞墙壁的加强措施。为避免产生其他方向的中心位移，定子的两翼和对面也需放千斤顶顶住，并用百分表监视。

另外，对于先吊转子后套定子的情况，转子位于机组中心，则定子须根据转子调整。测量定子和转子间上、下端空气间隙，各间隙与平均间隙之差不应超过平均间隙的±6%。

3.3.4 锚固及浇筑混凝土

定子调整合格后需将垫板、楔子板、基础板等点焊固定；对调整位置时用的拉紧器、钢筋等也需点焊牢固；地脚螺栓施工的具体情况，对已经锚固的单头螺栓，在它受力以后也应点焊，而对双头螺栓则只初步拧紧，要在浇筑混凝土并最终拧紧后再点焊。

浇筑二期混凝土。由于二期混凝土数量不多，以地脚螺栓孔、基础板四周空隙等为主，但位置和施工空间有限，浇筑工作必须充分注意。既要均匀地填满空隙，又要捣实，还不能影响已经调整好的定子位置。

定子机座与基础板之间的定位销，视厂家供货的情况和具体要求，一般应在二期混凝土初凝以后再钻、铰，最后打入销钉固定。

定子位置调整中使用的千斤顶等，也应在浇筑二期混凝土以后再拆除。

3.4 发电机转子组装

对于中小型水轮发电机，其转子大多是整体出厂的，运到工地后只需测圆检查即可吊装。

对于大中型水轮发电机转子，由于运输尺寸的限制，一般将主轴、轮毂（辐）、轮臂、磁轭铁片、磁极等零部件分件运往工地组装。

3.4 发电机转子组装

3.4.1 发电机转子组装基本要求

为保证发电机正常工作，转子必须满足以下基本要求。

1. 对磁轭的要求

(1) 磁轭铁片的叠压应紧密。制造厂没有明确要求时，分段压紧高度一般不大于 800mm。但是对于冲片质量较差或冲片叠压阻力较大的磁轭，分段压紧高度应当降低。磁轭压紧后，按重量法计算磁轭的叠压系数不应小于 0.99。

(2) 磁轭的高度符合要求。磁轭全部压紧后，磁轭的平均高度不得低于磁轭设计高度。同一纵截面上的高度偏差应不大于 5mm。沿圆周方向的高度相对于设计高度的偏差不超过表 3-4 的规定。

表 3-4　　　　　磁轭圆周方向各测点高度的允许偏差　　　　　单位：mm

磁轭高度 h	$h<1000$	$1000 \leqslant h<1500$	$1500 \leqslant h<2000$	$2000 \leqslant h<2500$	$2500 \leqslant h<3000$	$h \geqslant 3000$
允许偏差	0~+3	0~+5	0~+7	0~+8	0~+9	0~+10

(3) 磁轭与轮臂的结合面应无间隙，个别地方间隙不应大于 0.5mm；磁轭与磁极的接触面，用不短于 1m 的平尺检查应平直，个别高点应磨平。

(4) 磁轭外圆柱面的圆度符合要求。各半径与设计半径之差应不超过设计气隙的 ±2.5%。

(5) 磁轭铁片的下压板，也就是发电机的制动闸板，应该平整、光滑并成水平面。对于装配式分块结构的制动环板，其径向应水平，偏差应在 0.5mm 以内，沿整个圆周的波浪度应不大于 2.0mm。按机组旋转方向检查闸板接缝，后一块不应凸出于前一块，且高差不大于 0.5mm。环板部位的螺栓应凹进摩擦面 2.0mm 以上。

2. 对磁极的要求

磁极通常在制造厂完成制作和组装，工地现场挂装应符合以下要求：

(1) 磁极中心的高程应符合要求，偏差不超过表 3-5 的规定。额定转速 300r/min 及以上的转子，对称方向磁极挂装高程差不大于 1.5mm。

表 3-5　　　　　　　磁极中心挂装高程偏差　　　　　　　单位：mm

磁极铁心长度 h	$h \leqslant 1500$	$h>1500$
高程允许偏差	±1.0	±1.5

(2) 磁极挂装后检查转子圆度，各半径与设计半径之差不应大于设计气隙的 ±3.0%，转子的整体偏心值应满足表 3-6 的规定，最大不应大于设计空气间隙的 1%。

表 3-6　　　　　　　　转子整体偏心的允许值

机组转速 $n/(\text{r/min})$	$n<100$	$100 \leqslant n<200$	$200 \leqslant n<300$	$300 \leqslant n$
偏心允许值/mm	0.25	0.20	0.15	0.10

3. 对转子静平衡的要求

转子的重心如果不在其轴线上，一旦旋转就会产生离心力，将会恶化轴和轴承的工作条件，而且会引起振动。为此，应尽量使转子各部分的重量对称于轴线分布，保证其重心落在轴线上,即做到转子静平衡。

转子在形状及布置上应是轴对称的,只要材料均匀一致可达到静平衡。影响转子重心位置的主要部分是磁轭和磁极,为了保证转子静平衡,标准要求如下:

(1) 磁轭的叠片必须将磁轭冲片按重量分组,力求重量在圆周上均匀分布。对无法轴对称布置的重量,应记录其数量和方位。最后通过计算求得总的不平衡重量,再在相反方向的适当位置加上配重使之平衡。

(2) 磁轭铁片的称重分组应满足规范要求。每组抽出3～5张测量厚度,堆放时正反面应一致。铁片表面应当平整,无油污,无锈蚀,无毛刺。

(3) 磁极在挂装前,按极性和重量配对,使之成轴对称分布,在任意22.5°～45°角度范围内,对称方向磁极的不平衡重量应不超过表3-7的要求。配重时应计入励磁引线及附件的质量。

表3-7　　　　磁极挂装对称方向不平衡重量允许偏差　　　　单位:kg

项　目		机组转速 $n/(\text{r}/\text{min})$		
		$n<200$	$200\leqslant n<500$	$n\geqslant 500$
磁轭与磁极的质量之和 G/t	$G<200$	6	3	2
	$200\leqslant G<400$	8	4	2
	$400\leqslant G<600$	10	5	3
	$600\leqslant G<800$	12	6	4
	$800\leqslant G<1000$	14	7	4
	$G\geqslant 1000$	16	8	—

3.4.2　发电机转子的组装

转子的组装主要有以下几方面工作。

1. 磁轭铁片的清洗与分类

为了提高转子运行的可靠性和稳定性,叠装的磁轭铁片间应密实,在圆周对称方向重量应平衡。磁轭铁片表面应平整,无油污,无锈蚀,无毛刺。为此,应对磁轭铁片进行清洗分类,其工序为:刷洗→打磨毛刺→擦干→称重→分类。

刷洗是为了清除磁轭铁片两面锈蚀及污垢。打磨毛刺是为了除去铁片两面及螺孔周围的毛刺和残存锈污。刷洗和打磨毛刺是为了保证磁轭铁片间的密实性。擦干即用布擦干净铁片两面。称重即将单张铁片过磅,以便于控制其重量精度在表3-8中给定值以内。例如:机组转速低于100r/min且每张磁轭铁片质量小于20kg时,分组的相隔重量不大于0.3kg。

表3-8　　　　　　磁轭铁片质量分组要求　　　　　　单位:kg

项　目		机组转速 $n/(\text{r}/\text{min})$		
		$n<100$	$100\leqslant n<300$	$n\geqslant 300$
每张磁轭铁片质量 t /kg	$t<20$	0.3	0.2	0.1
	$20\leqslant t<40$	0.4	0.3	0.2
	$t\geqslant 40$	0.5	0.4	0.3

分类即将称好的铁片按重量分类堆放。分类是因为铁片厚度有差异,需按重量等级分组,一方面是为了减小磁轭的波浪度,另一方面更是为了在铁片堆积中达到配重的目的,以减小转子运转中在圆周对称方向上的重量不平衡而产生不平衡力。

分类堆放应整齐,铁片冲面均朝下。为便于运输,每堆铁片下面两头应垫上不小于30mm厚的方木,并根据起重运输能力的大小,每堆达到适当高度时,用穿心螺杆夹紧,绑上该堆分类中的指示牌后,运往存放处。

当机组转速低于100r/min时,若磁轭铁片质量较好,厚薄较均匀,也可不经称重分类,进行任意堆积。因为在该情况下,同类铁片最大、最小重量之差较小,且又因低转速(动不平衡力与转速平方成正比),所以由偏重引起较大动不平衡的概率很小。若万一出现较大动不平衡,也可在机组试运行中通过做动平衡试验,用加配重的方法予以弥补。

2. 轮毂的烧嵌工艺

所谓轮毂烧嵌,是把实际尺寸小于主轴直径的轮毂轴孔,经加热膨胀有适当间隙后,热套在发电机主轴上的工艺过程。我国以往水轮机主轴与轮毂(辐)的连接,多采用这种热套公盈静配合方式来传递发电机的扭矩。实践证明,这种结构既简单又经济。

轮毂烧嵌有两种方法:一种是把主轴竖立在转子装配基坑内,吊起加热好的轮毂,热套在主轴上的轮毂套轴法;另一种是将轮毂倒过来,固定在支持台上加热,然后吊起主轴,插入轮毂孔内的轴插轮毂法。一般多采用轮毂套轴法。只有在转子组装基础尚未交付使用或在该基础上采用轮毂套轴起吊高度不够时,才考虑使用轴插轮毂的方法。

由于工件大而重,热套过程中如有卡住不能套入到位时,拔出很困难,因此应做好充分准备工作。下面介绍轮毂套轴法的基本步骤。

(1) 配合公盈的测定及加热温度的计算。为了确保轮毂烧嵌过程的顺利进行和运行的安全可靠,烧嵌前必须对其配合尺寸进行细致而准确的测量,检查是否符合图纸和配合公差的要求。其测量部位如图3-46所示,测量记录见表3-9。轮毂的膨胀量,除考虑过盈量外,还应加上套装工艺要求的间隙值,以及套入过

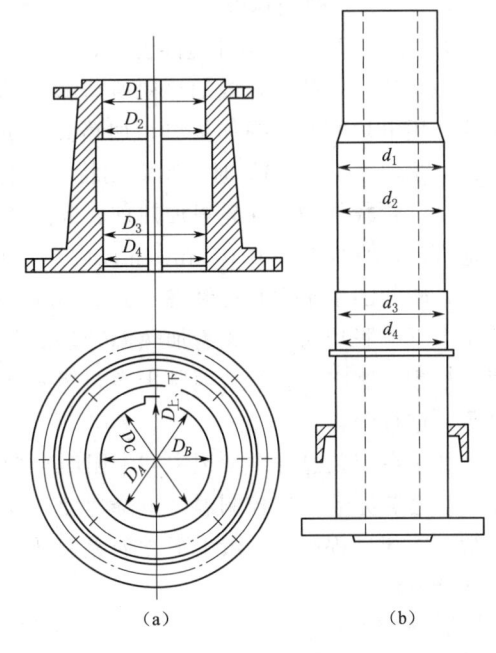

图3-46 主轴与轮毂配合公盈测量部位示意图
(a) 轮毂;(b) 主轴

程中轮毂降温引起的收缩值。套装工艺要求的间隙值,一般取轴径的1/1000,轮毂降温引起的收缩值,视轴径大小,在0.5~1.0mm间选取。轮毂加热的温度上限宜控制在180~200℃以内。

表 3-9　　　　　　　　　　　主轴与轮毂配合尺寸测量记录

测量断面	A 方向			B 方向			C 方向		
1 号	d_{1A}	D_{1A}	$d_{1A}-D_{1A}$	d_{1B}	D_{1B}	$d_{1B}-D_{1B}$	d_{1C}	D_{1C}	$d_{1C}-D_{1C}$
2 号	d_{2A}	D_{2A}	$d_{2A}-D_{2A}$	d_{2B}	D_{2B}	$d_{2B}-D_{2B}$	d_{2C}	D_{2C}	$d_{2C}-D_{2C}$
3 号	d_{3A}	D_{3A}	$d_{3A}-D_{3A}$	d_{3B}	D_{3B}	$d_{3B}-D_{3B}$	d_{3C}	D_{3C}	$d_{3C}-D_{3C}$
4 号	d_{4A}	D_{4A}	$d_{4A}-D_{4A}$	d_{4B}	D_{4B}	$d_{4B}-D_{4B}$	d_{4C}	D_{4C}	$d_{4C}-D_{4C}$

热套前，孔的膨胀量一般由厂家给出。若未给出，可按下式计算：

$$K=\Delta_{\max}+(1.5\sim2) \tag{3-4}$$

式中：K 为轮毂内孔膨胀量，mm；$\Delta_{\max}$ 为按表 3-9 计算得出的最大过盈值，mm；1.5～2 为考虑起吊过程中轴孔冷缩和套轴时所需的间隙值，mm。

所需加热温升为

$$\Delta T=\frac{K}{\alpha D} \tag{3-5}$$

最高加热温度为

$$T_{\max}=\Delta T+T_0 \tag{3-6}$$

式中：ΔT 为轮毂加热温升，℃；α 为轮毂线胀系数，钢材 $\alpha=11\times10^{-6}$；D 为轮毂标称直径，mm；T_0 为周围环境温度，℃。

(2) 轮毂加热。轮毂加热视所需膨胀量的大小而定。加热方式通常采用铁损法或电热法等。用电炉配合铁损加热法，加热温度低于 80℃时，可简单采用石棉布或篷布覆盖保温；加热温度高于 80℃时，则需用特制的保温箱来保温。

(3) 轮毂烧嵌。在轮毂加热前，先把主轴竖立在转子堆积基础上，并精确地调整主轴的垂直度，宜控制在 0.05mm/m 以内。再将轮毂挂在主钩上，调好水平。在起吊受力状态下，轮毂的水平度宜控制在 0.05mm/m 以内。然后开始加热，加温时应监视并控制温度使上下膨胀均匀。当轮毂加热温升达到计算值时，拆除轴孔电热及测温计，吊起轮毂，用长柄钢丝刷将轴孔配合面刷干净，然后连同保温箱一起吊到主轴上空，找正中心，切断电源，进行套轴。

如果在套装过程中发现中间卡阻时，应立即将轮毂拔出，查明原因并经处理后，重新烧嵌。套装完后，应控制温度下降速度，使其缓慢冷却。轮毂热套后，主轴凸台处应先行冷却。冷却过程中，轮毂上下端温差宜不大于 40℃。冷却后，主轴凸台处止口间隙应小于 0.25mm。

3. 支臂的连接

转子支架外径小于 4m 时，一般是整体的；当超过 4m 时，因运输条件的限制，转子支架一般为组合式（即由转子支架中心体和支臂组成）。

支臂连接是当轮毂烧嵌好后，在转子堆积的基础上按厂家编号及转臂自重进行连接，以便考虑综合平衡。组合时，要测量组合键的间隙、键槽弦长相对误差及转臂半径相对误差，符合要求后，拧紧所有组合螺栓，将螺母点焊固定。

4. 磁轭铁片的堆积装压工艺

大型水轮发电机在运行中，其磁极和磁轭所产生的离心力近万吨，这样巨大的离心

3.4 发电机转子组装

力,将由磁轭来承受,因此要求磁轭铁片堆积时有足够的整体性和密实性,不允许有微小的位移和松动,以防运行时发生磁轭外侧下坍,整体滑动及下沉等不良现象。

(1) 堆积前的准备工作。

1) 清洗压紧螺杆,检查螺杆尺寸。

2) 清洗磁轭大键,进行刮研配对和试装,合格后打上编号,捆放在一起。

3) 在堆积处放置支承钢支墩,在支墩上放好楔子板,初步找好标高。

4) 检查制动闸板和下端压板组合面的配合情况。对于装焊结构的制动闸板,制动面的平面度应小于 2.0mm,径向不允许下凸,允许上凹值不大于 0.5mm。

5) 将下端压板按图纸规定放在支墩上,以轮臂挂钩和键槽为标准,找正下端压板的方位、标高和水平,并使它紧靠轮臂外圆。

6) 在轮臂键槽中放入较厚的一根磁轭大键,大头朝下,配合面朝里,下端与槽口平齐,用千斤顶支承,上端用白布封塞以防杂物掉入。

7) 在已找正的下端压板上,堆一层同类且同样重量的磁轭铁片,并紧靠轮臂外圆;检查下端压板和铁片的各种孔是否一致,并以移动下端压板的方法使各孔和铁片冲孔完全吻合。

上述工作完成后,再堆叠 4~6 层铁片,铁片接缝应朝同一方向顺序错开图纸规定的极距位置。铁片一般由磁轭键和销钉定位。无定位结构的磁轭,可均匀穿入 20% 以上的永久螺杆来定位,且每张不少于 3 根。定位螺杆要均匀分布于整个磁轭的圆周上,靠磁轭键的地方最好不放定位螺杆,以减少压紧阻力。磁轭铁片定位及压紧螺杆分布如图 3-47 所示。

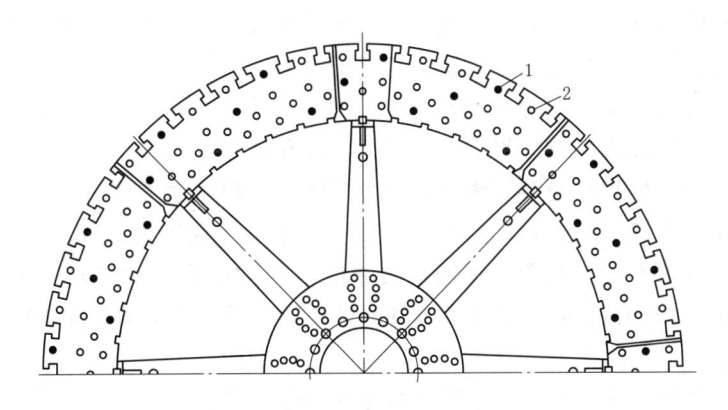

图 3-47 磁轭铁片定位及压紧螺杆分布图
1—定位螺杆孔;2—压紧螺杆孔

铁片堆积前,应按编号装配好制动闸板,并根据图纸尺寸及各类铁片的平均厚度,推算出各铁片段的层数,按此层数计算出通风沟、弹簧槽及小"T"尾槽等的位置。

每层铁片应是同一类的,当同类铁片不足布置一周时,允许搭配重量接近的另一类铁片,但两类铁片必须按平衡要求对称堆放,并尽可能将单张较重、张数较多的一类铁片堆积在下层。按上述要求可计算出铁片堆积指示表,见表 3-10(实例)。

表 3-10　　　　　　　　　　　　转子磁轭铁片堆积指示表

图纸设计尺寸/mm	按叠压系数折算尺寸/mm	铁片分类重/kg	单张铁片平均厚度/mm	该类铁片堆入层数	该类铁片累计尺寸/mm	本段预计堆积尺寸/mm	本段铁片堆积误差/mm
四段 300	294	16.8~17.0	2.81	36	101.2	296.2	+2.2
		16.5~16.7	2.77	28	77.6		
		16.2~16.4	2.75	11	30.3		
		18.9~19.1	3.71	13	48.2		
		19.5~19.7	3.24	12	38.9		
通风沟3　43	43						
三段 372	365	19.2~19.4	3.25	18	58.5	366.7	+1.7
		18.3~18.5	3.06	41	125.5		
		18.0~18.2	3.15	58	182.7		
通风沟2　43	43						
二段 372	365	17.7~17.9	2.98	64	190.7	364.7	−0.3
		17.4~17.6	2.90	60	174.0		
通风沟1　43	43						
一段 297	291	18.6~18.8	3.09	29	89.6	292.7	+1.7
		17.1~17.3	2.86	71	203.1		

(2) 铁片堆积。磁轭铁片应先试叠 100mm 高度，检查各部尺寸符合要求后，再正式叠装。按照上面铁片堆积指示表，将铁片穿入定位螺杆或定位销，用木槌将铁片打下，并用铜锤将其向里打靠。叠片过程中，铁片与转子支架立筋外圆的间隙应均匀，正反面应一致。在堆积通风沟铁片时，要注意导风条的位置，应使短导风条位于轮臂旋转方向的前侧，以免影响通风。磁轭叠装过程中，应经常检查和调整其圆度。

(3) 铁片压紧。堆积过程中，铁片要分段压紧。磁轭压紧可用力矩扳手对称、有序进行，逐次增大压紧力直至达到要求预紧力。分段压紧高度视压紧力及其阻力的大小而定，一般应按制造厂要求进行。制造厂无明确要求时，分段压紧高度控制在 400~600mm 之间，一般不大于 1000mm。但对于铁片质量较差或铁片叠压阻力较大的磁轭，分段压紧高度应降低。

磁轭铁片的压紧程度，通常用叠压系数 k 来衡量。其计算方法有两种。

1) 叠压系数以实际堆积重与计算堆积重之比来计算，即

$$k=\frac{G}{FnH\gamma}\times 100\% \tag{3-7}$$

式中：G 为实际堆积铁片的全部自重，kg；F 为每张铁片净面积，cm^2；n 为每圈铁片张数；H 为压紧后的铁片平均高度（不包括通风沟高），cm；γ 为铁片比重，取 7.85×10^{-3} kg/cm^3。

若该段铁片是由不同形状的铁片组成（如有弹簧槽、小 T 尾槽等），则应按式 (3-8) 计算：

$$k=\frac{G_1+G_2+\cdots+G_n}{(F_1H_1+F_2H_2+\cdots+F_nH_n)n\gamma}\times100\% \qquad (3-8)$$

式中：G_1、G_2、$\cdots$、G_n 为各种不同形状铁片的实际堆积自重，kg；F_1、F_2、$\cdots$、F_n 为各种不同形状铁片的净面积，cm^2；H_1、H_2、$\cdots$、H_n 为各种不同形状铁片的实际堆积高度，cm。

2）叠压系数用计算平均高度与压紧后实际平均高度之比来计算，即

$$k=\frac{(h_1n_1+h_2n_2+\cdots+h_nn_n)}{H_{av}}\times100\% \qquad (3-9)$$

式中：H_{av} 为铁片各段压紧后的平均高度，cm；h_1、h_2、$\cdots$、h_n 为各类铁片的单张平均厚度，cm；n_1、n_2、$\cdots$、n_n 为相应各类铁片的堆积层数。

第一种计算方法比较麻烦，但较第二种方法精确。磁轭压紧后，按重量法计算磁轭的叠压系数不应小于 0.99。

各段压紧系数检查合格后，可用钢筋在已堆好的铁片段两侧点焊拉紧，以防拆除压紧工具时弹起，造成下一段压紧工作困难。

当磁轭全部堆积完毕并压紧后，要冲铰所有压紧螺栓孔，边冲铰边换成永久螺杆，直至换完为止。磁极 T 尾槽和磁轭键槽也要用专用铰刀冲铰，以使槽孔平齐。为保证磁轭与磁极接触面平整，要对磁轭外圆进行修磨。

5. 磁轭热打键

对于大容量、高转速水轮发电机，运行时其磁轭会受到强大离心力的作用而产生径向变形。对此，可预先给磁轭与支臂一预紧力，使磁轭和支臂的径向胀紧量达到能满足机组安全运行的需要。常采用磁轭打键方法来解决此问题。

磁轭键的作用就是将磁轭固定于转子的支臂上。打磁轭键一般分两次进行，先在冷状态下打键，称为冷打键；后在加热状态下进行，称为热打键。

磁轭冷打键可调整磁轭圆度，以减少磨圆工作量；还能消除磁轭螺孔与螺杆的配合间隙，使热打键时能获得准确的紧量。但冷打键方法无法保证运行时的紧量，会造成磁轭与轮臂的分离，这不仅使机组产生过大的摆度和振动，还会使轮臂挂钩受到冲击而断裂，造成严重的事故。近年来仍多采用热打键的方法。

热打键是根据已选定的分离转速，计算磁轭径向变形增量，从而得出磁轭与轮臂的温差，然后加热磁轭，使其膨胀。在冷打键的基础上，再打入与其径向变形增量相等的预紧量，借以抵消运行中的变形增量。磁轭加热主要有以下方法：

（1）铜损法。将已安装好的磁极绕组串联起来，通入额定电流的 50%～70%进行加热，用于计算温差不大于 30℃的水轮发电机。

（2）铁损法。在未装磁极前，在磁轭上绕以激磁绕组，通入工频交流电激磁加热，用篷布覆盖保温，其计算方法与轮毂烧嵌相同。

（3）电热法。用特制的电炉或远红外元件加热，以石棉布保温，该方法应用很广。

（4）综合法。把上述的任意两种方法综合使用。

热打键必须在冷打键基础上进行，冷打键要根据磁轭同心度记录，先打半径小的几个部位的键，借以把磁轭偏心调过来，待同心度合格后，再用 10kg 大锤对称地把所有磁轭键打紧。

冷打键完成后，在配对键的侧面用划针划一横线，作为热打键的起始线，并按磁轭大键

斜面的斜率，把热打键紧量换算成打入长度，在长键上再找一终止线，然后才开始加温。待温差达到要求后，即可把长键对称打入，直至长键上的终止线与短键的起始线重合为止。

热打键后，待转子冷却，再用测圆架复查磁轭的外圆圆度，并做最终记录，合格后，磁轭键下端按轮臂挂钩切割平齐，上端应留出 150~200mm，但必须与上机架或挡风板保持足够的距离。然后两键搭焊，并点焊在磁轭上。热打键紧量通常由制造厂提供。

6. 磁极的挂装

（1）准备工作。

1）检查并修整磁轭。将转子竖立于转子支墩上，再用测圆架、百分表等进行检查，如果不符合前述的基本要求则应进行修整。其间尤其应注意磁轭上的面必须平整、光滑。检查磁轭圆度，各半径与设计半径之差应不超过设计空气间隙值的±2.5%。

2）检查并修整磁极。就单个已组装的磁极，其T形头应平直；与磁轭接触的表面应平整、光滑；磁极线圈与铁心之间的间隙应完全封闭；磁极线圈在压紧情况下，其压板与铁心的高度差应符合设计要求，无规定时一般为-1~0mm；磁极高度等尺寸也应符合设计要求。如果有不符合要求的地方，应在挂装之前修整。

3）磁极按静平衡要求配对、定位并编号。带励磁引出线的两个磁极（常为第一与最末一个磁极）在磁轭上的位置已确定，其余各极应按前述要求的极性和自重进行配对、定位，并按顺时针方向编号（上方观察）。使其所处的位置既符合极性间隔要求，又能满足重量对称平衡。在任意 22.5°~45°角度范围内，对称方向磁极的不平衡重量应不超过表 3-7 的要求。有时为了兼顾励磁引线及轮臂的偏重，有意识地将磁极挂装成偏重的，借以平衡部分励磁引线及轮臂的偏重。根据平衡后确定的位置，在每个磁极上打上顺序编号，然后进行挂装。

4）挂装前磁极还应经过绝缘检查和耐压试验。

（2）磁极的挂装。挂装磁极要对称地进行，按磁极编号将磁极吊插于磁轭相应的T尾槽中，支承在磁极底部垫木和千斤顶上，如图 3-48、图 3-49 所示。以主轴法兰为准，把磁极中心的设计高程引到磁轭表面并做好标记，以此来调整磁极的高低。磁极中心的高程应符合要求，偏差不超过表 3-5 的规定。额定转速 300r/min 及以上的转子，对称方向磁极挂装高程差不大于 1.5mm。

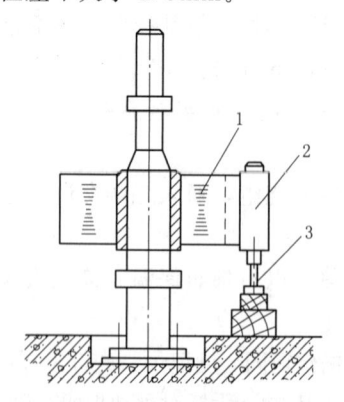

图 3-48 磁极挂装示意图
1—磁轭；2—磁极；3—千斤顶

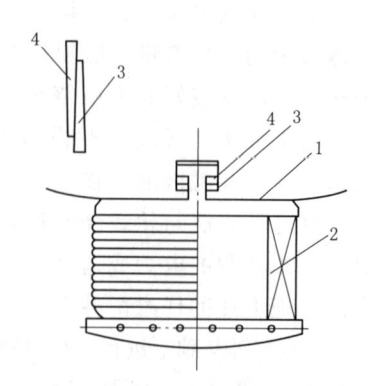

图 3-49 磁极及磁极键平面示意图
1—磁轭；2—磁极；3、4—磁极键

磁极中心高程符合要求后，用大卡兰把磁极拉来紧靠磁轭，再插入磁极键，其中大头在下的键可伸出磁轭 10～15mm。此后初步打紧磁极键，其紧度以摇动键尾而槽口搭配部分不发生明显蠕动为宜。

(3) 转子测圆及修磨。各磁极挂装完后应进行测圆检查。有的安装单位在挂装磁极时就架设测圆架，边挂装边测圆检查，最后再复查一遍，这不失为一种较好的方法。

磁极挂装后检查转子圆度，各半径与设计半径之差应不超过设计气隙的 ±3%，转子的整体偏心值应满足表 3-6 的规定，但最大不应大于设计空气间隙的 1%。转子的测圆检查如图 3-50 所示，架设测圆架以后用百分表检查各磁极的外圆半径。检查时先在磁极表面划分测点，通常在半径最大的断面，同时确定上、下两个或上、中、下 3 个测点，装百分表后逐极同时测量其半径。不合格的磁极可用砂轮机等修磨。

(4) 点焊磁极键。测圆检查当中及最后打紧磁极键，并进行点焊固定。先将一组的两根磁极键点焊起来，再在一个点上与磁轭点焊连接。若磁极键

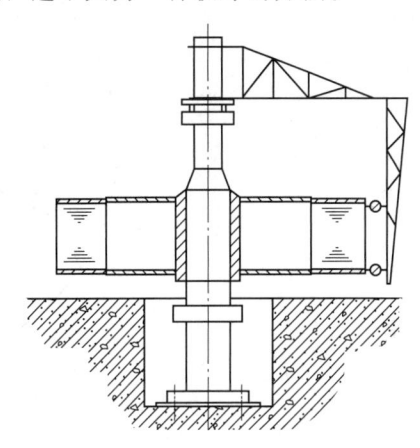

图 3-50 转子测圆检查示意图

高出磁极太多，应锯短后再点焊，通常键尾高出 10～15mm 为宜，且大、小头应错开，以利于将来检修时拔出磁极键。

7. 转子静平衡计算

水轮发电机转子是由成千上万个零件组成的，这些零件大部分属于结构件，不可能保证其具有对称的平衡性。实践证明，这种静不平衡有时多达数百千克。这些不平衡重量的存在，往往是引起水轮发电机振动的主要原因。因此，在转子组装中，对几个具有决定意义的部件均要经过称重。进行综合平衡是十分必要的，尤其是对转速较高的发电机更是必不可少的。对发电机转子平衡起决定作用的零部件有轮臂、磁极引线、磁轭铁片、磁极等。

如图 3-51 所示，各零件对称重量之差，即组装过程记录的不平衡重量 $G_i (i=1, 2, 3, \cdots)$ 的位置由所在半径 r_i 和角度 α_i 表示。由于同一种零件所处的重心半径是相等的，因此可把 G_i 分解到 X、Y 坐标轴上，各自乘以该零件的重心所在半径 r_i，即成为各零件的不平衡重心矩。再把同坐标轴上各零件不平衡重心矩相加合成为综合不平衡重心矩。总的不平衡力矩为

$$M_X = \sum G_i r_i \sin\alpha_i \tag{3-10}$$

$$M_Y = \sum G_i r_i \cos\alpha_i \tag{3-11}$$

式中：G_i 为各不平衡重量，kg；r_i 为各不平衡重量所在位置半径，cm。

Y 轴与 X 轴上综合不平衡重心矩之比，就是理论不平衡重与 $+X$ 方向夹角的余切。配重块应加在它的对面以抵消不平衡力矩，拟在半径 R 处加配重 P，则有：

$$P = \frac{\sqrt{M_X^2 + M_Y^2}}{R} \tag{3-12}$$

式中：P 为拟加配重，kg；R 为拟加配重处的重心半径，cm。

第 3 章 立式水轮发电机的安装

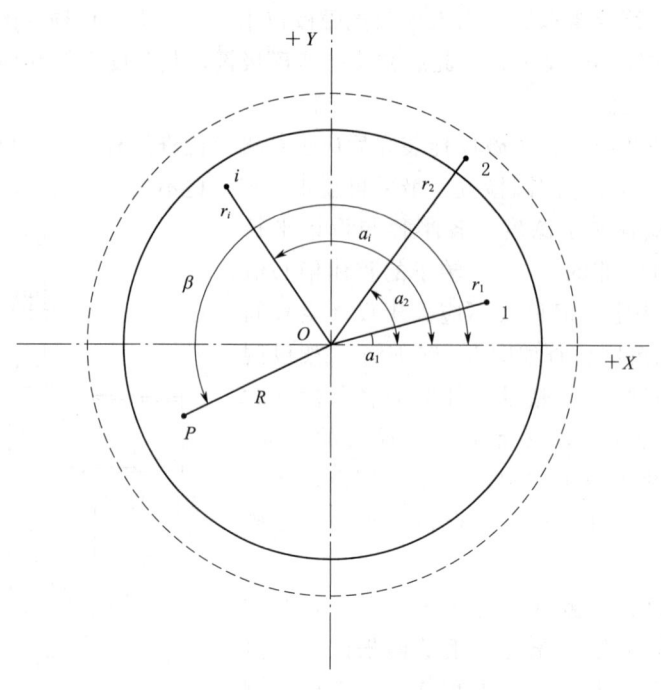

图 3-51 转子静平衡计算

配重块 P 与 $+X$ 轴夹角为

$$\beta = \begin{cases} \pi + \operatorname{arccot} \dfrac{M_Y}{M_X} & (M_X > 0) \\ \operatorname{arccot} \dfrac{M_Y}{M_X} & (M_X < 0) \end{cases} \quad (3-13)$$

同理，也可以用作矢量图的方法求解静平衡配重块的重量及夹角。

8. 转子其他附件的安装及清扫检查

转子的其他附件主要有制动器、励磁机引线、磁极接头拉杆、阻尼接头及其拉杆、上下风扇等。

立式发电机的转子在吊装时先由制动器支撑，在后续的轴线调整检查等工作中还要用制动器顶起转子，因此必须在吊入转子之前先安装制动系统。其主要工作有：清洗并检查制动器，要求制动块固定牢固、上下动作灵活并能正确返回原位；在下机架上安装制动器，要求所有制动器的径向位置、制动块顶面高程、与转子制动环间的距离均应符合设计要求；管路按要求装好后，分别通入压缩空气和压力油，以检查刹车、顶转子操作及制动器回复的动作情况。

在转子的附件安装完后，必须进行全面清扫检查，合格后，对转子再进行全面喷漆、干燥和耐压试验，此时整个转子组装工作即告结束。合格后的转子可整体吊入机坑总装。

国内外一些水轮发电机转子多次出现变形事件，有的转子呈椭圆度面与定子相碰酿成了重大事故，使人们认识到发电机转子整体化和刚度对发电机运行的可靠性和稳定性起着至关重要的作用。行业专家们提出了如下建议：

(1) 磁轭组装问题。磁轭集中了转子 2/3 以上的重量，故在运转中经受着巨大的离心力和惯性力，因磁轭是由若干张厚度为 3~4mm 的钢片组成，其整体性对转子刚度起着决定性的作用。为了保证叠片的整体性和刚度，制造厂加工时应保证冲片质量，不得有微小的翘角、毛刺、翘曲以及厚薄不均等，以增大片间接触面积，提高片间的单位压紧力（达 500~600N/cm² 以上）。因衬口环接触摩擦面很小，容易松动，衬口环下面的单位压力太高容易使冲片变形，且实际通风面积不大，这些都影响磁轭叠片的压紧度和整体性，故建议取消通风槽板。

(2) 采用粘结新工艺把冲片粘结成一体。由于磁轭冲片工作强度不高，而粘结面积又大，所以对粘结强度要求不高。如粘结强度为 2MPa 比不粘前的摩擦系数为 0.2 的摩擦力大 1 倍（冲片单位压力为 5MPa），这种方法在国内外均有先例。采取把磁轭与转子支架从上到下全部焊死的办法是绝对可靠的。

(3) 转子支架采用多层圆盘结构。实践证明其强度、刚度和整体性均比支臂结构安全可靠，并可利用支架风扇效应取消风扇，这种风路系统效率高，风量分配均匀。

(4) 过去的磁轭键只承受径向力不承受切向力，且是在磁轭处于热状态下而打紧，故当运行时磁轭向外甩出，会使热打紧量消失而松动。另外在机组启动、停机或飞逸过程中所产生的巨大惯性力会使磁轭与轮臂发生切向冲击而扭坏支架，所以在支架及磁轭间除有径向键外还要设置切向键来承受切向力。

(5) 在安装过程中错位搭叠面尽可能大些，最少不小于一个极距。采用往复"之"字形叠片，可使最小搭接面往复错开，有利于螺孔对位和叠片垂直。必须分段压紧，检查压紧度时不能只考虑压紧系数，还应检查片间间隙。经验表明，磁轭经过运行后，在各动力和热作用下，冲片局部不平和翘角应力减小，必然导致运行中冲片松动向外甩出，造成转子变形，应在 72h 试运行后再紧一次螺杆，重打一次磁轭键，重配卡键。

3.5 发电机转子的吊入与找正

发电机转子的吊装，应先作好准备，由于转子吊入后放在制动器顶上，应先调整制动器顶面高程，顶面安装高程偏差不应超过±1mm。为便于后续安装镜板、推力头，常使转子吊入后略高于工作位置（如比工作位置高 10mm 左右），为此，应在已调好高程的制动块上加一定厚度的垫块（顶面高程应符合要求），以作为转子吊入后的支撑面；然后吊入，再调整其位置直到符合要求。

对于悬式机组转子吊装前调整制动器顶面的高程，使转子吊入后推力头套装时，与镜板保持 4~8mm 间隙。无轴结构的伞式或半伞式水轮发电机，其制动器顶面高程的调整，只需考虑水轮机与发电机间的联轴间隙，转子吊入时也可通过导向件将转子直接落在推力轴承上。

3.5.1 转子吊入

发电机转子是水力机组的最重部件，而且尺寸大，它是确定厂内桥式起重机的起重量和起升高度的依据。发电机转子吊装是机组安装中的重要环节和里程碑事件，同时也表明机组安装工作中的大部分工作已经完成。

在起吊前必须做好周密细致的准备工作，由于转子进入机坑后，其四周的间隙很小，所以在起吊、移动、吊入过程中必须小心谨慎地进行。转子吊装时，彻底清理转子下部，并在磁轭下部检查测量转子的挠度。吊装具体步骤如下：

(1) 吊转子前应对有关起吊设备进行全面检查。对行走机构和起升机构的制动闸、齿轮、轴承、滑轮、钢丝绳和螺栓等进行重点检验。对润滑系统、电气操作系统、轨道和阻进器等进行一般的检验。对起重梁或梅花吊具的卡环和轴承内的滚柱是否入位进行重点检验。若用两台桥式起重机抬吊时，则必须做好并车试验，检查两台桥式起重机的动作是否同步。对于没有做过负荷试验的桥式起重机，在吊转子之前，必须做好静负荷试验和动负荷试验。在确认上述各项准备工作一切正常后，方可进行转子的正式吊装。

一般两台桥式起重机抬吊转子步骤如下：

1) 两台桥式起重机并车，挂好起重梁，两台桥式起重机抬起起重梁，找好起重梁水平，套入转子主轴，上好卡环。

2) 提升主钩，使其承受一部分力，检查各部分的工作情况。如一切正常，可继续提升主钩，使转子离开支墩少许，再次检查各部分工作情况，同时用框形水平仪在轮辐加工面上测转子的水平。如果发现转子不水平，可以用加配重的方法或挂导链进行调整。水平调好后，做几次起落试验，检查起重机的工作情况及转子轮环下沉值，初步鉴定转子组装质量。然后，将转子提升1m左右，对转子下部进行全面检查。确认一切合格后，方可吊往机坑。

(2) 将转子吊运至机坑。上升、移动、下降等操作都必须平稳、缓慢。

(3) 当转子吊至机坑上空时，初步对正定子，徐徐下落，当转子将要进入定子时，再仔细找正转子。同时，用8~12根木板条（长度要比磁极略长，宽度为40~80mm，厚度为空气间隙的一半），均匀布置在定子和转子的间隙内。每根木板条由一位工人提着靠近磁极中部上下活动，在转子下落过程中如发现木条卡住，说明在该方向间隙过小，需向相对方向移动转子，中心调整几次后，转子即可顺利下降，待其即将落在制动器上时，要注意防止主轴法兰止口相碰。

3.5.2 转子找正

发电机转子吊入落在制动闸上之后，应处在比工作位置略高的中心位置上。其位置的找正和调整有两种基本情况：一种是转子在定子就位后吊入机坑；另一种是转子先于定子吊入机坑。

1. 转子在定子就位后吊入机坑

这种情况下，一般在转子重量转移到推力轴承后进行。以定子为基准进行转子初步找正，主要是控制转子的高程和中心位置。

(1) 高程的调整。当转子重量转换到推力轴承后，若转子高程不合适，可利用制动闸将转子顶起，升（降）推力瓦的支柱螺钉。再落下转子时，高程将得到一次改变。如此经过1~2次反复，即可达到调整转子高程的目的。

(2) 中心位置的调整。首先以定子和转子的空气隙为依据来判断中心偏差方向，气隙应符合设计值且四周均匀一致，实际测量发电机气隙时须用楔形木条或竹条从磁极顶部最大半径处插入，磨出痕迹后再用游标卡尺量取磨痕处的厚度，对每一个磁极的上、下两端都进行测量。测量定子与转子上、下端的空气间隙，各间隙与平均间隙之差应不超过平均间隙值的±6%；再顶动导轴瓦，使镜板滑动，转子即产生中心位移；然后测定空气间隙。如此反复1～2次，中心即可初步找正。

初步找正后，便以水轮机主轴为基准进行精确找正，即转子落于制动闸后，暂不卸吊具，先检查它是否已达设计标高。检查的方法是测主轴法兰端面间隙，如图3-52所示，用一个塞块和一把塞尺测主轴法兰四周的间隙，依据间隙值的大小，判断转子实际高程，并计算此高程与设计值的偏差。如果偏差值超出0.5～1mm，则需提起转子，在制动闸顶面加（减）垫，然后再使转子落下，重新测量，直至高程合格为止。

发电机转子找水平，仍以水轮机主轴为准，要求发电机轴法兰与水轮机轴法兰相对水平偏差在0.02mm/m以内。否则，须在部分较低的制动闸顶面加（减）薄垫。垫厚按式（3-14）计算：

$$\delta = \frac{D}{d}(\delta_a - \delta_a') \tag{3-14}$$

式中：δ 为法兰最低点所对应的制动闸应加垫厚度，mm；D 为制动闸对称中心距离，mm；d 为法兰盘直径，mm；$\delta_a - \delta_a'$ 为法兰盘对称方向间隙差，mm。

通常，高程和水平的调整同时进行。

转子中心可通过测量主轴法兰盘的径向错位来确定，如图3-53所示。用钢板尺侧面贴靠在水轮机轴法兰盘侧面，用塞尺测发电机轴法兰盘和钢板尺之间的间隙值。中心偏差按式（3-15）计算：

$$\Delta\delta = \frac{\Delta\delta_1 + \Delta\delta_2}{2} \tag{3-15}$$

式中：$\Delta\delta$ 为中心偏差值，mm；$\Delta\delta_1 + \Delta\delta_2$ 为两侧面间隙值，mm。

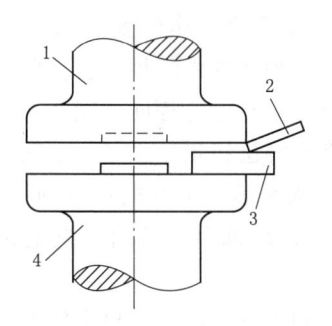

图3-52 主轴法兰间隙测量
1—发电机主轴；2—塞尺；
3—塞块；4—水轮机轴

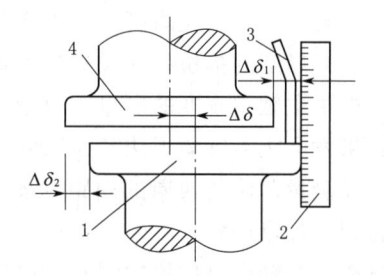

图3-53 测主轴法兰径向错位
1—水轮机轴法兰；2—钢板尺；
3—塞尺；4—发电机轴法兰

转子中心偏差可利用导轴瓦或临时导轴瓦进行调整，瓦面应涂猪油（或其他动物油）或加有石墨粉的凡士林油。用千斤顶调整时，在十字方向设置千斤顶及其支撑架，千斤顶头部与法兰盘之间最好垫以柔软的橡皮垫。如图3-54所示，要向+X方向移动a时，+Y和-Y方向千斤顶可暂时不动，使+X方向千斤顶头与法兰盘的间隙为a，接着提起转子稍许，用-X方向千斤顶顶发电机主轴法兰盘，使其移动a，再落下转子复测中心偏差。两法兰面中心偏差应小于0.03mm。如此反复直至合格。

对于兼作转子轮毂的伞式机组推力头，它先于转子套入主轴就位。当转子吊入后，在转子支架与推力头之间，常有销钉螺栓连接的工序，如图 3-55 所示。为此，转子找正时，应兼顾销钉螺栓的对正。

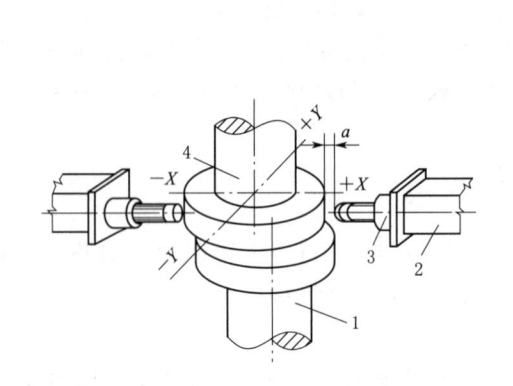

图 3-54 转子中心调整
1—水轮机轴；2—支撑架；3—千斤顶；4—发电机轴

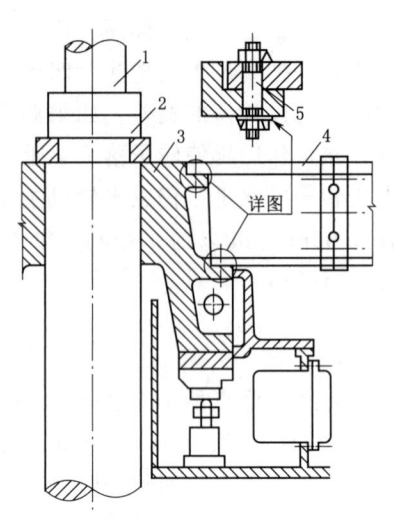

图 3-55 转子支架与推力头连接
1—副轴；2—主轴；3—推力头；4—转子支架；5—销钉螺栓

2. 转子先于定子吊入机坑

这种情况下，转子应以水轮机主轴为基准找正（控制主轴法兰盘的标高、中心和水平等）。

(1) 转子高程的测量。水轮机转动部分吊入后支撑于比工作位置低 15～20mm 的位置，而发电机转子吊入后应略高于其工作位置，这两个预留的距离相加就是两个法兰面间的间距。用已知厚度的垫块和塞尺进行测量，其测量方法与上述相同（图 3-52）。

(2) 发电机主轴垂直度的测量。由于水轮机转动部分已找正，主轴的上法兰面已成水平状态，如果发电机主轴的下法兰面以此为准调整成水平面，则发电机主轴将是垂直的。用垫块和塞尺测量两法兰四周的间距（图 3-52），当四周间距相等时，发电机主轴即是垂直的，否则应加以调整。

(3) 发电机主轴中心位置的测量。仍以水轮机主轴为准，当发电机主轴的法兰外圆与水轮机主轴法兰对正时，两轴的中心都处在应有的中心位置上。为此，可用直尺或刀口尺检查两法兰外圆是否对正，必要时加入塞尺，测定发电机轴偏心的方向和大小。

发电机转子中心位置的调整，常用上导轴瓦和调节螺栓挤动；而转子的高程和垂直度，则需改变制动器垫块来调整。

3.6 机架的安装

对于悬式机组，推力轴承布置在上机架内；对于伞式机组，推力轴承一般布置在下机架内。因此，在安装推力轴承之前，应先安装上机架（下机架）。

3.6 机架的安装

1. 上（下）机架的安装质量要求

(1) 机架中心调整，以设备技术文件指定部位为基准定中心。设备技术要求未明确时，宜以机架中心体上止口、轴承瓦架中心或者挡油圈外圆定中心。中心调整偏差应不大于 0.5mm。机架上的推力轴承座的中心偏差应不大于 0.5mm，水平偏差应不大于 0.03mm/m。对于无支柱螺钉支撑的弹性油箱推力轴承和多弹簧支撑结构的推力轴承的机架的水平偏差应不大于 0.02mm/m。非承重机架的水平偏差应不大于 0.05mm/m。

(2) 高程偏差一般应不超过±1.0mm。

(3) 机架直径向支撑千斤顶宜水平，受力应一致。其安装高程偏差一般不超过±5mm。

(4) 上机架与定子机座的结合面，下机架与基础板的结合面，应光洁、无毛刺，并贴合良好。合缝间隙用 0.05mm 塞尺检查，不能贯通；允许有局部间隙，用 0.10mm 的塞尺检查，深度不应超过组合面宽度的 1/3，有间隙的部位总长应不大于全长的 20%；组合螺栓及销钉周围不应有间隙。

(5) 安装后推力瓦的工作表面应达到工作位置的高程，表面水平度误差应不大于 0.02mm/m。

2. 上（下）机架的安装程序及其测量与调整工作

通常，发电机的下机架与定子一起安装及定位，而上机架则在定子安装之后进行预装配，调整定位以后再吊出，以便于发电机转子的吊入找正。

首先吊装已预装过的上机架，然后检查及调整它的中心位置、高程和水平度。

对于悬式机组，其上机架装在定子机座顶面上，其高程随定子而定，但其中心位置和水平度可单独调整。具体测量与调整工作如下：

(1) 上机架中心位置的测量和调整。吊入上机架后仍用钢琴线悬挂出机组轴线。一般只要定子安装合格，上机架的中心位置需要调整的不多。因制造厂在加工时控制了上机架与定子的同轴度。

(2) 上机架水平度误差的测量和调整。上机架的水平度要求是针对抗重板顶面而言的，须用框形水平仪反复进行测量。当抗重板顶面不便于测量时，也可以放在上机架顶平面上进行测量，但此时容易受机架本身变形的影响。

由于抗重板顶面和上机架顶面都是环形的，测量时框形水平仪应在不同方位上沿切线方向摆放，而且就地掉头重复测量。如图 3-56 所示，分别在 $\pm X$、$\pm Y$ 轴向上 4 个位置测量 8 次（测量值分别为 $B_{1\sim 4}$、$A_{1\sim 4}$），实际的水平度误差应取两侧的平均值，如图中 X 轴方向的水平度误差（格）为 $\dfrac{1}{2}\left(\dfrac{B_1+B_2}{2}+\dfrac{B_3+B_4}{2}\right)$。

如果水平度误差超出允许范围，可在它与定子的结合面上加垫片来进行调整。但应注意：一般需用金属垫片，垫片的面积应足够大，最好做成与结合面相同的形状和尺寸，以避免将来在运行中松动。

(3) 钻、铰定位销孔，打入定位销。上机架与定子之间因是粗制螺栓连接的，其中心位置才有了调整的余

图 3-56 上机架水平度的测量

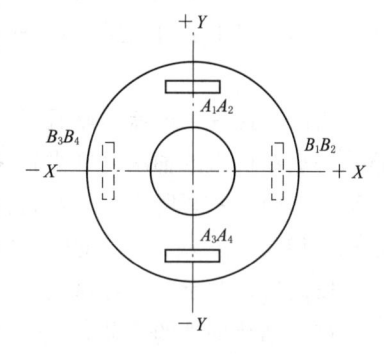

地。但机架调整合格后,必须与定子一起钻、铰定位销孔,再打入定位销使之固定。

另外,对下机架的中心位置和水平度的测量与调整,与上机架类似。

3.7 推力轴承的安装和初步调整

3.7.1 推力轴承的安装

安装推力轴承前,应先刮研镜板和推力瓦。推力轴承的类型虽各有不同,但是其安装程序大同小异,下面介绍常见的几种推力轴承的安装方法。

1. 刚性支柱式推力轴承的安装

(1) 轴承的绝缘。大型同步发电机,不论是立式的还是卧式的,主轴将不可避免地在不对称的脉冲磁场中运转,这种不对称磁场通常是因定子铁心合缝、定子硅钢片接缝、气隙不均匀以及励磁绕组匝间短路等各种因素所引起。当主轴旋转时,总是被这不对称磁场中的交变磁通所交链,从而在主轴中产生感应电势,并通过主轴、轴承、机架而接地,形成环形短路轴电流,如图 3-57 所示。

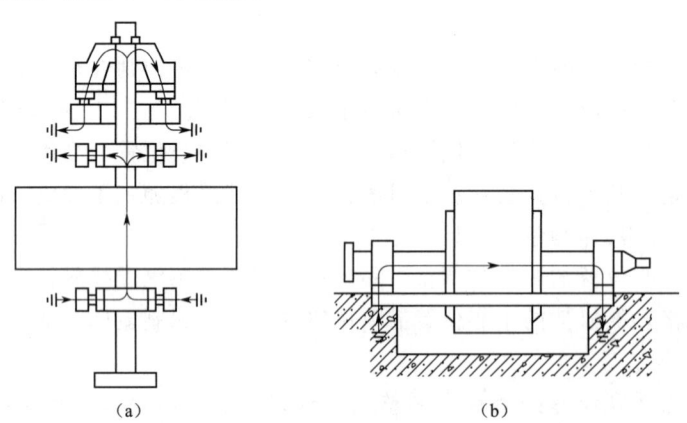

图 3-57 环形短路轴电流示意图
(a) 立式;(b) 卧式

由于这种轴电流的存在,从而在轴颈和轴瓦之间产生小电弧的侵蚀作用,使轴承合金逐渐黏吸到轴颈上去,破坏轴瓦的良好工作面,引起轴承的过热,甚至把轴承合金熔化,电流的长期电解作用,也会使润滑油变质、发黑,降低润滑性能,使轴承温度升高。

为防止这种轴电流对轴瓦的侵蚀,须用绝缘物将轴承与基础隔开,以切断轴电流回路。一般对机组的轴承(推力轴承及导轴承)、受油器底座、调速器的恢复钢丝绳等均要绝缘,如图 3-58 所示。因此,在推力轴承支座与支架之间设有绝缘垫,垫的直径一般比轴承直径大 20~40mm。支座固定螺栓及销钉都需加绝缘套。所有绝缘物事先要经烘干。绝缘安装后,轴承对地绝缘用 500V 摇表检查不应低于 0.5MΩ。

(2) 轴承部件的安装。

1) 组装油槽内套筒及外槽壁。合缝处加耐油橡胶盘根密封,组装后需作煤油渗漏试

3.7 推力轴承的安装和初步调整

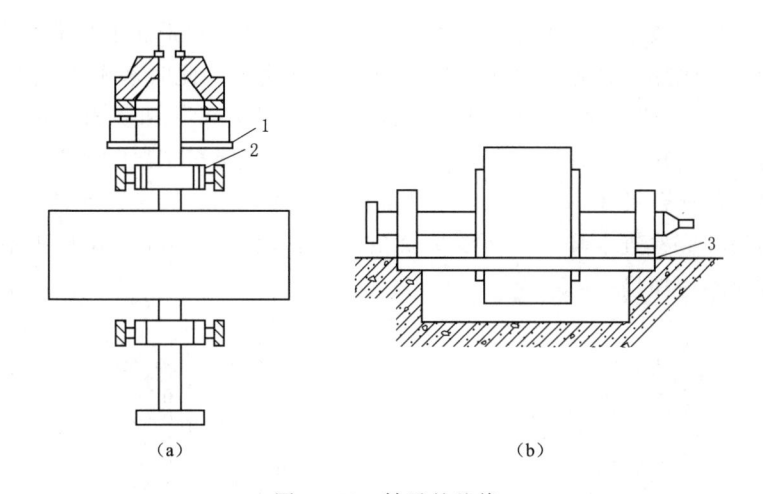

图 3-58 轴承的绝缘
(a) 立式；(b) 卧式
1—推力轴承支座绝缘；2—导轴瓦绝缘；3—卧式机组底座绝缘

验，保证密封合格。

2) 按图纸及编号安装各支柱螺钉、托盘和推力瓦，吊装镜板，并调整推力瓦和镜板的高程和水平度。瓦面抹一层薄而匀的洁净熟猪油，以3块互成三角形的推力瓦来调整镜板的标高和水平（转动推力瓦的抗重螺栓即可）。

镜板的高程应按推力头套装的镜板与推力头之间的间隙来确定。预留间隙按式(3-16)计算：

$$\delta = \delta_\phi - h + a - f \qquad (3-16)$$

式中：δ 为发电机镜板与推力头之间的间隙，mm；δ_ϕ 为发电机法兰盘与水轮机法兰盘预留的间隙，mm；a 为镜板与推力头间将加的绝缘垫厚，mm；h 为水轮机应提升高度，mm；f 为承重机架挠度，mm。

镜板的水平度可用框形水平仪在十字方向测量。在推力瓦面不涂润滑油的情况下，测量其水平偏差应在 0.02mm/m 以内。由于镜板是精密加工而成的，两面互相平行，对推力瓦表面的测量和调整，也可针对镜板背面来进行。镜板的高程应考虑在承重时机架的挠度值和弹性推力轴承的压缩值。镜板背面的高程和水平度均符合要求后，必须将支承镜板的这几个抗重螺栓锁紧，防止在以后的过程中发生松动。因为镜板的水平度是影响推力轴承安装及轴线检查、调整的关键所在，调整合格后应防止变形。

(3) 推力头的安装。

1) 先在同一室温下，用同一内径（外径）千分尺测量推力头与主轴配合尺寸，测量部位如图 3-59 所示。

2) 热套推力头。推力头与主轴多为过渡配合，套装后有 0~0.8mm 的间隙。这样小的间隙，不能保证主轴顺利套进推力头。为此，要对推力头加热，孔径膨胀，使间隙增加 0.3~0.5mm 时进行套装，其热套方法和加热计算等与轮毂的烧嵌工艺类似。推力头与轴一般用平键连接（键应先配好），推力头加热布置情况如图 3-60 所示，在推力头孔内及下部放置足够的电炉或远红外元件，推力头用千斤顶支承，在千斤顶与推力头之间用石棉纸垫（或石棉布）隔热，吊起推力头，用框形水平仪找平（此时水平偏差控制在 0.15～0.20mm 以内），在吊离地面 1m 左右时，用白布擦净推力头孔和底面，在配合面上涂抹一层水银软膏或石墨粉，然后吊起套装。套好后，待温度降至室温时才能安装卡环。在此之前应先测两者的配合尺寸。为保证卡环两面能平行而均匀地接触，允许用刮研的方法处理。卡环受力后，应检查卡环上、下受力面的间隙，用 0.02mm 塞尺检查不能贯通，否则应抽出处理，不应加垫。

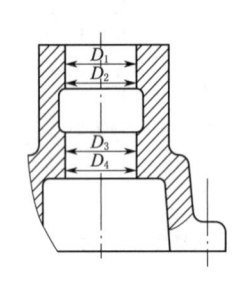

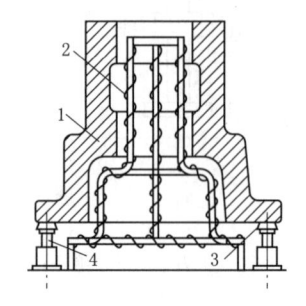

图 3-59　推力头测量部位　　　图 3-60　推力头加温布置图
1—推力头；2—电炉；3—石棉板；4—千斤顶

3）连接推力头与镜板。卡环装好，复查推力头和镜板之间的间隙。若与要求相符，即可进行推力头和镜板的连接。其过程是先按要求放绝缘，接着使定位销钉对号入座，然后在对称方向装入两根连接螺栓并使镜板向上提起，再装入其他螺栓，按正确的顺序和方法逐步拧紧，使镜板、绝缘垫与推力头连接成完整的转动体。

（4）将转子重量转换到推力轴承上。转子吊装后，其中心位置已经调整合格，但它是由制动器和下机架支撑的。安装上机架、推力瓦，组装了推力头与镜板之后，即可将发电机转子重量转换到推力轴承上，并使它达到设计的工作位置。

对于锁定螺母式制动闸，这种转换工作比较容易，只要用油压顶起转子，将锁定螺母旋下，再重新落下转子时，转子重量即转换到推力轴承上。对于锁定板式制动闸，其转换工作过程较复杂一些。

此后可进行油冷却器的预装和耐压试验，以及其他一些部件的安装。

2. 液压支柱式推力轴承的安装

液压支柱式推力轴承的安装与刚性支柱式大体相同，主要区别在于前者的弹性油箱和底盘是结合在一起的整体。若用应变仪进行推力轴承调整时，应先在选定的油箱壁上贴放规定数量的应变片。支座与底盘之间的接触面要均匀。弹性油箱的钢套旋至底面时，应有良好的接触状态。用弹性油箱确定镜板高程和水平时，应考虑各部间隙和油箱本身可能产生的压缩量，为此，安装时需相应提高镜板高程。

3. 平衡块式推力轴承的安装

平衡块式推力轴承的特点是用平衡块代替上述两种轴承的固定支持座或弹性油箱。安装时首先要清理平衡块，并对其棱角上的毛刺和凸起进行适当修整，然后将下平衡块一一就位，接着将支柱螺栓分别拧在每个上平衡块上。在三角方向用三个支柱螺栓初调镜板的标高和水平，然后吊装推力头，再将其余支柱螺栓顶靠。其他部件可参照刚性支柱式推力轴承的安装方法。

3.7.2 推力轴承受力的初步调整

上述发电机转子改由推力轴承支撑时，实际上只有已经调整好的3块（或4块）推力瓦承受了转子重力。其余推力瓦也需调整，以保持主轴的中心位置和垂直度不变，又要使各推力瓦受力均匀一致，以防止个别瓦因负荷过重而烧毁。推力瓦受力应在大轴处于垂直、镜板的高程和水平符合要求、转子和转轮处于中心位置时进行调整。

1. 刚性支柱式推力轴承的受力调整

（1）用人工锤击调整受力。如图3-61所示，先在每个固定支座和锁定板上做好记号，以便检查支柱螺栓旋转后的上升数值。检查锁定板时，应向同一侧靠近。为监视在调整受力时造成转轮的中心位移，应在水轮机导轴承处，在互相垂直的方向装两只百分表。调整过程中，应注意改善镜板的水平，检查发电机空气间隙和水轮机转轮止漏环间隙，力求中心不变，转动部分不许与固定部分相靠，也不许人在转动部件上工作。其调整步骤如下：

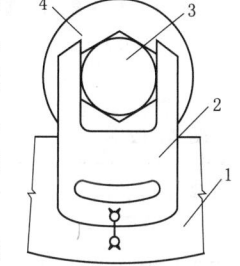

1）按机组大小选用12～24磅大锤（宜选重一点的锤），使锤靠自重下落，均匀地打紧一遍支柱螺栓。

2）检查锁定板记号移动距离，并把每次锤击数和移动距离计入表3-11内。

图3-61 检查支柱螺栓上升值
1—轴承支架；2—锁定板；
3—支柱螺栓；
4—固定支持座

3）酌量在移动多的支柱螺栓上再补打一两锤。

4）对移动少的可不打或在其附近支柱螺栓上补打一两锤，以减轻移动少的负荷。

5）每打一次均按表格要求记录。分析记录，并找出支柱螺栓移动不同的原因，以便于正确地决定下次打锤的方位与锤数。

表3-11 推力瓦受力调整记录

次数	推力瓦撞击后移动距离（锤数/连同上次移动距离）								每块瓦每次移动距离/mm								水导处百分表指示数（0.01mm）	镜板水平偏差（0.01mm/m）
	1	2	3	4	5	6	7	8	1	2	3	4	5	6	7	8		
1																		
2																		

6）在打击的同时，要监视镜板的水平。若发现镜板水平不符合要求或水轮机导轴承处的百分表有移动，则应及时在镜板低的方位适当增加几锤，并在其附近的支柱螺栓上也应较轻或较少的锤数锤击，使镜板保证水平。

7）按上述方法重复调整，直至全部支柱螺栓以同样力锤击一遍后，锁定板的位移差不超过1～2mm，镜板基本上保持水平时，即认为推力瓦受力均匀。

8）推力轴承受力调好后，应将机组转动部分调整至中心位置。

第 3 章 立式水轮发电机的安装

(2) 百分表调整受力。这是目前刚性支柱式推力轴承常使用的调整受力的方法，人工调整受力不精确，轴瓦温差达 5～8℃，用百分表监视受力情况可使轴瓦温差减少 3～5℃。

百分表调整受力方法的实质是测量轴瓦托盘的变形，如图 3-62 所示。镜板传递下来的轴向力，经推力瓦传给托盘，再传到支柱螺栓。托盘受力时产生弹性变形，其应变与应力成正比。如在托盘下部适当位置焊一方形螺母，将百分表架螺纹端旋入，百分表触头顶在推力瓦的测杆上，百分表则反映托盘的应变情况。其调整步骤如下：

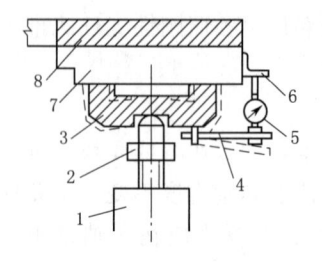

图 3-62 用百分表监视推力轴承受力情况
1—固定支持座轴承支架；2—支柱螺栓锁定板；3—托盘；4—百分表架；5—百分表；6—测杆；7—推力瓦；8—镜板

1) 在每个托盘同一位置上（图 3-62）布置百分表。
2) 顶起转子，使百分表小针对 "0"，大针指刻度中间。
3) 落下转子，记录每只百分表的读数，列入表 3-12。

表 3-12　　　　　用百分表调整推力轴承受力记录

托盘（瓦）编号	1	2	3	…	n
百分表读数/mm	$\Delta\delta_1$	$\Delta\delta_2$	$\Delta\delta_3$	…	$\Delta\delta_n$

4) 计算各百分表读数的平均值：

$$\Delta\delta_{cp} = \frac{\Delta\delta_1 + \Delta\delta_2 + \cdots + \Delta\delta_n}{n} \tag{3-17}$$

式中：$\Delta\delta_{cp}$ 为各百分表平均读数，mm；$\Delta\delta_1$、$\Delta\delta_2$、…、$\Delta\delta_n$ 为各百分表读数，mm；n 为百分表个数。

5) 计算每个支柱螺栓的旋转角：

$$\alpha = \frac{\Delta\delta - \Delta\delta_{cp}}{s} \times 360 \tag{3-18}$$

式中：α 为支柱螺栓的旋转角，(°)；$\Delta\delta$ 为 $\Delta\delta_1$、$\Delta\delta_2$、…、$\Delta\delta_n$，mm；s 为支柱螺栓的螺距，mm。

6) 再次顶起转子，按式 (3-18) 计算的旋转角分别旋转各支柱螺栓（α 为正值时应旋低；α 为负值时应旋高），然后各百分表重新对 "0"。

7) 重复 3)～6)，经多次调整，使每只百分表读数与平均值之差不大于平均变形值的 ±8%。

(3) 用应变仪调整受力。用应变仪进行托盘受力的调整，近年来已得到广泛的应用。调整前，先在托盘变形明显的部位贴应变片，再用导线引至应变仪。试验表明，应变片应贴在接近支柱螺栓中心的环向部位，以提高测量的灵敏度。托盘标定和受力调整步骤如下：

1) 在托盘上合适的部位贴应变片，如图 3-63 所示。

3.7 推力轴承的安装和初步调整

2) 由于托盘加工和贴片位置的误差,事先应经过受力与应变关系的标定,即将托盘支承在支柱螺栓试件上,试件头部形状与硬度应与支柱螺栓相同,如图3-64所示。

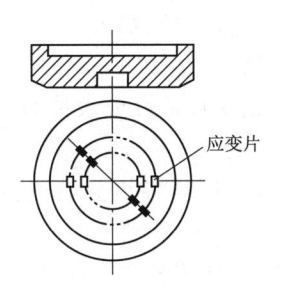

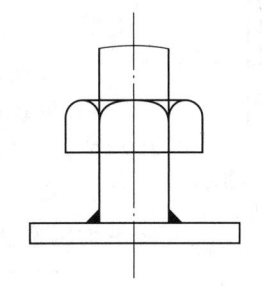

图 3-63 在托盘上贴应变片　　图 3-64 支柱螺栓试件

3) 根据托盘荷载与应变关系,绘制各托盘受力时的关系曲线。

4) 将托盘装在轴承上,吊上镜板,并调好水平,将转动部分重量落在推力瓦上,用应变仪测量并记录各托盘实际变形值。

5) 根据各托盘实际应变值,从其荷载与应变关系曲线(图3-65)上求出各个托盘实际载荷值。

6) 计算各托盘载荷的平均值。

7) 按式(3-17)计算各托盘下支柱螺栓的升、降值。

8) 顶起转子,按式(3-18)计算的支柱螺栓升(降)角进行调整。

9) 再落下转子,用应变仪测量并记录各托盘实际变形值。

10) 重复5)~9),经过多次调整,使各个托盘受力与平均值相差不超过±8%,即认为合格。

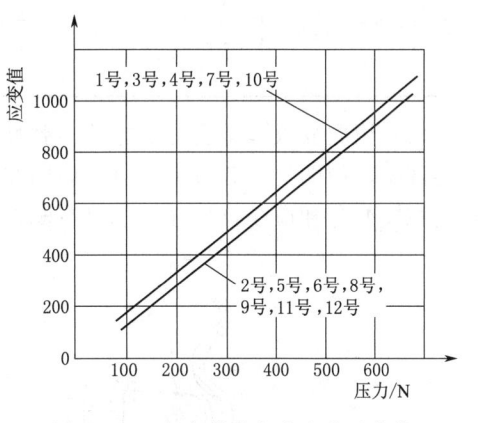

图 3-65 托盘载荷与应变关系曲线

2. 液压支柱式推力轴承的调整

调整时,主轴可能处于两种不同状态。一是将整个转动部分落在推力轴承上后,以实际轴线为基准,在十字方向装4块上导瓦,单侧间隙留0.04~0.06mm或按规定留间隙。转子下部不装导轴瓦,因而没有径向约束,呈自由状态;另一种是将全部转动部分落在推力轴承上后,像第一种情况一样,装好上导瓦,使主轴处于垂直状态,装上、下导瓦或水导瓦(或临时导轴瓦),使双侧间隙为0.1~0.2mm或留规定间隙,这样主轴上、下受到径向约束,处于强迫垂直状态。对于液压支柱式推力轴承,选定两种状态中任一种进行受力调整都是允许的。下面简要介绍调整方法。

(1) 用百分表调整受力。由于液压支柱式推力轴承是弹性油箱结构,其自调能力很强,故在安装调整时要求不高。当推力轴承承受转动部分荷重后,用百分表监视各瓦高度差或弹性油箱压缩量的偏差(在0.2mm以下即可)。调整步骤如下:

第3章 立式水轮发电机的安装

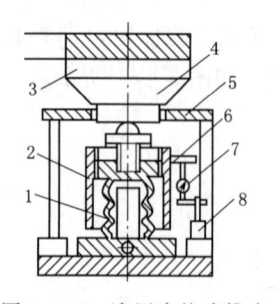

图3-66 液压支柱式推力
轴承受力调整百分表布置
1—弹性油箱；2—套筒；3—薄瓦；
4—托瓦；5—轴承支架；6—测杆；
7—百分表；8—表座

1) 整个转动部分落于推力轴承上，使主轴处于自由式强迫垂直状态（主轴垂直度在 0.02～0.03mm/m 以内）。

2) 旋起弹性油箱套筒，按图 3-66 布置百分表，测杆拧在套筒上，表座吸附在油槽底盘上。

3) 使各百分表读数对 "0"。

4) 顶起转子，记录每只百分表读数变化值（即弹性油箱压缩值），列入表 3-13。

5) 按式（3-17）计算各百分表读数平均值（即弹性油箱平均压缩量）。

6) 按式（3-18）计算各个支柱螺栓的升（降）角。

接着仍按刚性支柱式用百分表调整受力方法的6)、7) 步骤，最后使每只百分表读数变化相差在 0.15mm 以内。

表 3-13　　　　　用百分表调整液压支柱式推力轴承受力记录

弹性油箱（瓦）编号	1	2	3	…	n
百分表读数变化值 /mm	$\Delta\delta_1$	$\Delta\delta_2$	$\Delta\delta_3$	…	$\Delta\delta_n$

（2）用应变仪调整受力的方法。弹性油箱受力后将产生压缩变形。应变片贴在变形明显的部位，如图 3-67 所示；也可以贴在间接变形的应变梁上，如图 3-68 所示。然后用导线把应变片和应变仪接在一起进行测量。

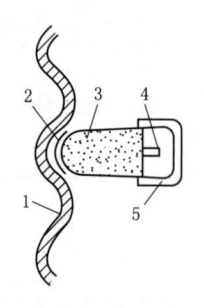

图 3-67 在弹性油箱中部贴应变片
1—油箱壁；2—应变片；3—塑料气包；
4—气嘴；5—固定架

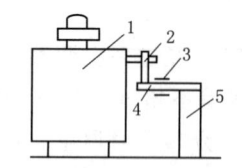

图 3-68 在应变梁上贴应变片
1—弹性油箱；2—压杆；3—应变片；
4—应变梁；5—应变梁座

3. 平衡块式推力轴承的调整

对于平衡块式推力轴承，应在平衡块固定的情况下，起落转子，测量托瓦或上平衡块的变形，其变形值应符合设计要求。无明确设计要求时，各托瓦或上平衡块的变形值与平均变形值之差，不超过平均变形值的±10%。调整好以后，将平衡块下部的临时楔子板抽去。

3.8 主轴连接

1. 外法兰连接

悬式发电机主轴与水轮机主轴的连接形式多为外法兰连接。

(1) 连接的条件。

1) 法兰组合面和联轴螺栓、螺母已经检查处理合格，并用汽油、无水乙醇或甲苯仔细清扫干净。在联轴螺栓的螺纹与销钉部位涂上一层水银软膏或二硫化钼润滑剂，用白布盖好待用。

2) 与转轮组合成一体的水轮机主轴已按原方位就位，主轴法兰面在原标高基础上，下降一法兰止口加 2～6mm 的高度；止漏环的间隙和主轴法兰面的水平已符合要求。

3) 水轮机的有关大件，如底环、导叶、顶盖、接力器与控制环等均已吊入就位。

4) 制动器已加垫找平。

5) 可靠、平稳、安全工作平台已搭设。

(2) 主轴法兰的连接。连接前两法兰的螺孔要按号对准，再选取直径较小的螺栓在对称方向穿入并拧紧（借助于液压拉伸器）两组螺栓，使转轮均匀对称提升；也可以使用螺旋千斤顶，导向螺栓在其下面的螺旋千斤顶作用下跟着向上升，使主轴连同转轮缓慢均匀地向上升起，两法兰提靠以后，用扳手拧紧导向螺栓的螺母。机组联轴后两法兰组合缝应无间隙，用 0.03mm 塞尺检查，不能塞入。再按号穿入其他螺栓，并拧紧。为检查螺栓的紧力，拧紧时要测螺栓的伸长。其伸长值可由制造厂供给或根据螺栓许用应力和有效长度进行计算。

2. 内法兰连接

对于大型伞式机组，其推力轴承装在水轮机主轴上端，转子是空心无轴结构。这种结构多采用内法兰连接，如图 3-69 所示。进行内法兰连接时，可有两种不同施工程序。

(1) 吊入与转轮连接好的水轮机主轴，找正方位，调好水平，其高程低于设计高程。清扫、检查轴头接触面及螺孔，将全部连接螺杆旋紧在主轴顶部的螺孔内。为保护螺杆上部的螺扣，可用直径小于内法兰圆孔的锥形螺母旋在螺杆的上部。吊入发电机的转子并找正就位。在转轮的下部均匀对称地放置若干千斤顶，将转轮向上顶，使轴头与转子内法兰止口入位。

若轴头与内法兰用十字键定位，要提前放键入槽。最后卸下锥形螺帽，换上永久螺母并上紧锁住。

(2) 水轮机主轴已按设计高程放置在推力轴承上（推力瓦数由图纸确定）；吊入发电机转子，使其内法兰直接向水轮机轴头靠拢进行连接。这是一种经常使用的方法。

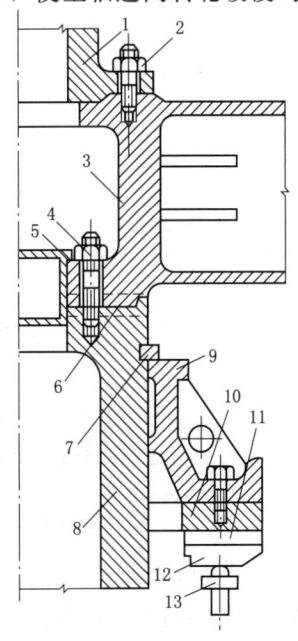

图 3-69 内法兰连接
1—副轴；2—副轴连接螺栓；3—转子中心体；4—主轴连接螺栓；5—密封圈；6—十字键槽；7—卡环；8—水轮机主轴；9—推力头；10—镜板；11—薄瓦；12—托瓦；13—支柱螺栓

上述这两种施工程序主要区别是靠拢方法不同。

3.9 机组轴线的测量和调整

水力机组轴线包括发电机主轴线、发电机与水轮机联轴后总轴线、励磁机整流子及滑环处的轴线。发电机轴与水轮机轴连接后，轴线应为一条直线。

对于立式水力机组，如镜板摩擦面与机组轴线绝对垂直，且组成轴线的各部件无曲折和偏心，则当机组回转时，机组的轴线将和理论回转中心相重合。

但实际上，因制造和安装误差等各种因素的影响，很可能使机组轴线发生倾斜，也可能形成一条折线，镜板摩擦面与机组轴线不会绝对垂直，且轴线本身也不会是一条理想的直线，因而在机组回转时，机组中心线就要偏离理论中心线，如图 3-70、图 3-71 所示。轴线上任一点所测得的锥度圆，就是该点的摆度圆，其直径 ϕ 称为摆度。

图 3-70 镜板摩擦面与轴线不垂直所产生的摆度圆
1—镜板；2—推力瓦；3—主轴连接法兰；4—水轮机转轮

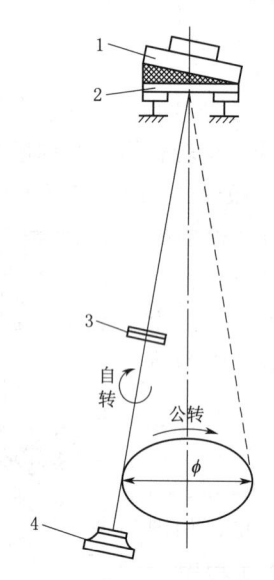

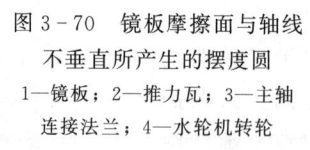

图 3-71 法兰结合面与轴线不垂直所产生的摆度圆

如果轴线误差过大，超过允许的误差范围，则转动部分的离心力将会使主轴和轴承均受到额外的负担。周期性交变力的作用会引起机组振动和摆动，进而缩短寿命。机组轴线的好坏综合反映了安装工程的质量，更会直接影响机组今后的运行。因此，在机组安装或大修后，必须采取措施调整机组轴线。

3.9.1 盘车的概念及方法

水力机组主轴的尺寸一般较大，对其轴线的检查与测量工作是既困难又要求精度高。轴线的测量与调整主要是通过盘车来实现的，这是机组安装后期对安装质量进行鉴别的最重要的测量工作。

3.9 机组轴线的测量和调整

所谓盘车,就是用人为的方法,使机组转动部分缓慢转动。在盘车过程中调整机组轴线。如果机组轴线不符合要求,就必须针对它的倾斜及折弯情况进行处理,直到符合要求为止。反复检查、反复调整是盘车的必然过程。

盘车时可用百分表或位移传感器等测量工具来测出有关部位的摆度值,借此来分析轴线产生摆度的原因、大小和方向,并通过刮削有关组合面的方法,使镜板摩擦面与轴线以及法兰组合面与轴线的不垂直得以纠正,使其摆度减少到所允许的范围内。如果制造厂加工精度高,不要求盘车,也可以不进行这项工作。

1. 按盘车动力来源不同划分

(1) 人工盘车。用人工推动转动部分,每次转过45°进行一次测量及记录。

(2) 机械盘车。用厂内桥式起重机作动力,经过滑轮,用钢丝绳拉动机组的转动部分,如图3-72所示,仍然是每转45°测量一次。

(3) 电气盘车。在定子和转子绕组中通直流电,产生电磁力来拖动,对线圈改接后每通电一次使转子旋转45°。

图 3-72 机械盘车
1—转动部分;2—盘车柱;3—导向滑轮;
4—钢丝绳;5—起重机主钩;
6—推力轴承;7—导轴瓦

每个电站可根据具体情况进行选择。一般中小型机组多采用人工盘车方式;大中型机组则多采用机械或电气盘车方式。

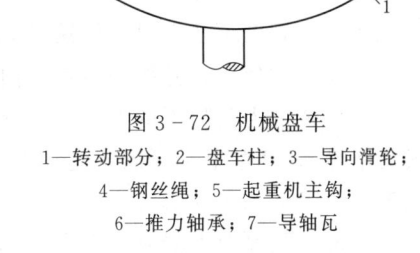

2. 按盘车程序和方法上的不同划分

(1) 分段盘车。先检查、调整发电机轴线,当发电机轴线合格后才与水轮机轴相连,再检查和调整水轮机轴线,最后则校验全轴的质量。

(2) 整体盘车。先联轴,发电机轴线与水轮机轴线同时检查和调整。

轴线的测量和调整可分段逐次进行,也可一并综合进行。相比之下,分段盘车应用较广;而整体盘车有可能缩短时间,对制造质量较好的机组可能更适用。

3.9.2 发电机轴线的测量

机组的实际轴线总是存在误差的,但必须控制在允许范围以内。对机组轴线的质量要求,标准规定了不同部位全摆度的允许值,见表3-14。

发电机轴线的测量,是为了检查主轴与镜板的不垂直度,测出它的大小和方向,以便于通过有关组合面的处理,使各部位摆度符合表3-14中的有关规定。

1. 测量前作好以下准备工作

盘车是针对轴上的测点,让主轴逐点转动,用百分表检查轴线情况的过程。前提条件是推力轴承已经安装并调整合格,主轴能在中心位置不变的情况下逐次旋转。盘车前应做以下准备工作。

表 3-14　　　　　　　机组轴线各部允许盘车摆度值（双振幅）

轴的名称	测量部位	摆度类别	额定转速 $n/(r/min)$				
			$n<150$	$150\leqslant n<300$	$300\leqslant n<500$	$500\leqslant n<750$	$n\geqslant 750$
发电机轴	上、下导轴承处轴颈及法兰	相对摆度 /(mm/m)	0.02	0.02	0.02	0.02	0.02
水轮机轴	导轴承处轴颈	相对摆度 /(mm/m)	0.04	0.04	0.03	0.02	0.02
		绝对摆度 /mm	0.30	0.30	0.20	0.20	0.15
发电机轴	集电环	绝对摆度 /mm	0.30	0.20	0.15	0.12	0.10

注　1. 绝对摆度是指在测量部位测出的实际摆度值。
　　2. 相对摆度是指绝对摆度（mm）与测量部位至镜板距离（m）之比值。
　　3. 轴流式机组受油器操作油管绝对摆度应不大于 0.20mm。
　　4. 以上均指机组盘车摆度，并非运行摆度。

（1）推力轴承安装完毕并调整合格。推力瓦表面的水平度误差不大于 0.02mm/m，各推力瓦受力均匀一致。

（2）在上导轴颈及发电机轴法兰盘（或下导）处沿圆周画等分线，上、下各部位的等分线应在同一方位上，并按逆时针方向顺次将测点编 1~8 号。

（3）安装推力头附近的上导轴承支架，并对称地装入 4 或 3 块导轴瓦（悬式为上导，伞式为下导），调整上导瓦固定主轴中心位置，瓦背支柱螺钉用扳手轻轻拧紧，使瓦与轴的间隙不大于 0.03~0.05mm。

（4）推力瓦面及上导瓦面均用纯净熟猪油（也可用其他动物油或二硫化钼）作润滑剂。猪油需事先熬制并用绢布过滤，均匀一致地涂在轴瓦面上形成一层很薄的油膜。

（5）清除转动部件上的杂物，检查各转动与固定部件缝隙处，应绝对无异物、卡阻和刮碰现象。

（6）装好百分表。盘车发电机轴线时，在上导轴颈和发电机轴法兰处装两层百分表；盘车整体轴线时，在上导轴颈、发电机轴法兰和水导轴颈分 3 层设置百分表。作为上下两（或三）个部位测量摆度值及互相校核用。每一层均应在相同的高度上，沿 X、Y 轴线各装一只百分表。就不同层次而言，上、下的百分表应对正，处于同一个铅垂平面内，如都在 $+X$ 或 $+Y$ 轴方向上。百分表测杆应紧贴被测部件，且小针应有 2~3mm 的压缩量，大针调到"0"。

（7）准备使转子旋转的工具。在发电机轴法兰盘处推动主轴，应看到百分表指针摆动，证明主轴处于自由状态。

2. 盘车测量与摆度计算

以上准备工作完成后，各百分表应有专人监视与记录，在统一指挥下，使机组转动部分按机组旋转方向徐徐转动，每一次均须准确地停在各等分测点处，同时要解除盘车动力对转动部分的外力影响。再次用手推动主轴，以验证主轴是否处于自由状态，然后通知各百分表监护人员记录各百分表读数。如此逐点测出一圈 8 个点的读数，并检查第 8 点的数值是否已回到起始的"0"值，若不回"0"值，一般也不应大于 0.05mm。

以悬式机组为例。如发电机轴线与镜板摩擦面不垂直，当镜板处于水平位置时，轴线将发生倾斜；回转 180°时，轴线倾斜方向将转到相反方位。轴线测量关系如图 3-73 所示，图中 1~8 号（逆时针编号）测点是主轴上的不同方位，4 对测点对应为 5-1、6-2、7-3、8-4 点。

图 3-73 中的百分表沿 X 或 Y 轴线顶在外圆面上，如果主轴的实际中心处在理想的中心位置上，则无论轴怎么旋转，百分表的读数都不会变化。反之，在不同测点时如果百分表的读数不相同，则这种变化就说明主轴的实际中心不在理想的中心位置上。由于导轴承存在着间隙，主轴回转时轴线将在轴承间隙范围内发生位移，因此导轴承处的百分表读数反映了轴线的径向位移（即偏心距）e；而法兰处的百分表读数，则是法兰处的倾斜值 j 与轴线位移之和。

为了测记方便，往往在最初的测点位置使百分表对零，以后各测点的读数记为正或负，正数是主轴向外偏移。

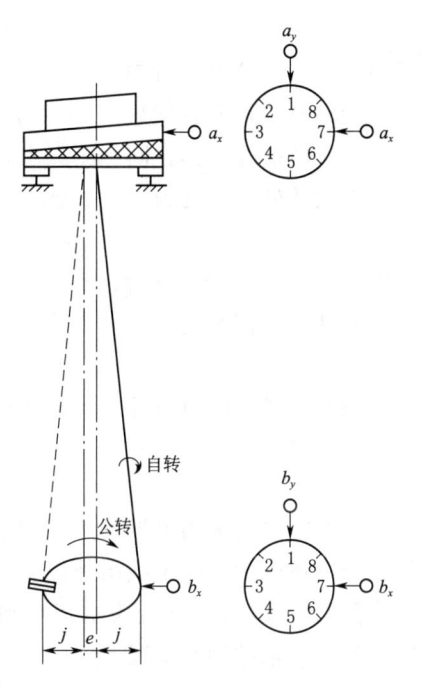

图 3-73 轴线测量关系示意图

（1）全摆度计算。同一测量部位对称两点数值之差，称为全摆度。

1）上导处的全摆度为

$$\phi_a = \phi'_a - \phi_{ao} = e \tag{3-19}$$

式中：ϕ_a 为上导处的全摆度，mm；ϕ'_a 为上导处旋转时的百分表读数，mm；ϕ_{ao} 为上导处未旋转时的百分表读数，mm；e 为主轴径向位移，mm。

式（3-19）反映了上导外圆面的摆动是由于实际轴心偏离理想中心造成的。轴心的偏移量是该方向上全摆度的一半。以上导处的 5-1 两测点为例，如图 3-74 所示，由于实际轴心不在理想中心 O 上，存在偏心距 e，测点 5 与测点 1 的百分表读数 ϕ'_{a5} 与 ϕ_{ao1} 就不同，则上导处轴心的偏心量为

$$e_{a5-1} = \frac{\phi_{a5-1}}{2} = \frac{\phi'_{a5} - \phi_{ao1}}{2}$$

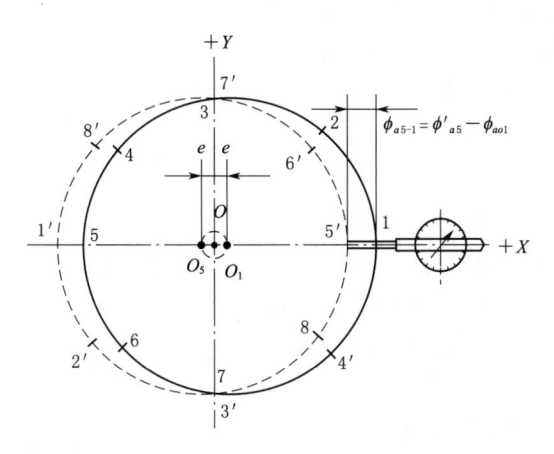

图 3-74 轴线测量关系示意图

当然，全摆度和偏心量在 4 组相对点所代表的方向上可能都存在，且可能各不相同，但其计算方法与上述是一样的。由于轴心对理想中心而言，总是来回摆动的，因而全摆度也可称为"双振幅"。当全摆度

为正时，轴心向外偏移。

2) 法兰处的全摆度为

$$\phi_b = \phi_b' - \phi_{bo} = 2j + e \tag{3-20}$$

式中：ϕ_b 为法兰处的全摆度，mm；ϕ_b' 为法兰处旋转 180°时百分表读数，mm；ϕ_{bo} 为法兰未旋转时的百分表读数，mm；j 为法兰与上导之间轴线的倾斜值，mm。

(2) 净摆度计算。同一测点上、下两部位全摆度数值之差，称为净摆度。

如法兰处净摆度为

$$\phi_{ba} = \phi_b - \phi_a = (2j+e) - e = 2j \tag{3-21}$$

式中：ϕ_{ba} 为法兰处的净摆度，mm。

同理，净摆度也存在 4 个值，分别为 5-1、6-2、7-3、8-4 方向上，计算方法与上述一样。

(3) 轴线的倾斜值计算。轴线的倾斜是针对理想铅垂线而言的，倾斜值为

$$j = \frac{\phi_{ba}}{2} \tag{3-22}$$

因此，只要测出上导及法兰两处各 8 个点的数值，即可算出法兰处最大倾斜值及其方位。当净摆度为正时轴线向外倾斜，如轴线是向 5、6、7、8 点倾斜的（图 3-73）。

【例 3.1】 某台水轮发电机单独盘车时，测得上导与法兰处的摆度值见表 3-15。试判断发电机轴的倾斜情况。

表 3-15 发电机盘车记录 单位：0.01mm

测量部位	测点编号							
	1	2	3	4	5	6	7	8
上导轴颈	1	1	1	0	−1	−2	−1	0
法兰	−12	−24	−19	−11	0	8	−1	−7

解： 4 对对称测点为 5-1、6-2、7-3、8-4。

由式 (3-19) 得，上导处的全摆度为

$$\phi_{a5-1} = \phi_{a5-1}' - \phi_{ao5-1} = (-1) - 1 = -2$$
$$\phi_{a6-2} = \phi_{a6-2}' - \phi_{ao6-2} = (-2) - 1 = -3$$
$$\phi_{a7-3} = \phi_{a7-3}' - \phi_{ao7-3} = (-1) - 1 = -2$$
$$\phi_{a8-4} = \phi_{a8-4}' - \phi_{ao8-4} = 0 - 0 = 0$$

由式 (3-20) 得，法兰处的全摆度为

$$\phi_{b5-1} = \phi_{b5-1}' - \phi_{bo5-1} = (0) - (-12) = 12$$
$$\phi_{b6-2} = \phi_{b6-2}' - \phi_{bo6-2} = 8 - (-24) = 32$$
$$\phi_{b7-3} = \phi_{b7-3}' - \phi_{bo7-3} = (-1) - (-19) = 18$$
$$\phi_{b8-4} = \phi_{b8-4}' - \phi_{bo8-4} = (-7) - (-11) = 4$$

由式 (3-21) 得，法兰处的净摆度为

$$\phi_{ba5-1} = \phi_{b5-1} - \phi_{a5-1} = 12 - (-2) = 14$$
$$\phi_{ba6-2} = \phi_{b6-2} - \phi_{a6-2} = 32 - (-3) = 35$$

$$\phi_{ba7-3} = \phi_{b7-3} - \phi_{a7-3} = 18 - (-2) = 20$$
$$\phi_{ba8-4} = \phi_{b8-4} - \phi_{a8-4} = 4 - (0) = 4$$

分析上述计算结果可知，法兰处的最大倾斜点在"6"点。由式（3-22）得法兰的最大倾斜值为

$$j = \frac{\phi_{ba6-2}}{2} = \frac{35}{2} = 17.5$$

若没有其他干扰因素，法兰处所测 8 个点的摆度值在坐标上应成正弦曲线，并可在正弦曲线中找到最大摆度值及其方位。但实际上常有许多其他干扰致使正弦曲线不规则。当正弦曲线发生较大突变时，说明所测数据不准，应重新盘车测量。

以表 3-15 中法兰处所测 8 个点的摆度值为例，绘制其坐标曲线，如图 3-75 所示，此曲线基本是正弦曲线，最大摆度在"6"点，其数值 $\phi_{max} = 0.35\text{mm}$。将图 3-75 中曲线与上述计算结果比较，可看出两者是一致的。

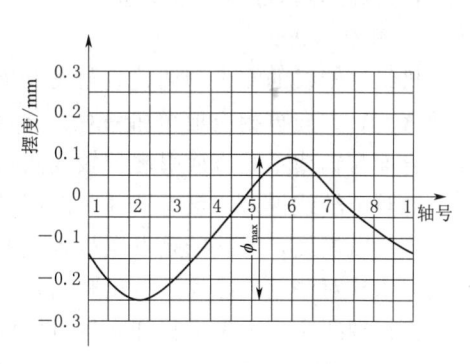

图 3-75 摆度坐标曲线

3.9.3 发电机轴线调整原理

如上所述，发电机产生摆度的主要原因是镜板摩擦面与轴线不垂直，而造成这种不垂直的因素有以下几点：

(1) 推力头与主轴配合较松，卡环厚薄不均。
(2) 推力头底面与主轴不垂直。
(3) 推力头与镜板间的绝缘垫厚薄不均。
(4) 镜板加工精度不够。
(5) 主轴本身弯曲。

针对上述原因，我国使用比较成熟的方法是刮绝缘垫。没有绝缘垫的，则刮推力头底面。如图 3-76 所示，因镜板摩擦面与轴线 AB 不垂直，造成轴线倾斜，为了纠正该倾斜值，必须将绝缘垫刮出 $\triangle efd$ 这样一个楔形层，楔形层的最大厚度即 $ef = \delta$。

从图 3-76 所示的几何关系不难推出绝缘垫或推力头底面的最大刮削量为

$$\delta = \frac{jD}{L} = \frac{\phi D}{2L} \tag{3-23}$$

式中：δ 为绝缘垫或推力头底面最大刮削量，mm；ϕ 为法兰（或下导）处最大净摆度，mm；D 为推力头底面直径，mm；L 为两测点的距离，mm。

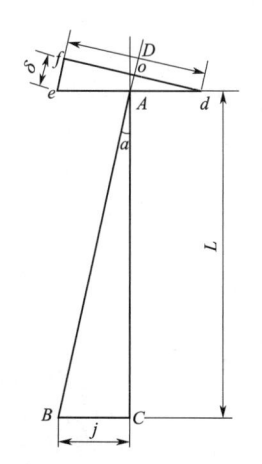

图 3-76 轴线倾斜与推力头调整的关系

当控制轴线位移的导轴承与推力头不是布置在一起时，无论在上或下，式（3-23）依然成立。

计算出最大刮削量及刮削点，即可进行绝缘垫的刮削。当然，修刮绝缘垫以后，还必须再次盘车，以检查轴线调整的实际效果。

有时为了加快安装进度，尽管法兰处的摆度仍不合格，但按比例推算到水轮机转轮止漏环处的摆度不致使转轮与止漏环相碰时，也可提前与水轮机轴连接，待机组总轴线测量后一并处理。

3.9.4 机组总轴线的测量和调整

1. 机组轴线的状态

机组总轴线的测量和调整，与发电机轴线的测量与调整方法基本相同。只是在水导轴颈处 X、Y 方向再相应地增加一对百分表，借以测量水导处的摆度，并计算分析因主轴法兰组合面与轴线不垂直而引起的轴线曲折，以便于综合处理，获得良好的轴线状态。

对整个轴线说来，就有了 3 个净摆度。这 3 个净摆度反映了 3 种轴线倾斜情况：法兰对上导的净摆度，反映的是发电机轴线的倾斜；水导对上导的净摆度，反映的是全轴线的倾斜；水导对法兰的净摆度，反映的是水轮机轴线的倾斜。

机组轴线主要由发电机和水轮机两段轴线组成，由于加工和装配上的误差，它们在空间的倾斜可能是任何方向的，联轴后可能出现以下各种轴线状态（图 3-77）。

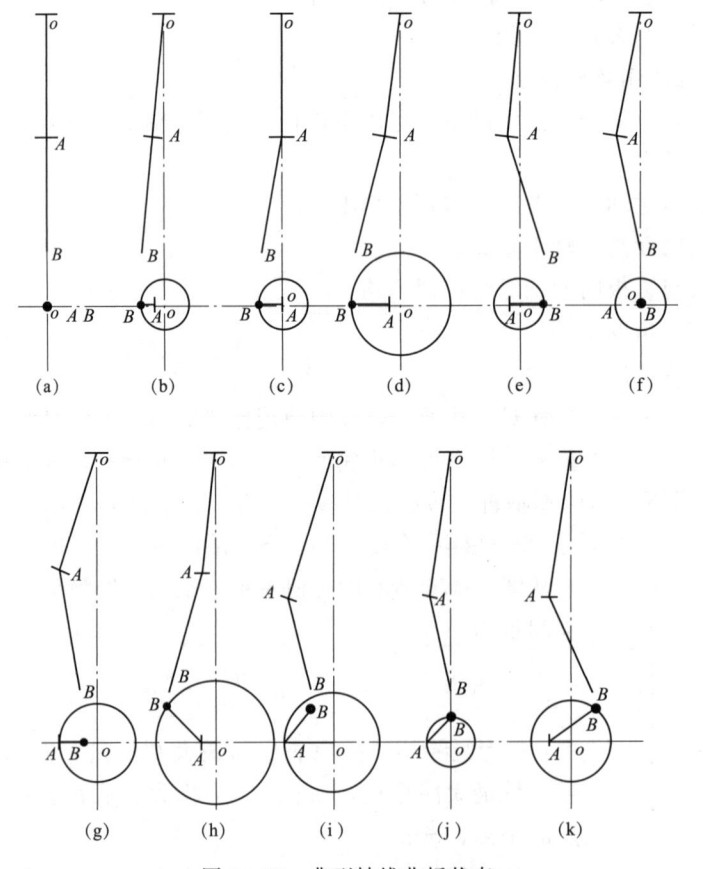

图 3-77 典型轴线曲折状态

(1) 镜板摩擦面及法兰组合面都与轴线垂直,总轴线无摆度、无曲折,如图 3-77(a) 所示(图中 o 表示镜板摩擦面,A 表示法兰组合面,B 表示水导处)。

(2) 镜板摩擦面与轴线不垂直,而法兰结合面与轴线垂直,总轴线无曲折,摆度按距离线性放大,如图 3-77(b) 所示。

(3) 镜板摩擦面与轴线垂直,而法兰结合面与轴线不垂直,总轴线有曲折,法兰处摆度为零,水导处有摆度,如图 3-77(c) 所示。

(4) 镜板摩擦面及法兰结合面与轴线不垂直,两处不垂直方位相同或相反或成某一方位角,总轴线有曲折,法兰及水导处均有摆度,如图 3-77(d)~图 3-77(k) 所示。

机组总轴线的测量,可按百分表在 X、Y 方向的指示数,分别记录在表 3-16 中。

表 3-16　　　　　　　机 组 轴 线 测 量 记 录　　　　单位:0.01mm

	测 点 编 号	1	2	3	4	5	6	7	8
百分表读数	上导 a								
	法兰 b								
	水导 c								
相对测点		5-1		6-2		7-3		8-4	
全摆度计算值	上导 ϕ_a								
	法兰 ϕ_b								
	水导 ϕ_c								
净摆度计算值	法兰—上导 ϕ_{ba}								
	水导—上导 ϕ_{ca}								
	水导—法兰 ϕ_{cb}								

2. 调整机组轴线倾斜的方法

为了检查机组轴线的倾斜情况,可绘制轴线在水平面上的投影图,该方法简单明了,具体步骤如下:

(1) 在平面上画圆并将圆周等分成 8 部分,按逆时针方向标明 1~8 个方位。

(2) 略去上导轴颈对理想中心的偏移,认定圆心处即上导轴心 a。

(3) 取适当的比例尺,从 a 向外画一段直线,其方向为发电机轴线的倾斜方向,即净摆度 ϕ_{ba} 最大值所在的方向,其长短按该值的大小截取。这样,线段 ba 就代表了发电机轴线净摆度 ϕ_{ba} 在水平面上的投影。

(4) 同理,再以 b 为中心,用同样的方法画出直线 cb,用以表示水轮机轴线净摆度 ϕ_{cb} 在水平面上的投影。

例如,上导轴颈的最大倾斜点在 8 点,水导轴颈的最大倾斜点在 7 点,该轴线是倾斜的,且是一条折线,它们的水平投影如图 3-78 所示。由图得出水导轴颈对上导轴颈的净摆度 ϕ_{ca} 在水平面上的投影为 $c'a$,有:

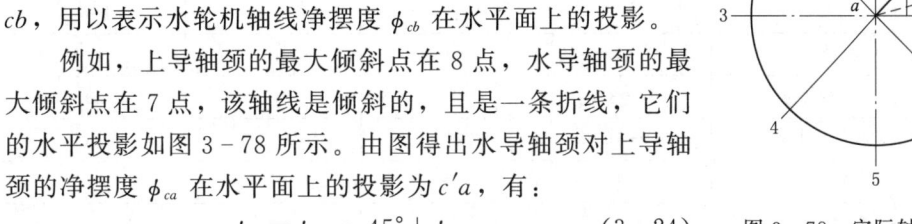

$$\phi_{ca} = \phi_{ba}\cos45° + \phi_{cb} \quad (3-24)$$

图 3-78　实际轴线的图示

第3章 立式水轮发电机的安装

不论总轴线曲折情况如何，只要法兰及水导处摆度均符合规定即可。如果轴线曲折很小，而摆度较大，可采用刮削推力头底面或绝缘垫的方法来综合调整。只有在用上述方法处理仍达不到要求时，才处理法兰结合面。

水导轴颈处的倾斜值为

$$J_{ca} = \frac{\phi_c - \phi_a}{2} = \frac{\phi_{ca}}{2} \tag{3-25}$$

式中：J_{ca} 为水导轴颈处的倾斜值，mm；ϕ_c 为水导处的全摆度，mm；ϕ_a 为上导处的全摆度，mm；ϕ_{ca} 为水导处的净摆度，mm。

刮削绝缘垫或推力头底面的最大厚度为

$$\delta = \frac{J_{ca}D}{L_1 + L_2} = \frac{J_{ca}D}{L} = \frac{\phi_{ca}D}{2L} \tag{3-26}$$

式中：δ 为推力头或绝缘垫最大刮削厚度，mm；L_1 为上导测点至法兰盘测点的距离，mm；L_2 为水导测点至法兰盘测点的距离，mm；L 为上导测点至水导测点的距离，mm；其余符号意义同前。

处理法兰结合面时，需刮削或加斜垫的最大厚度为

$$\delta_\varphi = \frac{J_c D_\varphi}{L_2} = \frac{D_\varphi}{L_2}(J_{ca} - J_{cba}) = \frac{D_\varphi}{L_2}\left(J_{ca} - \frac{J_{ba}L}{L_1}\right) \tag{3-27}$$

式中：δ_φ 为法兰结合面应刮削或垫入的最大厚度，mm；J_c 为由法兰结合面与轴线不垂直造成水导处的曲折倾斜值，mm；D_φ 为法兰盘直径，mm；J_{cba} 为由法兰处倾斜值成比例放大至水导处的倾斜值，mm；J_{ba} 为法兰处实际倾斜值，mm。

当 δ_φ 为正值时，该点法兰处应加金属垫，或在其对侧刮削法兰结合面；当 δ_φ 为负值时，则该点应刮削法兰结合面。

【例 3.2】 某台大型立轴悬式水力机组，额定转速为 333.3r/min，发电机轴长 L_1=4m，水轮机轴长 L_2=3m，镜板外径 D=1.6m，法兰外径 d=1m，机组联轴后进行轴线检查，$+X$ 轴方向的盘车记录见表 3-17。试判断机组轴线是否符合要求。

表 3-17　　　　　　　　$+X$ 轴方向的盘车记录　　　　　　　　单位：0.01mm

	测点编号	1	2	3	4	5	6	7	8
百分表读数	上导 a	-3	-2	-1	1	-1	-1	-5	-7
	法兰 b	-3	-20	-27	-17	-16	-12	-17	-7
	水导 c	-2	-9	-28	-9	-10	10	21	14
相对测点		5-1		6-2		7-3		8-4	
全摆度计算值	上导 ϕ_a	2		1		-4		-8	
	法兰 ϕ_b	-13		8		10		10	
	水导 ϕ_c	-8		19		49		23	
净摆度计算值	法兰—上导 ϕ_{ba}	-15		7		14		18	
	水导—上导 ϕ_{ca}	-10		18		53		31	
	水导—法兰 ϕ_{cb}	5		11		39		13	

解：由于上导轴颈的摆度很小，偏心量可以忽略，根据机组转速 333.3r/min，查表 3-14 得

法兰处的相对摆度允许值为 0.02mm/m；水导轴颈处的相对摆度允许值为 0.03mm/m。

可以求得法兰处的允许全摆度为 $0.02 \times L_1 = 0.02 \times 4 = 0.08$(mm)

水导轴颈处的允许全摆度为 $0.03 \times (L_1 + L_2) = 0.03 \times (4+3) = 0.21$ (mm)

根据全摆度和净摆度的定义，将机组轴线的实际计算结果列入表 3-17。可得出各部位在不同方向上的全摆度最大值如下：

法兰处：$\phi_{b5-1} = 0.13$mm（取绝对值），大于允许值 0.08mm。

水导轴颈处：$\phi_{c7-3} = 0.49$mm，大于允许值 0.21mm。

上述计算结果表明该机组轴线不符合要求，需要调整。

轴线检查的结果，可用表 3-17 的格式表达。除记录百分表读数以外，表中的计算符合"后减前、下减上、正偏外"法则。"后减前"是指全摆度的计算，用 5、6、7、8 点的百分表读数，减去 1、2、3、4 点的百分表读数；"下减上"是指净摆度的计算，用位置较低处的全摆度减去位置较高处的全摆度；"正偏外"是对偏移及倾斜方向的判别，都是针对 5、6、7、8 点而言的，当全摆度为正时，轴心向外偏移，当净摆度为正时，轴线向外倾斜。

3.9.5 自调推力轴承的轴线测量和调整

自调推力轴承不仅能调节各推力瓦的受力，而且还能自动调节因镜板摩擦面与轴线不垂直而产生的部分倾斜，从而有利于减少机组运行中的摆度及振动。

对于自调性能较好、灵敏度较高的弹性推力轴承，若事先将推力头与镜板间的绝缘垫经过刮平处理（或取消绝缘垫），则盘车及运行时的摆度均很小，能够满足机组长期运行的要求。但目前许多安装工地，为了提高安装质量，增加推力轴承自调灵敏度，确保机组运行的稳定性，对具有自调推力轴承的机组，仍然照例进行轴线调整。

1. 平衡块式自调推力轴承的轴线调整

通常在平衡块两侧，用临时楔子板将其调平、垫死。按上述刚性推力轴承方式进行轴线测量和调整，合格后再把临时楔子板拆除，使其恢复自调能力。

2. 液压自调推力轴承的轴线调整

用测量镜板摩擦面外侧上、下波动值来代替轴线的测量，其方法如下：

(1) 将上、下两部导轴承抱住，轴瓦单侧间隙控制在 0.05~0.08mm 以内。

(2) 在镜板摩擦面外侧 X、Y 方位各装 1 只百分表。

(3) 盘车测定镜板摩擦面上、下波动值，其值不应超过 0.2mm。超过时，可刮削相应的绝缘垫或推力头底面。

也可把液压弹性箱的钢套旋下作支承，使弹性箱变成刚性，按刚性推力轴承进行轴线测量和调整，合格后再把钢套旋上，使其恢复弹性自调作用。

3.10 导轴承的安装和调整

当机组盘车及推力瓦受力均合格后，可安装各部导轴承（即水导、上导与下导），并调整好导轴瓦的间隙。

第 3 章 立式水轮发电机的安装

导轴承安装前,首先调整整个转动部分的中心,使发电机气隙和水轮机止转轮漏环间隙均匀。然后在下止漏环间隙中沿十字方向打入小铁楔条,将转轮固定。导轴承调整应使其双侧间隙符合设计要求,各部导轴承必须同心。

因制造和安装的误差,机组摆度只能处理到一定程度,实际上机组中心线和旋转中心线是不重合的。吊装水轮机转动部分和吊装发电机转子时,都是把它们放在理想的中心位置上的,但盘车过程中多次纠正轴线,而且不断地推着转动部分旋转,机组轴线符合要求了,它的位置却可能发生了变化。这就需要重新检查转动部分的实际位置,再一次将它移到理想中心并固定下来。

在调整导轴承间隙时,其中心应是机组旋转的理想中心,转动部分的理想中心也就是固定部分的中心位置,检查转动部分四周的间隙大小,即可判明它是否发生了偏移。须根据设计间隙、盘车摆度及主轴位置进行。调整的顺序可先调水导,后调上导、下导,也可同时进行。

1. 检查发电机的气隙

按要求,发电机四周气隙应均匀一致,各间隙与平均间隙之差应不超过平均间隙值的±6%。检查时需用木楔和游标卡尺,在每一个磁极的顶部,从上、下两方向都进行气隙测量,最后计算气隙的平均值及最大偏差。

2. 检查水轮机转轮的间隙

水轮机转轮四周的间隙,混流式是止漏环间隙,轴流式是轮叶端部的间隙,按要求应该四周均匀一致。

(1) 对于轴流式水轮机,其轮叶端部的间隙可用塞尺检查,但需对每一片轮叶测量3点,即它的进水方向、出水方向以及轮叶中部各测一点,这样才能比较准确地反映实际情况。各间隙测量值与平均值之差应不超过平均间隙的±12%。

(2) 对于混流式水轮机,其上、下止漏环的间隙,在可能的情况下仍用塞尺检查,圆周上应多测几点,如测8点或更多,各间隙测量值与平均值之差应不超过平均间隙的±10%。对于中小型机组,若尺寸太小而不便于用塞尺测量时,可以用图3-79所示的方法检查止漏环。在水导轴颈处装设两支百分表,使两支表处于互相垂直的方向上并调好零位。正对一支百分表用力推动主轴,到转轮与固定部分接触推不动为止,记录该百分表的读数。然后放松,让主轴回到原位置,此时两支百分表都应回到零位。读记的百分表读数可看作该方向上转轮与固定部分之间的间隙。再沿反方向以及另一支百分表的正、反方向推主轴,就可以测得4个方向上转轮间隙是否均匀一致。

此时转动部分仅在推力头处受推力轴承和上导轴承支撑,上导轴瓦还有一定间隙。由于实际轴线是倾斜的,下导轴瓦、水导轴瓦的实际间隙,推动主轴时它很容易偏转,而放松以后它会回到原位。如果在偏转的同时发生了平移,则两支百分表将不能回零,这很容易发现并纠正已有的读数。

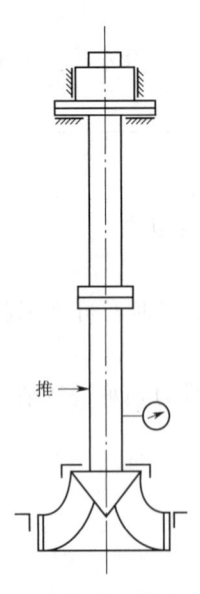

图 3-79 转轮间隙检查

3. 导轴瓦应调间隙计算

(1) 以上导中心为机组中心调各部导轴承。对悬式水力机组，由于上导轴颈的摆度很小，偏心量可以忽略，因此上导轴颈的转动中心可以看成是理想中心（轴线中心偏差 $e=0$），上导轴瓦的实际间隙也就等于设计间隙，而且四周均匀一致。其轴承间隙计算如下：

1) 上导轴瓦应调间隙计算值为

$$\delta_a = \delta'_a = \delta_{ao} \tag{3-28}$$

式中：δ_a 为上导轴瓦应调间隙，mm；δ'_a 为上导轴瓦相对侧应调间隙，mm；δ_{ao} 为上导轴瓦单侧设计间隙，mm。

2) 下导轴瓦应调间隙计算值为

$$\delta_b = \delta_{bo} - \frac{\Phi_x}{2} = \delta_{bo} - \frac{L_b \Phi_f}{2L_1} \tag{3-29}$$

$$\delta'_b = 2\delta_{bo} - \delta_b \tag{3-30}$$

式中：δ_b 为下导轴瓦应调间隙，mm；δ'_b 为下导轴瓦相对侧应调间隙，mm；δ_{bo} 为下导轴瓦单侧设计间隙，mm；Φ_x 为下导处净摆度，mm；Φ_f 为法兰处净摆度，mm；L_b 为上导轴瓦中心至下导轴瓦中心距离，mm；L_1 为上导轴瓦中心至法兰处的距离，mm。

3) 水导轴瓦应调间隙计算值。根据在水导处的盘车摆度和机组中心偏移值（$e \neq 0$），计算并调整水导轴瓦的间隙。

(2) 以水导中心为机组中心调各部导轴承。当水轮机导轴承与止漏环同心，而主轴在轴瓦内任意位置时，则发电机上、下导轴瓦间隙应按水轮机导轴瓦实测间隙来确定。

水轮机导轴承实测间隙最好以顶轴方法测量，用百分表测出水导 8 个或 4 个方向的实际间隙，其测量方位应和发电机下导轴瓦的位置对应。然后按式（3-31）～式（3-35）计算上、下导轴瓦的间隙。

1) 上导轴瓦应调间隙计算值为

$$\delta_a = \delta_c + \frac{\Phi_s}{2} - (\delta_{co} - \delta_{ao}) \tag{3-31}$$

$$\delta'_a = 2\delta_{ao} - \delta_a \tag{3-32}$$

2) 下导轴瓦应调间隙计算值为

$$\delta_b = \delta_c + \left(\frac{\Phi_s}{2} - \frac{\Phi_x}{2}\right) - (\delta_{ao} - \delta_{bo}) \tag{3-33}$$

或

$$\delta_b = \delta_c + \left(\frac{\Phi_s}{2} - \frac{\Phi_x}{2}\right) - (\delta_{co} - \delta_{bo}) \tag{3-34}$$

$$\delta'_b = 2\delta_{bo} - \delta_b \tag{3-35}$$

式中：δ_c 为水导轴瓦实测间隙，mm；Φ_s 为水导处净摆度，mm；δ_{co} 为水导轴瓦设计间隙，mm；其余符号意义同前。

若上、下导轴瓦结构位置不在同一方位时，调瓦还要酌量修正其错位的影响。

4. 将转动部分推到理想中心并加以固定

悬式机组及发电机的上、下导轴承都是分块瓦式结构；水轮机导轴承则可能有分块瓦和筒式轴瓦两种情况。一般说来，分块瓦式导轴承安装比较简单，先装入轴承油箱、轴瓦支架等，最后装入导轴瓦再调整其间隙。而筒式导轴承必须在刮瓦的同时就进行预装配，最后装在水轮机顶盖上，而且调整其四周的间隙。

导轴承是用来稳定主轴转动中心的，运行时它会承受径向力。导轴瓦与主轴轴颈之间要形成一层油膜，靠这层油膜传力并且润滑和散热，因此导轴瓦必须保证一定的间隙。导轴瓦间隙太大，不能稳定转动中心，主轴的摆度就必然很大；而导轴瓦间隙也不能太小，太小会不能形成油膜，使轴瓦发生半干摩擦甚至干摩擦而烧损。分块式导轴瓦间隙允许偏差不应大于±0.02mm，但相邻两块瓦的间隙与要求值的偏差不大于0.02mm。筒式导轴瓦间隙允许偏差应在分配间隙值的±20%以内，瓦面应保持垂直。各制造厂往往对机组导轴瓦单侧设计间隙作了具体规定，安装时应遵照厂家要求调整。

经过复查，如果实测的间隙大小不均匀，则应综合上、下各部位的间隙情况，决定转动部分应该移动的方向和大小。再用调整上导轴瓦的方法将转动部分推到理想中心去。为了确实掌握移动的距离，应在水导轴颈处设百分表来监视。

确信转动部分位置正确以后，即可最后安装上导轴承的其余轴瓦，调好间隙并加以固定。同时可在水轮机转轮四周加楔子，或者点焊几点予以固定。

另外，对伞式机组，由于推力轴承安装在下机架上，因此，上、下导轴承的工作条件进行了互换，计算轴瓦间隙的公式也要作相应的互换，然后再进行计算。

对采用液压自调推力轴承的机组，由于液压自调推力轴承有很好的自调性能，因此，各部导轴承间隙可按设计值平均分配，不考虑摆度。如果主轴不在中心，仅从平均值中减去偏心即可。

导轴承调整前，先检查其绝缘，并在瓦面上涂透平油保护，按编号放在油槽绝缘托板上。轴瓦调整应由两人分别在两侧同时进行，并用百分表监视，主轴不应变位。

调整时，用两只小千斤顶，在瓦背两侧把瓦顶靠轴颈，然后调整支持螺钉球面与瓦背的间隙使其符合设计值，再把支持螺钉的螺母锁住，再次复查间隙，无变化后，即可进行下块瓦的调整。所有瓦均调整好后，再安装轴承其他零部件。

习　题

1. 水轮发电机有哪些主要部件？有哪些类型？各自的结构特点有哪些？
2. 发电机转子由哪些部件组成？各部件有何作用？
3. 发电机定子由哪些部件组成？各部件有何作用？
4. 推力轴承有何作用？其组成部件有哪些？有哪几种结构类型？
5. 发电机导轴承有何作用？其组成部件有哪些？有哪几种结构类型？
6. 上、下机架有何作用？其组成部件有哪些？有哪几种结构类型？
7. 悬式水轮发电机安装的基本程序是什么？
8. 为什么要进行定子组装？定子的组装程序如何？
9. 发电机定子安装应满足哪些要求？
10. 如何测量和调整定子的高程、中心位置、水平度及垂直度？

11. 对发电机定子的基础板有哪些要求？如何安装基础板？
12. 发电机转子组装时，对磁轭和磁极的基本要求是什么？
13. 如何挂装磁极？
14. 发电机转子吊装之前应做好哪些准备工作？
15. 发电机转子吊入以后，如何测量和调整它的位置？
16. 怎样检查和调整推力瓦的水平度？
17. 如何调整推力瓦的受力，保证各轴瓦受力均匀而原有水平度不变？
18. 什么叫盘车？有何重要性？盘车有哪些方式？
19. 盘车前应做好哪些准备工作？
20. 全摆度的定义？如何计算？它反映什么问题？
21. 净摆度的定义？如何计算？它反映什么问题？
22. 轴线如何用图示方法表示？举例说明。
23. 怎样判定实际轴线是否符合要求？
24. 纠正轴线的方法有哪两种？如何计算对绝缘垫或法兰面的刮削量？
25. 如何判别盘车数据的可靠与否？
26. 什么情况下应计算全摆度或净摆度的实际最大值？如何计算它的大小和方向？
27. 如何调整机组转动部分的中心？
28. 对导轴瓦间隙的基本要求是什么？
29. 如何确定各导轴承的轴瓦间隙？各导轴承的轴瓦间隙如何计算？
30. 怎样测量和调整分块瓦式导轴瓦的间隙？

第4章 卧式水力机组的安装

卧式水力机组的轴线呈水平布置，通常水轮机装在轴线的一端（常称为后端），而发电机则装在轴线的另一端（前端），它们的主轴直接连成一体并共同旋转。与立式水力机组相比，卧式机组一般结构上相对简单，尺寸较小但转速更高。这类机组主要包括小型混流式、贯流式和冲击式机组。

卧式混流式和冲击式机组的主要部件均布置在厂房地平面以上，安装、检修、运行和维护均较方便，使厂房结构大为简化。贯流式整个机组均布置在水下，因其布置和结构的特殊性，使得安装、检修、运行和维护较为复杂。

4.1 卧式水力机组的类型

对于卧式水力机组，由于其尺寸小、转速高，转动部分的转动惯量常常不大，为此常在主轴上加装一个相当大的飞轮。由于主轴是水平安放的，总得有两个或更多的轴承座来支撑主轴，其径向轴承（导轴承）多采用由上下两半组成的筒式轴承。对于反击式卧式水轮机，还必须设有推力轴承来承受轴向水推力。根据飞轮的位置不同，轴承座的个数和布置可以有不同的情况，最基本的分类如图4-1所示。按轴承座的个数不同，机组可分为以下几种类型。

1. 四支点机组

如图4-1（a）所示，水轮机和发电机各有两个轴承座支撑，飞轮布置在水轮机轴的中段，装在径向推力轴承与第一个径向轴承之间，水轮机轴与发电机轴由法兰或联轴节（器）连接。就整个机组而言，转动部分由4个径向轴承支撑，因而称为四支点机组。

水轮机和发电机单独安装之后，调整机组轴线在一条直线上。如果不联轴，则水轮机、发电机都可以单独安装定位。

2. 三支点机组

如图4-1（b）所示，飞轮布置在水轮机和发电机之间，两根轴通过飞轮

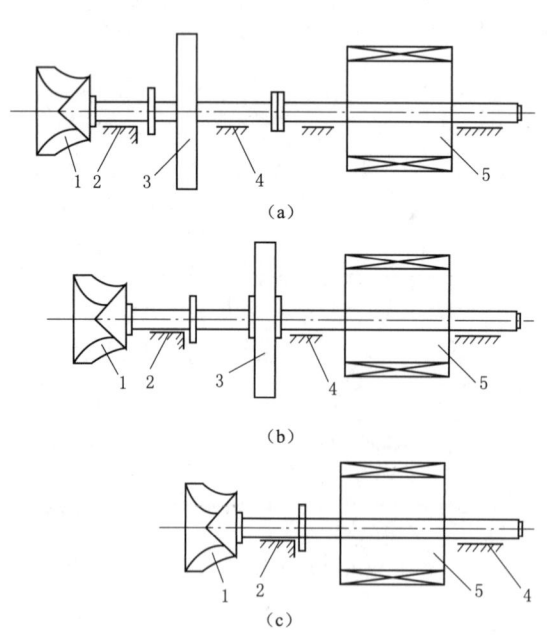

图4-1 卧式机组的结构类型
(a) 四支点机组；(b) 三支点机组；(c) 两支点机组
1—水轮机；2—径向推力轴承；3—飞轮；
4—径向轴承；5—发电机

连成整体，机组转动部分只需3个轴承座就能支撑，称为三支点机组。

三支点机组中发电机可单独安装定位，但水轮机主轴是不能独立定位的。

3. 两支点机组

如图4-1（c）所示，将发电机轴延长，将水轮机转轮安装在轴的端部，整个机组仅有一根主轴，只需要两个轴承座支撑，称为两支点机组。

比较以上几种机组布置形式可看出，两支点机组结构最简单，主轴长度也最短，但是推力轴承受轴的长度限制，设计和安装都比较困难，它最适合没有轴向水推力的水斗式机组；四支点机组的轴线最长，制造和安装较简单，小型机组采用得最多；容量较大的机组，缩短轴线长度成了重要问题，因此往往采用三支点的形式，但三支点机组主轴要在飞轮处连接，制造和安装的难度加大。

4.2 卧式水力机组的安装特点

与立式水力机组类似，卧式水力机组仍由转动部分、固定部分和埋设部分这3部分组成。从安装工程看，还是首先安装埋设部件，其次安装固定部分，组装并吊入转动部分，再进行轴线检查和调整，最后安装附属装置。

但是，卧式机组的布置和结构与立式机组有很大的差异，部分部件的安装工艺有其特殊的方法，考虑到问题更复杂，安装要求也更高。在安装过程中要注意以下特点。

1. 埋设部分安装

卧式机组的埋设部件，如卧式混流式机组的埋设部件包括蜗壳、尾水管、轴承座、发电机底座；水斗式机组的机座、轴承座、发电机底座等，都是在厂房内按水平方向布置的，安装时除了控制高程以外，更重要的是保证平面位置正确，尤其是各部件的相对距离要符合要求。

对于卧式混流式机组，水轮机蜗壳、座环常做成一体，作为安装工程的基准件；卧式水斗式机组则以水轮机机座作为基准件。当然，基准件必须首先定位并保证位置的高精度。

2. 机组的安装高程和轴线方位

卧式机组都以机组轴线高程作为安装高程，而水轮机、发电机在轴线方向布置。因此，机组安装过程中首要的问题是确定机组轴线，一般都要用标高中心架、求心架等拉出钢琴线来具体表达轴线。要确保轴线高程和平面方位符合要求。

3. 特殊要求

转动部件安装后轴线的自由挠度对同心度的影响以及发电机受热伸长对轴向安装尺寸的影响，在有关部件安装中不容忽视。导轴承不但有导向作用，而且承受比立式机组更高的单位载荷，对刮研的质量要求更严格，发电机转子与定子的组装则要求有配重。

尽管如此，卧式机组安装中某些工艺方法与立式机组的安装还有相似之处，如安装准备工作，埋设部分的安装和二期混凝土的浇筑，部件水平、标高、中心的找正方法等。

下面主要介绍卧式混流式和贯流式机组的特殊安装工艺。

4.3 卧式混流式水轮机安装

4.3.1 结构特点

以四支点卧式混流水轮机为例,其结构如图 4-2 所示。其特点如下:

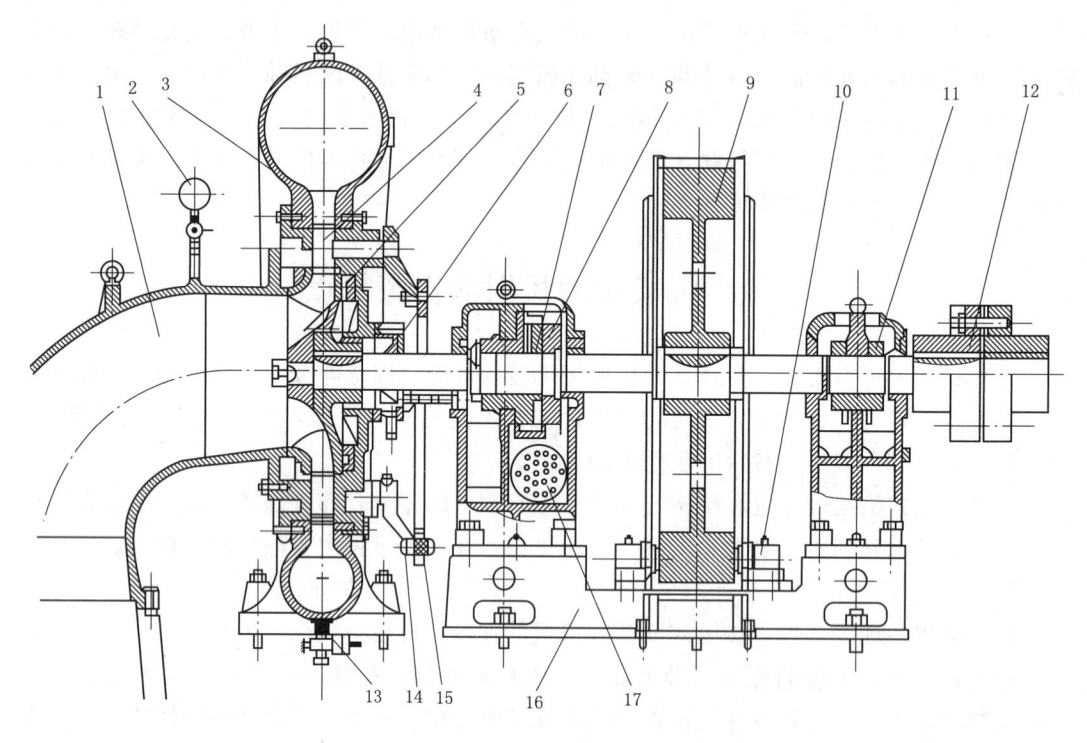

图 4-2 卧式混流式水轮机
1—尾水管;2—真空表;3—蜗壳;4—活动导叶;5—转轮;6—主轴密封装置;7—径向推力轴承;
8—推力盘;9—飞轮;10—制动器;11—径向轴承;12—联轴节;13—排水阀;
14—拐臂;15—控制环;16—轴承座板;17—冷却器

(1) 金属蜗壳通常与座环铸(焊)成整体,并与导水机构组装成整体。带有底座和地脚螺栓,蜗壳的进口通过直角弯管与压力钢管的水平段相接。

(2) 采用弯曲形尾水管。尾水管的弯管段在厂房地面以上,进口法兰与水轮机后端盖相连,而出口法兰与直立的尾水管直锥段相连。直锥段埋设在地面以下,直通尾水渠。

(3) 座环的内腔由前、后端盖封闭,形成导叶和转轮的工作空间。主轴从前端盖中间穿出,两者之间设有主轴密封装置。密封装置一般用迷宫型结构,小型机组也有用填料函的。

(4) 转轮悬臂式固定在主轴末端,多数机组用法兰、螺栓连接;小型机组也有用锥面配合,加上螺母锁紧固定的。

(5) 活动导叶装在座环以内,前、后端盖之间。其传动机构和控制环装在前端端盖外侧(也有在后端盖以外的),控制环通常作摇摆运动来带动每一个导叶,只设一根推拉杆。

尺寸较大的则用两根推拉杆，控制环作定轴的转动。

（6）水轮机主轴的中部安装飞轮，主轴前端通过法兰或联轴节与发电机主轴连接。飞轮前后侧各有一个轴承座支撑，其中紧靠蜗壳的是径向推力轴承。径向轴承是上下两半的筒式结构，而推力轴承则是分块瓦式的，多数用8块推力瓦承受推力盘传来的轴向力。

4.3.2 安装程序

卧式混流式水轮机的安装程序根据结构不同而变化，但基本安装程序大改相同。其基本程序如下：

（1）埋设尾水管直锥段。
（2）蜗壳连同弯管、压力管水平段的埋设。
（3）导水机构预装配。
（4）转动部分的组合、检查。
（5）安装轴承座、轴瓦刮研。
（6）水轮机正式安装。
（7）与发电机联轴，轴线检查及调整。
（8）安装附属装置。
（9）机组启动试运行。

其中转动部分的组合、检查，导水机构的预装配和正式安装，主轴密封装置等的安装等，都与立式机组相近。而尾水管、蜗壳、轴承底座的埋设、轴承座的安装、轴瓦间隙的调整等项工作则与立式机组明显不同。

1. 埋设部分的安装

卧式混流式机组的埋设部分包括进水阀、伸缩进水弯管，通常把这几件组合成一体，吊装就位后进行一次性调整。调整合格后，加以固定，浇筑二期混凝土。要严格保证进水弯管上水平法兰面的水平度，因为它是蜗壳安装的基准，中心位置的偏差要满足要求。

2. 蜗壳与尾水管的安装

容量和尺寸比较大的卧式混流水轮机，为了便于施工，总是先埋设尾水管直锥段，再安装蜗壳、直角弯管以及压力管道水平段。但必须在尾水管的弯管段与直锥段之间增加凑合节，为水轮机的完全组合提供调整的条件。

容量和尺寸较小的机组，则是先安装蜗壳等进水部分，再安装尾水管；或者把尾水管与蜗壳等组合起来一次性地安装定位。

以先安装蜗壳后安装尾水管的情况为例，其安装调整工作如下：

（1）准备工作。

1）在机坑中设标高中心架，用钢琴线拉出 X、Y 轴线。将 X 轴线的高程调整为安装高程，即机组的轴线。严格控制钢琴线的位置精度，最后以它为准调整蜗壳的位置。

2）设垫板、基础板，准备地脚螺栓及临时性支架，如图4-3所示。其中地脚螺栓可有两种处理方法：一是先留地脚螺栓孔，蜗壳等安装就位后再浇筑二期混凝土；二是先安装就位，将地脚螺栓点焊在前期预留的钢筋上，再一次性浇筑混凝土。至于临时性支架、支撑横梁等，则视机组的具体情况准备。

3）清理需安装的工件，检查结合面质量以及连接螺栓配合情况。在蜗壳前、后法兰

第4章 卧式水力机组的安装

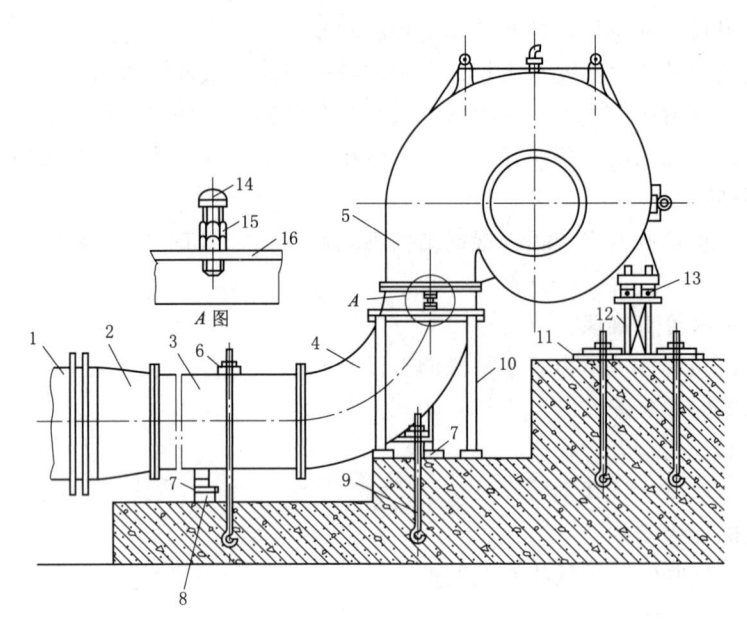

图4-3 蜗壳、弯管、压力管水平段安装

1—压力钢管；2—伸缩节；3—钢管水平段；4—弯管；5—蜗壳；6—压梁；7—楔子板；
8—垫板；9—地脚螺栓；10—支架；11—垫板；12—支架；13—可调整楔形板；
14—球头螺栓；15—螺母；16—弯管法兰

的端面上准备铅直及水平轴线的标记等。

（2）吊入并组合。在埋设部分的二期混凝土养护合格后，将压力管水平段、进水弯管、蜗壳依次吊入并组合起来，压力管水平段必须与事先安装的进水阀、伸缩节等对正，此时伸缩节不压紧，只对正方向。为了保证连接质量，减少调整工作量，也可以与进水阀、伸缩节等连成整体一次调整。

（3）位置调整。对蜗壳安装的质量要求主要有：轴线的平面位置误差、轴线的高程误差以及轴线的水平度误差均应符合要求。

如图4-4所示，用内径千分尺加耳机，测量蜗壳前、后盖法兰止口的四周半径，若每一个止口处上下、左右的半径都相等，蜗壳实际轴线的平面方位和高程就必然符合要求，否则应根据实测情况对蜗壳位置进行调整。当然，在初步定位时可以用钢板尺测量。

由于前、后止口的内圆面与端面垂直，内圆面及其轴线的水平度误差也即是端面的垂直度误差。为此，可以实测端面的垂直度并加以调整，从而保证止口内圆面的水平度符合要求。粗调时如图4-4所示，在蜗壳以外悬挂铅垂线，用钢板尺测量法兰面上、下方到铅垂线的距离，通过调整使上下距离相等。

精调时可以用框形水平仪或吊线电测法，具体如下：

1）框形水平仪法。用框形水平仪直接靠在蜗壳的法兰面上测量，通过主水准泡读出其垂直度误差。框形水平仪应原地调头，以两次读数的平均值为准，精度可达到0.02~0.04mm。

2）吊线电测法。在靠近法兰面上、下两点处悬吊一根钢琴线，用听声法测量上、下两点分别到钢琴线的距离,这种方法精度可达到 0.02mm/m。

在调整蜗壳位置的同时,应检查和调整压力管水平段与伸缩节等的对正情况,在两方面都符合要求后进行充分锚固,最后浇筑混凝土。

(4) 安装尾水管。蜗壳调好后,为防止装尾水管及浇二期混凝土时使蜗壳变位,要对已调好的蜗壳进行临时加固,才能吊装尾水管。蜗壳找正并锚固以后即可安装尾水管。

如图 4-5 所示,在尾水渠内用方木搭设支架,吊入尾水管直锥段并以楔子板支撑。再吊入尾水管弯管段,通过位置调整与蜗壳及直锥段连接成整体。这一过程中对尾水管位置的调整绝不能影响已调整好的蜗壳。在尾水管调整过程中,要靠钢支架和拉紧器承受其重量。至于混凝土的浇筑,可以分两次进行,也可以装完尾水管后一次性浇筑,但都必须四周均匀、逐层上升,要严密监视蜗壳的垂直度。

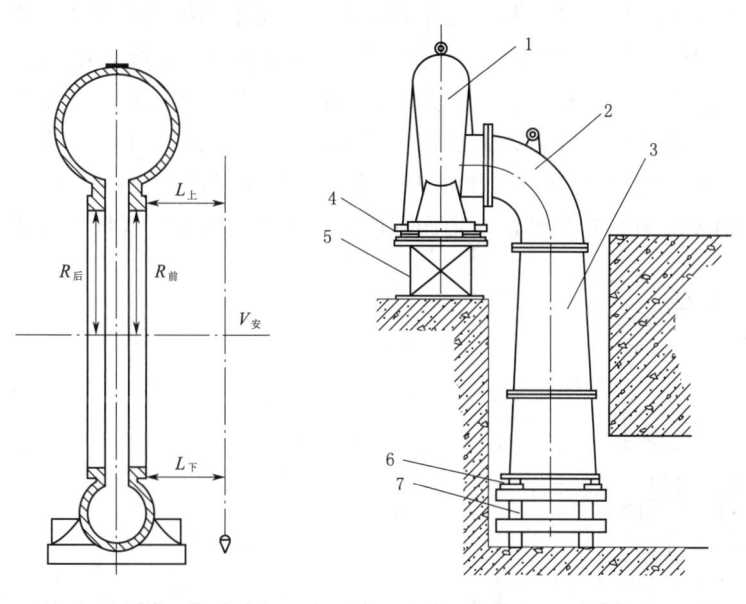

图 4-4 蜗壳位置找正

图 4-5 尾水管安装
1—蜗壳;2—尾水管弯管段;3—直锥段;
4、6—楔子板;5—支架;7—方木

3. 轴承座及底座的安装

卧式机组的轴承座,一般都经过底座再安装在地基上。安装时先使底座定位,再装入轴承座做进一步的调整,轴承座的最后定位则是在盘车过程中完成的。底座和轴承座的初步安装定位,都是以机组轴线(即已安装的蜗壳的轴线)为准来进行的。

四支点机组一般有两个底座,水轮机的底座安装两个轴承座,以及飞轮护罩、制动器等。发电机的底座则安装发电机定子及两个轴承座。三支点机组可能只设一个底座,将发电机和 3 个轴承座都装在上面。无论机组有一个或两个底座,最好一次性安装就位,有利于保证安装精度。

(1) 轴承座安装的质量要求。

1) 轴承座之间以及轴承座对机组轴线的同轴度偏差应不大于 0.1mm。

2) 轴承座的水平度偏差,在轴瓦表面测量,或者在结合平面上测量。横向方向一般不超过 0.1mm/m,轴线方向一般不超过 0.05mm/m。

3) 轴承座的油室应清洁,油路畅通,并按要求做煤油渗漏试验。预装轴承盖时,检查轴承座与轴承盖的水平结合面,紧好螺栓后用 0.05mm 的塞尺检查应无间隙。轴承盖结合面、油挡与轴承座结合处应按要求安装密封件或涂密封涂料。

4) 轴承座的安装,除应按水轮机固定部件的实际中心调整轴承孔的中心外,还应考虑转子就位后,主轴的挠度变形值及轴承座的压缩量。

(2) 蜗壳轴线的测量与调整。蜗壳已经安装定位,它的实际轴线也就是机组将来的轴线。为了安装轴承座、发电机定子等,都必须把蜗壳的实际轴线测量并且表达出来。

待蜗壳的二期混凝土养护到一定强度后,拆下尾水管弯管段,在蜗壳后端法兰面上安装求心架,在发电机端的地基上竖立支架和滑轮,利用重锤拉出钢琴线,如图 4-6 所示。求心架如图 4-7 所示,求心架与立式机组用的求心器类似,绝缘棒中心的小孔用以穿过钢琴线,它可以在上、下、左、右 4 个方向移动以便调整钢琴线位置。钢琴线的另一端经滑轮悬挂重锤,滑轮又由车床刀架支承在支架上,同样可以在上下、左右作位置调整。以座环内镗孔为基准,用内径千分尺加耳机,分别测量蜗壳后、前两个止口内圆的四周半径,从而调整钢琴线两端的位置,直到四周的半径相等,则钢琴线即为蜗壳的实际轴线。

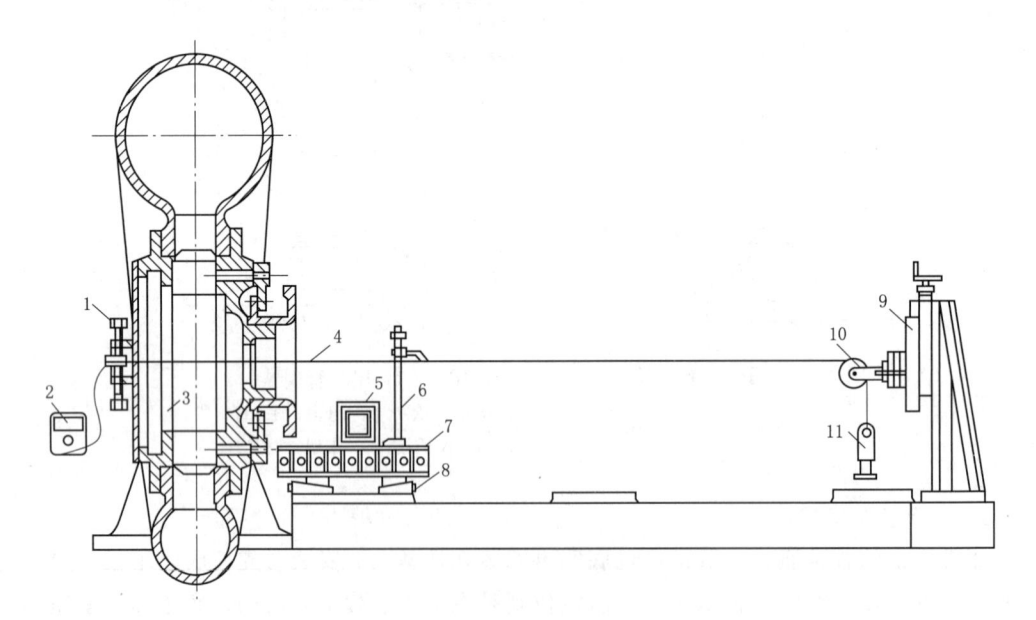

图 4-6 蜗壳轴线测量和底座的安装
1—求心架;2—万用电表;3—内径千分尺;4—钢琴线;5—框形水平仪;6—高度尺;
7—机修直尺;8—调整垫铁;9—小车库拖板;10—滑轮;11—重锤

(3) 安装底座。事先清理底座并在表面标注其中心线,由楔子板支撑,楔子板置于基础底板之上,如图 4-6 所示。

卧式机组的基础底板,大部分由型钢焊成整体,机座组合面经过刨铣加工。尺寸较大的则分成两块或多块。

基础底板安装前，先初步按机组中心线和基准高程点把放置底板的地面凿毛，在适当的位置上放置垫板，并在每块垫板上放一对楔铁，找好楔铁顶面高程，然后把基础底板放在楔铁上。

移动基础底板，使中心线与钢琴线在一个垂直平面内。底板的轴向位置根据实测的转轮下环端面到推力盘摩擦面的尺寸确定。用精密水准仪或框形水平仪和游标高度尺测量底板的水平和高程。调好后固定，点焊楔子板、基础底板。

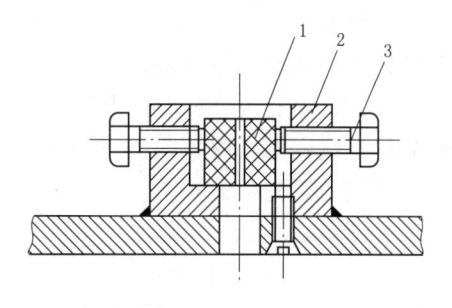

图4-7 求心架
1—绝缘棒；2—求心架底座；3—调整螺栓

在基础底板上放置楔子板，然后调入底座，在蜗壳轴线上用软线悬挂小锤球，调整底座位置使它的中心线与垂球对正。同时以蜗壳前端法兰面为准，用钢卷尺测量底座的轴向距离。用钢板尺测量蜗壳轴线到底座表面的高度差。从而对底座的各方向位置进行调整。

为今后调整方便，底座表面的高程应比设计位置略低，如低2～3mm。在底座与轴承座之间加入两层成形的垫片，垫片形状按轴承座底面制作，以保证足够的接触面积。底座就位后即可浇筑地脚螺栓的二期混凝土，浇筑前应点焊楔子板，从而固定底座的位置。

（4）安装轴承座。轴承座的安装基准根据机型不同而不同。对卧式混流式机组以止漏环为基准；贯流式机组以转轮室为基准。按上述基准挂钢琴线，精确调整钢琴线的水平和中心位置。然后用环形部件测中心的方法测量各轴瓦两端最下一点和两侧到钢琴线的距离，使两侧距离相等，距最下一点等于轴颈的半径。轴承同轴度的调整必须严格进行，因为任何方向的偏差都会使转动部分发生有害的振动，使轴承承载不均匀。

轴承轴向的位置应根据轴颈的实际尺寸确定，并要考虑发电机受热的伸长量和开机时的自由轴向窜动。热伸长量一般由制造厂给出，若没有给出时，可由式（4-1）估算：

$$f=0.012TL \tag{4-1}$$

式中：f 为热伸长量，mm；T 为发电机转子温度高于环境温度值，℃；L 为两轴颈中心距，mm。

对轴承座水平度的测量应用框形水平仪，可以在轴承座的上下结合平面上测量，也可以在它的内圆柱面上测量，根据实际结构决定。在底座基本水平的情况下，对轴承座水平度的调整只能用增减它与底座之间结合面垫片的方法。在需要加垫调整轴承座时，所加垫片不应超过3片，且垫片应穿过基础螺栓。

轴承座调整合格后拧紧组合螺钉，钻配临时销钉，轴承座最后用永久销钉定位是在机组联轴盘车后进行。轴承座调好后，拆下钢琴线、发电机的后部轴承，以利于机组转动部分的安装。

4. 轴承的安装和轴瓦间隙调整

小型整体卧式水轮发电机大部分采用滚动轴承。容量较大时采用正向对开式滑动轴承，其径向载荷范围应在轴承中心夹角60°到70°以内。轴承允许通过轴肩或轴环承受较轻的轴向荷载。当轴肩直径或轴环直径不小于轴瓦外边缘直径时，允许最大轴向荷载不超过该轴承最大径向荷载的40%，过大时应装止推轴承。

轴承的安装是卧式机组安装的关键工序，对机组的安全运行起决定的作用。轴承安装包括刮瓦、轴承间隙调整。

卧式机组有一个径向推力轴承和1～3个径向的导轴承。径向推力轴承是由推力轴承和导轴承组合而成的，图4-8就是一种常见的结构。它由分成上、下两半的筒式导轴承、分块瓦式的正向推力轴承以及简化的反向推力轴承构成。用透平油润滑，油箱下部装有透平油冷却器。

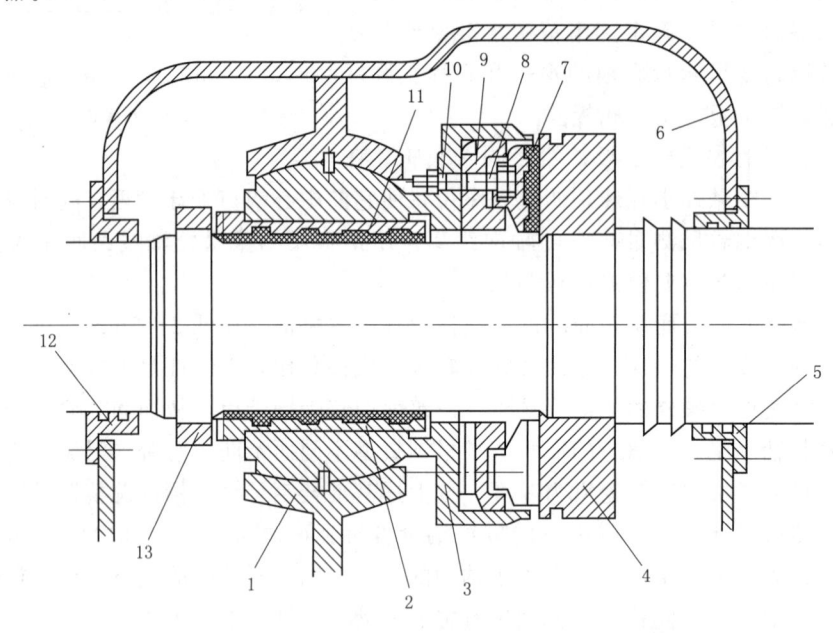

图4-8 径向推力轴承
1—轴承座；2—下导轴瓦；3—轴承体；4—推力盘；5—前端盖；6—轴承箱盖；7—推力瓦；8—推力销；9—抗重盘；10—调节螺钉；
11—上导轴瓦；12—后端盖；13—反向推力盘

（1）导轴承的刮研和组装。卧轴混流式机组的导轴承的刮研和组装方法，与立式机组大致相同。通常是在主轴还未吊装之前进行。对于轴颈小于600mm的轴承，轴瓦研磨要在假轴上进行，假轴直径应等于轴颈与双边间隙之和，假轴外圆柱面的粗糙度与轴颈相同。轴颈大于600mm时，为了节省制造假轴费用，可直接在轴颈上刮研。筒式导轴承必须组合成整体再在轴颈上研磨，并拆开来刮削，两半块之间的垫片用以调整导轴瓦总间隙。

轴瓦与轴颈间的间隙应符合设计要求，两侧的间隙为顶部间隙的一半，两侧间隙差不应超过间隙值的10%；轴瓦下部与轴颈的接触角应符合设计要求，但不超过60°，沿轴瓦长度应全部均匀接触，在接触角范围内每平方厘米应有1～3个接触点。

（2）推力轴承的刮研和组装。如图4-8所示，推力盘和反向推力盘都是紧固在轴上的，其工作面的研磨也只能在轴上进行。推力瓦一般分为8块，经过推力销、抗重盘、调节螺栓由轴承体支承。由于推力瓦在轴线方向位置调整的余地很小，甚至有的机组这一位置是不能调整的，刮研推力瓦时总要同时控制它的厚度，做到8块轴瓦基本一致。推力瓦的刮研及受力调整,最终目的是保证各瓦受力均匀,主轴及推力盘在旋转时不发生轴向窜动。机组盘车时用百分表检查,推力盘的端面跳动量应不大于0.02mm。推力瓦刮研后,推力瓦与推力盘的接触面应达到75%,每平方厘米应有1～3个接触点。无调节结构的推力瓦,其厚度应一致。同一组各块瓦的厚度差,不应大于0.03mm。

此外,由于推力瓦和导轴瓦都安装在轴承体上。为了保证两者的工作表面互相垂直,细刮和精刮阶段总是把推力瓦、导轴瓦一起组装,并同时研磨的。

导轴瓦端面上的巴氏合金层也就是反向推力瓦,除了上下两半对齐之外,一般没有刮研的要求。由于机组运行时轴向水推力是指向尾水管的,将由正向推力瓦承受,反向推力轴承只在机组启动、停机等发生窜动时才偶然受力。组装以后正向推力瓦与推力盘接触,反向推力瓦与反向推力盘之间应留下足够的轴向间隙,例如0.3～0.6mm。

(3)轴承间隙调整。轴承间隙大小直接影响到机组运行稳定性和轴承的温度,对机组安全运行至关重要,制造厂一般有明确要求。轴承间隙的大小决定于轴瓦单位压力、旋转线速度、润滑方式等因素。轴承间隙调整需待机组轴线调整完毕后进行。

轴颈与轴瓦的顶部间隙和侧面间隙应符合要求。轴瓦两端与轴肩的轴向间隙,应考虑在转子最高运行温升时,主轴以每米、每摄氏度膨胀0.011mm时,保持足够的间隙,以保证运行时转子能自由膨胀。推力瓦的轴向间隙(主轴窜动量)一般为0.3～0.6mm(较大值适用于较大的轴径)。

轴承间隙测量方法通常用塞尺法,较小的轴承用压铅法。

1) 塞尺法。在扣上上瓦块之前,先用塞尺测量下瓦块两端两侧间隙,同侧两端间隙应大致相等,误差不大于10%,最小间隙不应小于规定间隙的一半。不合要求的,取出刮大。

侧间隙调好后,以定位销定位,扣上上瓦,把紧上下瓦块组合螺栓,要注意螺栓紧力要均匀。然后用塞尺检查顶间隙及上瓦侧间隙,其值应符合要求。顶间隙过小时,可在上下瓦组合缝处加紫铜片调整。

2) 压铅法。侧向间隙测量和调整与上述方法相同。顶间隙测量则利用在合缝处和轴颈顶上放电工用的保险丝,然后扣上上瓦,把紧螺栓,保险丝被压扁,再拆开上瓦,测被压扁保险丝的厚度来计算轴瓦顶间隙。保险丝直径约为顶间隙的1.5～2倍,长10～20mm。

顶间隙调整法与用塞尺测量时的调整法相同。

轴瓦间隙合格后,正式装配轴承。用酒精把轴颈、轴瓦及油腔内部擦净,安装密封环及上轴承盖,然后安装轴承上的其他部件。

4.4 贯流式水轮机安装

4.4.1 结构特点

贯流式水轮机适用于极低水头(如3～15m)的水电站。它包括定桨和转桨两类,一般卧式布置,机组轴线成水平线或者倾斜的直线。其过流部件有引水管、座环、导水机构、转轮和转轮室、尾水管。水流从引水管进口到尾水管出口基本上沿机组轴线流过。

第4章　卧式水力机组的安装

按结构和布置上的不同，贯流式水轮机又可分为灯泡体式、轴伸式、竖井式、虹吸式等不同类型，目前应用最多的是灯泡体式和轴伸式两种。大型贯流式水轮机大多是灯泡式结构，其转动部分为悬臂结构。水轮机轴和发电机轴直接相连，靠水轮机轴承和发电机轴承来支承。有的小型灯泡贯流式机组还有增速齿轮装置。

如图 4-9 所示为灯泡贯流式机组，水轮机流道的中心设一灯泡体，发电机、主轴、轴承等都安装在灯泡体内，主轴向后延伸与转轮相连。从引水管到转轮室的这一段流道，其断面呈圆环形。从转动部分的支承上分析，属两支点机组。灯泡体内有两个轴承，靠近发电机的是推力轴承和导轴承的组合轴承，而靠近水轮机转轮的是导轴承。灯泡体由下部的机墩和支柱固定，两侧还设有装在流道里的支撑结构。

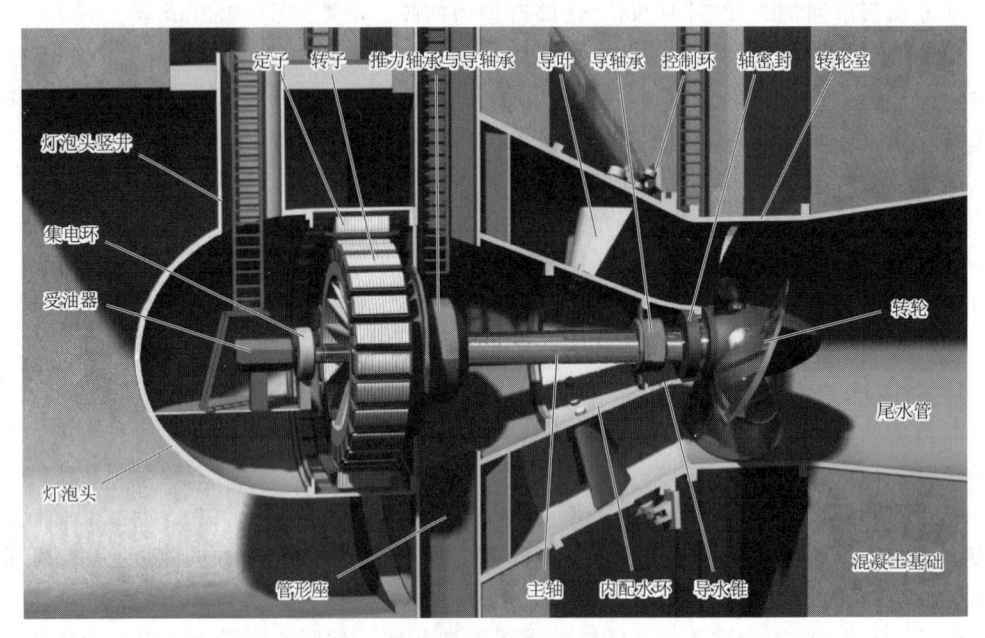

图 4-9　灯泡贯流式水轮机

贯流式与立轴转桨式水轮机相比，主要有以下结构特点：

（1）贯流式机组是一个由发电机、水轮机和坝基下水流通管道三合一的整体，结构紧凑，体积小。其外形呈流线体，水力性能好。机组布置在坝下水流通道内，其引水室呈管状并直接与压力管连通，有直的或略为弯曲的扩散性尾水管，降低了厂房基础的开挖深度，降低厂房高度，缩短跨距，减薄混凝土浇筑厚度，缩短建设周期。

（2）贯流式机组一般采用锥形导水机构，如图 4-10 所示。除设有普通接力器外，还设重锤接力器，保证在无油压时靠重锤作用关机，确保安全。

（3）径向导轴承均采用调位轴承，能随轴的摆度自行调整，保证与轴径有良好的接触，以避免偏磨。有的贯流式水轮机受油器与水轮机导轴承结合在一起，称为受油导轴承，这种结构可改善轴承润滑条件，使结构更紧凑。为承受水轮机正反向水推力，还设有双向推力轴承。

（4）尾水管是舌形尾水管。对于灯泡体式机组，其尾水管呈水平方向布置，前段为圆

4.4 贯流式水轮机安装

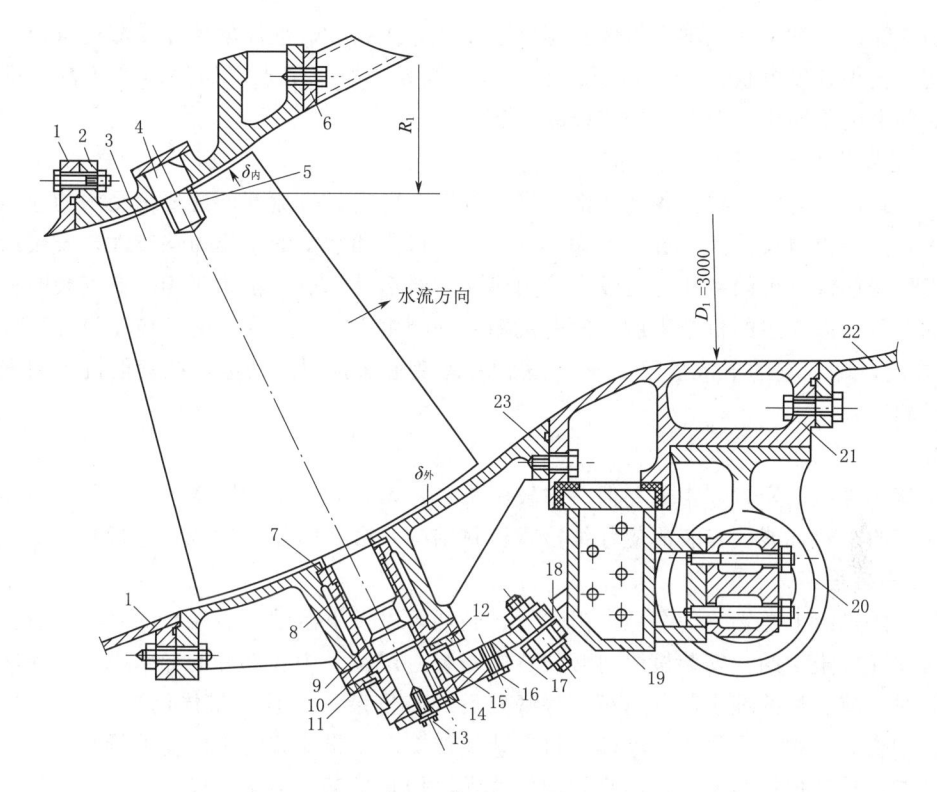

图 4-10 锥形导水机构

1—座环；2—内导环；3—锥形导叶；4—导叶短轴；5—内轴套；6—密封座；7—中轴套；8—套筒；
9—外轴套；10—压圈；11—橡皮圈；12—压板；13—调整螺钉；14—端盖；15—拐臂；
16—剪断销；17—连接板；18—球铰；19—控制环；20—环形接力器；
21—导流环；22—转轮室；23—外导环

锥形，后段由圆变方而且扩散成扁平的形状，从总体上看成为"舌形"，常称为舌形尾水管；对于轴伸式机组，其尾水管包括了 S 形的弯道，但从总体上看仍然是前小后大的舌形。舌形尾水管高度不大，可以减少开挖的深度。但它的长度较大，往往前段带有金属里衬，后段直接用混凝土浇筑而成。

4.4.2 安装工程的特殊问题

贯流式机组的结构复杂，再加上用于极低水头，因此部件总是尺寸很大的薄壁构件，存在以下一系列比较特殊的问题。

1. 空间尺寸或大或小的问题

贯流式机组过流部件的尺寸很大，又由很多块薄壁构件组成，安装中对正位置、固定形状就特别困难。以转轮标称直径 4.2m 的 GZ990-WP-420 型机组为例，其中由引水管、座环等构成的"管形壳"，高约 12m，长度 3.6m，进口宽 8.4m，总质量达 80t。管形壳由 8 块构件拼焊而成，而且必须整体一次性找正。其安装精度要求又高，下游侧法兰面的中心位置误差不得大于 0.5mm，安装工作的难度非常大。

灯泡体式机组的发电机、主轴、轴承等都装在灯泡体内，轴伸式机组水轮机主轴则要从流道中穿过，轴承和主轴密封装置等也装在灯泡体内。灯泡体的尺寸受流道限制，内部空间相对狭小。发电机定子、转子、主轴、轴承等，如何吊入，如何连接及找正都很困难，必须采用不同于一般机组的特殊的安装方法。

2. 零部件变形或下沉的问题

贯流式机组卧式布置，各主要部件受自身重力影响，过流部件还要承受水的重力和压力作用。由于机组尺寸大、过流量大、零部件的自重和承受的水压力均较大，安装或运行当中发生变形或下沉的可能性也较大。为保证主要部件运行时位置正确，在安装时应预留适当的余量。以前述的机组为例，发电机端主轴的中心位置，安装时就应比设计位置高出 1mm 左右，即为它的下沉预留 1mm。这种考虑变形而预留的余量，在其他机组的安装中很少见到。

3. 密封问题

贯流式机组的密封非常重要但又比较困难。除设计和制造的因素外，安装质量将直接影响机组的密封性能。安装前应仔细检查密封结构，必要时还需预装并进行水压试验。

4.4.3 安装程序

贯流式机组上游端（前端）的引水管、座环等以及下游端（后端）的尾水管里衬等都是埋设在混凝土中的，安装机组时必须首先安装、定位。中间部分的导水机构、转轮室等必须同时与前、后的埋设部分对正，势必要后一步安装，而且要整体调整。至于发电机、主轴、轴承等，则要先吊入灯泡体，再安装就位。由于贯流式机组结构的特殊性，决定了其安装工艺与其他机组不同，而且灯泡体式和轴伸式机组也会不一样。

下面以灯泡体式机组为例，其基本安装程序如下：

(1) 安装尾水管里衬、座环等埋设部件。
(2) 主轴、轴承的组合、检查。
(3) 吊入主轴轴承组合体，轴线调整、定位。
(4) 导水机构预装配。
(5) 导水机构正式安装。
(6) 安装转轮室及转轮。
(7) 安装发电机转子。
(8) 安装发电机定子。
(9) 安装灯泡体头部。
(10) 受油器及附属装置安装。

上述安装程序中的具体要点如下：

(1) 埋设部件的安装。埋设部件包括基础环、座环和尾水管等（图 4-11），安装机组时必须首先安装、定位。这些部件都是管状，呈水平布置，由法兰与其他部件相接，所以其法兰面的平直度和垂直度以及中心偏差，直接影响到部件位置的准确性及连接质量，因此必须严格控制。尾水管和管形座安装质量应符合表 4-1 的要求。

为了节省调整时间，保证连接质量，通常基础环与座环组合后一起安装调整，严格调整导水机构的圆度以保证导叶的安装质量。当中心和组合面的垂直度调整好后，可钻铰组合面上的定位销钉孔。

4.4 贯流式水轮机安装

(2) 锥形导水机构安装。导水机构装配应符合下列要求：

表 4-1　　　　　贯流式水轮机尾水管和管形座安装允许偏差　　　　　单位：mm

项目		转轮直径 D		说明
		$D<6000$	$6000 \geqslant D$	
尾水管	管口法兰最大与最小直径差	3.0	5.0	
	中心及高程	±1.5	±2.5	管口水平标记的高程与垂直标记的左、右偏差
	法兰面与转轮中心线距离	±2.0	±3.0	转轮中心预先放线，测上、下、左、右 4 点。若先装管形座，应以其下游侧法兰为基准
	法兰面垂直平面度	1.0	1.2	测法兰面对机组中心线铅垂面的偏离距离
管形座	方位及高程	±1.5	±2.5	上、下游法兰水平标记的高程部件上 X、Y 标记与相应基准线之距离
	法兰面与转轮中心线距离	±2.0	±3.0	测上、下、左、右 4 点。若先装尾水管，应以其法兰为基准
	最大尺寸法兰面垂直平面度	0.8	1.2	其他法兰面垂直度及平面度应以此偏差为基础换算
	圆度	1.0	2.0	
	下游侧内、外法兰面间的距离	−0.4～+0.4		

1) 内、外导水环应调整同轴度，其偏差不大于 0.5mm。

2) 导水机构上游侧内、外法兰间距离应符合设计要求，其偏差不应大于 0.4mm。

3) 导叶端面间隙调整，在关闭位置时测量，内、外端面间隙分配应符合设计要求，导叶头部、尾部、端面间隙应基本相等，转动应灵活。

4) 导叶立面间隙允许局部最大不超过 0.20mm，其长度不超过导叶高度的 25%。

在安装内导环前，要复查座环内圈组合面的垂直度、内导环与密封座的组合面垂直度等，应符合要求。同时记录各导叶内轴孔间的距离。上述各项合格后，可将组合螺栓紧固，但不能钻铰销钉孔。

将导叶按全开位置插入外导环轴孔内，装上套筒、拐臂、止漏装置、连接板等，除用调整螺钉调整导叶外端部与外导环的间隙 δ 外，并在内导环内插入导叶短轴，检查导叶转动的灵活性。如有憋劲现象，可移动导叶短轴位置，或处理导叶短轴与内导环配合面，以检查导叶内端部与内导环的间隙值 δ。当上述工作完成后，可钻铰内导环与座环内圈的定位销钉孔。

需要注意的是，内外导水环和活动导叶整体吊入机坑时，应将内导水环和导水锥与管形座的同轴度调整到不大于 0.5mm。控制环与外导水环吊入机坑后，测量或调整控制环与外导水环之间的间隙应当符合设计要求。

将导叶全关，使控制环处于全关位置，将连杆调整到设计长度后，连接控制环，用油压推动接力器关紧导叶，再测量并调整其立面间隙，使其符合设计要求。

对于正反向发电和正反向泄水的潮汐电站机组，应检查正向水轮机工况时的导叶最大

第 4 章 卧式水力机组的安装

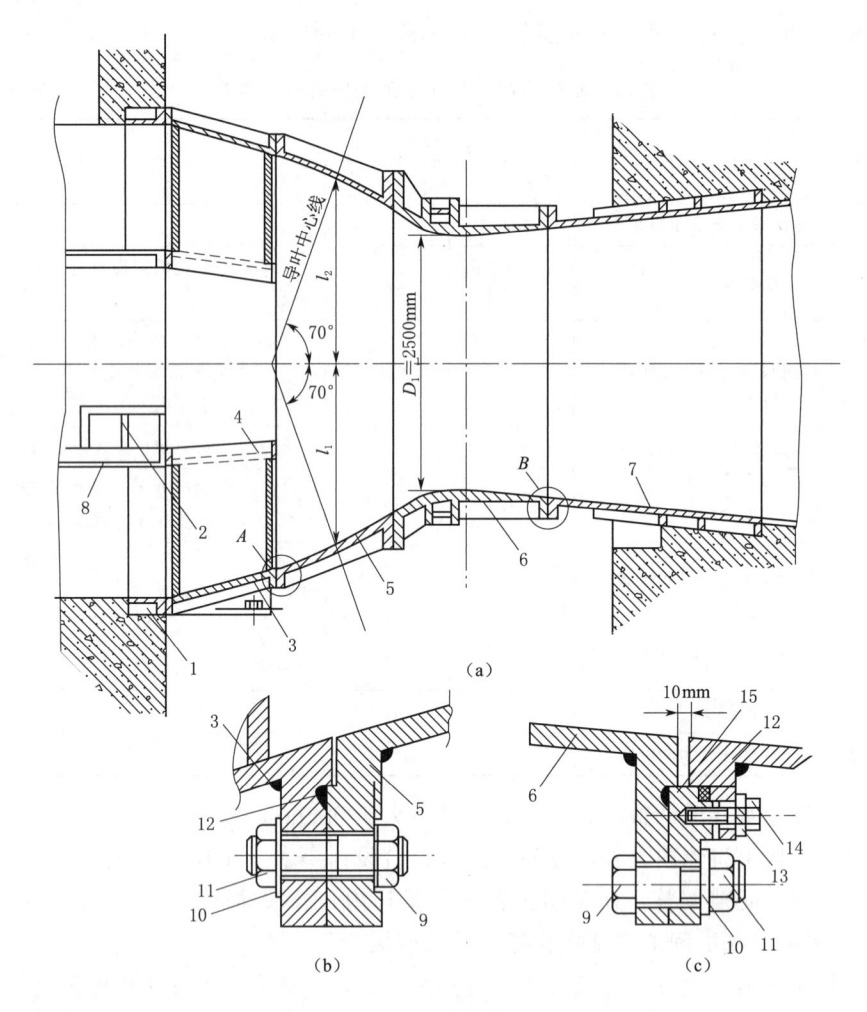

图 4-11 贯流式水轮机埋设部件
(a) 总体布置图；(b) A 详图；(c) B 详图
1—基础环；2—行星齿轮座；3—座环外圈；4—座环内圈；5—外导环；6—转轮室；
7—尾水管里衬；8—行星齿轮座环；9—组合螺栓；10、13—弹簧垫圈；
11—螺母；12—止漏橡皮圈；14—紧固螺钉；15—压环

开度与设计值的误差应在 3% 以内。反向水轮机工况和正反向泄水时的导叶极限开度与设计值 90% 比较，偏差不应大于 ±2°。

在安装重锤接力器时，要保证活塞与活塞缸、导管与上下缸盖间隙均匀。在做耐压试验时，仅允许止漏盘根处有滴状渗油。在无油压时，检查重锤在吊起和落下时，连杆、摇臂、转轴及重锤臂连接处有无不正常现象。重锤下落时，检查重锤是否落在托盘上。托架的弹簧弹力是否足够。在油压作用下，应作开启和关闭试验，并应作失去油压时，在重锤作用下的自行关闭试验，并记录关闭时间。

(3) 转轮组装。贯流式转轮实际是轴流转桨式转轮，其组装工艺过程与转桨式转轮相同。需要按要求进行严密性耐压试验和动作试验。

(4) 导轴承安装。导轴承的刮瓦和安装调整要求与一般对开式滑动轴承要求一样,对于受油导轴承的受油部分要做耐压试验。受油管上轴套的间隙要符合要求。

(5) 水轮机转轮和轴通常是在安装场组合为一体后,一起吊入安装。转轮与主轴连接后,组合面用 0.03mm 塞尺检查,不得通过。

泄水锥一般待转轮吊入后再安装,以减少安装尺寸。吊装转轮和组合件时要在主轴端配重。

(6) 卧式机组因转轮为悬臂安装,转轮在重力和推力作用下转轮端将下垂,在安装时要测量转轮的下垂量。其方法是:待转轮与主轴的组合件吊入后,在转轮叶片与转轮室间加楔铁,用来调轴的水平。测定转轮室与转轮叶片下侧的间隙 Δ_1,待发电机和水轮机联轴后,撤掉楔铁,再测其间隙 Δ_2,则转轮下垂量 $\varepsilon = \Delta_2 - \Delta_1$。如发电机转子也是悬臂结构时,也可用同样办法测发电机转子的下垂量。

(7) 发电机与水轮机联轴后进行盘车,测量机组的轴线状态。不合格的要加以处理。轴线调整时,应考虑运行时所引起的轴线的变化,以及管形座法兰面的实际倾斜值,并符合设计要求。受油器操作油管应参加盘车检查,其摆度值不大于 0.20mm。受油器瓦座与操作油管同轴度,对固定瓦不大于 0.15mm,对浮动瓦不大于 0.2mm。

(8) 根据机组轴线状态,转轮和转子的下垂量,调整机组中心,使转轮(转子)在转轮室(定子内)的间隙均匀。其方法是调整轴承座下的垫片。

(9) 通过盘车检查轴线与轴颈的配合情况。不合格时应进行处理,同时对轴瓦进行刮研。

(10) 当上述工作完成后,装上导环、导流环及转轮室的上半部分,再进行控制环的安装。

4.5 卧式水轮发电机安装

卧式水轮发电机一般用于中、小容量机组,转速较高,外形尺寸不大,部件整体性较强。除容量很小的以外,一般由底座、定子、转子、轴承座等组成,而且管道式通风冷却的占多数,其机坑与进、出风道相连。小型的定子与转子在制造厂组装成整体,经过试验后整体运到电站工地,安装工程相对简单;而中型卧式水轮发电机,为吊运方便,定子常采用分瓣结构,即分成上、下两部分,合缝处用销钉定位并用螺栓紧固。

卧式发电机的安装包括固定部分和转动部分。固定部分包括导轴承和发电机定子。这部分的安装往往是利用同一根中心线与水轮机导轴承同时进行调整,调整好后,做好装配标记,钻配好临时销钉,然后吊开,给水轮机转动部分安装提供方便。

4.5.1 安装质量要求与安装程序

1. 安装质量要求

卧式发电机都是以水轮机轴线为准来安装的。安装质量的最基本要求如下:

(1) 发电机主轴法兰按水轮机法兰找正时,同轴度偏差应不大于 0.04mm,两法兰面倾斜应不大于 0.02mm。

(2) 以转子为准调整定子的位置,发电机气隙应均匀。实测气隙时,每个磁极的两端，在转子4个不同位置（每次将转子转过90°）测量，计算所有实测值的平均值，以此平均值为准，再计算偏差的大小。各磁极的空气间隙值与平均空气间隙值之差，应不超过平均空气间隙值的±8%。

(3) 定子的轴向位置应使定子中心偏离转子中心，偏向水轮机端1.0～1.5mm。以便于机组运行时转子承受与轴向水推力反方向的磁拉力，以减轻推力轴承负荷，有利于机组稳定。

2. 安装基本程序

卧式水轮发电机的安装程序，会因具体结构的不同而变化，但一般来说基本程序如下：

(1) 准备标高中心架、基础板及地脚螺栓。
(2) 安装底座。
(3) 安装定子、轴承座。
(4) 转子检查及轴瓦刮研。
(5) 吊装转子。
(6) 与水轮机联轴，轴线检查、调整。
(7) 安装附属装置。
(8) 机组启动与试运行。

其中底座、定子、轴承座的安装定位，都以水轮机轴线为准，方法与前节的叙述相同。而转子的吊装与立式机组不同，将是本节介绍的主要内容。

4.5.2 基础埋设部分

基础架通过垫板及成对的调整楔子板支承在一期混凝土基础上。由基础螺栓将其固定，待发电机安装调整合格后，浇筑二期混凝土，把基础架埋入混凝土机墩中。

基础埋设前，先按测量单位提供的机组纵横十字线基准点及高程点来检查基础坑尺寸的准确性，并作必要的处理和凿毛，然后埋设基础垫板。

基础垫板布置在定子机座及轴承支座的下面，每块垫板上放置一对楔子板。对大型基础架，为防止弯曲变形，在基础架四角及两块垫板之间，应适当敷设小楔子板作支承，对载荷较轻的基础架，也可用螺旋千斤顶代替楔子板，在小型卧式发电机安装中广泛采用。

清扫基础架，并刷混凝土灰浆以防锈，然后把它吊放在已找正的楔子板上，穿上基础螺栓，拧上螺母。

在基础架上空悬挂机组纵横基准钢琴线，一般用28号钢琴线，一端绑扎在横架上，另一端通过横架悬挂10kg左右重物，使其绷紧。钢琴线离基础架上平面约为100～150mm，并测定其准确高程，调整钢琴线，使其既是中心线又是高程水平线。

在基础架平面上以定子基础螺孔及轴承基础螺孔为准划出各自的中心线，在已调好的钢琴线上悬挂线锤，使锤尖略高于机组平面。移动基础架使其纵横中心线与钢琴线重合。拆除线锤，用角尺或钢尺测量机座加工面与钢琴线的距离，并用楔子板调整基础板的高程和水平，要求高程比设计值低0.5～1mm，符合要求后，固定螺栓，楔子板用锤子轻轻地打紧即可，在打紧过程中要用框形水平仪监视，以防基础架的水平发生变化。

4.5.3 转子吊入找正

轴承座初步安装后，便可进行定子和转子的安装。中型卧式水轮发电机转子应事先在安装间组装成整体，各部件组装时，重量应对称平衡。如果条件允许，最好对整个转子作静平衡试验，其不平衡力矩应符合规范要求。

卧式发电机的转子，两端由轴承座支撑，中部的磁轭、磁极空悬在定子内。由于气隙不大，又不允许转子与定子摩擦，转子的装入和拆出都必须沿水平方向移动，这就形成了所谓"穿转子"的特殊工艺过程，其过程如图4-12所示。

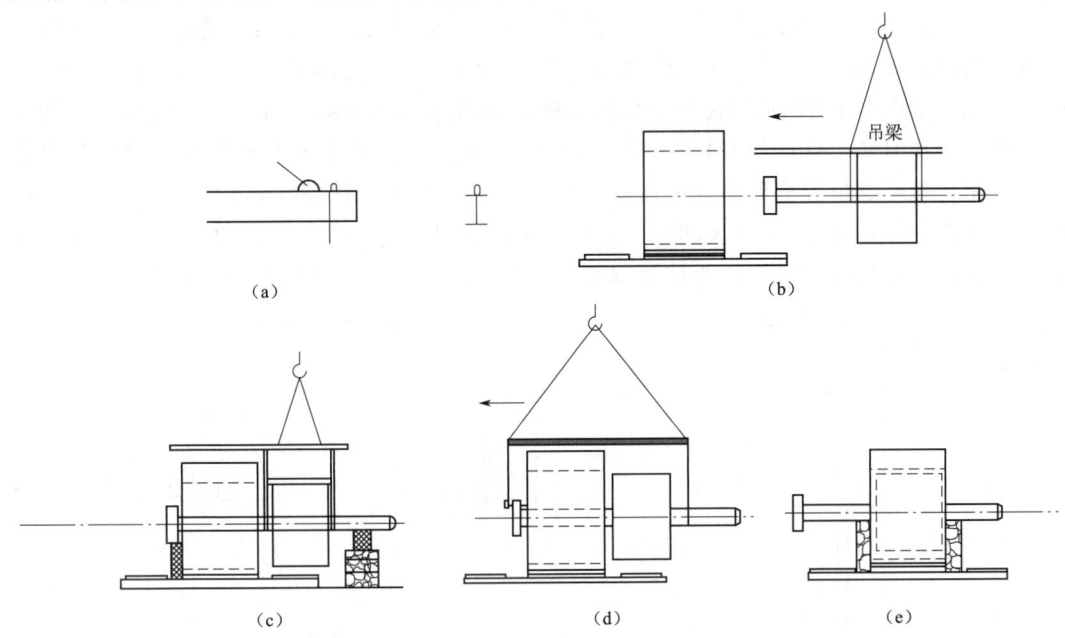

图4-12 卧式发电机吊转子的过程
(a) 吊梁；(b) 穿转子初始状态；(c) 穿转子过程中的临时支撑；
(d) 穿过定子；(e) 穿转子完成后的临时支撑

1. 准备工作

(1) 吊装前，转子应彻底清扫。清洗主轴法兰防护漆，除去毛刺，并用研磨平台及显示剂来检查法兰组合面，铲除个别高点使整个法兰沿圆周有均匀的接触点。主轴轴颈须用细呢绒布及细研磨膏进一步研磨抛光。彻底清洗轴承座内腔，腔内不应有型砂及锈蚀。在腔内刷两层耐油漆或酒精漆片溶液。瓦背与轴承座应接触严密无间隙，承力面积应符合设计要求，瓦面应无伤痕及其他缺陷，轴瓦清洁无杂物。轴承座油室应作煤油渗漏试验，至少保持4h，应无渗漏现象。

(2) 准备吊具、吊索。起吊转子时，钢丝绳不能与转子两端接触，必须经过吊梁来悬挂转子。吊梁如图4-12 (a) 所示，是一根刚度足够的横梁，通常用工字钢或槽钢焊接而成。根据需要在吊梁上设置钢丝绳吊点，悬挂转子的钢丝绳尽可能垂直向下，而连接行车吊钩的钢丝绳夹角应尽可能小。

(3) 准备临时支撑。穿转子必须分段进行，为了调整钢丝绳，必须设置可靠的临时支撑。如图4-12 (c) 和图4-12 (e) 所示，最常用的方法是用若干条形方木作支撑，但必须稳定可靠。

2. 分步穿转子

如图4-12 (b) 和图4-12 (d) 所示，转子吊入（或吊出）定子要分步进行，当中需要调整钢丝绳。如果法兰端的轴长不够，一般用一段带法兰的钢管作为假轴，其法兰按主轴法兰加工，用联轴螺栓连接假轴使主轴加长。但必须保证假轴有足够刚度。

转子开始穿入定子时，应该在气隙内放入非金属的导向条，用人力拉动以检查转子是否与定子摩擦，这与立式机组转子吊入的操作相同。

以水轮机法兰为基准进行找正，沿圆周方向四等分，用钢尺及塞尺测量两法兰的偏心值及倾斜值，如图 4-13 所示。两法兰的偏心值 a_1、a_2 与倾斜值 b_1、b_2 均不应大于 0.02mm。同时应测量轴瓦两端与轴肩的间隙，如图 4-14 所示。为了适应热状态下轴的伸长以及运转时转子受磁拉力的作用而存在的位移，安装时应考虑轴瓦与轴肩间隙的选择，即窜动量。其值推算到法兰连接后，使 $c\approx c'$、$d>d'$（以便在热状态下 $d\approx d'$），通常取 $d\approx d'+0.4l$（l 为两轴承间距，单位：m）。以上要求需通过调整轴承座的位置来达到。调整合格后还应测量轴瓦两端双侧间隙是否相等，否则还需作适当的调整。

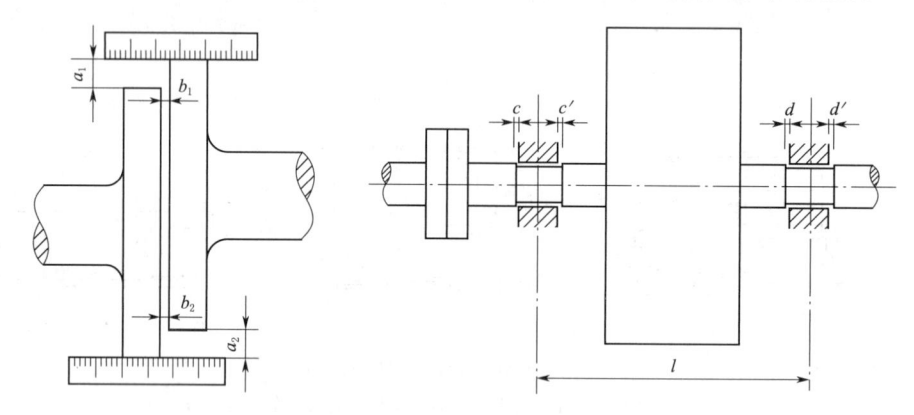

图 4-13 法兰偏心及倾斜测量图　　图 4-14 轴承两端轴肩窜动间隙测量

对小型单轴承结构的转子，吊入过程中一端应与水轮机法兰连接，使法兰凹凸止口压入，但需留 1~2mm 间隙，以便盘车时测量轴线用。另一端则安放在单轴承上。用上述方法测量并调整法兰倾斜及轴向窜动间隙。轴承座调整好后，紧固支座组合螺栓。

4.5.4 定子的安装

小型卧式水轮发电机的定子均为整体结构。大中型卧式水轮发电机制成上、下分半式。

1. 整体式定子的安装

根据整体式定子的结构特点应选取安全、简便的安装方法，即采用转子固定、定子套入转子的方法，或定子固定、转子插入定子的方法。

整体定子，若铁心膛孔高于基础架上平面，且为单水轮机时，可待转子吊入找正后，采用定子套转子的方式进行安装，如图 4-15 所示。

在已吊入找正的转子磁极重心外侧，用垫木及千斤顶把励磁机端转子略微顶起，使励磁机侧轴瓦与轴颈脱离，取出轴瓦，拆除轴承支座，如图 4-15（a）所示。为便于该轴承支座的安装，拆装前，可在原设计钻销钉孔的位置，先钻比设计直径小 3mm 以上的临时销钉孔，并配有临时销钉以定位。待轴线调整完毕后，再将该销钉孔钻到设计值。

4.5 卧式水轮发电机安装

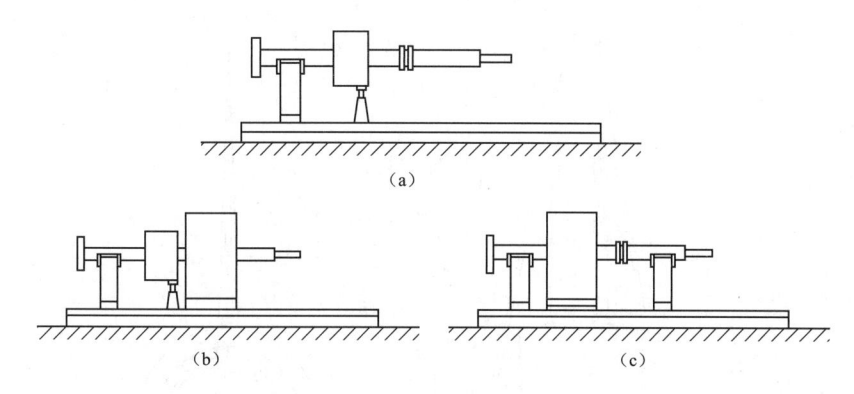

图 4-15 定子套转子
(a) 初始状态；(b) 准备套入转子轴端；(c) 定子套入转子完成状态

用压缩空气吹净转子及定子各缝隙，将经整体交流耐压合格的定子水平吊起，套入转子轴端，直到转子磁极吊入定子膛孔，主轴轴颈已露出定子外侧，不妨碍轴承支座时止，如图 4-15 (b) 所示。

安装励磁机侧轴承，松去千斤顶，使转子回复支承在轴承上。

吊起定子，按转子找定子中心，慢慢套入转子，如图 4-15 (c) 所示。为防止定子与转子磁极碰撞受损，可在转子外圆包一层厚 2mm 的纸板保护层，纸板的长度应超过磁极端部，或与悬吊式发电机吊转子一样，在套入过程中用木板条引导防止碰撞。

定子套入转子后，按基础螺栓孔位置大致找正，并在机座处适当加调节垫片，落下定子，传入基础螺栓。

测量定子与转子轴向中心，使定子中心向励磁机侧偏移 1~1.5mm，以便运行时主轴因温升伸长后获得同心。

测量发电机两个端面的空气间隙，调整定子位置，使空气间隙值与平均空气间隙值之差，不超过平均空气间隙值的 ±8%。当用机座垫片来调整上下空气间隙时，两侧垫片厚度应相等，以防定子横向水平的恶化。

2. 同吊整体定子及转子

整体定子，其铁心膛孔凹入基础架上平面，或为双水轮机时，则应先将定子吊入基础进行预装，与轴承座一并调整中心和水平，事先处理基础，并按实际中心高程确定基础垫片。然后将定子吊出，在安装场地进行定子套转子，或转子穿定子，并用 2~4 个链式起重机同钩调节定子与转子的空气间隙，气隙中塞木垫板或厚纸板隔离保护，最后同钩起吊整体定子及转子，如图 4-16 所示，一并吊入基础进行安装。

如果起重吊钩容量有限，不允许同钩起吊定子和转子时，则可在原基础上将定子用支墩垫高，使膛孔高程不妨碍转子穿入为原则，待转子穿入定子后，将定子支墩更换成 4 只千斤顶，以配合转子慢慢下落，由 4 人同时操作 4 只千斤顶逐级下降定子，直至落到基础上为止。

3. 分半定子的安装

大、中型卧式水轮发电机的定子外形尺寸及重量较大，且通常都由左、右两台水轮机

第 4 章 卧式水力机组的安装

(a)

(b)

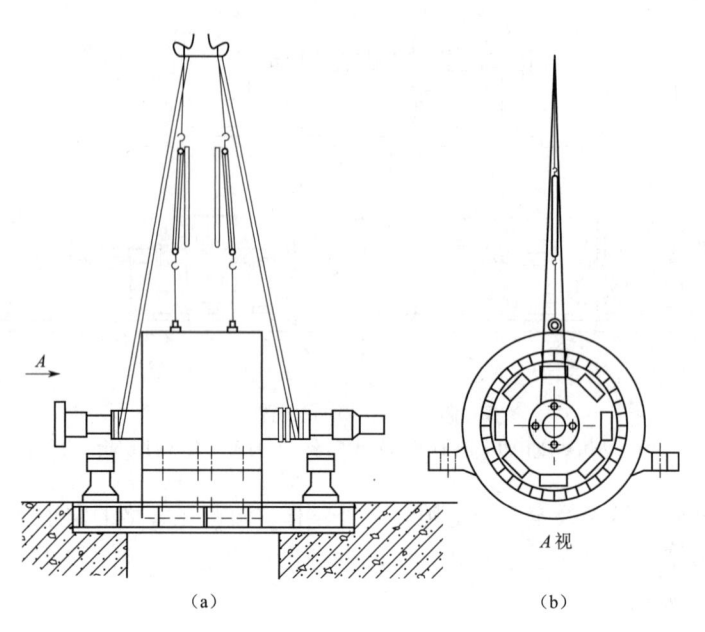

图 4-16 同钩起吊整体定子及转子
(a) 总体布置图；(b) A 视详图

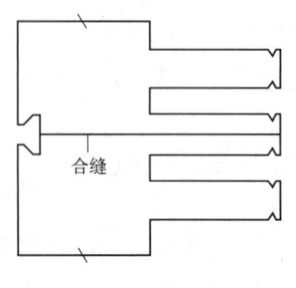

图 4-17 铁心分半合缝开在齿部

来驱动，为适应起重、运输及安装工艺的需要，一般均将定子作成上下分半式的，并将铁心分半合缝开在齿部，如图 4-17 所示，这就为先下线后组合创造了条件，省略了转子穿定子的困难工序。

先在基础外将两半定子分别下完所有线棒。下线时要特别注意合缝处上、下层线棒端部的弧形曲率半径的大小、平整及间距，并以样板检查，确保组合时上下线棒不碰剐，间隙大致均匀。

然后把下半块定子吊入基础，初步找正中心及水平，并按前所述方法吊入和调整转子。最后将上块定子吊入与下半块定子组合、焊线头、包绝缘等，并以转子为准校正定子位置。

4.6 卧式水力机组轴线的测量与调整

轴线测量及调整是卧式水力机组安装工作的重要工序，其目的是检查机组转动部分的同轴度和主轴轴线的平直度，使主轴能获得正确的相互位置，以便运行时能稳定地工作。卧式水力机组由于型式、容量、轴承数量的不同，其轴线测量及调整的方法也不尽相同。

对于两部轴承支承的机组，水轮机和发电机是一根轴，水轮机和发电机均悬臂安装在轴的两端。这种结构在安装时，要注意保持两部轴承间轴的水平的同时，考虑转子的悬垂量，轴承中心要比转轮室和定子中心高出悬垂量，使转动部分与固定部分同心，并通过盘车予以检查。

4.6 卧式水力机组轴线的测量与调整

容量 0.1MW 级的小型卧式混流机组和冲击式机组,大多是发电机和水轮机各有自己的两个轴承。这类四支点机组主要是借助于靠背轮直接连接的,其测量调整包括如下过程。

1. 检查靠背轮端面与轴线的垂直度

其方法是将两块百分表固定在固定物上,使表的测杆顶在被测靠背轮端面上下成 180°的两点上,如图 4-18 所示。装两块表,目的是通过计算消除因轴转动时产生轴向误差。然后将靠背轮每转 90°记录两块表的读数,则靠背轮端面 ac 方向的倾斜值为

$$K_{ac}=\frac{(a_A-c_A)/2+(a_B-c_B)/2}{2}=\frac{1}{4}[(a_A-c_A)+(a_B-c_B)]$$

式中:a_A、c_A 为 A 表在 a、c 位置时的读数;a_B、c_B 为 B 表在 a、c 位置时的读数。

对于轮面在 b、d 向的倾斜,其测法与上述相同。

2. 检查靠背轮外圆与轴线的同心度

将百分表测杆顶在靠背轮外圆上,如图 4-19 所示,转动靠背轮,每转 90°记录百分表读数 e_0、e_{90}、e_{180}、e_{270},若读数完全相等,则表示靠背轮中心与轴中心同心。同心度要求误差不应大于 0.03mm。用同样方法检查另一个靠背轮。以上记录的偏差,在两个靠背轮找中心时要计算在内。

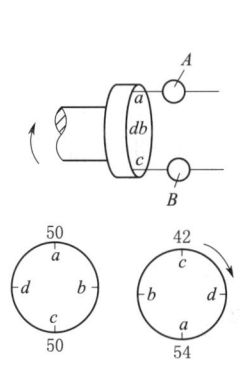

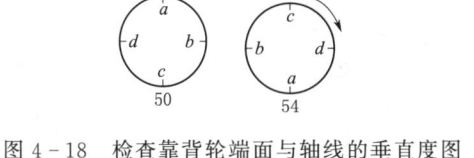

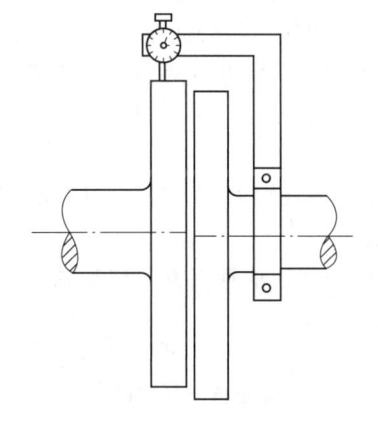

图 4-18 检查靠背轮端面与轴线的垂直度图　　图 4-19 用百分表测靠背轮偏心

3. 两靠背轮找中心

如果两个靠背轮有连接标记,则转动发电机轴,使靠背轮按记号对齐。在发电机轴上装上百分表,使百分表的测杆顶在水轮机靠背轮外圆上,同时将水轮机靠背轮外圆四等分。将两个靠背轮同时旋转,每转 90°(即一等分)记录一次百分表读数和 4 点的间隙,转完 4 个点回到原位时百分表应为 0,其误差不应大于±0.02mm。否则说明百分表架在测量过程中有变形或位移,需重新测量。用塞尺测量间隙时要注意每次不能超过 3 片,并且塞尺不能有皱折。每次测量用力和塞入深度要一致。

为了消除两根轴转动时的轴向窜动影响,提高测量精度,将每点 4 次测量值相加后平均得各测点间隙值为

$$\delta_x=\frac{1}{4}(\delta_{1x}+\delta_{2x}+\delta_{3x}+\delta_{4x})(x\text{ 为测点},\text{取 }x=a,b,c,d)$$

式中：$\delta_x(x=a, b, c, d)$ 为上、下、左、右十字方向靠背轮端面间隙值，mm；$\delta_{ia}(i=1, 2, 3, 4)$ 为在 0°时上、下、左、右十字方向靠背轮端面间隙值，mm；$\delta_{ib}(i=1, 2, 3, 4)$ 为在 90°时上、下、左、右十字方向靠背轮端面间隙值，mm；$\delta_{ic}(i=1, 2, 3, 4)$ 为在 180°时上、下、左、右十字方向靠背轮端面间隙值，mm；$\delta_{id}(i=1, 2, 3, 4)$ 为在 270°时上、下、左、右十字方向靠背轮端面间隙值，mm。

根据盘车测得的法兰径向偏差及间隙不均情况，分别计算主轴的倾斜值并调整轴承位置。

图 4-20 轴线调整计算示意图

为使两法兰面平行，发电机两轴承在垂直方向应分别移动，如图 4-20 所示。

$$f_1 = \frac{\Delta\delta}{2r}l_1 = \frac{\delta_a - \delta_c}{2}\frac{l_1}{r}$$

$$f_2 = \frac{\Delta\delta}{2r}l_2 = \frac{\delta_a - \delta_c}{2}\frac{l_2}{r}$$

式中：f_1 为第一部轴承应调整值，mm；f_2 为第二部轴承应调整值，mm；l_1 为发电机法兰组合面至第一部轴承中心长度，mm；l_2 为发电机法兰组合面至第二部轴承的中心长度，mm；r 为法兰半径，mm。

为使两轴同心，发电机两部轴承还要同时移动：

$$e = \frac{e_0 - e_{180}}{2}$$

式中：e_0、e_{180} 为分别为 0°、180°时的径向测量值，mm；e 为发电机和水轮机两靠背轮的偏心值，mm。

因此，第一部轴承垂直方向移动总量为

$$y_1 = f_1 + e = \frac{\delta_a - \delta_c}{2}\frac{l_1}{r} + \frac{e_0 - e_{180}}{2}$$

式中：y_1 为第一部轴承垂直方向调整总量，mm。

第二部轴承垂直方向调整总量为

$$y_2 = f_2 + e = \frac{\delta_a - \delta_c}{2}\frac{l_2}{r} + \frac{e_0 - e_{180}}{2}$$

式中：y_2 为第二部轴承垂直方向调整总量，mm。

计算值为正值时，轴承应垫高，向 a 方向移动；计算值为负值时，轴承应降低，向 c 方向移动。

同理，水平方向两轴承的调整值为

$$x_1 = \frac{\delta_b - \delta_d}{2}\frac{l_1}{r} + \frac{e_{90} - e_{270}}{2}$$

$$x_2 = \frac{\delta_b - \delta_d}{2}\frac{l_2}{r} + \frac{e_{90} - e_{270}}{2}$$

式中：x_1、x_2 分别为第一部轴承和第二部轴承水平方向调整总量，mm；e_{90}、e_{270} 分别为 90°、270°时千分表径向测量值，mm；其余符号意义同前。

计算值为正值时，轴承应向 b 方向移动；计算值为负值时，轴承应向 d 方向移动。重复上述测量调整步骤，合格后拧紧轴承座螺栓，连接主轴，准备整体盘车。

当机组转动部分为三部轴承支承时，两根轴靠背轮中间有一个飞轮，三者是刚性连接在一起，就如一根三支点的轴。对这种情况轴线的调整要遵循下列原则：

(1) 两靠背和飞轮三者结合面要平行且同心。

(2) 三部轴承所受的荷载要合理负担。

(3) 靠近靠背轮两侧的轴颈必须水平，并且轴心在同一直线上。

卧式三支点机组中，大多是发电机有两个轴承，水轮机有一个轴承，对这种情况，遵循上述原则其工艺过程如下：

(1) 首先将水轮机轴、飞轮、发电机定子、发电机转子后部瓦座顺序吊装就位。按制造厂的装配记号，把转动部分组合成一体。

(2) 将转动部分，略微吊起，抽掉水轮机导轴承下瓦片，使转动部分支承在发电机的两个轴承上，在固定物上装 4 块百分表，测杆分别顶在水轮机轴靠前端盖的轴颈处，即靠背轮和飞轮的外缘上。

(3) 转动飞轮，每转 90°记录一次各百分表的指示值。旋转 360°时，根据表的指示计算水轮机轴、飞轮和发电机轴三者的同心度和拆弯倾斜值。

如果不同心，若是因靠背轮与飞轮止口径向配合间隙过松而联轴螺栓过细所致，这时，可做一个简易四爪卡盘，如图 4-21 所示，装在飞轮上，略松联轴螺栓，类似车床上工件调中心的方法进行同心度的调整。

水轮机轴倾斜，可能是联轴螺栓紧力不均，此时可通过调整联轴螺栓紧力来处理；也可能是靠背轮组合面与轴线不垂直所致，这就必须拆下水轮机轴，刮研靠背轮的组合面，其刮削厚度的计算方法与立式机组盘车时绝缘垫或推力头底面的最大刮削量计算方法类似。

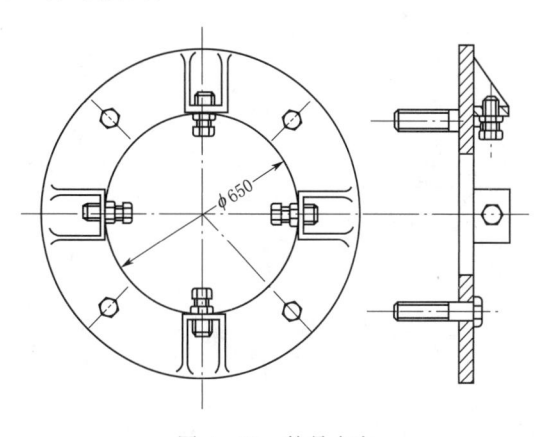

图 4-21 简易卡盘

(4) 机组轴线调直后，再次以水轮机迷宫环（轴流式机组则以转轮室）为基准，调整机组轴线的中心位置。其方法是：在水轮机轴后端装上百分表，使测杆顶在转轮室内圆加工面上，旋转主轴，根据百分表读数，分析轴线的倾斜和偏心。同时测定发电机空气间隙，移动轴承，使主轴处于中心位置。

(5) 装上转轮，再次盘车检查转动部分与固定部分的同心度。

习 题

1. 卧式机组有哪些特点？

2. 卧式机组有哪些类型？各有何特点？
3. 卧式混流式水轮机有哪些结构特点？安装的基本程序如何？
4. 卧式混流式水轮机的蜗壳，安装时有哪些基本要求？如何测量和调整蜗壳的位置？
5. 如何安装卧式机组的轴承座？
6. 如何刮研卧式机组的轴瓦？轴瓦间隙如何测量及调整？
7. 贯流式水力机组在结构上有哪些特点？安装中有哪些特殊问题？
8. 灯泡贯流式机组的安装程序如何？其埋设件包括哪些部分？
9. 贯流式水轮机的导水机构有什么特点？
10. 卧式发电机的安装质量要求与安装程序如何？
11. 卧式发电机的转子如何吊入找正？
12. 卧式发电机的定子如何安装？
13. 如何进行卧式机组轴线的测量与调整？

第5章 水力机组的启动试运行

水力机组的启动试运行是指机组在安装及调试基本完成后，或机组大修完工经检验合格后，对机组进行的一次综合性的启动运行试验。试运行是以水力机组启动试运行为中心，对电站引水、输水、尾水建筑物等水工建筑物和机电设备进行全面的综合性考验，技术要求非常严格，其中不少试验是首次进行。试运行主要是检查水工建筑物和机电设备的设计、制造、安装质量，并对机电设备进行调整和整定，使其最终达到安全、经济生产电能的目的，保障电站最终稳定、可靠地投入生产运行。

5.1 机组启动试运行的目的、内容及应具备的条件

5.1.1 机组启动试运行的目的

机组启动试运行的目的主要包括：

（1）参照设计、施工、安装等有关标准、规范及其他技术文件的规定，结合电站的具体情况，对整个水电站建筑和安装工作进行一次全面系统整体的质量检查和鉴定，以检查土建工程的施工质量和机电设备的制造、安装质量是否符合设计要求和有关标准、规范的规定。

（2）通过启动试运行前后的检查，能及时发现遗漏或尚未完工的工作以及工程和设备存在的缺陷，并及时处理，避免发生事故，保证建筑物和机电设备能安全可靠地投入运行。

（3）通过启动试运行，了解水工建筑物和机电设备的建筑安装情况，验证机组与有关电气及机械设备协联动作试验的正确性，以及自动化元件的可靠性，掌握机电设备的运行性能，测定一些运行中必要的技术数据并录制一些设备特性曲线，具体掌握机组的实际性能，作为正式运行的基本依据之一，为电厂编制运行规程准备必要的技术资料。

（4）在某些水利水电工程中，根据合同还需进行水力机组的效率试验和稳定性试验，以验证厂家的保证值，为电厂运行调度提供资料。

通过启动试运行的考验，证明水电站工程质量符合设计和有关标准、规范的要求之后，就可办理交接验收手续，水电站从施工安装单位正式移交给生产运行单位，投入正式生产。

5.1.2 机组启动试运行的内容

启动试运行的范围很广，要进行从水工建筑物到机电设备的全面检查。它包括检查、试验和临时运行等几个方面内容，每一方面与其他方面都有密切的联系，但其中以试验为主。这是因为机组首次启动，尚不了解其运行性能，必须通过一系列的试验后才能掌握机组的运行特性，在新机组启动试运行期间对机组进行全面试验，有助于机组投运后的安全

稳定运行，有助于分析研究机组的性能。所以启动试运行各个阶段的检查和运行工作，是在保证安全的前提下为完成各项试验工作而安排的。

大中型水电站机组启动试运行主要包括以下内容。

1. 机组启动试运行前的准备工作

（1）做好启动试运行的工作安排和人员培训工作。

（2）准备好技术标准、规范等资料。

（3）准备好试验所需的仪器、仪表、物资等，并布置妥当。

2. 引水发电系统充水前的检查和调整试验

（1）水工建筑物的检查，尤其是引水及尾水系统的检查，包括各种闸门和启闭设备的试动作等。

（2）水轮机的检查。

（3）调速系统的检查。

（4）水轮发电机的检查。

（5）励磁系统的检查。

（6）机组油、气、水等辅助设备系统的调整与检查。

（7）电气一次设备的检查。

（8）电气二次系统及回路的检查、模拟动作试验等。

（9）消防系统及设备的检查。

3. 引水发电系统的充水试验

从电站取水口到尾水渠的全部水工建筑物，以及水轮机的尾水管、蜗壳、压力管道等，依次逐步充水达到设计要求，包括水工闸门、水轮机进水阀等的启闭试验。在充水过程中及充水后应进行全面检查。

4. 机组启动及空载试验

由于电力生产的发电、供电、用电是同时完成的，根据用户用电负荷的变化，水力机组需经常启动和停机。水力机组的启动分为正常启动和首次启动。新装机组或机组大修后的第一次启动，称为首次启动。机组首次启动时或停机后，经检查无异常情况，可以再次启动，进行空载试验。空载试验是机组带负荷前的机械和电气试验工作。空载试验的目的是在不带负荷情况下检查机组和调速系统、励磁系统以及其他辅助设备的制造和安装质量，消除发现的缺陷，使各项设备符合设计和规范的要求，以便于进行机组的负荷试验。

通过机组空载试验，检查机组转动部分，确认机组转动部分与固定部分之间无摩擦或碰撞；检查机组振动、摆度符合标准要求；检查机组各部位瓦温正常，符合合同要求；进行机组过速试验；进行调速器调节参数调整及扰动试验等。

其间主要完成的试验项目有：机组首次（手动）启动试验、机组过速试验、调速器空载扰动试验、水轮发电机升流试验、发电机定子绕组直流耐压试验、无励磁自动开机和自动停机试验、水轮发电机升压试验、水轮发电机空载下励磁调节器的调整和试验等。

5. 机组并列及负荷试验

机组并入电力系统前，应选择同期点及同期断路器，检查同期回路的正确性。机组并列试验完成后，即可进行负荷试验。

负荷试验的目的是检验机组及其辅助设备在各种工况下的运行情况，为机组投产发电提前做好准备。通过机组并列及负荷试验，检查机组并网带负荷情况；检查水力机组调节保证值；检查调速器及励磁装置带负荷下的调节参数；考验机组甩负荷时，调速器及励磁装置的调节性能等。机组的带负荷与甩负荷试验应相互穿插进行。

其间主要完成的试验项目有：机组并列试验、机组带负荷试验、带负荷下调速器系统试验、带负荷下励磁装置试验、机组甩负荷试验、机组最大出力试验、低油压关闭导叶试验、事故配压阀动作关闭导叶试验、动水关闭工作闸门、水轮机进水阀以及水轮机筒形阀的试验等。在有要求的情况下，还要进行机组的进相运行试验和调相运行试验等。

6. 机组72h带负荷连续试运行

在完成启动、空载、并列及负荷试验等试验内容并经验证合格后，机组已具备并入电力系统带额定负荷连续72h试运行的条件。机组72h带负荷连续试运行期间，应根据运行值班制度，进行正常值班工作，并全面记录运行所有有关参数，为机组正式投入商业运行做好准备。

5.1.3 机组启动试运行应具备的条件

由于机组启动试运行牵涉的范围很广，涉及水电站的土建工程、机电设备安装、金属结构制作安装以及工程移民、环境保护等方面，每一方面与其他方面都有密切的联系。因此，机组启动试运行需要具备诸多条件。例如：工程已经通过水库蓄水前的验收；引水式电站机组引水系统已通过验收及安全鉴定；机组及相关机电设备安装、检验合格，资料完整；机组的继电保护、自动控制，测量仪表等装置和设备，与机组启动试运行有关的油、气、水系统设备，通风空调系统设备，电气回路及电气设备等，均应当依据相应的专用规程试验合格。

5.2 机组启动试运行程序

为了保证机组启动试运行能安全顺利地进行，并得到完整而可靠的试验资料，整个工作必须按技术要求逐步深入有序地开展。

5.2.1 机组启动试运行前的准备工作

为确保机组启动试运行工作正常有序开展，需要进行大量的前期准备工作，必须做到有严密的组织领导，要按照事先的计划安排来逐步进行。

1. 严密组织，统一指挥

（1）建立组织和指挥机组启动试运行的机构。一般由水电站建设单位、设计单位、安装单位、监理单位、运行单位等参建单位共同组成启动试运行领导机构，如启动验收委员会。试运行人员的调配、业务学习及上岗培训；工程图纸及试运行资料的准备；试运行仪器、仪表及物资的准备与布置；通信联络与后勤保障等方面都进行统一的组织安排。

（2）从水工建筑物到机组及辅助设备、电气设备等，都要分岗位设专人进行试运行的操作与测试，或检查与监视。

（3）根据相关标准、规范的规定，并结合电站具体情况，编制启动试运行大纲，经过启动验收委员会批准后方可进行启动试运行。做好技术方案和工作计划的编制，除了安排试运行的项目和日程外,还必须对可能发生的问题及意外事故作出应急措施的准备,确保电站人员和设备的安全。

(4) 试验现场执行统一指挥。

2. 准备好相关的技术标准等资料

水电站的水工建筑物、金属结构、水力机组、调速器及辅助设备、电气设备和一次、二次回路等,都有具体的技术标准,试运行及交接验收工作都应遵照执行,确保质量。

3. 为试验记录做好准备

水电站各部门在试运行期间所进行的试验检查,都必须有详细的现场记录,而且要按标准的要求整理成文字资料,作为电站的技术档案保存,为今后的运行管理打好基础。同时,还要准备好试验时的仪器、仪表、物资等,都应布置到位。

5.2.2 引水发电系统充水前的检查和调整试验

1. 引水及尾水系统的检查

(1) 进水口拦污栅已安装调试完工并清洁干净,检验合格,拦污栅差压测压头与测量仪表检验调试合格。

(2) 各闸门、充水阀、启闭装置在无水情况下手动自动操作均已调试合格,启闭状况良好,启闭时间应符合设计要求,进水口工作闸门和尾水闸门在关闭状态。

(3) 压力管道及通气孔、调压井、蜗壳、尾水管等过水通流系统均已检查合格清理干净。伸缩节间隙应均匀,盘根有足够的紧量。非本期发电部分的分叉管阀门及闷头已可靠封堵。所有进人孔(门)的盖板均已严密封堵。

(4) 水轮机进水阀及其旁通阀调试合格,启闭状况良好,处于关闭状态;蜗壳及尾水管排水阀启闭状况良好,处于关闭状态。

(5) 电站上、下游水位测量系统调试合格,水位信号远传正常等。

2. 水轮机的检查

(1) 水轮机及附件已全部安装完毕,施工记录完整,上、下止漏环间隙或轴流式水轮机转轮叶片与转轮室间隙已检查无遗留杂物。

(2) 真空破坏阀经严密性渗漏试验及设计压力下动作试验合格。

(3) 顶盖排水装置检验合格,水流通畅;蜗壳及尾水管排水阀启闭情况良好并处于关闭位置。

(4) 主轴工作密封与检修密封经检验无渗漏。调整工作密封水压至设计规定值,工作密封溢水正常。

(5) 水导轴承安装检验合格,润滑及冷却系统已检查合格,油位、温度传感器及冷却水水压已调试,各整定值符合设计要求。

(6) 导水机构检验合格,并处于关闭状态,接力器锁锭投入。导叶的最大开度和关闭后的严密性及压紧行程已检验符合设计要求。剪断销剪断信号及其他导叶保护装置检查试验合格。

(7) 各测压表计、示流计、流量计、摆度、振动传感器及各种变送器已校准,管路线路连接良好,通流通畅,管路中杂物已清除干净。

(8) 尾水管射流补气装置处于关闭状态。在确认尾水不会倒灌的前提下,水轮机大轴自然补气检修阀应处于开启状态。

3. 调速系统的检查

(1) 调速器整体及管道和油压装置安装完毕，调试合格。油压装置压力、油位正常，透平油化验合格。各部表计、阀门、自动化元件均已整定符合要求。

(2) 油压装置油泵在工作压力下运行正常，无异常振动和发热，油泵自动切换运行调试检查合格；集油槽油位信号正常；压力油罐自动补气装置动作正确；漏油装置手动、自动调试合格。

(3) 由手动操作将油压装置的压力油通向调速系统，检查各油压管路、阀门、接头及部件等均无渗油现象。

(4) 调速器液压柜、电气柜调试合格，电气-机械/液压转换器工作正常。

(5) 调速器锁锭装置调试合格，信号指示正确，充水前应处于锁定状态。

(6) 进行调速器系统联动调试的手动操作，并检查调速器、接力器及导水机构联动操作的灵活可靠和全行程内动作平稳性。检查导叶开度、接力器行程和调速器柜的导叶开度指示器三者的一致性，并录制导叶开度与接力器行程的关系曲线，应符合设计要求。

(7) 事故配压阀和分段关闭装置等均已调试合格。用紧急关闭方法初步检查导叶全开到全关所需时间，应符合设计要求。

(8) 对于转桨式水轮机，应由调节器操作检查桨叶转动指示器和实际开度的一致性。模拟各种水头下导叶和桨叶协联关系曲线。

(9) 对调速器自动操作系统进行模拟操作，检查自动开机、停机和事故停机各部件动作的准确性和可靠性。

(10) 测速装置安装完毕检验合格，继电器触点已按要求初步整定。

4. 水轮发电机的检查

(1) 发电机整体试验和检验合格，记录完整。检查发电机及其附属设备的安装质量是否符合制造厂提供的图纸和有关技术文件或规范要求，对在安装过程中要求进行试验和检验的项目，要求合格并有完整的记录。

(2) 清洁检查。发电机内部已进行彻底清理，检查定子、转子及气隙内无任何杂物，发电机风洞已检查无遗留杂物。发电机转动部分所有的零部件确实可靠紧固或锁定、点焊牢，对凡是吊入转子后施工或拆动的部件必须进行逐一检查。

(3) 导轴承及推力轴承油位、温度传感器及冷却水压（或流量）已调试，整定值符合要求。推力外循环油冷却系统工作正常。油雾吸收装置工作正常。油槽应充以图纸规定牌号的润滑油并到规定的油面高度，检查油槽各部位是否渗漏。同时检查充油后轴承对地绝缘电阻是否符合要求。按照制造厂图纸或有关技术文件化验推力轴承、导轴承油槽内的润滑油油质是否符合要求，并且有合格证。

(4) 推力轴承的顶转子装置使用正常。对设有推力轴承高压油顶起装置的发电机，要求对其装置进行调试并合格，压力继电器工作正常，单向阀及管路阀门均无渗漏现象。

(5) 发电机风罩内所有电缆、导线、辅助线、端子板均已检查无误，固定牢靠。风罩内各部件接地线无遗漏，环形接地带已敷设。发电机风罩以内所有阀门、管路、接头、电磁阀、变送器、传感器和自动化元件等均已检查合格，处于正常工作状态。按设计要求对管路及管件已采取防结露措施。发电机内灭火水管路试验检查合格,有专人确认。

(6) 发电机转子集电环、碳刷、碳刷架已检验,碳刷与集电环接触良好并调试合格。

(7) 发电机机械制动系统的手动、自动操作已检验调试合格,动作正常。充水前制动闸处于手动制动状态。制动闸吸尘装置工作正常。

(8) 发电机的空气冷却器已检验合格,水路畅通无阻,阀门及管路无渗漏现象。机坑内排水沟已清理,排水管路畅通。

(9) 测量发电机工作状态的各种表计、振动和摆度传感器、气隙监测装置、局部放电监测仪等调试整定合格。

(10) 对于定子绕组为水内冷却或蒸发冷却的发电机,定子绕组的水内冷却或蒸发冷却系统已检查并调试合格。冷却介质检验合格,进出口管路和二次冷却水管路、接头、阀门渗漏均检查合格。

(11) 发电机各自动控制保护屏上的定值核对正确,控制开关位置正确,并有继电保护部门专责人员随同检查确认。

5. 励磁系统的检查

(1) 励磁电源变压器试验合格,高、低压端连接线与电缆已检验合格。

(2) 励磁系统各盘柜检查合格,主回路连接可靠,绝缘良好。

(3) 励磁功率柜通风系统检查合格,功率元件风机自动切换可靠。

(4) 交直流灭磁开关主触头接触良好,开距符合要求,常开常闭主触头切换过程搭接时间符合设计规定,动作灵活可靠。非线性电阻检查合格。

(5) 励磁调节器开环特性符合设计要求,通道手动/自动切换可靠。

(6) 励磁操作、保护及信号回路动作可靠,检查起励装置、转子过压保护装置等应合格,所有表计校验合格。与继电保护、机组 LCU 接口的通信符合要求。

(7) 检查电制动变压器等发电机制动系统设备应当合格。

6. 油、气、水系统的检查

(1) 技术供水系统,包括水源、水质处理设备、管网、阀门和表计等安装完毕,并检查合格,试运行正常。

(2) 厂内渗漏排水与检修排水系统经检查合格,水泵润滑水源供水可靠。集水井水位传感器经调试,其输出信号和整定值符合设计要求,渗漏排水系统和检修排水系统处于正常投运状态。

(3) 全厂透平油、绝缘油系统已投入运行部分能满足该台机组和主变压器供油、用油和排油的需要。油质经过化验合格。用于全厂液压操作的公用油压装置已调试检验合格,并投入运行。

(4) 压缩空气系统已调试合格,储气罐及管路系统无漏气,管路畅通。各压力表计、温度计、流量计、减压阀工作正常,安全阀已校验,整定值符合设计要求。压缩空气系统已投运,处于正常状态。

(5) 机组调相运行供气、自动化元件及系统均已检查合格,动作正确无误。补气量及压力均能满足压水和调相运行的要求。

(6) 各管路、附属设备已涂漆,标明流向,各阀门已标明开关方向,挂牌编号。管道穿楼板、墙壁处已封堵。

7. 电气一次设备的检查

(1) 发电机主引出线、机端引出口处的电流互感器等设备检验合格。中性点引出线及电流互感器、中性点消弧线圈（或中性点接地变压器、电阻）调试合格。

(2) 发电机断路器、隔离开关、电制动开关等试验合格，发电机电压母线及其相关设备试验合格，具备带电条件。

(3) 主变压器已安装并调试合格，分接开关置于系统要求的给定位置，绝缘油化验合格，冷却系统调试合格，具备带电条件。

(4) 相关厂用电设备检验并试验合格，已投入工作正常，并至少有两路独立电源供电。备用电源自动投入装置已检验合格，工作正常。

(5) 与机组发电机送出有关的高压配电装置检验调试合格。

(6) 全厂接地网和设备接地已检验，接地连接良好，接地测试井已检查。总接地网接地电阻和按设计规定部位的接触电位差、跨步电位差已测试，符合规定值的要求。

(7) 厂房相关部位工作照明和事故照明已安装，主要工作场所、交通道和楼梯间照明、疏散指示灯已检查合格。事故照明已检查合格，油库、蓄电池室等防爆灯已检查合格。

8. 电气二次系统及回路的检查、模拟动作试验

(1) 机组电气控制和保护设备及盘柜检查合格，电缆接线正确无误，连接可靠。

(2) 计算机监控系统的机组现地控制单元、全厂开关站控制单元、进水口及尾水（若有）工作闸门控制单元、公用设备控制单元和被控设备调试合格。中央控制室的全厂集中监控设备（如模拟屏、控制台、计算机监控系统及不间断电源等设备）检验合格。

(3) 直流电源、照明用应急电源（EPS）、计算机用直流电源（UPS）等设备检验合格，并投入工作正常；充电和浮充电装置及其回路已检验合格。

(4) 电气操作回路已检查并通过模拟试验，已验证其动作的正确性、可靠性与准确性。如进水口闸门操作回路、水轮机进水阀操作回路、机组操作与水力机械保护回路、发电机励磁操作回路、发电机断路器隔离开关电制动开关操作回路和闭锁回路、各高压断路器隔离开关的操作与安全闭锁回路、直流及信号报警回路、全厂公共设备操作回路、发电机同期操作回路、厂用电设备操作回路。

(5) 电气二次的电流回路和电压回路已完成通电检查之后，对各主要的保护应进行模拟，验证动作的准确性。如发电机继电保护与故障录波回路、主变压器继电保护与故障录波回路、高压配电装置继电保护回路、送电线路继电保护与故障录波回路、厂用电继电保护回路、仪表测试回路、其他继电保护回路等。

(6) 通信系统等设施调试完毕，检验合格，通话和数据传送符合要求，能够满足电网调度、梯级调度和生产调度的需要。

(7) 二次盘柜的接地铜排已连接到二次系统等电位接地网。

9. 消防系统及设备的检查

(1) 与启动试验机组有关的主、副厂房等部位的消防设施应当符合消防设计与规程要求，并通过消防部门验收。

（2）水轮发电机消防系统检验合格；主变压器水喷雾系统及喷射调试合格，水雾能覆盖主变压器器身；主变压器油池与事故排油系统符合设计要求，事故油池经清理排油通畅。

（3）全厂火灾报警与联动控制系统安装调试合格，火灾探头动作准确，联动控制动作正确，并通过消防部门验收。

（4）全厂消防供水水源、气源可靠，管道畅通，压力满足设计要求。采用气体灭火的消防系统，应当按照设计要求安装全套灭火设施并调试合格，检查灭火气体质量符合设计要求。

（5）电缆防火堵料、涂料、防火隔板等水喷雾安装完工，电缆穿越楼板、墙壁、竖井、盘柜的孔洞及电缆管口已可靠封堵。

（6）按机组启动试验大纲要求的临时性灭火器具配置已完成。

5.2.3 引水发电系统的充水试验

1. 尾水管的充水试验

首先经试运行领导机构确认试运行前的各项检查已完毕，指挥通信系统布置就绪，各部位运行人员已到位。再次确认引水管路上所有闸门、水轮机进水阀、蜗壳排水阀、尾水管排水阀、蜗壳进人门、尾水管进人门处于关闭状态；调速器、导水机构处于关闭状态，接力器锁锭已投入；厂房渗漏排水系统、检修排水系统运行正常等。

引水发电系统的充水过程是先向尾水管充水，检查尾水位高程以下各部件如顶盖、导叶轴套、进人门（孔）、主轴密封、测压系统管路等部位是否漏水，无异常现象后提起尾水闸门，以备引水管道充水过程中存在问题时进行排水、启动机组时排水。充水过程中必须密切监视各部位渗（漏）水情况，确保人员、厂房及其他机组安全，发现漏水等异常现象时，应当立即停止充水，进行相应处理，必要时将尾水管排空。

2. 压力管道充水试验

（1）充水前应检查、观察压力管道总闸门的漏水情况，并处理好。

（2）首先打开进水口检修闸门的旁通阀，观察检修闸门与工作闸门间水位上升情况，待两侧平压后提起检修闸门。观察工作闸门下游侧的漏水情况。

（3）再开启工作闸门的旁通阀，向管道充水。若无旁通阀时，可将工作闸门提起较小的开度（闸门全开度的 3%～5% 或设计规定值）进行充水，以免压力管道内气压过大引起爆裂事故。监视压力管道水压表读数，检查压力管道充水情况。对引水式水电站，则可开启调压井工作闸门的旁通阀向压力管道充水。

（4）在压力管道充水过程时，应先检查水轮机进水阀关闭状态下的渗漏情况。有条件时，测量水轮机进水阀的漏水量。充水过程中，检查压力管道通气孔的排气是否畅通，同时注意应使管道中的积气完全排出。

（5）压力管道平压后，记录压力管道充水时间和静水压力值。

（6）检查压力管道伸缩节位移及漏水情况，检查进人门（孔）、各测压表计及仪表管接头渗漏情况。

（7）长引水系统压力管道充水，应单独制定详细的包括水工建筑物在内的操作规程和安全技术措施。高水头电站的输水道应按设计要求分级进行充水。

3. 蜗壳充水试验

(1) 若蜗壳前没有主阀，则压力管道充水时水将一直流进蜗壳，水停留在导叶外圈，这时应检查水轮机顶盖等部件的漏水情况。若蜗壳前装有水轮机进水阀，压力管道充水试验完成后，再进行蜗壳充水试验。先打开水轮机进水阀的旁通阀，向蜗壳充水。

(2) 检查水轮机顶盖、导水机构、筒形阀、测压管路、进人门（孔）及各连接处的漏水情况及顶盖排水情况。有条件时，可以测量筒形阀及导叶漏水量。

(3) 充水过程中，检查蜗壳排气阀的动作情况，同时注意应使蜗壳中的积气完全排出。

(4) 检查蜗壳弹性垫层排水情况。

(5) 记录蜗壳充水时间和静水压力值。观察各表计及仪表管接头漏水情况，并监视水力量测系统各压力表计的读数。

4. 充水平压后的观测检查和试验

(1) 以手动或自动方式进行工作闸门静水启闭试验，调整、记录闸门启闭时间及压力表计读数。进行远方启闭操作试验，闸门应启闭可靠，位置指示准确。

(2) 在闸门操作柜、机旁和电站中央控制室分别进行静水中紧急关闭闸门的试验，检查油压启闭机或卷扬启闭机制动的工作情况，并测定关闭时间。

(3) 蜗壳充水后，手动操作水轮机进水阀，检查阀体启闭动作情况。在手动操作试验合格后，进行自动操作的启闭动作试验，分别进行现地和远方操作试验。水轮机进水阀在静水中启闭应正常，并记录开启与关闭时间。装设水轮机筒形阀的机组，蜗壳充水后按要求进行现地和远方操作试验。

(4) 压力管道充水后应对进水口、明敷钢管的混凝土支墩等水工建筑物进行全面检查，观察是否有渗漏、支墩变形、裂缝、钢管位移等异常情况。

(5) 观察厂房内渗漏水情况，及渗漏排水泵排水能力和运作的可靠性。

5. 技术供水系统充水及参数调整试验

(1) 手动操作技术供水系统管路各阀门设备，使技术供水系统充水。采用技术供水泵的供水系统应首先启动供水泵。检查减压阀、滤水器以及系统各部位管路、阀门及接头的工作情况。调整各示流继电器、减压阀、安全阀等，检查各压力表计指示是否正确，各技术供水管是否有堵塞情况。对水润滑的导轴承，供水至润滑水管路系统，应无漏水和堵塞，并检查止水盘根漏水情况。检查当主润滑水源切断以后，示流继电器的动作及备用水源投入的自动回路动作情况。

(2) 检查并调整各部件流量、压力符合设计要求。

(3) 进行监控系统自动开、停技术供水系统试验。检查技术供水系统各传感器、变送器上传至监控系统的信号应正确。

(4) 模拟设备故障、流量压力低等信号，检查监控系统指令的准确性及系统的工作情况。

(5) 检查主、备用水泵或者主、备用供水回路自动切换的可靠性。检查有正反向供水设计的阀门自动切换情况。

为了处理缺陷，需要将压力管道中的水排出时，应先将进水口工作闸门关闭，然后打开压力管道和蜗壳的排水阀，引水系统内的水就经过尾水管排至下游，此时要记录全部排水时间。高水头电站和长引水系统的放空排水，应当制定详细的包括水工建筑物在内的操作规程和安全技术措施，尤其是要注意控制内外水压差，确保结构安全，以免造成引水道外压失稳破坏。

5.2.4 机组启动及空载试验

1. 机组首次启动试验

充水试验完成后，检查确认过流通道、水轮发电机、水轮机、调速器、电气设备及辅助设备等几大系统满足开机条件，即可进行机组的首次启动试验。首次启动试验采用手动方式进行，调速器也应该放在"手动"位置。操作制动风闸，确认所有制动闸全部在落下位置。若有高压油顶起装置，则应将高压油顶起装置置于"手动"位置，启动高压油顶起系统，其油压应正常。利用调速器手动模式开、停机，检查机组转动部分与固定部分之间是否有摩擦。机组首次启动后，要特别注意轴承温度、机组内部噪声、异常音响、机组运行稳定性等。确认首次启动试验正常后，再进行第二次开机。

(1) 启动前的准备工作。

1) 确认充水试验中发现的问题已经处理合格。

2) 机组周围各层场地清扫完毕；通道畅通；吊物孔已盖好，各部位运行人员已进入预定岗位，测量仪器仪表已调整就位。

3) 各部件冷却水、润滑水投入，水位、流量正常。渗漏排水系统、压缩空气系统按自动方式运行正常。油系统工作正常，各油槽油位正常。漏油装置处于自动位置。

4) 上下游水位、机组各部位原始温度等已记录。

5) 启动高压油顶起装置顶起发电机转子。对无高压油顶起装置的机组，在机组启动前应用高压油泵顶起转子，油压解除后，检查发电机制动器，确认制动器活塞已全部落下。装有弹性金属塑料推力轴瓦的机组，首次启动时，也应顶一次转子。

6) 水轮机主轴密封水投入，检修密封排除气压，水轮机进水阀和圆筒阀在全开位置。

7) 调速器处于准备工作状态，面板指针仪表正常；油压装置已完全正常，处于自动运行状态，各阀门已处于开机位置；调速器液压操作柜已接通压力油，油压油位指示正常；调速器的专用滤油器位于工作位置，导叶开度限制位于全关位置；调速器处于机械"手动"或电气"手动"位置。

8) 发电机出口断路器断开，或与主变压器低压侧的连接端应断开。发电机转子集电环碳刷已研磨好并安装完毕，碳刷拔出。

9) 水力机械保护装置和测量装置已投入。

10) 拆除所有试验用的短接线及接地线。

11) 外接标准频率表监视发电机转速。

12) 发电机灭磁开关断开。电制动停机装置短路开关处于断开位置。

13) 机组现地控制单元已处于工作状态，已接入外部调试检测终端，并具备安全监测、记录、打印、报警机组各部位主要运行参数的功能。

14) 电站计算机监控系统投入使用。机组在线状态监测装置已处于工作状态。

(2) 机组首次手动启动试验。

5.2 机组启动试运行程序

1) 拔出接力器锁锭,对装有高压油顶起装置的机组,手动投入高压油顶起装置。

2) 手动打开调速器的导叶开度限制机构,机组开始转动后,即将导叶关回,由各部位观察人员检查和确认机组转动与静止部件之间无摩擦或碰撞情况。

3) 确认各部位正常后,手动打开导叶启动机组,当机组转速接近50%额定值时,暂停升速,观察各部运行情况。确认无异常后机组增大导叶开度,使转速升至额定值,机组空转运行;当机组转速升速至80%额定转速(或规定值)后,可手动切除高压油顶起装置,并校验电气转速继电器相应的触点和动作值。当达到额定转速时,校验电气转速表指示应当正确,并记录当时水头下机组的导叶开度。

4) 在机组升速过程中,应加强对各部位轴承温度的监视。不应有急剧升高及下降现象。机组启动达到额定转速后,在半小时内应每隔5min测量一次推力瓦及导轴瓦的温度,以后可每隔30min记录一次推力瓦及导轴瓦的温度,并绘制推力瓦及各部位导轴瓦的温升曲线,观察轴承油面的变化,油位应处于正常位置范围,此值不应超过设计规定值。

5) 在机组启动过程中,应当密切监视各部位运转情况;如发现金属碰撞或摩擦、水轮机室窜水、推力瓦温度突然升高、轴承油槽甩油、机组振动摆度过大等不正常现象,应立即停机检查。

6) 监视水轮机主轴密封及各部位水温、水压,记录水轮机顶盖排水泵运行情况和排水工作周期。

7) 记录各部水力量测系统表计读数和机组监测装置(如发电机气隙、蜗壳差压、机组流量等)的表计读数。

8) 测量机组运行摆度(双幅值),其值应小于0.7倍轴承总间隙或符合机组合同的规定。

9) 测量记录机组各部位振动,其值应不超过表5-1的规定。当振动值超标时应当进行动平衡试验。

表5-1　　　　　　　　水力机组各部位振动允许值(双幅值)　　　　　　　　单位:mm

项　目		额定转速 $n/(r/min)$			
		$n<100$	$100 \leqslant n<250$	$250 \leqslant n<375$	$375 \leqslant n<750$
水轮机	顶盖水平振动(通频值)	0.09	0.07	0.05	0.04
	顶盖垂直振动(通频值)	0.11	0.09	0.06	0.05
水轮发电机	带推力轴承支架的垂直振动(通频值)	0.08	0.07	0.05	0.04
	带导轴承支架的水平振动(转频值)	0.10	0.09	0.07	0.05
	定子铁心部位机座水平振动(转频值)	0.05	0.04	0.03	0.02
	定子铁心振动(100Hz双幅极频振动值)	0.03	0.03	0.03	0.03

10) 测量发电机残压机相序,观察其波形,相序应正确,波形应完好。检查发电机集电环表面情况并处理。

11) 专人检查调速器、接力器各压力油管路有无渗油、漏油情况。进行机组空载下调速系统的试验(如手动和自动控制切换试验、频率调节试验、故障模拟试验等)。

(3) 手动停机及停机后的检查。

1) 机组稳定运行至各部件瓦温稳定后，可手动停机。操作开度限制机构进行手动停机，当机组转速降至50%~60%额定转速时，如有高压油顶起装置，手动将其投入；当机组转速降至15%~20%额定转速（或者合同规定值）时，手动投入机械制动装置直至机组停止转动，解除制动装置使制动器复位。手动切除高压油顶起装置，监视机组不应有蠕动。

2) 停机过程中应监视各部位轴承温度变化情况，检查各部位油槽油面的变化情况，检查转速继电器的动作情况，录制停机过程转速和时间关系曲线。

3) 停机后投入接力器锁锭和主轴检修密封，关闭主轴密封润滑水。根据具体情况确定是否需要关闭水轮机进水阀或筒形阀。

4) 停机后的检查和调整：

a. 各部位螺栓（钉）、销钉、锁片及键是否松动或脱落。

b. 检查转动部分的焊缝是否有开裂现象。

c. 检查发电机上下挡风板、挡风圈、导风叶是否有松动或断裂。

d. 检查制动闸的摩擦情况及动作的灵活性。

e. 在相应水头下，整定开度限制机构相应空载开度触点。

f. 必要时调整各油槽油位继电器的位置触点。

2. 机组过速试验及检查

过速试验是检查过速保护装置的动作值和机组本身在过速条件下的运行情况。

(1) 将测速装置各过速保护电气触点从水机保护回路中断开，用临时方法监视其动作情况。

(2) 以手动方式使机组达到额定转速；待机组运转正常后，将导叶开度限制机构的开度继续加大，使机组转速上升到额定转速的115%，观察测速装置触点的动作情况，立即回到额定转速。

(3) 如机组运行无异常，将转速升至设计规定的过速保护整定值，监视电气与机械过速保护装置的动作情况。必要时调整过速保护装置。

(4) 过速试验过程中应密切监视并记录各部位摆度和振动值，记录各部轴承的温升情况及发电机空气间隙的变化，监视是否有异常声响。

(5) 按设计标准，整定过速保护装置的整定值，一般有105%额定转速、115%额定转速、140%额定转速3个整定值。方法是：先将转速继电器的过速保护接点出口回路从端子上断开。以手动方式先使机组转速达到额定值，待运行正常后，分别逐渐升高转速至额定转速的105%、115%和140%，同时由继电保护专业人员分别调整其相应的转速接点，最后调至140%额定转速的过速保护接点，使其接点在相应过速下准确动作。调好后，使机组转速回到额定转速。然后将其断开的相应接点出口保护回路在端子处正确连接好。

(6) 如果由于水头限制，机组升速不能达到电气二级及机械过速保护规定的整定值，则在具备条件后补做相关试验，并根据运行期可能出现的水位变化考虑降低定值运行。

(7) 机组过速试验停机后，应全面检查发电机转动部分，如转子磁轭键、磁极键、阻尼环及磁极引线、磁轭压紧螺杆等有无松动或移位；检查定子基础及上、下机架的状态有无异常；各部位螺栓（钉）、销钉、锁片及键是否松动或脱落；检查转动部分的焊缝是否有开裂现象；检查发电机上下挡风板、挡风圈、导风叶是否有松动或断裂；检查制动闸的摩擦情况及动作的灵活性等。

3. 调速器空载扰动试验

为选择缓冲时间常数、暂态转差系数和杠杆传动比等调节参数为最佳稳定值，需要进行调速器空载扰动试验。机组在额定转速下运行，检查调速器测频信号是否符合设计要求，进行手动、自动切换试验，若接力器无明显摆动，符合设计值，则完成扰动试验。调速器空载扰动试验应符合下列要求：

（1）扰动量一般为±8%。

（2）转速最大超调量不应超过扰动量的30%。

（3）超调次数不超过2次。

（4）由扰动开始到不超过机组转速摆动规定值为止的调节时间应符合设计规定。

（5）选取最优一组调节参数，提供空载运行使用。在该组参数下，机组转速相对摆动值，对于大型调速器不应超过额定转速的±0.15%，对于中小型调速器不超过额定转速的±0.25%。

（6）在调速器自动运行时，记录导叶、桨叶接力器活塞摆动值及摆动周期。记录油压装置油泵向压力油罐送油的时间及工作周期。进行油泵工作电源切换试验，切换应平稳、可靠。

（7）空载扰动试验中的问题，应及时进行调整处理。

调速器空载扰动试验完成后，进行励磁系统的起励、逆变、灭磁以及主备用励磁调节器相互切换试验、故障模拟试验，试验结果要符合要求，为机组下一步带励磁装置进行试验作好准备。

4. 水轮发电机升流试验

（1）水轮发电机升流试验应当具备的条件：

1）发电机出口端已设置可靠的三相短路线；如果三相短路点设在发电机断路器外侧，则应采取措施防止断路器跳闸；投入发电机中性点刀闸。

2）使用厂用电提供主励磁装置电源。

3）投入机组水机保护。

4）测量发电机转子绕组对地绝缘值，一般不小于0.5MΩ；插入转子滑环碳刷。

（2）手动开机至额定转速，机组各部位运行应正常。若有条件，可先利用发电机残流检查发电机各电流二次回路的正确性。

（3）手动合灭磁开关，通过励磁装置手动升流至25%定子电流，再次检查发电机各电流二次回路的正确性和对称性。

（4）检查各继电保护电流回路的极性和相位，检查测量表计接线及指示的正确性，必要时绘制向量图。

（5）在发电机额定电流下，测量机组振动与摆度，检查碳刷及集电环工作情况。测量发电机轴电压，检查轴电流保护装置。

(6) 在发电机额定电流下，跳开灭磁开关检验灭磁情况是否正常，录制发电机在额定电流时灭磁过程的示波图。

(7) 录制发电机三相短路特性曲线，最大电流值为 1.1 倍发电机额定电流，每隔 10%定子额定电流记录定子电流与转子电流。升流过程检查励磁变压器差动及电流保护接线的正确性。

(8) 测量定子绕组对地绝缘电阻、吸收比和极化指数，应满足规范要求。若不满足时，应采取措施进行干燥。如发电机绝缘受潮，可利用短路电流进行干燥。在短路干燥过程中，用采用调节定子电流的办法控制绕组的温度，最高温度不超过 80℃，每小时升温不超过 5℃，开始试验 12h 内，每 2h 记录一次绝缘电阻温度及电流值，以后每 4h 测一次并绘制绝缘电阻与时间的关系曲线。当绝缘电阻值（换算到 100℃时）达到稳定并达到规定值要求后，吸收比（40℃以下时）不小于 1.6，极化指数不小于 2.0，可停止干燥。在进行试验时，还应适当通风，以排出发电机的湿气。

(9) 升流试验合格后可模拟水机事故停机，并拆除发电机出口三相短路线。

5. 发电机定子绕组直流耐压试验

发电机短路干燥后，机组停机，拆开中性点和引出线，进行定子绕组每相对地的直流耐压试验。试验一般在冷态下进行，试验电压为 3.0 倍额定线电压值，试验电压按每级 0.5 倍额定电压分阶段升高，每阶段停留 1min，读取泄漏电流值。泄漏电流不随时间延长而增大；在规定的试验电压下，每相泄漏电流的差别不应大于最小值的 50%；耐压前后测量定子每相对地的绝缘电阻和温度。

如果水轮发电机定子绝缘采用 F 级环氧粉云母绝缘，抗潮性能好，在没有特殊情况下，发电机短路试验后不再进行短路干燥，也不做检查性的直流耐压试验。

6. 无励磁自动开机和自动停机试验

无励磁自动开、停机试验主要检查：机组各部位的输入/输出信号、现地控制单元（local control unit，LCU）与其他系统接口、各系统之间的通信是否正常，开、停机条件是否满足且合理，开机控制程序、逻辑关系是否正确，各辅助设备投入顺序及工况是否正常，开机模式、操作方式及开、停机总时间是否满足设计要求，通过上述试验对机组自动开、停机设置及控制程序进行参数优化。无励磁自动开、停机试验应分别在机旁与中控室进行，并对具有分步操作、常规控制、可编程控制、计算机监控系统等控制方式的装置分别进行。根据试验的实际情况，可将无励磁自动开、停机试验穿插在其他试验中进行。

(1) 自动开机前应确认：调速器处于"自动"位置，功率给定处于"空载"位置，频率给定置于额定频率，调速器参数在空载最佳位置，机组各附属设备均处于自动状态；确认所有水力机械保护回路均已投入，且自动开机条件已具备；首次自动启动前应确认接力器锁锭及制动器实际位置与自动回路信号是否相符。

(2) 自动开机，并应记录和检查：检查机组自动开机顺序是否正确，检查技术供水等辅助设备的投入情况；检查推力轴承高压油顶起装置的工作情况；检查调速器系统的工作情况；记录自发出开机脉冲至机组开始转动所需的时间；记录自发出开机脉冲至机组达到额定转速所需的时间；检查测速装置的转速触点动作值是否正确。上述各项检查和记录可在监控系统分布操作中验证。

(3) 自动停机，记录和检查：检查机组自动停机程序是否正确，各自动化元件动作是否正确可靠；记录自发出停机脉冲至机组转速降低至制动转速所需的时间；记录自制动器加闸至机组全停的时间；检查测速装置转速触点动作是否正确，调速器及自动化元件动作是否正确；当机组转速降至设计规定转速时，推力轴承高压油顶起装置应能自动投入，当机组停机后应能自动停止高压油顶起装置，并解除制动器。

(4) 自动开机，模拟各种机械与电气事故，检查事故停机回路与流程的正确性和可靠性。

(5) 分别在现地、机旁、中控室、地区调度（T调）等部位，检查紧急事故停机按钮操作的可靠性。

7. 水轮发电机升压试验

水轮发电机在额定转速下运行，机组不带负荷，调整发电机转子励磁电流使定子电压从零升到额定值，检查发电机各部位是否有异常情况，称为发电机升压试验。升压试验可先利用备用励磁装置进行，也可直接使用发电机的自励系统。

(1) 发电机升压试验应具备的条件：发电机保护装置投入，辅助设备及信号回路电源投入；发电机振动摆度及空气间隙监测装置投入。若有定子绕组局部放电监测系统，应投入并开始记录局部放电数据；发电机断路器和灭磁开关均在断开位置，或与主变压器低压侧的连接端应断开；以厂用电为电源的主励磁装置具备升压条件；测量发电机定子绕组绝缘值、吸收比或极化指数，应符合要求。

(2) 自动开机至额定转速后机组各部位运行应正常。测量发电机升流试验后的残压值，并检查三相电压的对称性。

(3) 对于高阻接地方式（接地变压器接地）的机组，应选在发电机出口设置单相接地点，开机升压，递升接地电流，直至80%接地保护动作。检查动作正确后拆除临时接地线，投入接地保护装置。

(4) 对于注入式接地保护，试验时退出发电机接地保护跳闸出口，测速装置和调速器测频回路取线电压，发电机不加励磁，利用残压额定空转运行，在中性点接地变压器上端引接接地线，监视100%（外加低频信号20Hz）接地保护动作情况。随后，分别改接不同接地电阻，检查保护动作情况。试验完成后，取下接地变压器上端的地线，复归保护信号。

(5) 将励磁调整装置置于电压零位位置上，合上励磁开关，手动逐渐调整励磁电流，将发电机电压升至25%额定电压值，检查发电机引出母线、发电机断路器、分支回路等设备带电是否正常；机组运行中各部位振动、摆度是否正常。升压至50%额定电压，跳开灭磁开关检查灭弧情况，录制示波图。

(6) 继续升压至发电机额定电压值，检查带电范围内一次设备运行情况，测量二次回路电压的相序与相位，测量电压互感器二次开口三角输出电压值，测量机组振动与摆度；测量发电机轴电压，检查轴电流保护装置。

(7) 在额定电压下跳开灭磁开关，检查灭弧情况并录制灭磁过程示波图。

(8) 零起升压，每隔10%额定电压记录定子电压、转子电流与机组频率，录制发电机空载特性的上升曲线。继续升压，当发电机励磁电流升至额定值时，测量发电机定子最高电压。对于有匝间绝缘的电机，在最高电压下应持续 5min。进行此项试验时，定子电压以不超过 1.3 倍额定电压为限。

(9) 由额定电压开始降压，每隔 10% 额定电压记录定子电压、转子电流与机组频率，录制发电机空载特性的下降曲线。

(10) 对发电机中性点装有消弧线圈的机组，升压完成后进行发电机单相接地试验。在机端设置单相接地点，断开消弧线圈，升压至 50% 定子额定电压，测量定子绕组单相接地时的电容电流。根据欠补偿的保护要求选择中性点消弧线圈的分接头位置；投入消弧线圈，升压至 100% 定子额定电压，测量补偿电流与残余电流，并检查单相接地保护信号。

8. 水轮发电机空载下励磁调节器的调整和试验

(1) 拆除励磁变压器临时电源电缆，恢复其永久接线。

(2) 在发电机额定转速下，励磁处于手动位置，起励检查手动控制单元调节范围，下限不得高于发电机空载励磁电压的 20%，上限不得低于发电机额定励磁电压的 110%。

(3) 进行励磁调节器的自动起励和逆变灭磁试验。

(4) 检查励磁调节系统的电压调整范围，应符合设计要求。自动励磁调节器应能在发电机空载额定电压的 70%～110% 范围内进行稳定平滑的调节。

(5) 测量励磁调节器的开环放大倍数。录制和观察励磁调节器各部位特性，对于晶闸管励磁系统，还应在额定励磁电流下，检查功率整流桥的均流系数，均流系数不应低于 0.85。

(6) 在发电机空载状态下，分别检查励磁调节器投入、手动和自动切换、通道切换、带励磁调节器开停机等情况下的稳定性和超调量。在发电机空载且转速在 95%～110% 额定值范围内，突然投入励磁系统，使发电机端电压从 0 上升至额定值时，电压超调量不应大于额定电压的 10%，振荡次数不超过 2 次，调节时间不大于 5s。

(7) 在发电机空载状态下，人工加入 10% 阶跃量干扰，检查自动励磁调节器的调节情况，超调量、超调次数、调节时间应当满足设计要求。

(8) 带自动励磁调节器的发电机电压—频率特性试验，应在发电机空载状态下，使发电机转速在 90%～110% 额定值范围内改变，测定发电机端电压变化值，录制发电机电压-频率特性曲线。频率每变化 1% 额定值，自动励磁调节系统应保证发电机端电压的变化值不大于额定值的 ±0.25%。

(9) 励磁调节器应进行低励磁、过励磁、电压互感器断线、过电压、均流等保护的调整及模拟动作试验，其动作应正确。

5.2.5 机组并列及负荷试验

1. 机组并列试验

机组在并入系统前，应选择同期点及同期断路器，检查同期回路的正确性。

机组投入电力系统的同期并列以自动准同期为首要方式，手动准同期作为辅助方式，一般不作自同期并列。自动准同期采用微机自动准同期装置，同期成功率一般在 99% 以上，同期点可按电站电气主接线方式及运行需要预先选择。发电机与主变压器采用单元接线方式的电站，同期点为主变压器高压侧出口断路器；扩大单元接线方式的同期点选择在发电机的出口断路器。同期并列过程中记录机组侧及电网侧的电压、频率和同期跟踪时间。国内多数电站在正式同期并列前，一般先在隔离开关断开的情况下，进行模拟并列试验，以确定同期装置工作的准确性。其具体步骤如下：

（1）检查全电站公用同期回路，周期表、周波表、电压表接线正确，同期表的切换开关"断开"位置正确，还要进行全电站所有断路器同期点开关"断开"位置的检查。

（2）全电站现场只留一个公用同期开关 TK（SS）插入操作把手。

（3）先以手动准同期方式进行并列试验。在正式并列试验前，应先断开待同期点的隔离开关，分别以手动与自动准同期方式进行机组的模拟并列试验，以确定同期装置的正确性。全站所有同期点都要模拟一次。检查同期装置的工作情况，同时录制发电机电压、系统电压、断路器合闸脉冲示波图。

（4）进行机组的手动与自动准同期正式并列试验，录制电流和电压示波图。

（5）按设计规定，分别进行各同期点的模拟并列与正式并列试验。

2. 机组带负荷试验

机组并列试验完成后，即可进行带负荷试验。带负荷试验的目的是检查机组各部位及辅助设备在各种负荷工况下的运行情况，为机组投产发电前作准备。机组带、甩负荷试验应相互穿插进行。机组初带负荷后，应检查机组及相关机电设备各部位运行情况，无异常后可根据系统情况进行甩负荷试验。

（1）机组带 5%～10%的负荷，检查发电机差动保护、发电机过流保护、发电机负序过流保护、发电机系统后备保护、发电机失磁保护、励磁变压器过流保护、功率保护等极性满足设计要求。

（2）机组正式带负荷试验，有功负荷应逐级增加，观察并记录机组各部位运转情况和各仪表指示。观察和测量机组在各种负荷工况下的振动范围及其测量值，测量尾水管压力脉动值，观察水轮机主轴自然补气装置工作情况，必要时进行强制补气试验。

（3）进行机组带负荷下调速系统试验。检查在频率和功率控制方式下，机组调节的稳定性及相互切换过程的稳定性。对于转桨式水轮机，应检查调速系统的协联关系是否正确。

（4）进行机组快速增减负荷试验。根据现场情况使机组突变负荷，其变化量不应大于额定负荷的 25%，并应自动记录机组转速、蜗壳水压、尾水管压力脉动、接力器行程和功率变化等的过渡过程。负荷增加过程中，应注意观察监视机组振动情况，记录负荷与机组水头等参数，如在当时水头下机组有明显振动，应快速越过。

（5）进行机组带负荷下励磁调节器试验。有条件时，在发电机有功功率分别为 0%、50%、100%额定值下，按设计要求调整发电机无功功率从零到额定值，调节应平稳，无跳动；有条件时，测定并计算发电机端电压调差率，调差特性应有较好的线性并符合设计要求；有条件时，测定并计算发电机调压静差率，其值应符合设计要求。当无设计规定时，不应大于 0.2%～1%；对于励磁调节器，进行各种限制器及保护的试验和整定。

（6）调整机组有功负荷和无功负荷时，应先分别在现地调速器和励磁装置上进行，再通过计算机监控系统控制调节。

(7) 在机组带负荷的情况下,进行 10kV 厂用电切换试验和厂用直流电源的切换试验,检查机组运行情况。

(8) 对于设有梯级调度中心的流域电站,进行梯级调度中心的远控及调节试验,梯级调度中心与电厂进行机组控制权、调节权的切换试验,记录切换的时间和切换后的实际状态,核对机组运行参数。

3. 机组甩负荷试验

甩负荷试验的目的是,检查当机组甩负荷时水轮机调速器和励磁调节器的动态特性、机组转速上升率、蜗壳压力上升率和尾水管真空度是否符合设计要求。甩负荷试验一般甩有功负荷。

(1) 甩负荷试验应具备的条件。

1) 将调速器的参数选择在空载扰动或负荷试验所确定的最佳值。

2) 再次确认或调整好调速器在相应水头下,额定负荷时的最大开度位置,在此最大开度下,按设计调节保证计算结果,整定调速器全关时间。

3) 调整好测量机组振动、摆度、蜗壳压力、引水管压力、机组转速(频率)和接力器行程等电量和非电量的监测仪表。

4) 所有继电保护及自动装置均已投入。

5) 自动调节励磁已选择在最佳值。

6) 已确认处理好在机组试运行中发现的缺陷。

7) 按正常开机程序步骤开机运行。

8) 与电网调度中心已经联系好,并确认同意。

9) 总指挥及各岗位人员已就位;试验前应当做好安全措施,防止机组飞逸和水锤事故。

(2) 机组甩负荷试验。甩负荷试验应在额定负荷的 25%、50%、75% 和 100% 下分别进行,并记录有关数据,同时应录制过渡过程的各种参数变化曲线及过程曲线,记录各部瓦温的变化情况。机组甩 25% 额定负荷时,记录接力器不动时间。检查并记录真空破坏阀的动作情况与大轴自然补气情况。根据机组制造合同和电站具体情况,在机组带 25%、50%、75% 和 100% 额定负荷下记录流量和水头。

(3) 若受电站运行水头或电力系统条件限制,机组不可能按上述要求带、甩额定负荷时,可根据当时条件对甩负荷试验次数与数值进行适当调整,最后一次甩负荷试验应在所允许的最大负荷下进行。而因故未能进行的带、甩负荷试验项目,应在以后电站条件具备时完成。

(4) 在额定功率因数条件下,机组突甩负荷时,检查自动励磁调节器的稳定性和超调量。当发电机突甩额定有功负荷时,发电机电压超调量不应大于额定电压的 15%,振荡次数不超过 3 次,调节时间不大于 5s。

(5) 机组甩负荷时,检查水轮机调速系统的动态调节性能,校核导叶接力器紧急关闭时间、蜗壳水压上升率和机组转速上升率等,均应符合设计规定。

(6) 机组甩负荷时,调速器的动态品质应满足供货合同或标准规范等文件的要求:

1) 机组甩 25% 额定负荷后,接力器不动时间不大于 0.2s。

2) 机组甩 100%额定负荷时，在调节过程中偏离稳态转速 3%以上的波动次数不得超过 2 次。对于解列后需要带厂用电的机组，甩负荷后机组最低转速不得低于额定转速的 90%。

3) 机组甩 100%额定负荷后，从接力器首次向开启方向移动时起，到机组转速摆动相对值不超过±0.5%为止，历时不大于 40s。

4) 机组甩 100%额定负荷时，从甩负荷开始至机组转速摆动相对值不超过±1%为止的调节时间 T_E 与从甩负荷开始至转速升至最高转速所经历的时间 T_M 的比值，对中、低水头反击式水轮机不得大于 8，轮叶关闭时间较长的转桨式水轮机不得大于 12，对高水头反击式水轮机和冲击式水轮机不得大于 15。

（7）对于转桨式水轮机甩负荷后，应检查调速系统的协联关系和分段关闭的正确性，以及突然甩负荷引起的抬机情况。

（8）对于长引水洞和长尾水洞的机组甩负荷试验，两次甩负荷试验的间隔时间应当按设计要求进行。机组为非单元引水输水方式布置的电站，同一引水系统中各台机组甩负荷试验和对输水系统的考核应综合考虑，多台机组同时甩负荷试验方式按设计要求进行。

（9）机组带额定负荷下，进行调速器低油压关闭导叶试验、事故配压阀动作关闭导叶试验，根据设计要求和电站具体情况，进行动水关闭工作闸门、水轮机进水阀以及水轮机筒形阀的试验。若机组没有事故配压阀，则要进行硬关机试验，即机组带额定负荷，模拟发电机电气事故，用发电机差动保护动作关机。

甩负荷试验是机组的正常调节过程，不应作用于停机，机组过速保护装置也不应动作，否则须重新整定装置的动作定值。

4. 机组调相运行试验

此试验应根据设计要求和电力系统的运行情况确定。凡要求具有调相运行功能的电站或机组，均应对机组调相运行操作能否成功和调相能力加以试验。机组做调相运行时，向电力系统提供无功功率。试验时先启动机组与系统并列，然后将导叶关闭，机组即转入调相工况运行。机组本身消耗的有功功率由电力系统提供。为了减少有功功率消耗，电站装设一套压缩空气系统和管路，利用压缩空气将水轮机转轮室内的水位压低，使转轮在空气中旋转，此时所消耗的有功功率仅为在水中旋转的 10%左右。

机组进行调相运行试验时，应检查并记录下列各项内容：

（1）记录关闭导叶后，水轮机转轮在水中空转运行时机组所消耗的有功功率。

（2）检查充气压水情况及补气装置动作情况，记录尾水管内水位被压低至转轮以下，转轮室在空气中空转时机组所消耗的有功功率。

（3）检查发电工况与调相工况相互切换时，自动化元件动作的正确性，记录工况转换所需的时间。

（4）机组调相运行工况下，发电机无功功率在设计规定范围内调节应平稳，记录发电机转子电流为额定值时零功率因数下的最大输出无功功率值。

进行调相运行试验时，应按照有关技术文件或标准要求，记录机组的无功功率、定子电压、定子电流、转子电压、转子电流、有功功率及各轴承温度，还有机组各部位的摆度和振动等。

5. 机组进相运行试验

如果设计有要求，机组应进行进相运行试验。水轮发电机进相运行试验时是处于欠励运行，以吸收电力系统的无功功率又送出有功功率的一种运行方式。

进相运行试验应分阶段进行，试验判据为定子铁心端部温度限值与发电机静态稳定极限，任一项指标达到，该阶段试验即结束。进行进相运行试验前，应退出励磁欠励限制单元与发电机失磁保护，根据需要埋设附加测温元件，接入专用试验表计。电力系统的无功平衡应满足试验要求。

机组进相运行试验可按照50%、80%、100%额定功率分阶段进行，在不同的功率下逐步降低励磁电流，使功率因数由滞相转入进相，待定子铁心端部温度稳定后，继续加大进相深度，试验中应密切监视定子铁心端部温度不超过限值。进相深度以设计对发电机的要求为准，在此状态下发电机不应失步。

进行进相运行试验时，应按照有关技术文件或标准要求，记录各阶段发电机有功功率、无功功率、定子电流、定子电压、转子电流、转子电压、功率因数、定子铁心端部温度、开关站母线电压等有关参数，校核相关电气保护。根据试验结果，核对发电机设计功率圆图及V形曲线。

6. 机组最大出力试验

根据机组采购制造合同要求，在电站现场具备条件的情况下，进行机组最大出力试验。试验应在合同规定的功率因数和发电机最大视在功率下进行。最大出力下运行时间不小于4h，自动记录机组各部温升、振动、摆度、有功和无功功率值，记录接力器行程和导叶开度，校对水轮机运转特性曲线和发电机厂家保证值等。

5.2.6 机组72h带负荷连续试运行

在完成启动、空载、并列及负荷试验等试验内容并经验证合格后，机组已具备并入电力系统带额定负荷连续72h试运行的条件。如果由于电站运行水头不足或电力系统条件限制等原因，使机组不能达到额定出力时，可根据当时的具体情况确定机组应带的最大负荷，在此负荷下连续72h试运行。具体步骤如下：

(1) 在完成前述的各项试验内容并经验证合格后，再经启动试运行领导机构批准，按规定的程序和步骤，将机组并入电力系统，带额定负荷连续试运行。对于新投产机组连续试运行时间为72h；对于大修后的机组带负荷连续试运行时间不超过24h，其中满负荷应有6~8h。

(2) 在72h试运行中可进行发电机热稳定试验，监视并记录机组有功功率、无功功率、电流、电压参数及各部振动摆度、温度、变形位移、压力、流量值等。

(3) 根据运行值班制度，进行正常值班工作，并全面记录运行所有有关参数。

(4) 在72h连续试运行中，由于机组及相关机电设备的制造、安装质量或其他原因引起运行中断，经检查处理合格后重新开始72h连续试运行，中断前后的运行时间不得累加计算。

(5) 72h连续试运行后，应停机进行机电设备的全面检查。除需对机组、辅助设备、电气设备进行检查外，必要时还需将蜗壳、压力管道及引水系统内的水排空，检查机组过流部分及水工建筑物和排水系统工作后的情况，消除并处理72h试运行中所发现的所有缺陷。

新投产机组在 72h 试运行结束，处理好已发现的所有缺陷后，应按合同规定整理并交接机组设备移交的相关资料，并签署机组设备的初步验收证书，开始商业运行，同时计算机组设备的保证期。

对于按合同规定有 30d 考核试运行的机组，应在通过 72h 连续试运行并经停机检查处理发现的所有缺陷后，立即进行 30d 考核试运行。机组 30d 考核试运行期间，由于机组及其附属设备故障或因设备制造安装质量原因引起中断，应及时加以处理，合格后继续进行 30d 试运行。若中断时间少于 24h，且中断次数不超过 3 次，则中断前后运行时间可以累加；否则，中断前后的运行时间不得累加计算，应重新开始 30d 考核试运行。30d 考核试运行中发现问题，按机组设备合同或安装合同文件的规定进行处理。30d 考核试运行结束和签署初步验收证书后，即可投入商业运行。

可逆式抽水蓄能机组的启动试运行与常规水力机组的启动试运行类似，但由于抽蓄机组运行的特殊性其启动试运行又存在诸多特别之处，为此国家质量监督检验检疫总局和国家标准化管理委员会联合颁布了《可逆式抽水蓄能机组启动试验规程》（GB/T 18482—2010）对其启动试运行试验程序、技术要求和考核验收质量进行了明确，有兴趣的读者可以自行查阅，本书不再赘述。

习 题

1. 机组的启动试运行指的是什么？
2. 机组启动试运行的目的是什么？
3. 机组启动试运行具备的条件有哪些？
4. 机组启动试运行的主要内容有哪些？
5. 启动试运行前的检查工作包括哪些内容？
6. 充水试验的目的是什么？
7. 简述充水试验的程序。
8. 为什么要做机组启动及空载试验？
9. 机组空载试验的主要内容有哪些？
10. 机组停机后要做什么检查和调整？
11. 机组过速试验及检查的内容有哪些？
12. 机组并列试验的目的是什么？如何进行并列试验？
13. 机组带负荷试验如何进行？检查内容有哪些？
14. 机组甩负荷试验的目的是什么？
15. 为什么要进行水轮发电机升压试验？
16. 如何进行机组的调相试验？
17. 如何进行机组的进相试验？
18. 机组 72h 试运行的基本要求是什么？

第6章 水力机组的振动与平衡

6.1 水力机组振动的原因

机组的稳定性是水力机组运行性能中的重要指标。克服机组运行的不稳定就成了机组设计、制造、安装、检修、运行和维护中要解决的重要问题。机组的稳定性是由以下一系列指标描述：机组工作水头和出力的波动、水压力脉动和水流周期性冲击、机组支承部件的振动、转动部分的振摆、调速系统的振荡、机组不正常声响（噪声、异常声）等。这些稳定性问题都是不同形式的振动问题，所以机组工作不稳定的基本表现形式就是振动。水力机组振动是一种非常有害的现象，它会降低机组的供电质量，威胁机组的安全运行和使用寿命，恶化水电站的工作环境。

水力机组的振动属于有阻尼振动，按其形式可分为受迫振动和自激振动。受迫振动是由干扰力引起的，而干扰力的存在与否与振动无关，即振动停止，干扰力依然存在。自激振动中维持运动的干扰力是由物体运动产生或所控制的，干扰力的大小是物体运动参数的函数。

根据干扰力的不同形式，水力机组振动可分为机械振动、水力振动和电磁振动三类。

6.1.1 机械振动

机械原因引起的振动称为机械振动，其干扰力来自机组的机械部分，主要有以下几个方面。

1. 转子的弓状回旋和共振

当转动部分质量不平衡时，由于离心力的作用，将使转动部分产生所谓的"弓状回旋"。当转速很小时，挠度也很小；随着转速的升高，挠度明显增大；当转速与转动部分临界转速相近时，挠度剧烈增加，形成共振现象；而转速超过临界转速很多时，挠度值则明显减小。为避免出现危险的共振现象，一般大、中型机组转动部分的临界转速设计值都大于该机组120%飞逸转速值，而某些高速小型机组，其额定转速有可能超过转动部分临界转速，这些机组在开停机操作时，应尽快升速、减速，避免机组在共振区停留时间过长。

2. 机组转子的振摆

转子的振摆主要表现为主轴摆度增大，轴向支承垂直振动增大。转子振摆的主要原因是转子的总轴向力（转动部分重量和轴向水推力）没有通过推力轴承的中心，使推力轴承支柱因受力不均而产生不均匀的轴向变形，在转子旋转时，总轴向力也跟随着旋转，各轴承支柱的压缩变形跟着变化，镜板摩擦面产生晃动，承重机架垂直振动增大，主轴摆度增大。振摆频率与转速频率相同。

当主轴中心找正不正确，轴线有折弯时，导轴承中心与机组中心不同心，以及水轮机偏离最优工况而产生脉动水推力时，转子的振摆更为严重。一般振摆是很小的，但当其频率与轴向支承的固有频率相同时，转子振摆将变得很严重。

3. 转子抖动

在运行中，因导轴承间隙过大或过小而润滑不足时，会发生干摩擦而产生主轴"抖动"现象。

在图 6-1 中，A 表示轴承，B 表示转轴，转轴顺时针转动，由于摆度或某动干扰，使轴偏离轴承中心位置。轴在旋转时冲击轴承，在轴和轴承上形成一对摩擦力 F 和 F'，其中 F 是作用在轴上的力，F' 是作用在轴承上的力，二者大小相等方向相反。力 F 可以用一个通过转轴中心 o' 而与 F 大小相等平相平行的力 F_2 和一个力偶来代替。此力偶与转轴旋转方向相反，起到摩擦阻力矩的作用，对振动无影响，而 F_2 是对轴的一个横向冲击力，使轴产生横向振动。F_2 的方向随轴在轴承中的位置而变化，而对轴承中心 o 来说，总是做反向移动，这样，就形成了反向进动式回转振动。

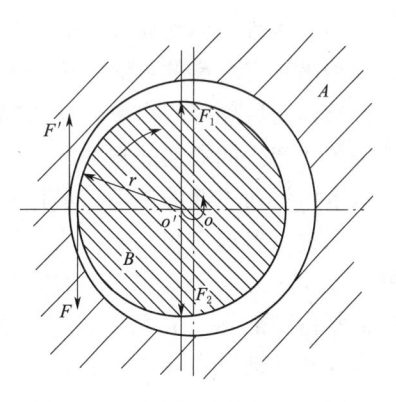

图 6-1 干摩擦引起的力及力偶

由于干摩擦情况不一定是连续的，作用在轴上的力 F_2 就成为断续冲击，每冲击一次，转轴就有一个以转轴固有频率的衰减振动。此时测出的转轴振动就是以转速频率的振动和转轴固有频率的振动的合成。

4. 转轴振动与支座振动的关系

引起振动的机械原因还有轴系和支承系统的刚度不够、导轴承互不同心、在迷宫环和密封装置中发生摩擦、橡胶轴瓦弹性变形过大等。

机械原因引起振动的干扰力实际上是旋转横向力和脉动轴向力，当转轴上存在这些力时，必然引起轴承在相应方向的振动，并把这些力传递到基础建筑物上，使基础建筑物受到交变力或脉动力的影响。反过来，基础建筑物的振动，也会通过轴承对转轴的振动产生影响。所以，转轴、支承和基础建筑物的振动是互相关联的。所以现有规范把易于测量的支承振动双振幅值作为判断振动状态的标准。但这个标准也有缺点，因为转轴、支承和基础建筑物的振动不可能完全等同，起破坏作用的主要指标也不可能完全相同。例如，对转轴来说，起破坏作用的主要指标可用双振幅表示，而对基础建筑物的危害，主要是交变力的大小，应反映在振动加速度方面。

6.1.2 水力振动

水力原因引起的振动称为水力振动。产生振动的水力原因，主要有以下几种。

1. 涡带振动

水轮机在非设计工况运行时，转轮出口水流为非法向出流，即存在圆周速度分量，于是在尾水管内便出现中心压力低，四周压力高的偏心涡带（涡带中心与尾水管中心存在一定的偏心距）。涡带以其中心和一定的频率绕尾水管中心旋转，引起尾水管内水流的低频压力脉动，压力脉动可传递到尾水管壁、转轮、顶盖、导水机构、蜗壳，引起有关部件的振动或摆动。由于转轮出口流速的圆周分量是随工况的改变而改变的，涡带的偏心距也随制造质量和工况而变化，故涡带压力脉动的频率和幅值也随工况而变化。涡带压力脉动引起的振动多发生在混流式水轮机上，混流式水轮机涡带压力脉动的最大值可达运行水头的 8%～9%，多发生在 50%左右开度，其频率约为机组转速的 1/6～1/3。对转桨式水轮机，在较小开度时，由于桨叶还未进入协联，也会有涡带振动发生。

2. 涡列振动

当流体流过圆柱体和一般绕流体时，在物体后面就会沿着两条相互平行的直线产生一系列相隔一定距离的单涡，这一系列单涡统称为卡门涡列。各个单涡以相向的形式交替地在绕流体两后侧释放出来，与此同时，在绕流体后部引起垂直于流线的交变侧向力，从而使绕流体产生同周期的振动。

卡门涡列引起的振动在水轮机运行时也经常出现，当转轮叶片具有钝尾时，就会在叶片出水边后形成涡列，单涡从叶片出水边的工作面和背面交替释放出来，产生对叶片尾部的交变作用力，交变作用力的频率与叶片出水边固有频率相近时，涡列与叶片振动互相作用而都得到加强，引起共振，叶片振动还伴随着器叫声。这种振动称为涡列振动。叶片长期在涡列振动下在叶片与上冠、下环之间的过渡处产生裂纹。涡列振动的频率为

$$f_s = (0.18 \sim 0.20) \frac{\omega_2}{\delta_2} \tag{6-1}$$

式中：f_s 为涡列振动的频率，Hz；ω_2 为叶片出水边水流相对流速，cm/s；δ_2 为叶片出水边厚度，cm。

由式 (6-1) 可以看出，涡列振动的频率与水轮机工况 (由 ω_2 反映出来) 和叶片出水边厚度有关。这种振动多发生在高比转速混流式水轮机中。

3. 狭缝射流

在轴流式水轮机中，由于转轮叶片的工作面和背面的压差，于轮叶外缘和转轮室壁之间的狭窄缝隙中，形成一股射流，其速度高、压力低。在转轮旋转过程中，转轮室壁的某一部分当轮叶到达的瞬间处于低压，而在叶片离去后又处于高压，如此循环，形成对转轮室壁相应部位周期性的压力波动而产生振动，导致疲劳破坏。与间隙空蚀对转轮室的空蚀破坏联合作用，破坏更为严重。

这种振动的频率为

$$f_F = \frac{z_1 n}{60} \tag{6-2}$$

式中：z_1 为转轮叶片数；n 为机组转速，r/min。

4. 水力不平衡

如果在转轮范围内水流失去轴对称，就会产生一个不平衡横向力作用在转轮上。经常遇到的就是过流轮廓不对称，它会引起水流失去轴对称。例如：由于转轮加工质量不好，叶片分布和开口不均，导叶分布和开口不均；转轮上冠和下环的偏心、摆度等引起迷宫间隙的不对称；蜗壳设计、安装质量不好，造成蜗壳来流不对称；流道内被杂物堵塞等。

例如：由于迷宫环圆度不好，转轮摆度过大，转轴进入弓状回旋等原因，使转轮中心偏离机组中心，转轮圆周各处迷宫间隙不均，迷宫间隙且随转轮的旋转不断变化，间隙内水压也相应变化，沿转轮圆周对水压进行积分，就有一作用在转轮上的横向水压力的合

力，合力的方向随转轮的旋转而旋转，且基本上是沿 $\overline{oo'}$ 方向（图6-2），该合力更进一步迫使转轮中心偏离机组中心，加剧振动。

这种由间隙变化引起水压力变化而引起的振动，可称为自激振动。因为干扰力是横向水压力的合力，该合力产生的原因主要是转轮中心偏离机组中心，而该合力作用的后果是迫使转轮进一步偏离机组中心。当转轮中心与机组中心的偏离减到最小时，则横向水压力的合力也减到最小。

影响这种自激振动的因素有以下几点：

(1) 自激振动的倾向与迷宫环的结构有关，如图6-3中A部分的两种结构，其自激振动的倾向比B部分对应结构的自激振动倾向要强。

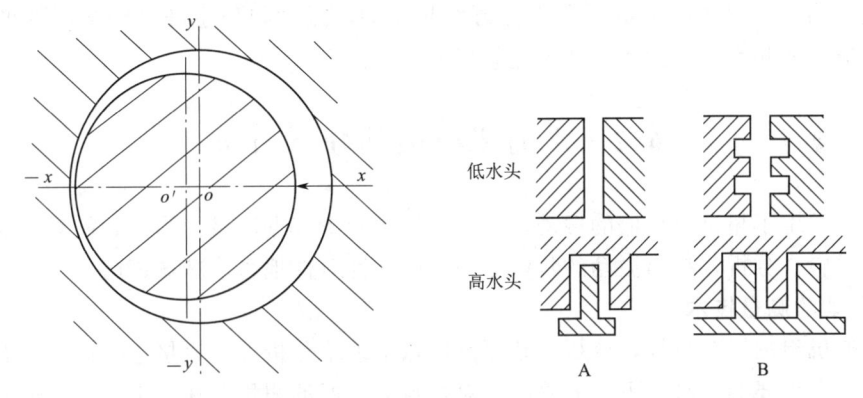

图6-2 迷宫环间隙不均匀引起水力不平衡　　图6-3 迷宫环结构示意图

(2) 与水轮机的运行水头和导叶开度有关。当运行水头较高、导叶开度较大时，迷宫环进出口水压压差较大，因迷宫环间隙不均引起水压不均也大，从而横向水压力的合力也大，故高水头混流式机组容易发生这种振动。

(3) 与水轮机主轴和导轴承刚度有关。主轴和导轴承的刚度小，则其固有频率较低，则由横向力引起的偏心位移更大，更容易激发自激振动。

5. 非最优协联关系

根据运行经验，当转桨式水轮机中协联关系不正确时，一方面会引起调速系统持续振荡过程，出力、转速振荡，转动部分扭矩和主轴变形波动；另一方面，由于水流情况恶化，在水轮机顶盖和发电机承重机架上会发生轴向振动。

同时，由于协联关系不正确，在调速系统振荡过程中，桨叶转角不断变化，桨叶冲角不断改变，其升力和升力矩不断变化，使桨叶发生振动，桨叶根部产生裂纹。

6. 空腔空蚀引起的振动

水轮机在30%额定出力以下运行时，转轮后易产生脱流，引起空腔空蚀，转轮叶片部分为水轮机运行工况，部分叶片为水泵工况，使转轮进口和出口产生很大压力波动。压力波动的频率由多种频率组成，当其中某一频率与引水系统产生水力共振时，会引起引水系统大幅度压力脉动，顶盖和承重机架发生剧烈的轴向振动。

6.1.3 电磁振动

电磁原因引起的振动称为电磁振动。引起机组振动的电磁方面的原因主要有：转子磁极绕组匝间短路、磁极次序错误、转子定子不圆、空气间隙不均匀、定子铁心整体性不够、可控硅整流、负序电流等。

当一个磁极的磁动势因绕组匝间短路而减小时，其对称位置的磁极不一定发生同样情况，沿转子四周磁拉力的合力不为0，因而出现一个与转子一道旋转的径向不平衡磁拉力，引起转子振动。这种情况的特征是：当接入励磁电流时，就发生振动，振动的幅值随励磁电流的增大而增大，随短路的匝数增多而增大。切除励磁电流，振动同时消失。应当注意的是，磁拉力不但作用于转子上，而且同时作用于定子上，当定子整体性不强或安装不够牢固时，定子也会出现整体振动。

当转动部分有摆度，转子外圆和定子内圆圆度不够时，空气间隙不均匀，使间隙内的磁通量也不均匀，同样产生不平衡磁拉力引起振动，振动幅值也随励磁电流的增大而增大。这种振动的频率为转速频率或转速频率的倍数。

6.2　水力机组振动分析方法

机组若发生了超过允许值的振动，就必须设法减少其振动量。为此，需对振动情况进行测量、试验、分析，找出振动的具体原因，以便针对性地采取减振措施。

6.2.1　振动的测量技术

为研究机组的振动特性，分析振动原因，除了理论分析外，直接进行振动方面的测量试验也是一个重要的、必不可少的手段。对机组进行振动测量，在一定意义上也是对机组设计、制造和安装质量的检验。

振动测试主要包括下述基本内容：

（1）振动量的测量：机组选定点上振动的位移、速度、加速度的大小，振动频率、振动的时域、频域曲线和相位。

（2）系统特性参数测试：系统的刚度、阻尼、固有频率、振型及动态响应特性等。

（3）机械、结构或部件的动力强度试验。

水力机组运行时的振动监测，一般是测选定点的振动位移，或者是振动速度、加速度。而组织专门振动试验时，则按需要选择上述项目进行现场测试。现用的测量方法，按其振动的转换方式可分为机械测振法、电测法和光测法。

1. 机械测振法

机械测振法主要用于测量振动的位移和频率，适用于低频振动，大多具有笔式记录装置，以便记录振动的时域曲线，通过比例尺计算和与时间信号的比较，计算振动位移幅值和频率。

2. 电测法

电测法测振系统主要由传感器、放大器、显示器、示波器、记录仪等组成。传感器是将机械振动量（位移、速度、加速度等）的变化转换成电量（电流、电压、电荷）或电参数（电阻、电容、电感等）的变化的器件。传感器的输入和输出瞬时量之间保持一定的比例关系，经测振仪处理（放大、积分、微分等）后，将信号输入到示波器、记录仪中去，或者经模数转换变成数字量输入到计算机中，计算机按不同的采样频率将振动量记录下来，还可利用软件对振动记录进行分析处理，得出时域分析和频域分析的结果。

电测法测量精度高，测量的频率范围广，并可与计算机相联，组成机组振动的实时监测分析系统。故电测法不但是规程规定的振动测试主要方法，而且以它为基础的机组振动、摆度监测系统已经在大中型机组上获得广泛应用。

3. 光测法

光测法是利用光杠杆原理、光波干涉原理、激光多普勒效应等测量振动量的方法。例如读数显微镜测振、激光干涉测振等。其中，激光干涉测振有极高的精度和灵敏度，可以测量微米级以下的微振动。现代光纤技术和激光技术的快速发展极大地促进了光测法的进步。对这方面知识感兴趣的读者可以查阅相关文献，本书不再赘述。

6.2.2 振动原因判断

振动的振幅和频率特性与引起振动的原因有关。所以可根据振动的振幅和频率特性来判别该振动产生的原因。例如：

（1）由于转子质量不平衡或中心找正不正确所引起的振动，其频率等于机组的转动频率，而振幅与转速的平方成正比，且振动方向为横向。

（2）由空腔脱流引起的振动，其振幅在某些低负荷区域很大，其频率范围很广，与引水系统容易发生水力共振，共振频率与引水系统管路特性有关，振动方向为轴向，即顶盖和承重机架的垂直振动很大。

（3）当机组在一定转速下振幅很大，而离开这一转速后振幅减小，很可能是转动部分固有频率与这一定转速相同而发生共振。

（4）由于转子绕组短路或空气间隙不均匀所产生的振动，其频率为转速频率的 k 倍（k 为自然数），其振幅与励磁电流的大小成正比。而定子铁心振动，频率多为 100Hz，与转子励磁电流、定子电流和定子温度都有一定关系。

这一方法的实质就是寻找振动参数与机组运行参数间的关系。在应用这一方法时，须组织振动试验，顺序改变某运行参数（此时其他参数不变），找出振动振幅和频率与机组运行的转速、励磁电流、定子电流、导叶开度的关系。

机组振动是由水力的、机械的、电磁的诸多原因所引起，在一台机组上不可能仅存在一种振动的原因，只能是某些原因为主，某些原因所占份额较小。所以在振动试验时所测量的时域曲线不可能是简谐振动的正弦波，而是多种不同强弱简谐振动合成的耦合振动。在进行试验结果分析时，可利用傅氏变换将复杂振动分解成一些简谐振动，再找出各简谐振动振幅、频率与运行参数间的变化规律，从而分析出振动的原因。

复杂振动的分解，可以用计算机进行快速傅氏变换，也可利用硬件（即带通滤波器等）来完成，有些检测试验仪表，在仪表内就带有软件或硬件变换功能，在检测时就直接输出频域曲线。

如图 6-4（a）是示波器记录的由两个简谐振动组成的复杂振动，图 6-4（b）是频谱分析仪输出的频域曲线，已将复杂振动分解，并标示出两简谐振动的频率和双振幅，据此即可进行具体的分析工作。

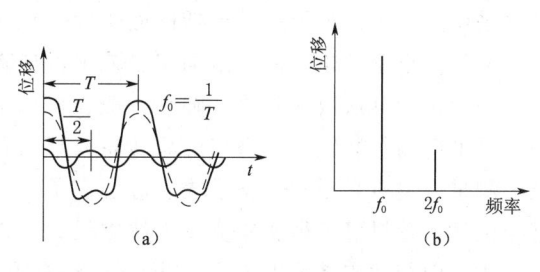

图 6-4 频谱分析
(a) 简谐振动波形；(b) 频域曲线

6.3 水力机组平衡概述

6.3.1 平衡的基本概念

水力机组转动部分都应是轴对称的,重心在主轴中心线上时机组才能稳定运行。但发电机转子、水轮机转轮是比较大且比较重的转动部件,在设计、制造、安装过程中会出现质量不平衡的问题。例如:转动部分材质不均匀,毛坯缺陷,加工质量不好,安装装配时转动部分重心不在主轴中心线上等。

机组转动部件存在质量不平衡,分为静态不平衡和动态不平衡两类。

静态不平衡,是指机组转动部件在制造加工过程中因材质不均匀、毛坯缺陷、加工质量不好,或在安装与检修阶段,安装装配时存在各种偏差,转动部分重心不在主轴中心线上,在静态时其重心偏离旋转中心,形成一个质量偏心。

动态不平衡,是指机组转动过程中存在质量偏心或不平衡力偶,或原本质量不偏心但运行一段时间后,由于振动使零部件磨损、松动、位移、脱落等造成质量不平衡,在机组旋转时质量偏心会产生不平衡离心惯性力。如由于发电机转子磁轭紧量不足,运行中磁轭径向外移而造成的质量不平衡;对于转速高而转子又长的机组,在转子垂直平面上还可能出现不平衡力偶。

当质量偏心部件旋转时产生的不平衡离心惯性力,会引起转子弓状回旋,增加轴承磨损,降低机械效率,形成转子和轴承的振动,甚至引发破坏性事故。因此,为了避免产生这些不良后果,在制造加工与安装检修过程中,必须严格控制转动部件的不平衡质量在合理的偏差范围内。

存在质量偏心的主要部件是发电机转子和水轮机的转轮,但它们是通过不同的方法来实现平衡的。水轮机转轮一般在出厂前或检修后进行静平衡配重试验,发电机转子一般在试运行前进行动平衡配重试验。

6.3.2 静平衡试验类型

水轮机转轮的形状非常复杂,以混流式转轮为例,它由上冠、下环、若干叶片等组成,它的制造工艺过程无法保证其重心落在轴线上,也不便于计算。其静平衡就只能通过试验来检查和实现。用静平衡试验的方法,可以验证水轮机转轮重心是否与转轮几何中心重合,并可用加配重(或减重)的办法来消除质量偏心。

静平衡试验装置主要有立式和卧式两大类。立式包括支承式和悬吊式,其中支承式是最常采用的方法。支承式又包括球面刚性支承式、球面静压支承式、重力传感器三点支承式等多种。小型转轮通常可由加工工艺来保证其质量均匀,也可采用卧式试验进行配重。

中型转轮(从数吨到数十吨)一般在机加工之后要进行质量补偿,工程上也设计了多种质量平衡测量装置;大型与巨型转轮(从上百吨到数百吨),其偏心质量的测量十分困难,测量装置有采用刚性支承式、静压支承式、重力传感器三点支承式称重等。当前,大型与巨型水轮机静平衡实验测试方法中最为先进的测试技术是应力棒法。总之,大中型转轮采用球面刚性支承式的较多,巨型转轮采用重力传感器三点支承式的或应力棒法的较多。如小浪底、龙滩等电站采用重力传感器三点支承式,白鹤滩电站采用的就是应力棒法。

静平衡试验一般在水轮机出厂前交付使用时进行。有些电站运行一段时间后发现，因空蚀与泥沙磨损等原因引起转轮失重，造成新的质量不平衡，在机组检修补焊后有时也需要在电站现场做静平衡试验。随着大型机组制造技术的提高，在电站现场设计机械加工车间，将若干散件组焊加工成整体转轮，之后也需要在现场做静平衡试验。如小浪底、龙滩、拉西瓦、三峡右岸、溪洛渡、白鹤滩等电站，其水轮机转轮均是在现场组焊后做静平衡试验的。随着水轮机技术的发展，静平衡试验的技术也有了很大变化。

6.4 水轮机转轮的卧式静平衡试验

对于尺寸和重量不太大的转轮，可以用卧式的静平衡试验台，如图6-5所示。

设置两根互相平行的水平导轨，用试验轴将转轮支撑在导轨上。如果转轮的重心不在它的轴线上，转轮势必在重力作用下旋转，最后停在重心向下的位置e处，试验时反复搬动转轮，在不同位置上放手让它自由摆动并最后静止，就可以找出重心G所在的方向。再在反方向拟加配重的半径R处试加一个重量，重复前面的检

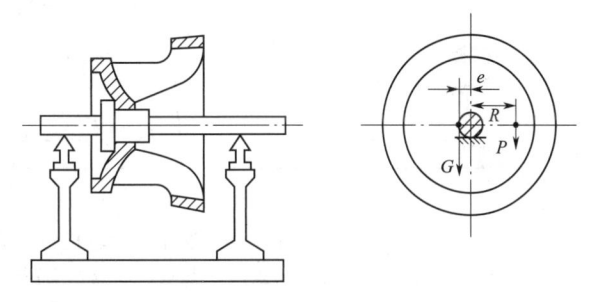

图6-5 转轮静平衡的卧式试验台

查，当配重P适时，转轮可停在任意位置，即构成力矩平衡关系，即

$$PR = Ge \tag{6-3}$$

当然，这样的试验会受摩擦力影响，应该反复调整配重P的大小，并且顺、逆时针搬动转轮来进行检查。

6.5 水轮机转轮的立式静平衡试验

大中型立轴混流式和轴流式水轮机的转轮，常采用球面支承式方法进行立式静平衡试验。支承球体置于底座的平衡底板上。根据静力学原理，这种支承在球面上的转轮，只有当其平衡时，轴线才处于垂直状态，否则转轮将向重心一侧倾斜，以求保持重心处于通过球体中心的垂线上。下面主要介绍最常用的球面刚性支承式静平衡试验方法。

6.5.1 静平衡试验装置

球面刚性支承式静平衡试验装置，一般采用调整螺杆的结构方案，如图6-6、图6-7所示，由金属支座、平衡底板座、平衡底板、平衡球、平衡板、定心板、平衡托架、调整螺杆等组成。先将平衡底板放在平衡底板座上，并将平衡底板座固定于混凝土支墩上；再将平衡球（或部分球面）支承于平衡底板上，平衡球面体由固定在转轮上的支架握持。为了能将被平衡系统的重心调整到适当高度，设置调整螺杆和螺母，平衡球就装在调整螺杆下端的定心板或平衡板上。为保证平衡球的球心位于转轮几何中心线上，平衡托

架、定心板的内、外圆需精细加工，严格控制其圆度、粗糙度和配合间隙。

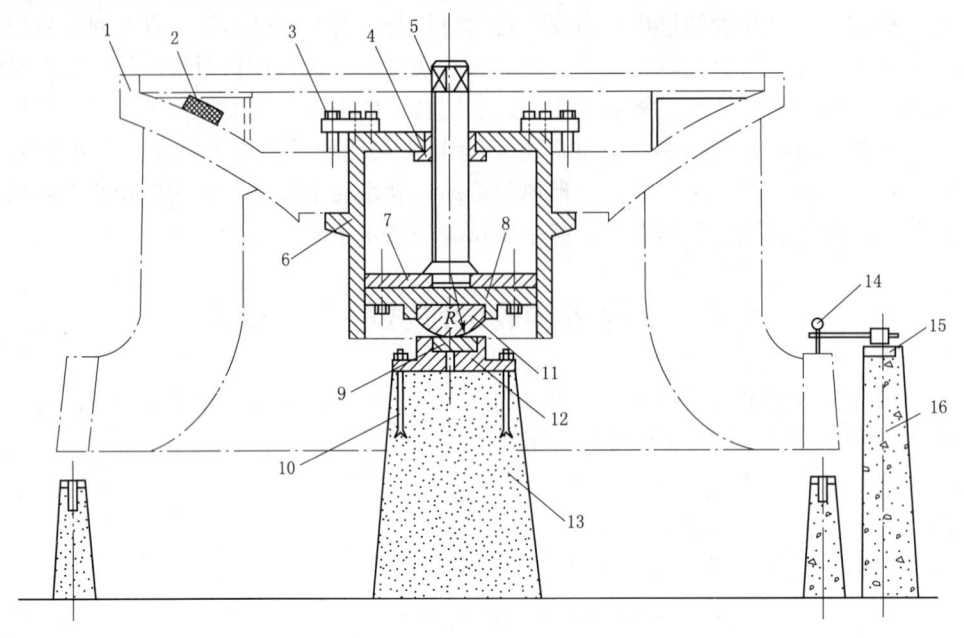

图 6-6 混流式水轮机转轮静平衡试验装置

1—转轮；2—加配重块位置；3—压板；4—螺杆套；5—调整螺杆；6—平衡托架；7—定心板；8—平衡板；9—平衡底板；10—基础螺栓；11—平衡球；12—平衡底板座；13—混凝土墩；14—百分表架；15—测量底板；16—测量支墩

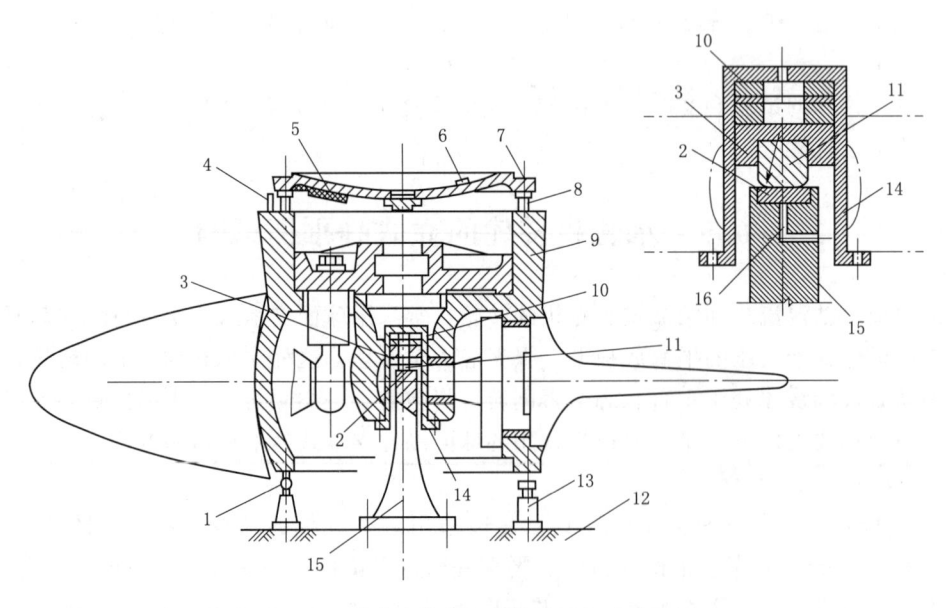

图 6-7 轴流式水轮机转轮静平衡试验装置

1—测量用百分表；2—平衡底板；3—定心板；4—框形水平仪；5—配重块位置；6—精平衡时所加配重块；7—下端盖；8—组合螺钉；9—转轮；10—垫环；11—平衡球；12—基础平台；13—千斤顶；14—平衡托架；15—支墩；16—排气孔

6.5 水轮机转轮的立式静平衡试验

平衡球和平衡底板要用锻钢加工，经淬火后再研磨，以保证足够的硬度、圆度、平直度和粗糙度。一般而言，硬度不得低于 56～60HRC，表面粗糙度参数 Ra 的上限值为 $0.4\mu m$，表面局部凹陷不得超过 0.03mm。

在转轮放上后，球与平衡底板间的接触应力为

$$\sigma = 0.388 \times \sqrt[3]{\frac{FE^2}{R^2}} \qquad (6-4)$$

式中：σ 为接触应力，N/cm^2；R 为平衡球面的曲率半径，cm；F 为被测平衡系统的重力，N；E 为钢的弹性模量，$E = 2.16 \times 10^7 N/cm^2$。

为使接触应力不超过许用接触应力，不致产生过大的压缩变形，平衡球（或球面）的半径不应太小，可由式（6-5）计算：

$$R = \sqrt{\frac{0.388^3 FE^2}{[\sigma]^3}} \qquad (6-5)$$

式中：$[\sigma]$ 为球和平衡底板的许用接触应力，N/cm^2。

对于中小型水轮机转轮，钢球直径可取 90～100mm，若钢球直径超过 150～200mm 时，可用部分球面体来代替。为防止试验时转轮发生倾覆事故，在进行静平衡试验时，必须在转轮下对称设置几个防倾覆的方木。为了防止焊接配重时烧坏球面接触面，在施焊前，必须用四周设置的千斤顶同时顶起转轮，使球面与平衡底板脱开。

6.5.2 静平衡装置的灵敏度

下面以混流式水轮机为例，介绍转轮的静平衡方法。

将转轮稳定在平衡装置上，假若在下环中心为 R 处放试重 P，则转轮会倾斜一个角度（$\angle o_1'oo_1$），下环下沉一个 H 值，如图 6-8 所示。

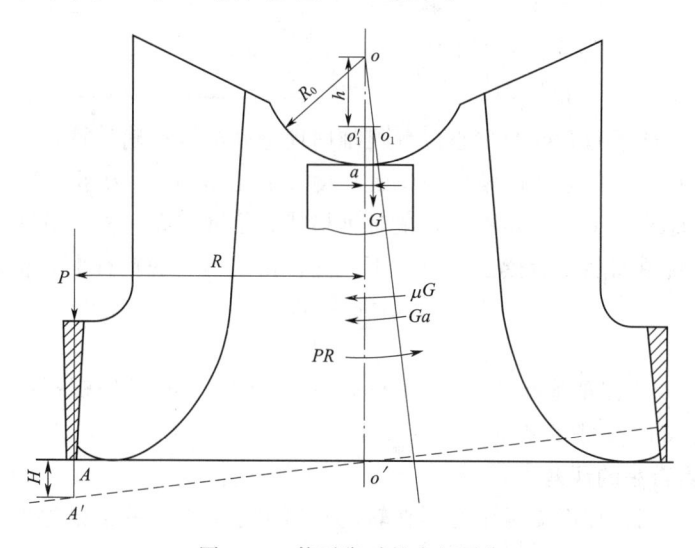

图 6-8 静平衡时的力矩平衡

这里力矩 PR 不但要克服转轮重心偏离轴中心的力矩 Ga，而且要克服摩擦力矩 μG。因此，力矩的平衡方程式为

$$PR = Ga + \mu G \tag{6-6}$$

式中：G 为被平衡系统的质量，kg；R 为下环上放试重点距转轮中心的距离，mm；P 为在下环上放试重的质量，kg；a 为转轮重心偏离球心垂线的距离；μ 为平衡球与平衡底板之间的滚动摩擦因数，对钢与钢，为 0.01～0.02。

由于转轮是整体倾斜一个角度，故 $\angle o_1'oo_1 = \angle Ao'A'$，有

$$\frac{H}{R} = \tan\angle o_1'oo_1 = \tan\angle Ao'A' = \frac{a}{h} \tag{6-7}$$

式中：H 为在下环上放试重方位距转轮中心距为 R 点测得的下环下沉量，mm；h 为平衡球心与转轮重心的距离，mm。

由式（6-7）得

$$a = \frac{H}{R}h \tag{6-8}$$

代入式（6-6），则有

$$PR = G\frac{H}{R}h + \mu G \tag{6-9}$$

式（6-9）就是静平衡试验的基本方程。由方程可知，被平衡系统的重心与支持球的球心的距离 h 越小，能使系统失去平衡而倾斜的力越小，即平衡装置的灵敏度越高。或者说，当试重为一定量时，h 越小，则下环下沉量 H 就越大，使平衡试验具有足够的精度。但是，当 $h=0$ 时，平衡系统处于随遇平衡状态，不可能进行静平衡试验；当 $h<0$ 时，即被平衡系统的重心高于支持球的球心，系统处于不平衡状态，会发生转轮倾覆，也不可能进行静平衡试验。为了提高静平衡试验的灵敏度，又要保证试验的安全，h 值应该调整到表 6-1 的范围内。

表 6-1　　　转轮立式静平衡灵敏度

转轮质量 m_g/kg	最大距离 h_{max}/mm	最小距离 h_{min}/mm
$m_g \leqslant 5000$	40	20
$5000 < m_g \leqslant 10000$	50	30
$10000 < m_g$	60	40

但是，转轮等被平衡系统的重心位置很难用理论办法做精确计算，必须用试验办法找出球心与重心的距离，并据此调整球心位置，使 h 符合表 6-1 要求。试验办法是将被平衡系统通过平衡球放置于平衡底板上，此时可将球心位置调高一些。试验时，在下环处放置试重 P。待系统重新稳定后读出该点的下沉量，由式（6-9）算出 h 值，为

$$h = \frac{(PR - \mu G)R}{GH} \tag{6-10}$$

将式（6-10）求出的值与表 6-1 中相应的值比较，通过调整螺杆或增加垫环的办法使灵敏度值满足表 6-1 中的要求。

6.5.3　平衡工具带来的误差

因制造上的原因，球面支承中心不在转轮几何中心线上，就会给静平衡工作带来很大误差。这种球面支承中心与转轮几何中心线的偏差，在现场用一般方法很难检查出来，且难以处理纠正。除在平衡装置的平衡球、定心板、平衡板、平衡托架等零件的加工中，尽量保证其同心度外，在现场可用旋转对称平衡法来消除球心与转轮几何中心偏差带来的误差。由于平衡工具的误差，则静平衡试验得出的结果是转轮本身不平衡和平衡工具误差二

者的矢量和。如图 6-9 所示，当平衡工具与转轮的相对位置固定后，平衡试验所求得的配重大小 P_1 和配重安装方位 α_1 用 $\overrightarrow{OA}$ 表示；然后解除平衡托架与转轮的连接，连同托架内的零件旋转 180°角后与转轮连接，再次做平衡试验，得出配重的大小 P_2 及安装方位 α_2 用矢量 $\overrightarrow{OB}$ 表示。连 AB，取 AB 中点 C，则 $\overrightarrow{OC}$ 就代表转轮所需要的配重大小 P 及安装方位 α。而 $\overrightarrow{CA}$ 和 $\overrightarrow{CB}$ 代表平衡托架及内部零件中心误差在 0°、180°时相对静平衡试验所带来的误差。

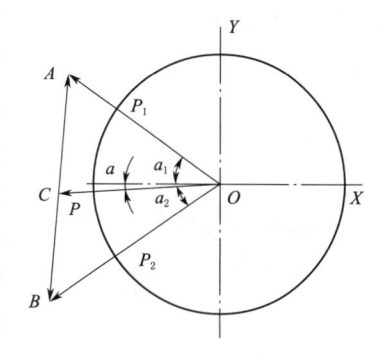

图 6-9　图解法求解转轮的实际配重

6.5.4　静平衡试验方法

1. 试验前的准备工作

（1）主要工具和仪器。两架精度为 0.02mm/m 框形水平仪，两块与框形水平仪底面形状尺寸相同及重量相等的平衡块；量程为 0.5m 的钢板尺；量程为 0～10mm 的百分表；质量为 1kg、2kg、3kg 的砝码各若干个；千斤顶根据承载荷重选择，千斤顶总工作能力大于被平衡系统总重量，一般 4～8 只；防转轮倾覆的方木或钢支墩若干；平衡配重用的铁块或铅块若干；其他如磅秤、电焊机、砂轮机等准备好。

（2）场地选择布置。试验场地要求设在基础坚固、吊运设备方便的地方。试验前应清扫场地，以基础支墩为准，在直径相当于下环直径的圆周上，分别等距地放好钢支墩（或方木）和千斤顶若干个，并调整钢支墩使之在同一高程上，调整千斤顶顶面高程，一般以转轮放上后使球与平衡底板间保持有 5mm 的距离为准。

（3）试验装置的安装。

1）金属支座、平衡底板座、平衡底板安装。把支座底面与平衡底板顶面清洗干净，吊放在基础支墩上，用螺栓固定即可，并保证不平衡底板水平偏差不大于 0.02mm/m。

2）平衡球、平衡板、定心板、平衡托架等的安装。安装前将其清扫检查后，放置在转轮组合场地中央，然后吊起转轮放在托架四周的千斤顶上，松开钢丝绳，再用桥机通过转轮法兰孔把托架这个组合件对正中心缓慢提起后，拧紧压环螺栓及其周围的顶丝，利用调整螺杆将球心调到高于重心的位置。

3）检查平衡托架与转轮内圆周边间隙，使之周边间隙相等，保证球心在转轮几何中心线上，中心偏差应不大于 0.03mm。

2. 灵敏度 h 的检查

在转轮下环上分别放置质量为 1kg、2kg、3kg 的试重 P，则在相同位置用百分表测出下环下沉量 H_1、H_2、H_3，分别用式（6-10）计算相应的 h 值。如果 3 次计算的 h 值基本相同，则用其中一个值与表 6-1 中的相应值比较并调整螺杆，使 h 值符合规定。若 3 次计算出的 h 值差别较大，则说明计算中所用的 μ 值不尽合理。在实践中按式（6-10）计算，3 次计算结果往往相差超过 10%，其原因是 μ 值取值不当。因为滚动摩擦对静平衡的影响是复杂的，它的方向永远与转轮倾斜运动方向相反，转轮加试重后会摆动几次才稳定下来，摩擦力矩的方向不可能永远同 PR 方向相反。所以可把 μ 值也当成一个未知数。为了求出 h 和 μ 值，可利用上述 3 次加试重的测量数据中的两次加试重的测量数据，

列联立方程式为

$$\left.\begin{array}{l}P_1R=G\dfrac{H_1}{R}h+\mu G\\P_2R=G\dfrac{H_2}{R}h+\mu G\end{array}\right\} \tag{6-11}$$

该方程式的解为

$$\left.\begin{array}{l}h=\dfrac{(P_1-P_2)R^2}{(H_1-H_2)G}\\\mu=\dfrac{(P_2H_1-P_1H_2)R}{(H_1-H_2)G}\end{array}\right\} \tag{6-12}$$

然后用第 3 个试验结果进行校核。这种办法得出的 h 值误差较小，可根据这个结果再调整至符合表 6-1 中的规定。

3. 转轮的初平衡试验

如图 6-10 所示，在转轮的下环 $+X$、$+Y$ 两个方位（半径相同）平稳地放置框形水平仪，为克服水平仪自重的影响，在对称位置（$-X$、$-Y$）放置与水平仪等底面、等重量的平衡块。根据水平仪的水平读数，在转轮轻的一侧放置平衡配重，使转轮的轴线垂直（即水平仪读数为零）。平衡配重的大小、方位可根据水平仪读数计算，有

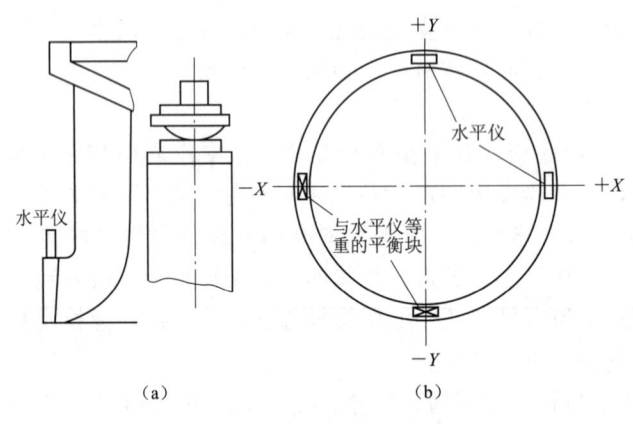

图 6-10 水平仪放置位置示意图
(a) 剖视图；(b) 俯视图

$$H=\sqrt{(\delta_XR)^2+(\delta_YR)^2}=R\sqrt{\delta_X^2+\delta_Y^2} \tag{6-13}$$

$$P=\dfrac{hH+\mu R}{R^2}G \tag{6-14}$$

$$\alpha=\arctan\dfrac{\delta_X}{\delta_Y} \tag{6-15}$$

式中：H 为使水平仪指示为零时转轮轻的一侧下环应下沉的高度，mm；P 为平衡配重的质量，kg；δ_X、δ_Y 为在 X、Y 轴线上水平仪测出的不水平度（注意读数的正负方向）；α

为平衡配重在转轮上的安放角度（+X方向为零度，并注意所在象限）；G为转轮及平衡工具的总质量，kg；R为水平仪、百分表和平衡配重安放半径，mm；h、μ为前述的计算结果。

按计算出的P和α值放置平衡配重，并适当调整其大小及方位，至两框形水平仪气泡居中为止，记录此次求出的配重大小和方位 P_1、$α_1$。将平衡托架连同内面的零件旋转180°，拿下第1次试验的配重 P_1，再次进行平衡试验，得出使两框形水平仪气泡居中时的配重大小及方位 P_2、$α_2$。用图6-9的方法求出转轮本身不平衡所需要配重P及方位α，将平衡工具误差所需要配重暂时放在下环上。因转轮所需配重的实际安放位置不在下环上，多数焊在转轮上冠和减压板之间的空间内，故实际配重的质量为

$$P'=\frac{R}{R'}P \tag{6-16}$$

式中：P'为上冠处的实际配重质量，kg；P为下环处的计算配重质量，kg；R为下环处的水平仪放置半径，mm；R'为上冠处实际配重放置半径，mm。

按计算值来确定配重的安放方位。由于配重多用电焊焊接在转轮上，故在配重称重时，应把焊条焊接金属量计算进去。施焊时，应顶起转轮，以免焊接电流烧坏平衡球接触点。

4. 转轮精平衡的试验

转轮初平衡的平衡配重安放定位后，需再次进行平衡工作，此时平衡工具带来的误差还需增加配重，该配重应放在下环上，用水平仪测下环上平面的水平度，仍在较轻一侧加配重，直至残留不平衡质量矩满足要求为止。

静平衡的平衡品质等级按GB/T 9239.1—2006选取G6.3，以许用不平衡质量矩 U_{per} 表示。一般在转轮加工图纸中标明残留不平衡质量矩的允许值。中小型水轮机转轮的许用不平衡质量矩 U_{per} 可以按照下式计算：

$$U_{per}=\frac{6.3\times10^4 m_g}{n_{run}}$$

式中：m_g为转轮质量，kg；U_{per}为许用不平衡质量矩，g·mm；n_{run}为水轮机最大飞逸转速，r/min。

根据允许残留不平衡质量矩，计算在下环处允许最大下沉值，为

$$H_0=\frac{(U_{per}/1000-\mu G)R}{Gh} \tag{6-17}$$

式中：U_{per}为许用不平衡质量矩，g·mm；R为百分表所处半径，mm。

用水平仪在下环X、Y轴线上进行检查，转轮实际下沉值 H' 必须小于允许下沉值 H_0（即 $H'<H_0$）。下环实际下沉值为

$$H'=R\sqrt{\delta_X^2+\delta_Y^2} \tag{6-18}$$

式中：δ_X、δ_Y为在X、Y轴线上水平仪的实际读数；R为水平仪在下环上的半径，mm。

精平衡的平衡配重焊在转轮上之后，需再次复查，直到 $H'<H_0$ 为止。

6.6 发电机转子的静平衡

6.6.1 容量很小的发电机转子的静平衡

这种转子可以采用静平衡试验方法处理其机械不平衡力。最常用的方法是把转子放在两个平行的导轨上，令其自由滚动，如果每次滚动后，转子上的某一点都是停止在最下面位置，就说明重心向法向偏移。这时可以在相反方向（转子静止时的上方）试加平衡块。平衡块的大小，可以逐步调整，直到转子自由滚动时其每次停止的位置完全是任意位置的时候为止。这种方法比较简单，但由于转轴和导轨间有摩擦，所以误差较大。

为了消除摩擦的影响，应采用下述较为精确的静平衡法。

首先在导轨上令转子自由滚转，找出转子本身存在的不平衡重的方向。为了达到这一目的，先令转子反时针方向滚动，如图 6-11（a）、图 6-11（b）所示。假设不平衡重由于摩擦阻力的原因，并不能停止在最低点，而是停止在图 6-11（a）的位置，这时把转子最低点记下来，记作 1，然后令转子顺时针方向滚动，同样，不平衡重也不能停止在最低点，而是停止在图 6-11（b）的位置，这时也记下最低点，记作 2。显然，这 1、2 两点的中间点就是实际的不平衡重的位置，就是转子本身不平衡重的方位，把这个点记为 M 点，其不平衡重的质量记为 G_M（牛顿）。

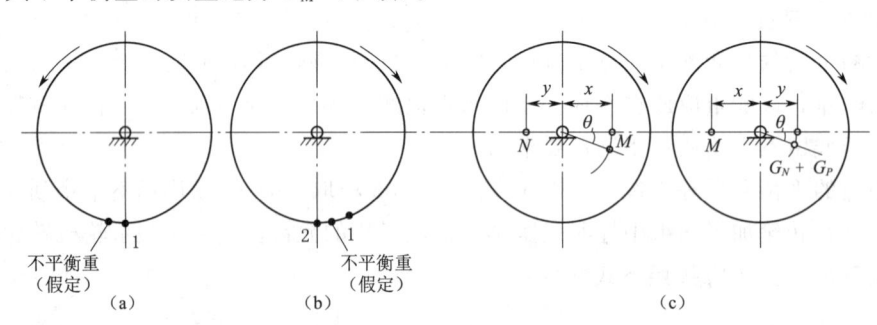

图 6-11 发电机转子静平衡试验及计算示意图
(a) 静平衡试验位置 1；(b) 静平衡试验位置 2；(c) 静平衡试验加重示意图

平衡质量应加在 M 点直径方向上的对称点 N 上，但应该加多少，还要通过以下的试验，并加以计算求得。

如图 6-11（c）所示，先人为地把转子转到 M 点处于水平位置，并在 N 点处放一个质量 G_N（牛顿）的平衡重块，使其距中心为 y，以使转子尚能自行沿箭头方向滚动某一个角度，记下这个角度为 θ，这时转子停止转动的条件是 G_M 产生的转矩平衡了 G_N 产生的转矩与摩擦阻力矩 m 的和，即

$$G_M x \cos\theta = G_N y \cos\theta + m \tag{6-19}$$

则

$$m = (G_M x - G_N y)\cos\theta \tag{6-20}$$

所加质量 G_N 的大小及距离 y 应满足：

$$G_N y < G_M x - m \tag{6-21}$$

然后将转子转过180°，使不平衡质量G_M和试加质量G_N的中心连线处在同一水平位置上，如图6-11（c）所示，在N点加上适当质量G_P（牛顿）的重块，该重块能使转子自行转动的角度与第一次转动的角度θ尽可能相等。这时可以得到式（6-22）：

$$(G_N+G_P)y\cos\theta=G_Mx\cos\theta+m \tag{6-22}$$

则

$$m=[(G_N+G_P)y-G_Mx]\cos\theta \tag{6-23}$$

两次转动的摩擦力矩应该是相等的。因此将式（6-20）代入式（6-23）得

$$G_Mx-G_Ny=(G_N+G_P)y-G_Mx \tag{6-24}$$

整理这个等式可以得出：

$$G_Mx=\frac{2G_N+G_P}{2}y \tag{6-25}$$

显然，在M点相对方向的半径y处加$G_N+G_P/2$的平衡质量或在y处只加此平衡质量的一半，而将另一半加到转子另一端与y同方位的对应点上。

平衡重块必须固定牢稳，防止在发电机运转时飞出造成事故。常用的紧固方法有：①将平衡重块装在燕尾槽内，用螺钉顶紧固定，此法调装方便，但零件加工较费工时；②将平衡块焊接在钢圈的内圆面上。

6.6.2 大中型发电机转子的静平衡

一般发电机的转子都是尺寸很大、重量很重的，其静平衡无法用试验的方法检查调整，只能依靠组装的工艺过程来实现，其具体步骤概括如下：

（1）在磁轭叠片前，对磁轭冲片逐片称重，再按重量分组。叠片时尽可能在对称方向布置重量相同的冲片，对无法均匀分布的则记录不平衡重量的大小以及它所在的位置。

（2）在磁极挂装前，逐个称重，并按极性、重量配对，使任何45°或22.5°范围内磁极重量之和，与对称侧的差符合规范要求。对实在不能均匀分布的重量同样要记录其大小和方位。

（3）对以上两项工作中遗留的不平衡重量进行计算，求得总的不平衡力矩的大小和方向，进而在转子上加焊平衡配重，使转子的重心调整回转动轴线。

实践证明，转子静平衡计算很难计算准确，所以大中型转子还需通过下面介绍的动平衡试验来配重。

6.7 发电机转子的动平衡试验

6.7.1 试验原理

（1）对于圆盘形转子（$L/D<0.3$），由于质量不平衡，设重心偏离旋转中心线$O—O$的距离为e，如图6-12（a）所示，在额定转速下旋转时，产生的不平衡离心力为

$$P_0=Ge\omega^2 \tag{6-26}$$

式中：ω为转子的旋转角速度，rad/s；G为转子的质量，kg。

对于这种不平衡，用上节的静平衡的方法是能够发现并加以消除的，称为静不平衡。

(2) 对于圆柱形转子（$L/D \geqslant 0.3$），如图 6-12 (b) 所示，可把转子看成由上下两部分组成，上部分重 $G/2$，重心在左边，偏心距为 e；下部分重 $G/2$，重心在右边，偏心距也为 e。

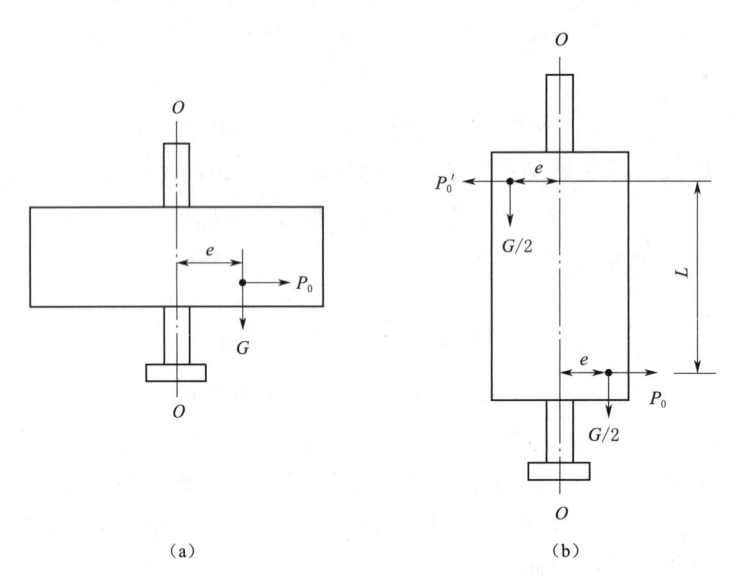

图 6-12 转子的不平衡现象
(a) 不平衡离心力；(b) 不平衡离心力偶

转子在静止时并不产生不平衡力矩。当转子以角速度 ω 旋转时，不但出现不平衡离心力 P_0 与 P_0'，还会出现不平衡离心力偶 T 与 T'（不平衡离心力和离心力偶组成作用在导轴承上的旋转作用力，引起导轴承和轴承支架产生横向振动），有

$$P_0 = P_0' = \frac{G}{2} e \omega^2 \qquad (6-27)$$

$$T = T' = P_0 L = \frac{G}{2} \omega^2 L \qquad (6-28)$$

这种不平衡，做静平衡试验是无法发现的，只有在转子做旋转运动时才会出现，故称动不平衡。

实际上，转子既存在静不平衡，又存在动不平衡。对于这种情况，可通过下面介绍的动平衡试验，将这两种不平衡一起消除。

(3) 动平衡试验，即人为地改变转子的不平衡性，测量机组振动的变化，从而计算出转子存在的质量不平衡，用平衡配重的办法使转子重心趋于旋转中心，减小转子旋转时所产生的不平衡离心力和离心力偶，从而减小质量不平衡引起的振动。

需指出的是，只有在机组启动试运行阶段，发现确由转子质量不平衡并引起机组振动超标时，才进行动平衡试验。

实践证明，水力机组的振动，绝大多数是由发电机转子静不平衡或动不平衡所造成的，因此应做动平衡试验，尤其在大容量和高转速机组中就更加重要。

6.7.2 试加荷重的选择

下面以圆盘形转子为例,对转子进行配重试验。

加装试验荷重是人为地改变转子不平衡情况,选择试重块的质量时,应使机组振动大小比原来有显著区别,故试验荷重要有足够的质量。但试验荷重加在转子上,在转子旋转时它产生离心力,该离心力不能太大,否则引起机组过大振动,造成轴承损伤。根据经验得出,试验荷重的大小可按在额定转速下试验荷重所产生离心力的允许值来确定,也可以根据机组所存在的振动值的大小来确定。

(1) 试验荷重产生的离心力,约为其附近导轴承上的负载,一般试验荷重约为转子重量的 0.5%～2.5%,即

$$m_0 R \omega_r^2 = (0.005 \sim 0.025) G g \quad (6-29)$$

可得

$$m_0 = (0.005 \sim 0.025) \frac{Gg}{R\omega_r^2} = (4.5 \sim 22.5) \frac{Gg}{\pi^2 R n_r^2} \quad (6-30)$$

式中:m_0 为试加重块的质量,kg;G 为发电机转子质量,kg;R 为试加重块的固定半径,cm;n_r 为机组额定转速,r/min;g 为重力加速度,9.8m/s²。式中的系数(4.5～22.5),对低速机组取小值,对高速机组取大值。

(2) 使试验荷重产生的离心力约为转子原实际最大离心力的一半。而实际最大离心力在试验前是未知的,可大致按每增加转子重量的1%的离心力,轴承双振幅增加0.01mm的关系来决定试验荷重的大小,有

$$m_0 = 450 \frac{\mu_0 G}{R n_r^2} \quad (6-31)$$

式中:μ_0 为未加试验荷重前所测机组导轴承处振动的双振幅值,0.01mm;其他符号意义同前。

6.7.3 基本假设

在额定转速下,转子上所发生的不平衡离心力与转子的偏心质量矩是成正比的。不平衡离心力使导轴承及支架产生横向振动。在振幅较小时,振幅的大小与不平离心力的大小成正比。即

$$\mu_0 : \mu_1 : \mu_2 : \mu_3 = P_0 : P_1 : P_2 : P_3 \quad (6-32)$$

式中:μ_0 为未加试验荷重时,由于 P_0 的作用,导轴承机架上产生的横向振动双振幅,mm;P_0 为转子原存在的质量不平衡所产生的不平衡离心力;P_1、P_2、P_3 为试验荷重分别安放在转子0°、120°、240°三个位置时,原质量不平衡所产生的离心力与试验荷重所产生离心力的合力;μ_1、μ_2、μ_3 为在不平衡离心力的合力为 P_1、P_2、P_3 时,导轴承支架横向振动的双振幅,mm。

由式(6-26)、式(6-32)可知,导轴承支架横向振动的双振幅的大小与转子上不平衡质量矩的大小成正比。

6.7.4 动平衡的三次试加重法

(1) 试验的基本过程及力的矢量关系。

1) 试验的基本过程。三次试加重法是我国水电站对发电机转子进行动平衡试验的常

用方法。即在机组无励磁额定转速空转时,测机组导轴承支架中心体横向振动,若振动过大并判定是因转子质量不平衡而引起时,则做动平衡试验。

三次试加重法,就是顺序地在发电机转子的同一半径互成120°的3点逐次加试重块,分别启动机组至额定转速,并在额定转速下分别测记导轴承所在机架支腿内端径向水平双振幅值分别为 μ_1、μ_2、μ_3,连同未加试重时所测得的振幅值 μ_0 共有4个,根据这4个振幅值,用作图法或用计算机法求出转子原来存在的不平衡质量的大小和方位。

2)试验时力的矢量图。为了理解作图法和计算法的原理,需要介绍一下动平衡试验时力的矢量图。在上述试验过程中,当不带试验荷重时,由于转子质量不平衡而产生的离心力 P_0,引起机组振动双振幅 μ_0;而将试验荷重 m_0 依次放在转子半径为 R 的圆周3个互隔120°的点上,在转子以额定转速旋转时,就分别产生大小为 $m_0 R \omega^2$ 而方向互成120°的离心力 R_1、R_2、R_3(图6-13中以 R_1、R_2、R_3 表示3个离心力),它们分别与 P_0 合成而有 P_1、P_2、P_3 三个合力,P_1、P_2、P_3 便分别引起振动 μ_1、μ_2、μ_3。鉴于不平衡离心力与振幅大小之间的比例关系,合力图也可以表示振幅值的合成(振幅和相位构成振动的矢量)。OO'、OA'、OB'、OC' 分别代表双振幅 μ_0、μ_1、μ_2、μ_3 及各自的相位,OA'、OB'、OC' 实际上是单纯由试验荷重放在不同方位上产生的离心力 R_1、R_2、R_3 所引起的大小相同、相位不同的振动幅值 μ_p。由于通过试验可以测出 μ_0、μ_1、μ_2、μ_3,若设法据此计算出 μ_p,则按比例关系可算出转子上的质量不平衡的大小和所处方位,平衡配重的大小和安放方位即可确定。

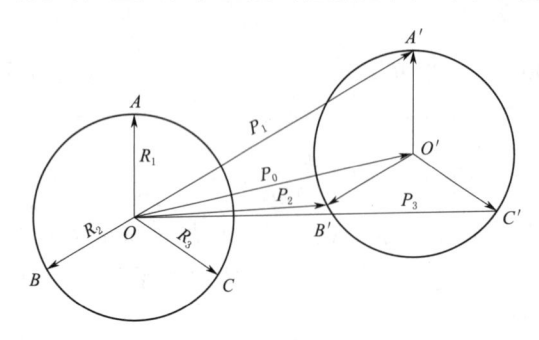

图6-13 动平衡三次试加重法时力的矢量关系图

(2)作图法求平衡配重的大小及方位。常用的有四圆作图法、五圆作图法、计算法等。

1)四圆作图法。如图6-14所示,其步骤如下:

(a)取任意点 O 为圆心,以按比例(1mm/kg)缩小的试加重为半径,画试加重圆 O_{ABC},而 A、B、C 三点相隔各120°,它是相当于转子试加重的固定点,如图6-14所示。

(b)连接 AB,在其两端作垂线。在 B 端点作 $BB' \perp AB$,取 $BB' = \mu_B$(取比例为1mm/0.01mm);A 端点两侧作垂线 $AA' \perp BA$ 和 $AA'' \perp BA$,取 $AA' = AA'' = \mu_A$(与 μ_B 取相同比例)。连 $B'A'$ 并延长,与 BA 的延长线交于 E 点。连 $B'A''$ 并延长,与 AB 线交于点 E'。以 EE' 为直径画轨迹圆 O_{AB},在这个圆周上的任意点与 A、B 两点的距离比,都等于 μ_A/μ_B。

(c)连接 BC,在其两端作垂线,在 B 端点作 $BB'' \perp CB$,$CC' \perp BC$ 和 $CC'' \perp BC$,取 $BB'' = \mu_B$,$CC' = CC'' = \mu_C$(与 μ_B 取相同比例)。连 $B''C'$ 并延长,与 BC 的延长线交于 F 点。连 $B''C''$ 并与 BC 线交于 F' 点。以 FF' 为直径画轨迹圆 O_{BC}。

(d)轨迹圆 O_{BC} 与 O_{AB} 相交于 D 及 D'。同理也可画出 C、A 两点的轨迹圆 O_{CA},

6.7 发电机转子的动平衡试验

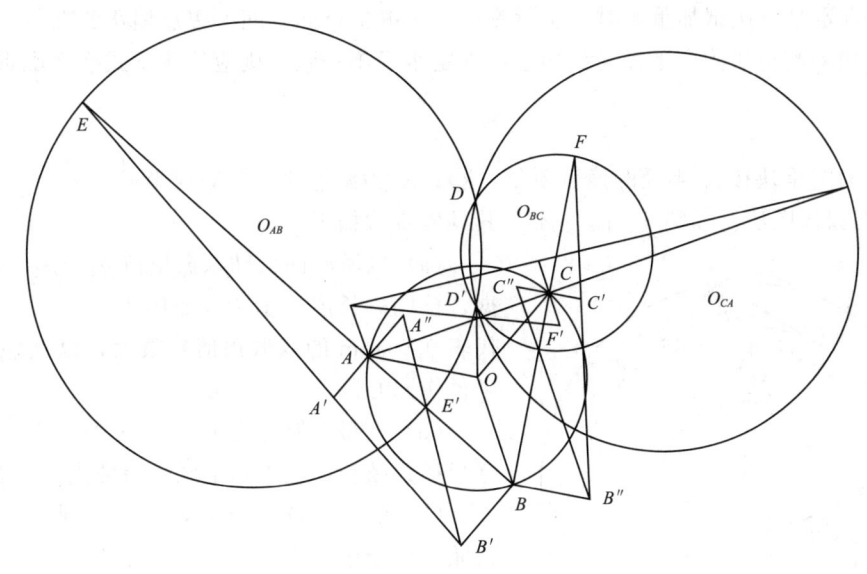

图 6-14 四圆作图法求配重

O_{CA} 与 O_{BC}、O_{AB} 也交于 D 和 D' 两点。证明 D 及 D' 两点位置正确。实际应用时有两个轨迹圆即可得 D 及 D' 两点，第 3 个轨迹圆只起到校核的作用。

D 与 D' 点是三个轨迹圆的公共点，因此，它与 A、B、C 三点的距离之比为

$$DA : DB : DC = P_A : P_B : P_C = \mu_A : \mu_B : \mu_C \tag{6-33}$$

或

$$D'A : D'B : D'C = P_A : P_B : P_C = \mu_A : \mu_B : \mu_C \tag{6-34}$$

(e) 连接 DO 及 $D'O$，得两个向量，其中哪一个是所求的原有不平衡矢量的模 $P_0(N)$ 的值，需要把原始振幅 μ_0 代入，与 μ_A、μ_B、μ_C 中任何一个值比较后确定，其值应符合式（6-35）。

$$\left.\begin{aligned} P_0 = DO = \frac{\mu_0}{\mu_A}DA = \frac{\mu_0}{\mu_B}DB = \frac{\mu_0}{\mu_C}DC \\ P_0 = D'O = \frac{\mu_0}{\mu_A}D'A = \frac{\mu_0}{\mu_B}D'B = \frac{\mu_0}{\mu_C}D'C \end{aligned}\right\} \tag{6-35}$$

凡是符合式（6-35）其中一式者为真值，不符合者为假值。例如：$DO = \frac{\mu_0}{\mu_A}DA$，则 $P_0 = DO$；若 $D'O = \frac{\mu_0}{\mu_A}D'A$，则 $P_0 = D'O$。

(f) 应加配重块的质量为

$$m = \begin{cases} \dfrac{DO}{OA}m_0 & (P_0 = DO) \\ \dfrac{D'O}{OA}m_0 & (P_0 = D'O) \end{cases} \tag{6-36}$$

式中：m 为应加配重质量，kg；m_0 为试加配重质量，kg。

(g) 实际配重块固定方位，可以直接用量角器从图 6-14 量取角 $\angle DOC$ 或角 $\angle D'OC$

的值，它肯定是三次试加重块时，实际测得最小振幅点向中间振幅点偏移的夹角。

（h）如果配重块固定半径与试加重块固定半径不一致，则应按照下式换算配重块值：

$$m' = \frac{R}{R'}m \tag{6-37}$$

式中：m 为配重块按 R' 半径的换算质量，kg；R' 为配重块实际固定半径，m。

2）五圆作图法。如图 6-15 所示，其具体步骤如下：

（a）以所测的振动双振幅值 μ_1、μ_2、μ_3 为依据，按同一长度比值 k（如用 10mm 长度的线段代表 0.01mm 的双振幅值）放大，以这些长度为半径作同心圆。

（b）在最大圆上任取一点 A 作基点，以最大圆半径为弦长，在大圆上画弧得两点 D、D'。

（c）以 D、D' 为圆心，以最小圆半径为半径画弧，交于中圆于 B、B'、B_1、B_1'。

（d）以 A 为圆心，以 AB 或 AB' 为半径画弧，交小圆于 C 及 C' 两点。

（e）连 A、B、C 三点得 △ABC，连 A、B'、C' 得 △$AB'C'$。

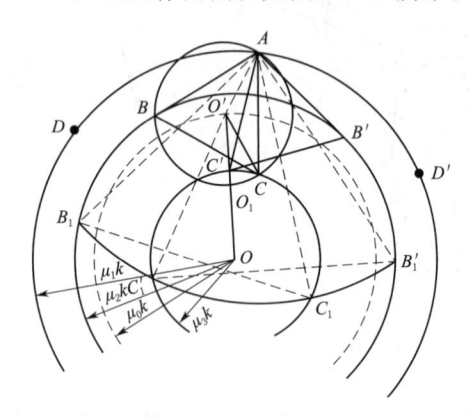

图 6-15 五圆作图法求配重

（f）根据所测振动 μ_1、μ_2、μ_3 对应加试验荷重的方位，在上述两三角形中选取所对应的一个。例如，所测振动 μ_1、μ_2、μ_3 对应在转子上加试验荷重的排列方向为顺时针，则应选三角形三顶点 ABC 为顺时针即取 △$AB'C'$。若转子上加试重的顺序为逆时针，则取 △ABC。

（g）在所选取的等边三角形中（如 △ABC），作 3 个边的垂直平分线，3 条垂直平分线即为三角形的中心 O'，此点应在以 μ_0 为半径（按放大比值 k）的圆上或附近。

（h）连 OO'，由 OO' 可换算得到转子原有不平衡所引起振动的双幅值。

（i）以 O' 为圆心，以 $O'A$ 为半径作圆，其圆周与 OO' 的交点 O_1 就是转子上应加平衡配重的方位。连 $O'C$，则平衡配重所加的方位，是三次试重中引起最小振动幅值的加重点向引起中等振动幅值的加重点旋转 $\angle CO'O_1$ 角度的位置。

（j）需加平衡配重的质量为

$$m = \frac{OO'}{O'A}m_0 \tag{6-38}$$

式中：m_0 为试验荷重的质量，kg；m 为平衡配重的质量，kg；OO'、$O'A$ 为图中相应线段的长度。

（k）假设在第（g）步中，O' 不在以 μ_0 为半径的圆上或附近，则取消 △ABC 或 △$AB'C'$。以 A 为圆心，以 AB_1 或 AB_1' 为半径画弧交小圆周于 C_1、C_1'，连 A、B_1、C_1 或 A、B_1'、C_1' 得 △AB_1C_1、△$AB_1'C_1'$。按第 f 步在 △AB_1C_1、△$AB_1'C_1'$ 中选取顺序方向与加试重顺序方向一致的三角形，并按（g）~（j）步骤进行求解。

方位角 $\angle OO'C$ 可从图中用量角器量出。

3）计算法。根据前述的动平衡原理及相互间的关系，可利用三角形余弦定理计算平衡配重的质量及配重应安放的方位。

如图 6-16 所示，假定 μ_0 与 μ_{p1} 之间的夹角为 θ，则有

$$\angle A'O'O = 180° - \theta$$
$$\angle B'O'O = 360° - (180° - \theta) - 120° = 60° + \theta$$
$$\angle C'O'O = 180° - \theta - 120° = 60° - \theta$$

根据余弦定理有

$$\mu_1^2 = \mu_0^2 + \mu_p^2 + 2\mu_0\mu_p\cos\theta$$
$$\mu_2^2 = \mu_0^2 + \mu_p^2 - \mu_0\mu_p\cos\theta + \sqrt{3}\mu_0\mu_p\sin\theta$$
$$\mu_3^2 = \mu_0^2 + \mu_p^2 - \mu_0\mu_p\cos\theta - \sqrt{3}\mu_0\mu_p\sin\theta$$

将以上 3 式两边相加，得 $\mu_1^2 + \mu_2^2 + \mu_3^2 = 3\mu_0^2 + 3\mu_p^2$，则

$$\mu_p = \frac{1}{\sqrt{3}}\sqrt{\mu_1^2 + \mu_2^2 + \mu_3^2 - 3\mu_0^2} \tag{6-39}$$

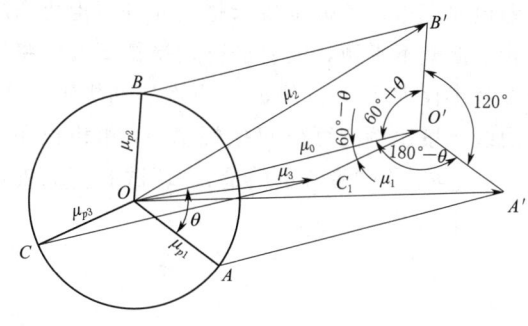

图 6-16 三次试加重后振动值与原振动值间的关系

式中：μ_1、μ_2、μ_3 为每次加试重后所测得振幅的双振幅值，mm；μ_0 为未加试重时所测机组振动双振幅值，mm；μ_p 为试验荷重所产生离心力引起支架振动的双振幅值，mm。

需要的平衡配重质量为

$$m = \frac{\mu_0}{\mu_p}m_0 \tag{6-40}$$

式中：m 为平衡配重的质量，kg；m_0 为试验荷重的质量，kg。

平衡配重的固定方位为

$$\theta = \arccos\frac{\mu_1^2 - \mu_0^2 - \mu_p^2}{2\mu_0\mu_p} \tag{6-41}$$

$$\alpha = 180° - (120° + \theta) = 60° - \theta \tag{6-42}$$

式中：θ 为原有不平衡质量位置与产生最大振动的装试验荷重点之夹角；α 为平衡配重的固定角，它是从产生最小振动的装试验荷重点向产生中等振动的装试验荷重点偏转的角度。

平衡配重在转子上的安放位置应是半径为 R（试验荷重的安放半径），从产生最小振动的加试重点向产生中间振动的加试重点转一 α 角的方位。

若平衡配重在转子上的安放半径与试验荷重安放半径不同，则平衡配重实际为安放半径 R' 修正平衡配重的大小。有

$$m' = \frac{R}{R'}m \tag{6-43}$$

式中：R' 为平衡配重实际安放半径；m' 为在半径 R' 处应有的平衡配重质量。

若在 α 方位不便于安放平衡配重时，则可在规定位置的两边各装一配重，使两配重所产生离心力的合力与计算平衡配重的离心力相同。

6.7.5 动平衡的一次试重法

一次试重法同三次试重法基本原理相同,区别在于振动测量时不仅测量振动的振幅,而且同时测量振动的相位。

(1) 试验的基本过程和测量方法。机组启动后,在空载无励磁额定转速下,测量导轴承支架的横向振动的时域曲线(图 6-17),按比例测算出双振幅值 μ_1 及相位角 φ_1。若振幅超过允许值,或振幅虽未超过允许值但仍需减小振动时,认为此时产生振动的主要原因是转子质量不平衡,则要进行动平衡试验。将试验荷重(其大小同前述)装在转子上,记录安装半径 R 和方位角 φ_0,再次启动机组,在同工况下测量导轴承支架的横向振动的时域曲线,按比例测算出双振幅值 μ_2 和相位角 φ_2。这样可根据振动测量的 4 个数据 μ_1、φ_1、μ_2、φ_2 及试验荷重质量 m_0,试验荷重安放半径 R 和方位角 φ_0,计算出应装平衡配重的大小及安放位置。

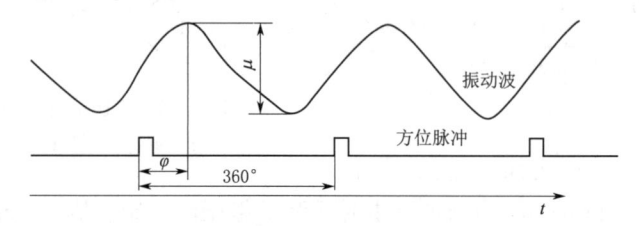

图 6-17 振动的时域曲线图

振动的时域曲线(即振动的波形图)的测量记录需用电测法,用示波器记录。同时在转子某一方位装设同步信号装置,使转子每转到此处时发一同步信号,由示波器记录下来,并定义该点为转子零度方位。两同步信号之间的相位差为 360°,即可按比例测算出波峰时的相位角 φ。

(2) 计算平衡配重的大小及安放方位。根据测量所得数据,可用作图法或计算法求出平衡配重。

一次试重法的矢量图如图 6-18 所示,坐标原点代表转子中心,$\overrightarrow{OA}$ 代表空载测振的 μ_1、φ_1,加试重后测振数据 μ_2、φ_2 由 $\overrightarrow{OB}$ 代表,而 $\overrightarrow{AB} = \overrightarrow{OB} - \overrightarrow{OA}$ 系试验荷重对振动的影响。按图 6-18 法作图,连 A、B 两点得 AB 的长度,得平衡配重的大小为

$$m = \frac{OA}{AB} m_0 \tag{6-44}$$

平衡配重在转子上的安放角 φ' 为

$$\varphi' = \varphi_0 + \alpha \tag{6-45}$$

式中:α 为在图 6-18 中标明的角度。

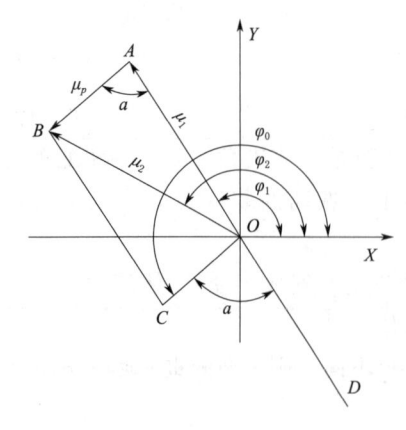

图 6-18 动平衡一次试重法的矢量图

图 6-18 中由 OC 至 OD 是逆时针旋转,α 的符号为正;若 OC 至 OD 是顺时针旋转,则 α 的符号为负。

图 6-18 也可利用余弦定理进行计算,有

$$AB^2 = OA^2 + OB^2 - 2OA \cdot OB\cos(\varphi_2 - \varphi_1) \tag{6-46}$$

因 AB、OA、OB 分别代表 μ_p、μ_1、μ_2，则有

$$\mu_p = \sqrt{\mu_1^2 + \mu_2^2 - 2\mu_1\mu_2\cos(\varphi_2 - \varphi_1)} \tag{6-47}$$

$$\alpha = \arccos\frac{\mu_p^2 + \mu_1^2 - \mu_2^2}{2\mu_p\mu_1} \tag{6-48}$$

平衡配重的大小为

$$m = \frac{\mu_1}{\mu_p}m_0 \tag{6-49}$$

平衡配重的安放角 φ' 为

$$\varphi' = \varphi_0 + \alpha \tag{6-50}$$

6.7.6 动平衡试验实例

【例 6.1】 有一台立式水轮发电机，额定转速 500r/min，转子质量 95t。启动试运行中测得上机架支腿内端水平振幅为 0.075mm，其振动频率为发电机转速频率。降低转速时，振幅也随着下降，因此可以认为动平衡不良，决定按三次试加重平衡法作动平衡试验。试求配重块质量 m 和方位角 α。

解： 用四圆作图法。

根据题意知：$n_r = 500$r/min，$G = 95$t $= 95000$kg，$\mu_0 = 0.075$mm $= 7.5 \times 1/100$mm

（1）选择试加质量。将试重块固定在半径 $R = 77.2$cm 处，有

$$m_0 = 450\frac{\mu_0 G}{Rn_r^2} = 450 \times \frac{7.5 \times 95000}{77.2 \times 500^2} = 16.6(\text{kg})$$

（2）测得三次试加重后的上机架支腿内端水平振动为：$\mu_A = 0.08$mm；$\mu_B = 0.12$mm；$\mu_C = 0.05$mm。

（3）做四圆图。

1）以试加的质量 m_0 为基础，取 1mm 等于 1kg 的比例作半径，画试重圆 O_{ABC}，如图 6-14 所示，A、B、C 相隔 120°。

2）连接 AB，作垂线 $AA' = AA'' = 100 \times 0.08 = 8$mm；$BB' = 100 \times 0.12 = 12$mm（1mm 代表 0.01mm 振幅）。连接 $B'A'$ 并延长，与 BA 的延长线相交于 E 点。连接 $B'A''$ 延长，与 AB 线相交于 E' 点。以 EE' 为直径画轨迹圆 O_{AB}。

3）连接 BC，作垂线 $B''B = 100 \times 0.12 = 12$mm；$CC' = CC'' = 100 \times 0.05 = 5$mm。连 $B''C'$ 并延长，与 BC 的延长线交于 F 点。连 $B''C''$ 并与 BC 线交于 F' 点。以 FF' 为直径画轨迹圆 O_{BC}。

4）轨迹圆 O_{BC} 与 O_{AB} 相交于 D 及 D'。同理也可画出 C、A 两点的轨迹圆 O_{CA}，其圆也交于 D 及 D' 点，证明 D 及 D' 两点位置正确；

5）连 DO 及 $D'O$，量得：$DO = 26.353$mm；$D'O = 10.457$mm；$DA = 28.273$mm；$D'A = 17.809$mm。

其值代入式（6-35）得

第6章 水力机组的振动与平衡

$$DO = \frac{\mu_0}{\mu_A}DA = \frac{0.075}{0.08} \times 28.273 = 26.506(\text{mm})$$

$$D'O = \frac{\mu_0}{\mu_A}D'A = \frac{0.075}{0.08} \times 17.809 = 16.696(\text{mm})$$

观察可以得出：$D'O$ 的计算值 16.696mm 与测量值 10.457mm 相差较大，所以 $D'O$ 为假值，$P_0 \neq D'O$；DO 的计算值 26.506mm 与测量值 26.353mm 几乎相等，DO 为真值，即为原真实不平衡质量，$P_0 = DO = 26.353$mm。

6) 实际应加配重的质量为

$$m' = \frac{DO}{OA}m_0 = \frac{26.353}{16.6} \times 16.6 = 26.353(\text{kg})$$

7) 配重装设位置。用量角器量取角 $\angle DOC$ 得为 41°。

8) 由此得出在转子半径 $R = 77.2$cm 处，从 C 点到 A 点偏移 41°处加配重 26.353kg，即可使转子获得平衡。

9) 加配重后，再次开机测得上机架支腿内端水平振幅值为 0.02mm。

【例 6.2】 以上例四圆法为依据，用五圆法求配重块质量 m 和方位角 α。

解： 用五圆法。

(1) 取比值 $k = 500$，以 $\mu_0 k = 0.75 \times 500 = 37.5$ (mm)，$\mu_1 k = 0.12 \times 500 = 60$ (mm)，$\mu_2 k = 0.08 \times 500 = 40$ (mm)，$\mu_3 k = 0.05 \times 500 = 25$ (mm) 为半径，画同心圆，如图 6-19 所示。

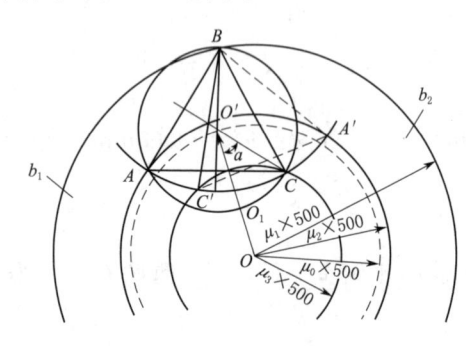

图 6-19 五圆作图法实例

(2) 在 $\mu_1 k$ 圆周上任意取一点 B，以 B 作为圆心，以 $\mu_1 k$ 为半径画弧，交 $\mu_1 k$ 圆周上于两点 b_1 及 b_2。

(3) 以 b_1 及 b_2 为圆心，$\mu_3 k$ 为半径画弧，交 $\mu_2 k$ 圆上于 A 及 A' 两点。

(4) 以 B 点为圆心，BA 为半径画弧，交 $\mu_3 k$ 圆周上于两点 C 及 C'。

(5) 连 A、B、C 三点得一等边三角形 $\triangle ABC$，且 A、B、C 排列顺序为顺时针，与转子实际三点试加重的排列次序相一致，故它就是要找的三角形。

(6) 作 $\triangle ABC$ 各边的中垂线，交于 O' 点，且 O' 又在 $\mu_0 k$ 圆周上，则 O' 即被肯定。

(7) 连 OO'，它就是原有不平衡质量的矢量。量得 $OO' = 37.284$mm，$O'A = 23.486$mm。

(8) 需加配重块质量为

$$m = \frac{OO'}{O'A}m_0 = \frac{37.284}{23.486} \times 16.6 = 26.352(\text{kg})$$

(9) 用量角器量得 α，即角 $\angle OO'C = 41°$。

可见用五圆作图法求得的结果是与用四圆作图法求得的结果一致的。应当指出，上述几种动平衡试验和平衡配重的计算方法，都是在机组振动纯粹是转子质量不平衡引起这个基础上进行的，因此只要实际情况与此相符，且试验测量精确、计算正确，那么无论采用哪种方法求出的配重 m 和方位角 α 均应一致或近似。

但在实际中，机组振动不可能由单一的转子质量不平衡所引起，电磁及水力影响因素或多或少地起作用，这就使得上述计算受到干扰，并产生各自的计算误差，致使同一测量数值用3种方法求得的结果互有出入，其值随其他干扰力的大小及所测数值的精确程度而变化，这就是动平衡试验有时不能一次配重成功以及不能用动平衡试验完全消除振动的原因。

对于高转速机组，发电机转子直径较小而磁轭高度较大。当磁轭高度与转子直径之比大于1/3时，就视为圆柱形转子。此时转子的质量不平衡，在转子旋转时不但产生不平衡离心力，而且产生不平衡离心力偶，使上、下两机架产生振动，振动相位不相同。在这种情况下仅按上述圆盘形转子的动平衡试验和计算方法，不能完全解决质量不平衡引起的振动问题。此时应分别在转子上、下两端面装设试验荷重，一般先校核振动较大的一端，然后再校核另一端，必要时还得回来再校核原来一端。试验时的测量应同时测上、下机架的水平振动幅值和相位角，应分别计算出转子上、下两端面应加平衡配重的大小和各自的方位角。

习　　题

1. 根据干扰力的不同形式，机组振动可分为哪几类？各自有什么特点？
2. 水力机组振动测试主要包括哪些基本内容？
3. 按振动的转换方式的不同，现用的水力机组振动测量方法可分为哪几种？
4. 如何根据振动的振幅和频率特性来判别该振动产生的原因？
5. 水轮机转轮静平衡试验有何作用？通常何时做？
6. 水轮机转轮静平衡试验的目的是什么？试验装置主要有哪些？举例说明。
7. 简述静平衡试验装置的灵敏度及平衡工具带来的误差。
8. 水轮机转轮静平衡试验前要做哪些准备工作？
9. 静平衡装置灵敏度的定义是什么？灵敏度达到什么要求才能进行静平衡试验？
10. 转轮静平衡试验时如何进行灵敏度的检查？
11. 水轮机转轮初平衡试验和精平衡试验是如何做的？
12. 容量很小的发电机转子静平衡试验如何做？
13. 为防止在发电机运转时飞出造成事故，平衡重块通常应该如何紧固？
14. 大型发电机转子动平衡试验的目的是什么？
15. 发电机转子动平衡试验时配重块如何选择？
16. 发电机转子在进行三次试加重动平衡试验时，通常采用哪些方法？
17. 三次试加重动平衡试验时，如何用四圆作图法求平衡配重的大小及方位？
18. 三次试加重动平衡试验时，如何用五圆作图法求平衡配重的大小及方位？
19. 发电机转子动平衡试验的一次试重法是如何确定试重块的大小和方位的？

第7章 水力机组的检修与维护

7.1 水力机组检修基础知识

为了高效地利用水能资源，保证水电站能够可靠地向用户提供电能，就必须对水力机组进行检修维护，更换那些难以修复的易损件，修复那些在运行中已明显损坏且可修复的零部件。反之，若检修维护不足或质量不高，可能会导致机组运行过程中发生故障或事故，从而使某些重要设备整体损坏或其主要零部件完全损坏，甚至使整个水电站或电力系统的正常运行遭受严重破坏。因此，运行检修人员必须熟知水力机组的性能特点，及时了解机组的工作状态，以便在运行中及早发现和判断机组的故障及其原因，并采取正确有效的手段加以消除。

7.1.1 水力机组检修模式

根据机组大小、水电厂管理和检修维护水平等情况，水力机组的检修模式大致有以下4种方式。

1. 事后检修

当设备发生故障或性能低下后再进行修理，称为事后检修。简单地说，就是"不坏不修，坏了才修"。

这种检修是为恢复机组运行而采取的一种检修方法。其最大优点是充分地利用了零部件或系统部件的寿命。但事后检修是非计划性检修，也不具备经济性。当水电厂技术管理水平低下，对设备故障缺乏应有的认识和监测手段，技术人员不足或发生临时的故障或事故时才采取这种方式。我国在20世纪50年代前，常用这种检修方式。

2. 定期检修

随着对设备磨损机理认识的不断深入，20世纪50年代出现了以预防性为主的定期检修，即事先在某一固定时刻对设备进行分解检查，更换翻修，以预防故障的发生，防患于未然。

一般而言，设备的故障率随时间的变化可分为3个阶段：早期故障期、偶然故障期和耗损故障期，也有人称其为磨合期、有效寿命期和耗损期。在早期故障期，设备刚投入使用，缺乏磨合，所以故障率很高；在偶然故障期，随着设备使用时间的增加，故障率渐渐地趋于稳定；在耗损故障期，设备磨损老化严重，故障率又逐渐增加。

定期检修是从众多水电厂的统计规律或某水电厂长期的经验出发，根据设备的磨损规律，预先确定修理类别、修理间隔期、修理工作量及所需的备件、材料。例如预定每4年左右进行一次大修，不管机组具体的损坏和状况如何，只要到时间就进行以预防为目的的大修，更换部分零部件。这种检修思想包含了主动预防的思想内容，其实质是通过采取各种预防性措施，将故障消灭在萌芽状态，具有明显的周期性计划修理的特点。

定期检修的周期是根据人的经验和某些统计资料来制定的。只要周期确定合理，在减少故障和事故，减小停机损失，提高生产效益方面明显优于事后检修。目前，我国水电厂仍以这种检修制度为主。但这种检修制度也有一定的盲目性和局限性：

(1) 定期检修工作以直接经验作为指导，只能提出一般性的检修原则，缺乏针对性，工作量大、耗时多、费用高，往往是该修的不一定检修到，而不该修的反倒进行了检修，造成人力、物力和财力的极大浪费。

(2) 定期检修只着重解决检修中的具体技术问题，忽视了检修的整体内涵，缺乏对检修管理的研究。对于大量的随机性的故障，很难获得预期效果。

(3) 刻板地实行定时的分解检测维修，不可避免地使检修工作出现频繁分解拆卸的现象，很有可能因拆装埋下一些新的故障隐患，大大降低了水力机组设备运行的可靠性。

3. 状态检修

随着科学技术的进步，人们在以预防为主检修思想的基础上，运用现代管理科学，广泛采用先进的在线测试技术和诊断装置，根据设备监测结果，在确认设备状态的基础上确定设备检修工作的时间和内容，制订检修方案。这种强调以设备状态为检修依据，借助运行监测、振动监测、诊断技术、测试技术、油液分析、信号处理等先进手段，对设备进行状态系统监测，诊断设备的异常和劣化程度，制定具有针对性的设备检修计划或更换必须更换的零部件，修复存在的缺陷，消除潜在的故障，避免不必要的停机事故的检修方式，称为状态检修。

状态检修具有很强的针对性，必须进行大量参数的日常监测。在线监测是实现状态检修的第一步，其基本任务是为状态诊断提供需要的各种数据，目前主要为一些大型水电厂所采用。这里需要强调如下内容：

(1) 状态检修不同于事后检修。事后检修是"事后监测，事后控制"，而状态检修的关键就在于"事先监测，预先控制"。

(2) 状态检修也是有计划的。状态检修强调事先搜集信息，对设备进行适时适度修理，既关心检修周期的合理性，又关心检修计划的合理性，是建立在"状态"基础上的计划。

(3) 故障征兆诊断是状态检修的核心。状态检修的特点在于检修之前是预知"状态"，它是根据早期征兆对故障进行趋势分析，制定出合理的针对性强的检修方案。

设备状态诊断方法一般可分两个层次，即简易诊断和精密诊断。前者是通过五官监测，即眼看、耳听、手摸、鼻嗅的方法对设备故障进行简易诊断，这种方法简单、直观、是人为定性的经验层次；后者是指使用精密的仪器对简易诊断难以确诊的设备状态作出详细评价。这种方法客观、准确，是科学定量的状态诊断层次。

(4) 状态检修的目的是提高设备运转率。状态检修与定期检修显著不同，状态检修是按照实际需要进行更换或检修损坏的零部件，从而减少了停运时间，降低了检修配件消耗，提高了设备运转率和生命周期，它不会产生过剩检修。

状态检修的实施具有提升设备安全性，提高设备可靠性，降低设备检修维护费用，提升企业经营能力等重要意义。当前，我国水电厂的运行管理与检修方法正发生着深刻的变化，多数中小型水电厂仍然实行的是定期检修制度，并辅之以事故后的及时处理，但正在逐步走向状态检修,或者正在加强机组的日常监测,减少检修工作的盲目性。

4. 智慧检修

智慧检修是以"实时监测、动态分析、智能诊断、自主决策"为目标,聚焦设备状态参数大数据挖掘,实时评价设备健康状态、预警预判设备运行风险,智能决策检修方案,自我配置"人、机、料、法、环"等生产要素,实现检修管理手段由事后检修、定期检修向预测检修、精准检修演进,是一种具有柔性组织形态的检修管理新模式。

智慧检修依托云计算、大数据、物联网、移动互联网等先进技术,通过在线监测分析、历史数据挖掘和试验诊断等提供的设备状态信息,评估设备的整体健康程度,识别故障的早期征兆,对故障部位的严重程度、故障发展趋势做出判断,预判或确定设备可能发生的故障,根据分析诊断结果在设备性能下降到一定程度或故障将要发生之前进行的及时、主动、精准的检修,并指导检修工作的检修管理模式。

智慧检修目前尚处于起步阶段,目前国内只有少数几个大型水电厂在进行这方面的探索实践。但在智能化时代浪潮的推动下,这种检修模式发展前景广阔。

7.1.2 水力机组检修周期的确定

1. 检修的等级和周期

根据《水电站设备检修规程》(DL/T 2654)的相关规定,以检修规模大小、停用时间长短及检修项目内容为原则,将检修等级分为 A、B、C、D 四个级别。A 级检修是指对设备进行全面的解体检查和修理,以保持、恢复或者提高设备性能。B 级检修是指对设备进行部分解体检查和修理。B 级检修以 C 级检修标准项目为基础,有针对性地解决 C 级检修工期无法安排的重大缺陷。C 级检修是指根据设备的磨损、老化规律,有重点地对设备进行检查、评估、修理、清扫。C 级检修可进行零件的更换、设备消缺、调整、预防性试验等作业。D 级检修是指设备总体运行状况良好,对主要设备及其附属系统进行的消缺性维修。

新机组第一次 A、B 级检修可根据制造厂要求、合同规定及机组的具体情况决定。若制造厂无明确规定,一般安排在正式投产后 1 年左右。多泥沙水电站的水力机组 A 级检修一般间隔 4~6 年,非多泥沙水电站的水力机组 A 级检修一般间隔 8~10 年。两次 A 级检修之间安排一次 B 级检修,除有 A、B 级检修年外,每年安排一次 C 级检修,并可视情况每年增加 1 次 D 级检修。如 A 级检修间隔为 6 年,则检修等级组合方式为 A→C（D）→C（D）→B→C（D）→C（D）→A（即第 1 年可安排 A 级检修 1 次,第 2 年安排 C 级检修 1 次,并可视情况增加 D 级检修 1 次,以后照此类推)。

水力机组标准项目检修停用时间见表 7-1。对于多泥沙河流、磨蚀严重的机组,其检修停用时间可在规定的停用时间上乘以不大于 1.3 的修正系数。贯流式机组比同尺寸转轮的轴流转桨式机组 A 级检修停用时间相应增加 20 天。若因设备更换重要部件或其他特殊需要,机组检修停用时间可适当延长。

实际运行中的水力机组,其检修工作大体上可分为两类,即临时性检修和定期检修。

(1) 临时性检修。其主要内容是消除水力机组某些机构和部件的异常工作状态,完善自动控制系统和设备的运行可靠性,防止设备的缺陷引起机组停机事故的发生,以及发生事故后的检修处理。水电站应根据运行中发现的问题,制定临时性检修的具体计划和规程,并进行检修。

7.1 水力机组检修基本知识

表 7-1　　　　　　　　　　水力机组标准项目检修停用时间　　　　　　　　单位：日历天

转轮直径 D /mm	混流式或轴流定桨式 A级	混流式或轴流定桨式 B级	混流式或轴流定桨式 C级	轴流转桨式 A级	轴流转桨式 B级	轴流转桨式 C级	冲击式 A级	冲击式 B级	冲击式 C级
D<1200	30~40	20~25	3~5	—	—	—	15~20	10~15	3
1200≤D<2500	35~45	25~30	3~5	—	—	—	25(30)~30(35)	20(25)~25(30)	4
2500≤D<3300	40~50	30~35	5~7	—	—	—	30(35)~35(40)	25(30)~30(35)	6
3300≤D<4100	45~55	35~40	7~9	60~70	35~40	7~9	—	—	—
4100≤D<5500	55~65	40~45	7~9	70~80	40~45	7~9	—	—	—
5500≤D<7000	65~80	45~55	12~14	80~95	45~55	12~14	—	—	—
D≥7000	80~130	55~80	12~14	95~140	55~80	12~14	—	—	—

注　1. 表中停用时间为完成机组相应检修级别标准项目的停用时间，通过设备状态评估可延长或缩短停用时间。
　　2. 检修停用时间已包括带负荷试验所需时间。若增加特殊检修项目，检修停用时间可根据实际工作量在本表基础上增加。
　　3. 括号中的数值表示竖轴冲击式机组的停用时间。
　　4. D级检修的机组停用时间一般不超过C级检修机组停用时间的一半。

(2) 定期检修。根据机组运行中发生故障的情况和时间间隔，周密细致地检查机组各部件的工作状态，校核设备的性能参数和技术经济指标，对异常情况进行调整处理，以及进行重大技术改造工作的计划性检修。

为提高水电站的经济效益，通常对一般小的故障和一些不易监测到的机组缺陷，如空蚀磨损程度、机械连接螺栓断裂、流道水工建筑物的损坏情况等，尽量安排在枯水季节有计划地轮流检修机组。这样既可以在时间方面做到从容不迫，又可以在丰水季节尽量让机组满发、多发电，少停机。运行经验表明，绝大多数的机组能在一年时间内持续稳定地安全运行，这就为机组检修时间安排在枯水期提供了先决条件。

根据检修规程的要求，定期检修因检修程度的不同，可分为维护检查、小修、大修和扩大性大修4种，其一般的周期和占用时间见表7-2。

表 7-2　　　　　　　　　　　　定期检修类别及周期

检修类别	维护检查	小修	大修	扩大性大修
周期	1~2次/周	1~2次/年	3~5年/次	8~10年/次
工期/天	0.5	5~7	20~30	45~75

1) 维护检查。在不停机状态下检查运行情况，测量、记录某些参数，以及进行必要的清洗和润滑等工作。其目的在于掌握机组的日常运行情况。其周期一般为每周1次，在汛期、高温季节，其周期可以增加到每周2次。

2) 小修。小修指机组发生了设备故障或事故需立即处理的项目，或有目的地检查和修理机组的某一重要部件的过程。主要内容包括零（部）件检查，更换备品配件，预防性测试、定期调整测试等。目的是掌握被修部件的使用情况，为编排大修项目提供依据。小修一般要在停机状态下进行，周期一般为半年，新建水电厂一般为1年。

3) 大修。大修主要是为解决运行中出现并经临时性检修和计划性小修无法予以消除的设备严重缺陷，全面检查机组各组成部分的结构及其技术参数，并按照规定数值进行调整工作。大修时，需要拆卸机组某些复杂的部件和机构，拆卸部件的多少，视机组设备损坏的严重程度决定。但这些工作往往在不吊出水轮机转轮的情况下进行。

机组的损坏有两种：事故损坏、积累性损坏。事故损坏的发生概率很小，它不决定检修的周期；而积累性损坏是指设备在持续运行过程中，相对运动构件间的相互摩擦、水流空蚀和泥沙磨损、各种振动等因素所导致的损坏过程，这一过程是持续的、渐变的，也是可预测的。大修周期视具体情况决定，一般为3～5年。

4）扩大性大修。为消除运行过程中导致整个机组性能和技术经济指标显著下降的零部件的严重磨蚀、损坏，全面彻底地检查机组每一部件（包括埋设部件）的结构及其技术参数，并按规定进行调整处理的机组修复工作过程。机组扩大性大修时，通常要将机组全部分解、拆卸，吊出转子，检修所有被损坏的零部件，协调机组各部件和各机构间的相互联系，有时还要进行较大的技术改造工作。扩大性大修的一般周期为8～10年。

2. 检修工作中应注意的问题

定期检修使检修管理工作有计划有目标地进行，但运行设备的损坏程度、检修及更换周期往往难以准确掌握。在确定检修周期和工作量时，必须注意下列问题：

(1) 不该拆卸的坚决不拆。如无特殊需要，应尽量避免拆卸工作性能良好的部件和机构，特别是尽量避免分解、拆卸推力轴承、油压装置、自动化元件及转桨式水轮机的转轮等，因为任何这样的拆卸和随之进行的装配，都可能埋下一些新的故障隐患。

(2) 适当延长检修周期。检修周期的确定要充分考虑零部件的磨损情况和类似设备的实际运行经验，以及该设备在运行中某些性能指标的下降情况等因素。如果运行情况表明机组并未产生明显的异常现象，同时又预示在以后相当长的时间内机组仍将可靠运行时，则可适当延长大修的周期。否则，一味地按规定的大修周期来拆卸机组的部件或机构，只会恶化机组的运行状态。运行实践表明，低水头机组，特别是自动化水平较高、主设备选型可靠的机组，在正常运行和妥善监视、保养的条件下，机组可以不经扩大性大修而连续运行达十多年之久。

适当延长检修周期，缩短检修期，降低检修规模，显而易见具有重大的实际意义。需要说明的是，水轮机的空蚀破坏、泥沙磨损，机组运行的稳定性以及转轮裂纹的严重性，是决定机组检修周期和检修时间的主要因素，也是目前我国水力机组运行中的突出热点和难点问题。由此带来的损失要远比检修期间的电能损失和检修费用的消耗大得多。

(3) 该拆卸的坚决要拆。对于工作在高水头且水流中含有大量泥沙的水轮机，在很短的运行时间内，其过流部件有可能遭到严重的泥沙磨损，导致机组运行的技术经济指标明显下降，有的机组运行1～2年就需进行类似扩大性大修的检查工作。此时，尽管发电机未损坏，但为了检修导水机构和水轮机转轮，不得不将其解体，将转动部分吊出。

总之，定期检修周期和规模，应根据机组的工作条件、特点及各水电站机组的具体情况来确定。不可脱离实际，机械照搬，否则只会事倍功半，严重的可能适得其反，大大降低机组设备运行的可靠性。

7.1.3 水力机组检修工作的组织和实施

水力机组的检修工作，应由专门从事机组安装与检修的专业队伍来完成。有条件的水

7.1 水力机组检修基本知识

电站,可由专门的检修班组与运行人员相结合来进行检修。个别的零部件由于损坏严重,或由于条件所限而不能在现场修复时,则需运至原供货厂家进行修理或更换新件。机组大修工作常常是靠整个水电站的集体力量来完成的。因此,制订计划要考虑各部门工作的相互衔接,以保证每项作业的连续性与最大程度的相互配合。

机组大修应先确定机组的拆卸范围。确定拆卸范围的一般原则是按需拆卸:在保证质量的前提下,应尽量少拆卸零部件,尤其是运行正常的部件一般不轻易拆卸,如果必须进行分解时,也应尽可能缩小拆卸的范围。既要防止盲目扩大拆卸范围,又要防止漏修现象发生。

机组大修,一般分为准备、修理、试验3个阶段。

1. 准备阶段

(1) 根据运行记录和上一次大修与中间的临时性检修的验收记录,以及机组历次大修的经验总结,并经停机后的详细检查,检修人员应掌握机组的结构、性能、运行情况和缺陷情况,准确确定大修作业内容和工作量,制定具体的大修计划和施工进度。

(2) 在对设备缺陷及检修工作量进行具体分析的基础上,确定每个单独作业内容的起止时间、完成该项作业的主要负责人、完成作业的步骤、计划的劳动消耗等,制定机组检修计划图表。

(3) 做好检修工器具、材料、备品备件、起吊工具和设备、电焊机、机床以及检修场地等必要的准备工作。

(4) 在大修之前,必须检查机组在各种工况下的运行情况,并记录如下主要数据:水轮机的启动开度和空载开度、主轴的摆度、承重机架和顶盖的振动、油压装置的油罐压力与压油泵的工作状态、在运行水头下机组的最大功率等。检查完成后停机,关闭进水口闸门或水轮机进水阀和尾水检修闸门,排净蜗壳与尾水管积水,测量记录导轴承间隙、迷宫环间隙值等。

2. 修理阶段

(1) 在拆卸每个部件之前,必须检查被连接零件的标号。缺少的应及时补充,标号打在非工作面上。对拆卸的零件进行清洗,检查是否有缺陷,并设法消除。当零件严重损坏且修复很困难时,应更换。

(2) 必须测量导轴承、止漏环及主要相对运动零部件间的间隙值,检查机组轴承,测量主配压阀遮程和缓冲器的缓冲时间。记录测量与检查结果,要同上次安装后的检查结果进行比较,从而确定本次检修的质量和下次检修工作的相关内容。

3. 试验阶段

(1) 机组经大修后,若被拆卸、分解的部件较多,则应进行规模较大的试验和检查。测出导叶开度与接力器行程之间的关系曲线,测定协联关系,试验转速继电器,进行机组的甩负荷与增减负荷试验,并测定功率特性曲线等。

(2) 机组检修完毕,经空载和带负荷运转,一方面检查机组运行状态是否正常,另一方面要进行一系列的电气试验。若发现仍存在缺陷,则在消除设备缺陷后,再重新进行机组的带负荷试验。

7.2 水力机组状态检修

7.2.1 机组状态检修的概念

水力机组状态检修，是以机组的运行状态为基础的预防性检修方式，它根据机组状态监测和故障诊断系统提供的信息，经过统计分析和数据处理，来判断机组的整体和部件的劣化程度，并在故障发生前有计划地进行针对性检修，能明显提高机组运行的可靠性，延长机组检修周期，降低机组检修费用。

水力机组状态检修是国际上一种先进的检修管理方式。它要求从设备的基础资料收集开始，建立一个完整的在线监测、诊断分析及决策系统。通过测量、采集数据获取机组工作状态，将获取的状态监测数据进行综合评估和诊断，对机组可能发生或已发生的故障进行预测和判断，提出消除故障的措施及办法。

水力机组属于低速旋转机械，突发的恶性事故比较少，故障的发展有一个从量变到质变的渐变过程，这就使得利用状态监测、故障诊断和趋势分析技术来捕捉事故征兆、早期预警和防范故障成为可能。随着计算机技术、传感技术、信号检测、信号处理技术以及专家系统的发展和应用，特别是许多水电厂已投运的计算机监控系统，为设备状态监测及诊断提供了坚实的技术基础和物质保证。

水力机组状态检修工作主要由机组系统—状态监测—诊断分析并判断决策—检修管理—检修评估 5 个环节组成，形成有机的闭环系统。状态检修的基础是测试技术、状态监测技术和设备诊断技术。开展状态检修必须掌握设备运行规律，对故障机理深入研究，分析发电设备长期运行记录，熟悉设备的特性和运行状况。

水力机组开展状态检修必备的条件是：

（1）机组运行状态的相关参数（如主轴各关键处的摆度、各个轴承和机架的振动、轴承温度、蜗壳和尾水管的压力、发电机功率、接力器行程、发电机绝缘状况、气隙的动态变化、水轮机流量以及空化噪声和超声波、声纹特征等参数）。

（2）判定机组运行状况好坏程度的参照标准，这是衡量机组状态的尺度，判断机组是否需要检修的依据。也就是说先对机组运行状态进行实时监测，然后对机组进行故障诊断和综合状态评估，从而判定机组是否需维修、何时维修、维修部件和部位，为检修计划制订提供依据。

7.2.2 机组状态监测与诊断分析

水力机组状态监测与诊断分析，一般包括发电机、水轮机、轴系、励磁系统、调速系统、变压器与断路器、辅助设备和机组集成监测与诊断单元 8 个部分。它综合了设备各个专项状态监测信息和离线监测信息，并可进行初步的诊断、分析。

1. 发电机状态监测与诊断单元

（1）定子、转子电气状态（电压、电流、波形、有功、无功、频率等）监测。

（2）定子铁心和线棒振动状态监测。

（3）发电机主绝缘状态监测。

（4）定子、转子间气隙与磁场强度监测。

(5) 发电机发热与冷却状态监测。包括定子绕组温度、定子铁心温度、定子冷却水温度、冷却空气温度、滑环温度及转子温度（推算）等。

(6) 流量监测。包括定子冷却水流量、定子冷却空气流量等。

(7) 臭氧、湿度监测和分析。

2. 水轮机状态监测与诊断单元

(1) 噪声状态监测。

(2) 效率监测。

(3) 流态监测。

(4) 水导轴承状态监测

(5) 导叶动作协调性监测。

(6) 转轮叶片表面粗糙度监测。

(7) 尾水管、蜗壳和顶盖压力脉动监测。

3. 励磁系统状态监测与诊断单元

(1) 自动工况辨识。

(2) 自动性能评价。

(3) 状态与性能趋势分析。

(4) 设备状况分析。如调节器、整流桥、灭磁回路、碳刷与滑环等。

励磁系统状态监测与诊断单元通过通信采集励磁调节器状态信息。

4. 调速系统状态监测与诊断单元

(1) 运行状态监测。

(2) 机组工况辨识。

(3) 调速系统性能评价。

(4) 调速系统状态分析。

调速系统状态监测与诊断单元通过接口通信采集机组相关状态、电调状态、机调状态信息。

5. 轴系状态监测与诊断单元

(1) 振动监测。包括推力轴承、机架和楼板的振动等。

(2) 摆度监测。

(3) 主轴轴向窜动监测。

(4) 温度监测。包括推力瓦温度、发电机轴承润滑油温度等。

(5) 流量监测。包括冷却水流量（轴承）、润滑油流量等。

6. 变压器与断路器状态监测与诊断单元

(1) 局放超高频监测与局放超声波定位。

(2) 变压器油色谱分析。

(3) 套管绝缘监测。

(4) 铁心接地监测。

(5) 断路器动作次数与动作工况统计。

7. 辅助设备状态监测与诊断单元

（1）水系统监测。

（2）气系统监测。

（3）油系统监测。

8. 机组集成监测与诊断单元

机组集成监测与诊断单元是最优检修信息系统的数据存储和处理中心。其主要功能是收集各个监测和诊断单元传递来的设备状态信息并进行合理存储，运用专家经验知识库和人工智能技术，自动地对异常现象进行甄别、分析，提出检修决策方案；对未最终准确定位的故障，提供直接、全面的信息，给出测试方案提示。

机组状态监测内容可以从调节控制系统和监控系统获取，也可以通过附加传感器、变送器等专项监测装置。采集技术上可以实现在线连续监测但监控系统没有或不便直接从监控系统中提取的信息，如水轮机空蚀状态、发电机绝缘等。对于不适合自动监测且实时性要求不高的状态信息，可以用在线巡检或离线实验的办法人工采集，相关的数据通过人机接口输入到状态监测系统中。

检修决策的整体思路：当诊断分析准确定位故障原因后，综合考虑设备健康状态（机情、生产能力）、水力资源情况和电力市场情况，以可靠性为中心，以经济效益最佳为目标，制定出最优的检修计划与方案及检修监管方案。

检修决策的具体内容如下：

（1）检修等级提示。根据性能降低和故障的严重程度及其对设备安全、生产可靠性的影响，给出是否进行专门的检修甚至停机检修以及必须检修的最长期限。

（2）检修范围确定。根据诊断定位，找到性能降低和故障的原因，确定最小的检修范围。

（3）检修技术方案的确定。包括检修队伍、时间安排、备品备件、准备工作、检修工具、监管措施及验收方法与标准等。

（4）检修工艺流程。包括设备拆装流程与工艺、设备（或零部件）维修（或更换）流程与工艺等。

（5）检修操作规范、检修工作票、安全措施及恢复措施等。

（6）通过监测诊断系统，判定维修质量与效果，决定是否返工。

7.2.3　机组实现状态检修的基本步骤

实现状态检修，需要根据检修的最终目的和电厂的条件，确定实施的范围、步骤，列出需要解决的关键技术问题及所需采取的技术措施，落实并组织人员。结合我国的国情，总结国内外的实践经验，可以把实施水力机组状态检修归纳为如下4个基本步骤。

1. 发电厂评估

发电厂评估要解决的问题如下：

（1）通过对发电厂设备基本情况（如装机容量、制造厂商、型号与投运时间、机组运行方式等）及发电机组运行和维修的基本情况（如机组运行性能参数、停运的主要原因、机组现行检修方式和检修周期等）调查研究，明确电厂实施状态检修的最终目标和检修工作的考核指标。

(2) 对设备可靠性以及重要度的评估。

(3) 对现行的设备管理体系进行评估，分析已经具备的和欠缺的可以支持状态检修的技术、装备、系统和管理体系。

(4) 就现有的技术和维修管理方式进行研究，寻求适合本电厂的成熟产品、系统和解决方案。对于没有现成产品或服务的项目，确定技术开发的原则，选定合作厂商。

2. 基础管理工作

状态检修的基础管理工作有 4 个方面：

(1) 不同层次人员的培训和状态检修实施中的人员组织工作。高素质检修人员（包括检修管理人员、技术人员和检修工人）是状态检修能取得成功的关键。因此，应做好人员的定期培训工作，使他们充分了解状态检修的基本知识和实施过程的各个环节，掌握状态监测和故障分析的手段，能综合评价设备的健康状态，参与检修决策，能制定优化检修计划和检修工艺，有丰富的检修经验和高超的检修技术，做到修能修好。

同时建立一些新的、有活力的实施状态检修的人员组织管理形式，如行业性的集中检修公司，一些发达国家采用的瘦型检修管理方式等。

(2) 完善设备的基本管理体系。我国在发电设备基础管理方面，有许多诸如："安全第一"的指导思想、"两票三制"（工作票、操作票，交接班制度、巡回检查制度和设备定期试验轮换制度）的优良传统、"十项制度"（岗位责任制度、运行管理制度、检修管理制度、设备管理制度、安全管理制度、技术培训制度、备品配件管理制度、燃料管理制度、技术档案与技术资料管理制度、合理化建议与技术革新管理制度）等成功的宝贵经验，这些经验是推行状态检修工作的基本保证，应当科学地予以总结、完善和提高。

(3) 维修管理系统计算机化。这是实现状态检修的一个重要基础。其基本功能包括对设备详细信息进行登记和维护的设备综合管理功能；记录和管理备件、材料、仓储综合信息的备件管理功能；记录和报告设备缺陷、故障以及有关问题的故障（缺陷）管理功能；实时跟踪、执行、纠正预防性检修以及状态检修全过程的管理功能等。

(4) 运行维修工作站的实现。运行维修工作站是依靠计算机技术完成对在线和离线监测诊断数据、设备寿命预测数据、可靠性评价数据、设计参数、维修历史数据、同类设备统计数据的综合分析，以及状态评价准则体系和决策模型确立的数据管理、分析、决策系统，是支持水力发电设备状态检修的核心系统。其主要作用如下：

1) 为运行维修人员提供反映设备状态的各类背景信息，包括设备设计、安装、维修历史，以及同类设备故障统计分析等。帮助运行维修人员全面翔实地掌握设备状态。

2) 根据各种不同状态监测与诊断手段提供的设备状态信息，对设备运行过程中的状态进行全面的分析与预测。

3) 在设备故障分析与预测的基础上，辅助维修工程师制定维修计划，也就是决定修什么、怎么修、何时修。

4) 对设备维修过程进行跟踪，及时反馈维修状态信息，记录设备状况变更和维修历史。

3. 基础技术工作

状态检修的实现离不开先进的技术支持，但是在寻求新的技术之前，应首先完善已经采用的技术，使之能为状态检修服务。在此基础上，再确定要补充的、新的技术手段，从而构建完整的技术平台。

4. 状态检修的实施和完善化

在上述状态检修几个步骤完成后，可逐步实施状态检修。逐步实施的含义在于选择部分设备或选择设备的部分检修项目开始实施，在具体进行工作时，还要细化和不断完善每个步骤，取得经验，不断推广。

7.2.4　我国水力机组状态检修的概况

长期以来，我国水电厂的机电设备检修工作一直执行的是原水利电力部颁发的《发电厂检修规程》（SD 230—1987）规定的"到期必修，修必修好"原则，按检修周期进行。基于国外设备诊断技术的迅速发展，1987年水利电力部正式提出了对机组运行设备的监测和诊断，确定了机组设备检修内容和计划，以及实现以状态监测和诊断为主的预测检修制度的指导思想。

20世纪90年代初，以水力机组振动监测和分析为主的系统开始在水电厂中应用，对机组运行的稳定性监测和故障分析取得了较好的作用。1996年我国水电科研人员按照水电厂无人值班、少人值守的若干规定，进一步研究开发了水电机组运行设备状态监测与诊断系统，提出了水电厂实施状态检修的管理模式。同时，广州抽水蓄能电站1号机组状态监测及跟踪分析系统的投入，在技术上提供了宝贵的实践经验。

2000年国家电力公司等单位联合召开了"水电厂在线监测、状态检修工作研讨会"，状态检修工作开始步入正轨。2001年国家电力公司颁布了《关于开展水电厂状态检修试点工作的通知》，确定丰满水电厂、十三陵蓄能电厂、宝珠寺水电厂、东风水电厂、鲁布革水力发电厂为状态检修试点单位，标志着我国水电厂状态检修工作正式进入实施阶段。2002年，国家电力公司颁布了《水电厂开展设备状态检修工作的指导意见》，对状态检修的定义、目的、基本原则等做了规定。2013年，国家能源局又颁布了《水电站设备状态检修管理导则》（DL/T 1246—2013）规定了水电站设备状态检修管理的基本原则、管理体系及职责、技术支持系统和工作程序等。至此，水电厂状态检修工作进入了迅猛健康的发展时期。

国内的一些高等院校、科研机构，在引进、消化吸收国外先进的机组状态检测设备、状态检修理论和实践经验的基础上，结合我国国情，研制开发了一些实用性较强的状态监测系统。例如：北京华科同安监控技术有限公司在水轮机、发电机及变压器等不同监测系统的集成、故障特征信号提取及故障诊断研究等方面做了大量工作，开发生产的"TN8000水电机组状态监测分析故障诊断系统"已经应用于三峡左岸电站、三峡右岸电站、青海公伯峡电站、四川紫坪铺电站、云南漫湾电站、北京十三陵蓄能电站等一大批大中型水电机组上，为保障机组的安全稳定运行发挥着重要作用。华中科技大学研制的水电机组状态监测、诊断及综合试验分析系统及HSJ型系列多功能水力机械监测分析系统，集在线监测与机组性能试验功能于一体，已应用到三峡、二滩、刘家峡、葛洲坝等大型水电站。北京奥技异电气技术研究所与清华大学联合开发的水力机组状态监测与诊断系统，已在广州抽水蓄能、福建池坛水电厂等30余家水电站得到应用。

7.3 水力机组智慧检修

7.3.1 机组智慧检修的时代背景

当前,一场以云计算、大数据、物联网、移动应用、智能控制为核心的"新IT"技术革新日新月异。尤其是以"互联网+"为代表的互联网新兴技术浪潮在工业领域的发展应用更加迅猛,正催生新业态和新模式不断涌现,全球范围内生产力水平发展到新阶段,新型科技手段带动的产业革命正迅速兴起,新的生产关系正悄然酝酿。基于云端技术的工业领域精细化的供应链管理、连续化的设备在线监测、智慧化的检修管理、择优化的安全生产运行,以及能源数据管理等都将大大提高企业的竞争力和发展潜力。

从外部来看,信息网络正向高速、智能、融合的下一代网络演进,信息技术的进步带动、支撑了模式创新、管理创新和制度创新,市场经济竞争在信息技术高速发展的时代进入一个更加激烈的阶段,依托信息化手段建设智慧型企业是企业要实现快速发展的一个必然选择;从水力发电企业内部来看,在水电站自动化水平不断提高的前提下,减员增效、优化运行、智能决策等要求不断提出,迫切需要引入新的技术和管理模式,以实现"质量、效益"双提升。通过业务量化、统一平台、集成集中、智能协同,充分、敏捷、高效地整合和运用内外部资源,深化改革创新、优化资源配置、实施创新驱动、推进智能管理,实现检修风险识别自动化、决策管理智能化已经逐步成为发展的趋势。而设备检修也正处于向"专业检修、大型检修"转变,企业改革发展任务艰巨,专业工种多,涉及信息量大,管理要求高,需要强有力的技术支撑和资料支撑。面对新情况、新问题、新挑战,水力发电检修要想用最少的人力、物力、财力资源简约、高效完成工作任务,实现自动风险识别、智能决策管理,促进管理和效益"双提升",全力推进以数字化、网络化、智能化为主要特点的智慧化检修建设是必然的选择。

在这种发展趋势下,国内一些水电站已经开展了"智慧检修"课题研究,明确把设备检修管理行为数字化,充分运用云计算、大数据、物联网、移动互联网、人工智能等新兴技术,提出了基于大数据和智能分析技术构建信息决策"大脑"的智慧检修建设发展目标,通过体系、流程、人、技术等企业要素的有效变革和优化,提升企业管理水平,提高企业应对外部风险能力,实现"风险识别自动化、管理决策智能化"为核心的智慧检修管理。

7.3.2 机组智慧检修的内涵

智慧检修是依托云计算、大数据、物联网、移动互联网等先进技术,通过在线监测分析、历史数据挖掘和试验诊断等提供的设备状态信息,评价运行设备的整体健康程度,预判或确定设备可能发生的故障,并指导检修工作的检修管理模式。智慧检修以实现设备的"实时监测、动态分析、智能诊断、自主决策"为目标。

实时监测,即统筹考虑数据采集内容和传输通道,建成检修中心统一的数据存储和共享平台。根据日常业务需求,采集各类运行数据,建成检修中心全景监视中心。

动态分析,即开发基于数据仓库模式的智能应用工具,对数据之间的关联和隐含信息进行深度挖掘。

智能诊断，即通过对设备运行大数据深度挖掘和动态分析后，自动给诊断结果，自动给出检修策略。

自主决策，即自动生成检修方案，进行检修决策、方案审定、调配物资工器具及备品备件，集控检修管理工作，实现人与机、人与人互联。

7.3.3 机组智慧检修的特征

智慧检修主要特征有以下几点：

（1）着力数据驱动。智慧检修充分利用大数据挖掘技术，用设备健康指标量来分析诊断设备潜在的故障，打破传统靠经验计划检修模式，实现精准检修和预测检修。

（2）注重人机互动。智慧检修将网络化、数字化、智能化深度融合，强调人机互动，在新常态下打造高度人机协同的自动管理新模式。

（3）强调集成集中。智慧检修要求全面整合以往分散的检修业务，消除业务间信息不通、数据孤岛的壁垒，形成具有柔性组织特点的集成集中模式。

智慧检修单元应构筑统一监测标准，建成数据存储和共享平台，电站主要设备具备状态感知、信息融合、数据关联的动态分析功能，针对引起机组停机事故的重大故障隐患能够精确诊断、提前预警，对于诊断出的各种故障隐患能够自动生成最优检修方案，实现检修管理手段由事后检修、计划检修向精准检修、预测检修转变，在水力发电企业设备的维护与检修管理场景中起到主导作用，发挥带头功能。

7.3.4 机组智慧检修的实践与展望

目前，水力机组的智慧检修尚处于起步阶段，在国内只有少数几个大型水电厂在进行相关建设实践工作。例如国家能源集团大渡河流域水电开发有限公司为推进"幸福大渡河、智慧大渡河"的总体建设，运用现代信息技术，通过业务量化、统一平台、集成集中、智能协同，充分、敏捷、高效地整合和运用内外部资源，深化改革创新、优化资源配置、实施创新驱动、推进智能管理，实现大渡河流域水力发电智慧检修的"风险识别自动化、决策管理智能化、纠偏升级自主化"。通过不断地探索、总结和完善，大渡河流域水电智慧检修建设在多个方面取得了较多的实践应用。例如：智慧检修平台初步建成、水力机组在线监测系统全流域投运、健康度评价及趋势预警系统全流域投运、智慧检修标准化体系基本形成、智慧检修运行管理中心初具规模等。

智慧检修是一种新型检修模式，是一种关于设备检修更高层次的管理模式，技术方案更优化，安全措施更加缜密、细化、科学，是综合效益最大化的管理，更是一个全过程的管理。2020年，国家市场监督管理总局和国家标准化管理委员会联合颁布了《智能水电厂主设备状态检修决策支持系统技术导则》（GB/T 39324—2020），2021年又颁布了《智能水电厂技术导则》（GB/T 40222—2021）规定了智能水电厂现地设备、发电运行、水库调度、检修维护、安全管理的技术要求等。这些标准的颁布实施对促进水电厂检修工作向智能化、智慧化发展起到了积极推动作用。

智慧检修建设是科技发展的选择，是检修管理体制的重大变革。尽管当前该项工作还处于起步探索阶段，同时也受到了管理、技术、人员和信息平台等一些因素制约，但其发展的趋势和步伐不会停止，工作水平和实践成效亦将稳步提高。

7.4 水轮机的检修维护

7.4.1 水轮机的泥沙磨损

7.4.1.1 泥沙运动的特征

泥沙被水流挟持通过水轮机时，其运动必然要受到水轮机流道的约束。从宏观现象观察，泥沙运动方向大体上与水流方向一致，但是泥沙本身作为刚体，还要受到本身惯性、接触碰撞，以及动量传递等多种因素的影响。从微观角度研究，泥沙运行则是复杂的瞬变运行。受紊流脉动和碰撞的影响，泥沙颗粒一方面作跳跃式相对移动，另一方面又因为其形状不规则，瞬间合力不通过重心，使其绕通过重心的轴线作旋转运动，即自转。

水轮机在含沙水质下运行时，作用在水轮机转轮叶片上的力是由水流微团和泥沙联合产生的。因为固相泥沙质点的运动惯性大，无法像水流微团那样任意剪切变形，对流道的适应性较差，沙粒经过同一蜗壳和导叶时往往不能满足所需要的进口环量，而且转轮叶片不易使沙粒产生圆周方向的动量变化，使出口处的损失增大。泥沙因其沙粒的比重不同而惯性不同，不仅表现在超前或者滞后于水流质点速度，引起沙粒纷纷从流线上脱离，从而把水流分割成不连续的两相流动，而且沙粒间的碰撞、摩擦以及自转，会严重干扰水流质点的流动，使流道内原有速度和压力分布发生变化。特别是在高速情况下，沙粒的旋转会加剧水流脉动，是形成漩涡和消耗压能的根源，导致水轮机水力效率下降，输出功率降低。故水流含沙量越多，水轮机效率越低，此时需要通过更多的流量才能保证发出同样的功率，所以通常浑水速度值相应地变大，而压力值变小，极易出现局部空化空蚀。

7.4.1.2 泥沙磨损的类型

泥沙磨损类型可以分为绕流磨损和脱流磨损。

1. 绕流磨损

绕流磨损是指在比较平顺的绕流过程中，沙粒对过流表面冲刷、磨削和撞击所造成的磨损，其特点是整个表面磨损比较均匀。

绕流磨损通常出现在平顺光滑的过流表面上，即微观表面不平度完全淹没在边壁流层中，因其运动黏性系数较清水的大，所以层内流速较低，在一定程度上，它起着减缓紊流脉动和抵挡高速泥沙入侵的作用，成为一道良好的屏障，加上表面粗糙度小，摩擦系数小，故绕流磨损比较轻微。

所谓平顺绕流和脱流的提法也只是相对的，并不十分确切。严格地讲，绝对平顺的绕流在水轮机中难以找到，由于设计、制造和运行上的多种原因，不可避免地会出现诸如叶片头部圆角、出水边较厚、导叶轴圆柱形绕流、铸焊工艺圆角、翼形误差和偏离最优工况较大等情况，因此始终存在着不同程度的局部脱流。鉴于绕流磨损并不严重，可以不予考虑。

2. 脱流磨损

这类磨损是由非流线型脱流引起的。当过流表面出现过大的凹凸不平（如鼓包、砂眼等），叶片翼形误差较大或者偏离最优工况过大时，均会出现脱流磨损。

在浑水脱流下，伴随着大量高速分离漩涡的产生和溃灭，一方面促使水流脉动和泥沙颤动；另一方面，可以导致提前出现浑水空化空蚀，此时空泡溃灭产生的瞬间微小射流会带动泥沙形成"含沙射流"，致使沙粒以极大的能量，瞬间朝着金属表面强烈冲击，使局部区域呈现出非同寻常的表面冲击磨损。由于瞬间微小射流带动泥沙运动的速度大大超过正常流速，增大了冲量和相互摩擦力，加上空蚀所引起的一系列化学反应和电化腐蚀作用，进一步削弱了创伤面上的抗磨能力。这就是多泥沙水电站中，即使沙粒粒径很细（$d \leqslant 0.01 \text{mm}$），仍然会使磨损量成倍增长的内在原因。附带说明，空泡溃灭产生的瞬间微小射流的冲击力分布是不均匀的，处于射流正中部位磨损最厉害，由于冲击波对表面凹坑的"波道现象"，以及周期性的压力脉动造成的冲击磨损和空蚀，会使得水轮机转轮叶片、导叶、尾水管里衬等处，除了出现较大面积的水波纹之外（此为泥沙撞击所出现的晶格塑性挤压和剪切滑移），其间还夹杂着深浅不同的发亮的鱼鳞坑。起伏的鱼鳞坑分界凸点构成了障碍绕流，分离出大量的漩涡，又加速了空蚀和磨损的进展。

综上所述，浑水局部脱流发生的磨损和空蚀，就好比两个形影难分的"双胞胎"，它们联合破坏，彼此激化，互为因果。实践表明，在泥沙磨损和空蚀的联合作用下，水轮机过流部件材料损耗质量约为单纯清水空蚀条件下的 6～10 倍。脱流磨损对过流部件具有严重的威胁，而且对于多泥沙水电站，由于这种磨损与空蚀同时存在，其破坏情况远比清水条件下严重，因此这种脱流磨损更具有广泛的代表性。

7.4.1.3 磨损的过程

在含沙的高速水流中，连续的撞击会产生一种高频冲击波，金属材料应力集中处会出现微小的疲劳裂纹。每当高冲量的沙粒撞击一次，裂纹就周期性地张开与闭合，并不断地向纵深扩展。金属材料表面上的这种交变应力，形成了金属的疲劳磨损。

此外，实际上水是一种腐蚀性液体。水轮机过流部件表面不仅处于疲劳磨损，而且还处于剪切及弯曲等复合应力状态下，表面金属在磨损、空蚀及腐蚀等共同作用下大量流失。事实证明，水轮机过流部件表面在远低于空气中的疲劳极限时，就发生了损坏和破坏现象。这种综合破坏的现象，通常称为应力腐蚀。

泥沙磨损是一种物理破坏过程，并且是一种渐变的破坏过程。水轮机过流部件遭到破坏的原因很多，除事故破坏之外，最主要的就是泥沙磨损、空蚀破坏和化学腐蚀。这 3 种原因引起的破坏形式有所不同。空蚀破坏的特征是过流部件表面呈海绵状，金属好似被一小块一小块地啄成深的小孔洞，形成蜂窝状。在破坏初期，这些小孔洞是不连续的，小洞旁边的金属可以是完好的。化学腐蚀的特征是过流部件表面的金属被一层层地剥落，破坏只在表面进行，破坏层很薄。泥沙磨损对过流部件表面的破坏，其破坏区连成一片，就是在初期也成片状的连续磨痕和斑点。此外，它的破坏深度较化学腐蚀的破坏层要深。但是，有时这 3 种因素同时存在，特别是空蚀和泥沙磨损两者常常是伴随出现的，仅仅根据表面的破坏特征来区别原因，有时候是相当困难的，因而只能分析造成破坏的主要原因。

影响水轮机泥沙磨损的主要因素有过机水流的含沙特性（如含沙浓度、泥沙硬度、泥沙粒径、颗粒形状、水流速度等）、过流部件的材质、水轮机的工作条件等。通常过机水流含沙量越大、泥沙硬度越高、泥沙颗粒棱角越尖锐、流速越高，泥沙磨损越严重。水电站的地理位置和形式不同，水轮机遭受泥沙磨损的破坏程度是不一样的。即使是相同型式的水轮机，安装在水质较清的河流或者具有较大库容的水电站，其泥沙磨损程度要比安装在多泥沙河流上时轻微得多。严格来讲,只要水轮机取用含沙水流,就会遭受到泥沙磨损。但当水电站库容较大或者具有足够的沉沙设施时,由于水中含沙量较少,泥沙磨损对水轮机的破坏是轻微的。有时河流汛期可能会集中通过全年输沙量的 70%~80%。因此汛期是水轮机遭受泥沙磨损最严重的时期。

水轮机遭受泥沙磨损后,过流部件金属流失,转轮叶片叶形改变,转轮失去原有的平衡,振动加剧,效率下降,机组检修周期缩短,电站经济效益降低。对多泥沙河流的水电站,泥沙磨损往往是决定机组检修周期的唯一因素。

7.4.1.4 泥沙磨损的防治

我国许多河流的泥沙含量较高,水轮机泥沙磨损问题十分突出,危及水电站的经济安全稳定运行,每年因为泥沙磨损造成的经济损失数以亿计。如何有效地进行水轮机泥沙磨损防治是广大科研工作者的重要研究课题。我国开展水轮机泥沙磨损研究工作已经有 60 多年的历史,在磨损机理、两相流理论、机型选择、抗磨措施、运行维护、试验技术等方面进行了大量的研究与实践,获得了丰富的研究成果。2012 年,我国第一部关于水轮机泥沙磨损的国家标准《反击式水轮机泥沙磨损技术导则》(GB/T 29403—2012)发布,对全国水轮机泥沙磨损工作的规范指导起到了重要作用。

为了解决水轮机泥沙磨损问题,首先需要对泥沙进行分析研究,这样才能做到有的放矢。由于我国幅员辽阔,不同地区的河流泥沙性质也不尽相同。比如黄河泥沙含量大,但是泥沙硬度不大。而穿越我国大西南横断山脉的诸多河流虽然泥沙含量不大,但泥沙中石英石的含量高,棱角分明,硬度大。泥沙分析应当包括泥沙粒径、泥沙矿物成分及含量、泥沙颗粒形貌等,泥沙特性的分析结果应分别按照汛期和非汛期给出,矿物成分及含量应按不同粒径组给出。尤其需要注意区分天然河流的泥沙特性和水轮机过机泥沙特性,两者不能混为一谈。

根据工程实践,为了避免或减轻水轮机泥沙磨损,需要在水轮机选型设计、水力设计、结构设计、材质选取以及运行维护等环节综合考虑,尤其是在水轮机选型和设计中需要注意以下几点基本原则:

(1) 有磨损要求的水轮机应当根据泥沙条件和运行要求选择合适的参数,不宜片面地追求高参数(效率、比转速等)。对多泥沙河流,尤其水头较高时,应降低水轮机参数水平。

(2) 水轮机的吸出高度应较在清水条件下运行的水轮机有更大的安全裕度。

(3) 在水轮机规定的运行工况范围内,应当保证水轮机不发生叶型空化和各种局部空化,以避免发生空蚀与磨损的联合作用而加速水轮机的破坏。

(4) 对于预期磨损严重的水电站,转轮的拆卸方式可考虑采用中拆或者下拆方式。即不拆发电机,直接将转轮从水轮机室或尾水管位置拆出。

水轮机水力设计时,流道内的水流流速不宜过高。混流式水轮机转轮宜选择较小的出口直径,降低转轮出口的圆周速度,转轮叶片出水边的相对流速不宜大于 40m/s。在规定的运行范围内,水轮机流道内应当避免产生漩涡、脱流等流态。高水头混流式水轮机的导叶高度和导叶分度圆直径宜适当增大,降低导叶区的流速及改善转轮前的流态。导叶叶型应当选择有利于减小两侧压差的形式,减轻导叶端面与抗磨板间的磨损。导叶轴颈不宜过粗或者局部凸出,并应设计成与来流呈流线型结构等。

在水轮机结构设计方面，水轮机尤其是对于高水头混流式水轮机其顶盖和底环应当有足够的刚强度，避免水轮机充水后因水压作用导致变形，造成导叶端面间隙增大。易磨损部件的结构强度设计应当有足够的裕度。在不影响其他性能的条件下，转轮叶片出水边与抗磨板的厚度应取较大值。导叶立面宜采用硬止水方式，端面不宜采用弹性止水密封结构。导叶端面间隙宜取较小值等。

在水轮机材质选取方面，水轮机过流部件应当采用抗磨蚀性能较好的不锈钢材料制作，母材表面应当有较高的硬度。对于预期磨损严重的部件和部位可以采用表面防护材料保护。水轮机过流部件，如导叶、转轮、顶盖与底环抗磨板、止漏环等在出厂前可采用碳化钨喷涂处理。

水轮机运行维护时应当注意：汛期运行时，宜打开冲沙排沙设施进行排沙。若泥沙呈陡涨陡落的形式变化，可在沙峰期内短期停机避沙。为避免停机状态下水轮机导叶磨损，建议停机时关闭水轮机进水阀切断水流。水轮机应在技术协议中规定的工况范围内运行，不宜在低负荷区、振动区长期运行，尤其要防止泥沙磨损和空蚀破坏联合作用。应定期对水轮机磨损情况进行检查。宜在每个汛期前后各停机检查一次，详细测量记录过流表面破坏情况，并及时处理。

水电站应当特别关注水轮机的泥沙磨损问题，尤其对于过机泥沙含量大、泥沙硬度较高的电站。工程实践表明，结合电站自身特点选择技术可行、经济适用的泥沙防治措施可以有效地延长水轮机的检修周期和使用寿命，保证机组安全、稳定、连续、长期运行，提高电站经济效益。

需要指出的是，水轮机泥沙磨损的防治是一个系统工程，而不仅仅是某个专业的任务。为了有效地减轻泥沙磨损，应在水电站设计、水轮机选型设计、制造安装、运行维护与检修等各个环节考虑并采取相应的措施，多管齐下，多措并举，综合治理。例如，水工专业应当在水工建筑物的布置和设计中综合考虑电站防沙排沙措施，使泥沙尽可能少地进入水轮机，从而达到防患于未然的"上医治未病"效果。如修建水库、沉沙池或沉砾池；在引水系统中设置拦沙、排沙和冲沙等设施，如排沙漏斗；取水口的位置、底槛高程的设计应有利于避免或者减少泥沙进入引水系统等。

7.4.2 水轮机转轮的检修

对于混流式水轮机，其检修项目主要有转轮泥沙磨损、空蚀检查及处理、转轮叶片裂纹检查及处理、止漏环测圆及圆度处理、叶片开度检查及处理、水轮机主轴拆装及轴颈处理等。下面以混流式水轮机检修为主进行介绍。

7.4.2.1 转轮空蚀检查及处理

水轮机过流部件遭到破坏的原因较多，除事故损坏之外，最主要的原因则是空蚀破坏和泥沙磨损。这两种破坏的形式虽有所不同，但却有着最为基本的共同点，即过流部件表面金属的大量流失和在局部形成穿孔。所以，这两种情况的修复工作基本相同，并构成了水轮机检修工作的主要内容。

对于混流式水轮机，主要采用表面分层补焊的方法来修复转轮。

1. 准备工作

所需的主要工具和设备有直流电焊机、焊具、风铲、碳弧气刨、砂轮机、探伤设备、加温与保温设备,以及测量工具与仪器等。

对于空蚀破坏的转轮,可选用价格较高的国产奥 102、107、112、132 等焊条,以及进口的 18~8 系列、25~20 系列、E-401 不锈钢焊条,还可选用价格较低的国产堆 277 和堆 276 焊条。

对于泥沙磨损破坏的转轮,宜采用国产堆 217 焊条。为节省抗空蚀焊条,底层可用优质低碳钢焊条来堆焊。

2. 转轮磨损量测量

对已遭受破坏并计划对其修理的转轮,应先测量其侵蚀面积、深度和金属失重量,检查确定其受空蚀、泥沙磨损破坏的程度。

(1) 侵蚀面积测量。在侵蚀区域的周边涂刷墨汁等着色材料,待涂料干燥前用纸印下,再将纸放在刻有 10mm×10mm 方格的玻璃板下,用数方格的方法求得各侵蚀区面积,将每块面积叠加便得每个叶片或整个转轮叶片的侵蚀面积。此方法称为涂色翻印法。

(2) 侵蚀深度测量。用探针或大头针插入破坏区,再用钢板尺量取即可,也可自制测量器,或采用 3D 激光扫描技术测量。

(3) 金属失重量测量。用腻子按叶片的曲面形状涂抹在侵蚀区上,然后取下称重,按其比重换算出金属的失重量。

上述测量结果,应作为评定破坏程度的原始数据和检修工作的必备资料加以记录、保存。

3. 侵蚀区的处理

(1) 侵蚀处理区域确定。因为侵蚀区域周围的金属组织实际上也遭到了轻度的疲劳破坏,存在隐患。在破坏区域补焊前,应先对侵蚀区域进行处理,需要处理的区域应比实测区域的面积略大。

(2) 铲削。就是用风铲或碳弧气刨,铲除破坏区域损坏的金属。铲削对后续的堆焊和打磨有直接影响;铲削过深,增加堆焊工作量;铲削过浅,影响堆焊质量;铲削高低不平也会增加堆焊和打磨的困难。

一般铲削深度要使 95% 以上的面积露出基体金属光泽,用砂轮将高点和毛刺磨掉。

对于侵蚀深度不超过 2mm 的区域可直接用软质砂轮打磨;对于个别小而深的孔可不必铲除;对于较大的深坑,为避免铲穿成孔,可留下 3mm 左右不予铲除,作为堆焊的衬托。

对于穿孔严重的出水边,可采用整块镶补法。即根据事先测好的空蚀部位的型线做出样板,成块割去侵蚀区,按样板用与叶片材质相同的钢板热压成与样板相同的镶块,并在叶片与镶块对焊部位打成 X 形坡口,焊接在叶片上。然后在该镶块上堆焊抗空蚀层,用砂轮将堆焊区按原来的叶片型线磨光。对焊缝要求无气孔、夹渣、裂纹等缺陷。若焊接的面积较大,转轮应作应力消除处理。

考虑到风铲虽能保证质量,但工效低、振动大、劳动条件差,近年来,一些水电厂采用碳弧气刨代替风铲进行侵蚀区域的铲削。碳弧气刨操作简单,工效较高,不需要复杂的设备和贵重材料且操作影响较小,只要控制一次气刨的面积不过大,一般不会导致叶片发生较明显的变形。但碳弧气刨作业时,烟雾大,碳粉飞溅厉害,必须加强通风以改善工作

第 7 章 水力机组的检修与维护

条件。

4. 转轮预热

转轮大面积堆焊，最好施焊前用远红外加热片将转轮进行整体预热到100℃左右。若转轮尺寸很大，预热有困难时，应设法将周围环境温度提高到20~30℃以上进行堆焊，切忌在室温15℃以下作业。因为低温下进行转轮堆焊，难以进行热处理和矫形，内应力大、不均匀变形大，且容易发生裂纹。

5. 转轮焊补

一般采用对称分块跳步焊法。这种方法可消除焊工使用电流、施焊速度不同所造成的不均衡热影响，使转轮受热均匀，不致热量过分集中。其具体工艺如下：

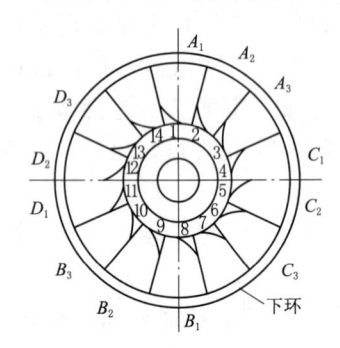

图 7-1 对称分块跳步焊工作图

当转轮直径较小时，可由一人施焊，轮流对称焊。对直径较大的转轮，宜采用四名焊工沿圆周方向对称施焊。如图7-1所示为14个叶片转轮的堆焊，A、B、C、D 四人分别占据1号、8号、4号、11号叶片，同时对称施焊，然后四人同时沿同一绕行方向转换至相邻的叶片施焊。如果同一个叶片补焊的工作量很大，应采取分块跳步焊的方法。分块的尺寸一般为200mm×150mm，没有严格限制，各接头要错开。为使叶片均匀受热，最好间隔1~2个方块区跳步焊。堆焊时，最好每层交叉焊，交叉焊有困难的位置可考虑往返焊，且每次的堆焊量要小。对于已穿孔的部分，孔中应事先加入填板，填板周围分几次施焊，最后在填板表面和焊缝上堆焊一层抗磨损或抗空蚀的表面层。焊肉要高出原表面2mm以上。

6. 磨光和探伤

补焊完成后，应进行表面磨光。磨光前先用超声波进行补焊区的探伤检查。若不合格，应铲（刨）掉重焊。磨光一般在砂轮机上进行，直到恢复到原来型线为止。

7. 转轮补焊的质量要求

转轮经补焊修复后，必须达到如下补焊要求：

（1）叶片上冠与下环根部、中部及侵蚀堆焊区等经探伤检查不得有裂纹，夹渣与气孔。

（2）堆焊打磨处理后，转轮叶片曲面光滑，粗糙度至少应达到 $Ra12.5$，不得有深度超过0.5mm、长度大于50mm的沟槽与夹纹。经验证明，在叶片型线与原来一致的前提下，表面越光滑，组织越细密，抗蚀能力越强。

（3）补焊的抗空蚀或泥沙磨损层不应薄于5mm。

（4）经修型处理叶片，与样板的间隙应小于2mm，且间隙宽度与长度之比应小于2%。

（5）转轮补焊后应做消除焊接应力处理。

（6）修复后的转轮必须做静平衡试验，以消除不平衡重量。

（7）对于转轮的变形，根据现场情况，应尽量满足如下规定：

1）上冠与下环圆度的单侧偏差，从迷宫环处测量，应小于原有单侧间隙的±10%；

2) 上冠与下环同心度的偏差,应在原定迷宫环间隙的±10%以内;
3) 转轮轴向变形应小于 0.5mm;
4) 叶片开口变形应在检修前叶片开度的 1%~1.5%以内;
5) 法兰变形应小于 0.02mm/m,不得有凸高点。

运行实践表明,在叶片泥沙磨损和空蚀破坏未发生前,对叶片进行预防性的处理,可有效延缓叶片空蚀、磨损的发生,效果十分明显。

7.4.2.2 转轮叶片裂纹检查及处理

水轮机转轮叶片,特别是中、高比转速混流式水轮机转轮叶片裂纹现象在世界各国早已屡见不鲜,严重时叶片出现龟裂,甚至裂纹长度伸展到整个叶片而导致断裂,对机组安全运行构成很大威胁,必须注意检查,及早发现和处理。

1. 叶片裂纹的常见发生部位

叶片裂纹常发生在受力较大且材料厚薄不均匀的部位。如混流式水轮机转轮的裂纹通常发生在叶片与上冠、下环的连接处;轴流式转轮的裂纹通常在叶片与枢轴法兰的过渡段;水斗式转轮的裂纹通常在水斗根部。

2. 叶片裂纹的检查方法

大修时,应对叶片裂纹进行检查及探伤。主要检查方法有宏观检查、着色探伤、磁粉探伤、超声波探伤等。

(1) 宏观检查。叶片或其他过流部件表面裂纹,采用目力及放大镜检查即可。转轮清洁完毕后,用 10 倍左右的放大镜检查。对于可疑之处,用 0 号砂布将表面打磨光滑光亮,然后再用 20%~30%的硝酸酒精溶液侵蚀,呈现黑色纹路的部分就是裂纹。

(2) 着色探伤和磁粉探伤。接近表层的裂纹可采用着色探伤或磁粉探伤进行检查。

1) 着色探伤。着色探伤的原理是液体对固体的渗透和毛细现象。具体操作方法是:首先用丙酮(600mL)加上煤油(300mL)再加入汽油清洗剂,将叶片要探伤部位的氧化层、漆、油污等物擦掉;然后用软毛刷在叶片表面均匀地刷一层渗透剂,每次保持 10~15min,反复 2~4 次;晾干后,用布蘸上清洗剂将表面的渗透剂擦去;干燥后用软毛刷在叶片表面薄而均匀地抹一层显示剂,如用喷雾器效果更好。过 5~6min 后即可显出裂纹位置和形状,用肉眼或用 3~10 倍放大镜观察。

这种方法对各种金属材料制成的转轮均可使用,不受材料磁性的限制,简单易行,显示直观,具有较高的灵敏度,可发现 0.4μm 深的微小裂纹,缺点是不能观察到内部的裂纹,另外,要求零件表面粗糙度较小,否则不准确。

2) 磁粉探伤。磁化方法有局部磁化和整体磁化之分。只需对裂纹区或有怀疑的地方进行探伤时可用局部磁化法;当转轮需做全面检查时采用整体磁化法。磁化法仅适用于铸钢材料的叶片,对不锈钢或其外层铺不锈钢或陶瓷的叶片不适用。

磁化法对叶片裂纹检验非常有效,其特点是:设备和操作均较简单;检验速度快,一般磁感应强度达到 0.8T 左右就能发现裂纹;便于在现场进行探伤;检验费用也较低;但仅能显出缺陷的长度和形状,而难以确定其深度,一般根据经验断定其深度。采用这种方法时,受检叶片表面要注意干燥和清洁,必要时就打磨或喷砂处理;尽量使裂纹方向和磁力线方向垂直,以增强显示效果;在记录和标记之后要进行退磁处理。

磁化法探伤设备有固定式和携带式两种，水轮机探伤主要采用携带式，常用的有CJX-515、CEX-500交流磁粉探伤仪和CYE-5型旋转磁场探伤仪等。旋转磁场探伤仪的优点是只需一次磁化就可以探出各个方向的缺陷，而一般探伤仪对同一个探伤部位至少要进行两次（互相垂直）磁化才能保证探伤质量。

（3）超声波探伤。对于结构内部裂纹，可采用超声波探伤或放射线探伤。它是利用金属材料及其缺陷的声学性能差异对超声波传播的影响来检验材料内部缺陷的无损检验方法。超声波探伤法有脉冲反射法、穿透法和谐振法3种。用得最多的是脉冲反射法，它是根据反射波的强弱、位置及波形，来判断叶片内部缺陷的有无、大小和位置，并结合其他情况来确定缺陷的性质。近年来，智能超声波检测（衍射时差—TOFD探伤）技术因为其操作简单、扫查速度快、检测效率高、成本低、可靠性好等优点，广泛用于材料缺陷的检测。

3. 裂纹的处理

根据裂纹的部位、性质、基材情况等，选择裂纹补焊的材料和工艺。

（1）前期准备工作

1）将通过探伤发现的裂纹的长度、大小及部位详细记录，用粉笔标明其长度和走向，可以在裂纹上打样冲眼，以便进行电弧刨和铲削工作。注意裂纹资料必须备案或拍成照片存档。

2）根据叶片材料的化学成分及机械性能方面，选取与之相接近的焊条。在处理比较严重的裂纹时，须先鉴定所采用焊条的性能。有条件时，请焊工进行试焊，作机械性能和断面分析试验。

3）焊前要对场地进行检查，劳动保护措施是否合格，通风是否良好，电路是否合格。

4）补焊前，应在裂纹的两端钻上止延孔，孔径不应小于5~7mm。凡在铸造中留下的、对强度影响不大的微小裂纹可不作处理，但要在裂纹两端打上样冲眼，以便日后运行监视。

5）在裂纹处开好坡口。为了将焊件截面熔透并减少熔合比，应将焊件的待焊部位加工成一定几何形状的坡口。常用的坡口形式有V、X、U、K形等，如图7-2所示，主要根据裂纹情况、铲除及施焊方便而定。

凡不穿透叶片厚度的裂纹，深度在30mm以内可开V形坡口，如图7-2（a）所示；30mm以上开U形坡口，如图7-2（b）、（d）所示；靠近根部的采用V形坡口，如图7-2（c）所示。其中以图7-2（b）、（d）为好，而图7-2（a）、（c）角度太尖、易夹渣。

凡穿透叶片厚度的裂纹，深度在40mm以内开X形坡口，如图7-2（e）所示，靠近根部的开K形坡口，如图7-2（g）所示；深度在40mm以上的需开U形坡口，如图7-2（f）所示，靠近根部的开K形坡口，如图7-2（h）所示。其中7-2（f）适宜于发生在叶片上的裂纹，图7-2（g）常用在叶片与下环结合部位的裂缝上。在采用双面焊坡口时，为防止产生夹渣，应将母材预先留下2~3mm，在焊过几道焊肉之后，再将母材铲去。

开坡口的方法主要有风铲铲削和电弧刨两种。前者比较费力，因为叶片材料较硬，有时裂纹在狭窄处又不易施工，一般采用钻排孔加上风铲一起开坡口的办法。这种方法开的

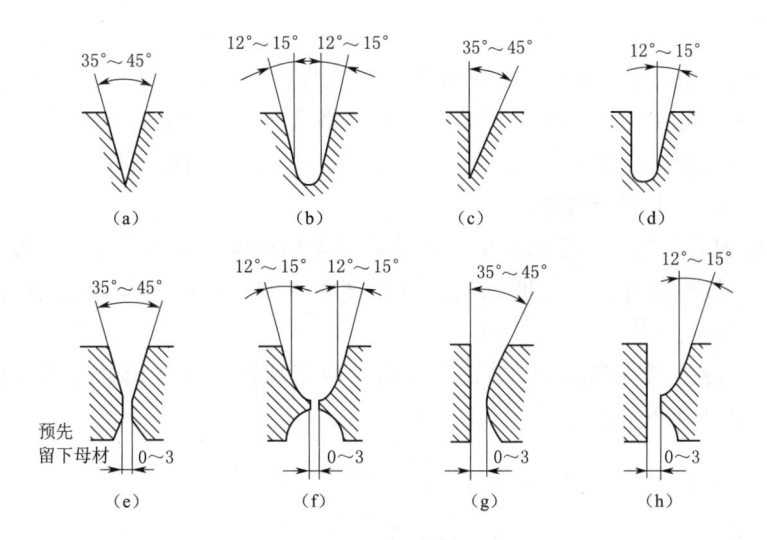

图 7-2 各种坡口的形状和尺寸

(a) V 形坡口形态 1；(b) U 形坡口形态 1；(c) V 形坡口形态 2；(d) U 形坡口形态 2；
(e) X 形坡口；(f) U 形坡口形态 3；(g) K 形坡口形态 1；(h) K 形坡口形态 2

坡口质量好，但费事。

电弧刨法是利用电弧热量将叶片金属表面熔化后用压缩空气将熔化的金属吹掉，逐层地开出坡口。这种方法省力、进度快，但有两个缺点：一是在坡口内有渗碳氧化层，必须用砂轮打磨掉，才能露出母材的金属光泽。二是为防止叶片在温度应力下使裂纹扩展，电弧刨需间断使用。

图 7-2 (a)～图 7-2 (d) 用于裂纹没有穿透叶片厚度的情况，其中以图 7-2 (b)、图 7-2 (d) 为好，而图 7-2 (a)、图 7-2 (c) 角度太尖、易夹渣。

6）酸洗检查。开出坡口后，用毛笔蘸 30% 浓度的硝酸溶液涂在坡底，过几秒钟后用棉布将酸液擦干。如有黑色的裂纹，继续加深坡口，再重复检查，直至裂纹不存在为止。

7）预热。根据施焊条件与焊缝质量要求，预热方法一般有电涡流、电炉加热及气割枪烘烤法 3 种。整体加热以温升 8～10℃/h，温度至 100～150℃后保温 4h 为宜。对裂纹较少的局部加热至 100℃，保温 2h 后即可。也可用电热器先加热至 70℃左右，再用气焊烤至 100℃。加热过程中用半导体温度计、热电偶或水银温度计进行测温监视，测温点应大于 3～4 点。焊前对缺陷部位进行整体或局部预热的目的是改善焊缝的金相组织，防止焊接应力过大，特别是焊缝与基材过渡区的热影响导致二次裂纹产生。

(2) 裂纹焊接工艺

1) 为防止变形，各焊点应均匀、对称地分布。

2) 每个起弧点与熄弧点都应在引弧板上或坡口外。引弧板的材料必须与工件的相同，或在其表面堆焊上相同的材料。

3) 长焊缝宜采取分段焊，段长 100～150mm。300mm 以上的焊缝采取分段退步焊，300mm 以下可由中间向外焊。修复过程中，注意防止施焊起弧和断弧产生的裂纹。

4) 分段接头处应逐层搭接，正反面焊缝轮流施焊，以防止接头处平齐而影响焊缝质量。

5) 深度在40mm以上的坡口，应双侧镶边施焊，当间隙小于4mm左右后再进行正常焊接；深度在40mm以下和靠叶片根部的坡口则宜单侧镶边施焊。

各种坡口焊接顺序如图7-3所示。其中，图7-3（a）为单面焊，头几道焊肉先镶在较厚的一面，以防发生焊接裂缝。

6) 坡口焊满后，需焊一层退火层，并采取保温措施使之缓慢冷却。如坡口在空蚀区，则退火层应采用抗空蚀焊材（如堆277），其厚度要高出3mm左右，以便进行表面磨平处理，如图7-4所示。

7) 穿透性裂纹在其正面焊2~3道焊波后，应用风铲在其背面铲除坡口底部的焊瘤，待露出新的焊波时再开始施焊。

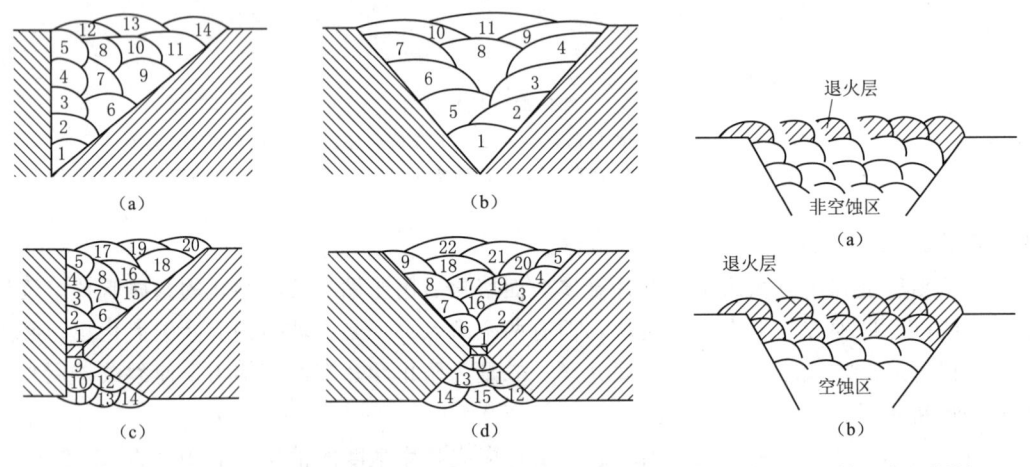

图7-3 各种坡口焊接顺序
(a) V形坡口形态1；(b) V形坡口形态2；(c) K形坡口；(d) X形坡口

图7-4 坡口表面焊层
(a) 非空蚀区；(b) 空蚀区

8) 裂纹堆焊中，底下几层宜用直径小于4mm的焊条、小电流、短电弧（一般2~25mm）、慢速度施焊，以减小母材的熔深，但要保证将母材熔透，避免夹渣及未熔合等缺陷，要求焊搭接宽度不小于焊链宽度的1/3，防止咬边与弧坑及弧坑裂纹的产生。

9) 根据施焊位置的不同来调节施焊电流。

10) 施焊过程中，除第一道焊肉和退火层外，每焊完一层，用带圆角的小锤锤击焊缝，将药皮氧化物彻底清除干净，以消除内应力。锤击时，锤头尖部应垂直焊道，要求落锤力均匀，往返2~3次，焊波模糊平缓即可。

11) 裂纹焊完后，适当保温，缓冷之后用砂轮按叶片型线打磨裂纹焊缝。磨去退火层后进行外观和探伤检查，要求补焊区不得有裂纹、气孔、夹渣、未焊透等缺陷，与叶型一致，表面光滑。否则重新处理。

7.4.2.3 转轮止漏环测圆及圆度处理

在运行中由于安装质量或其本身材质空蚀或泥沙磨损原因，混流式转轮的上、下止漏环可能会出现被磨成椭圆或局部掉边的现象，甚至严重磨损而使间隙变得很大，从而会加剧水力不平衡冲击，产生机组振动，影响机组安全运行和经济效益，甚至造成事故。因此，大修时必须进行止漏环的修复工作。

止漏环的测圆装置一般为测圆架。先用砂纸打磨上、下止漏环，个别高点用锉刀或砂轮除去，用抹布擦净。由两人轻轻转动测圆架，测量出各点数值并记录下来。测量时应注意保证转动部分处在自由状态，测量者不要站在转轮叶片上。一般规定，止漏环各间隙测量值与平均值之差应不超过平均值的±10%，否则要视具体情况进行处理。如果高点仅在个别地方存在，可用手砂轮或刮刀、锉刀削去；如果高点分布面较广，可借助专用支架，用砂轮磨削，然后用砂纸打光、抹布擦净，再进行测圆，直至合格为止。

当止漏环损坏不太严重时，为了降低成本，可以轮流更换固定止漏环和转动止漏环。如果先更换转动止漏环，为适应固定止漏环因磨损而增大了的内径，其外径尺寸应稍大些。如果止漏环严重破坏，如大片掉边时，可先用不锈钢焊条补焊，焊肉高出原来2～4mm，然后进行磨圆处理。

水轮机止漏环本身很薄，尺寸又很大，圆度和表面质量要求又很高，损坏后很难再修复。因此，大多数时候都是采取更换新止漏环的方法。

7.4.3 导水机构主要部件的检修

导水机构检修是水轮机大修的主要内容之一。机组大修时，导水机构的检修程序往往是先进行几项试验和测量（漏水试验，导叶间隙测定、接力器压紧行程测定、导叶开度测定），然后将各部件拆卸、检查、处理，装配后进行修后试验。下面介绍目前应用较多的圆柱式导水机构的主要部件的检修方法。

1. 顶盖的检修

顶盖的检修主要包括清扫顶盖、疏通排水管路、防腐处理以及顶盖与导轴承的结合面的修复。对于分块组装式顶盖，还要检查焊缝的质量和顶盖的把合面。前者焊接不好的部位应及时补焊；后者用0.05mm的塞尺检查，允许的间隙应符合要求，把合螺栓松动的要及时把紧。

2. 底环的检修

对于泥沙含量大的机组，运行较长时间后，必须检查底环的磨损量。底环与座环的结合部位密封不好时，会对底环产生损害，要检查这些结合部位的完好性。

顶盖与底环过流面的抗磨板，没有的应设法加设；被损坏的，用补焊的办法修复；已损坏严重、难以修复的，予以更换。

由于抗磨板尺寸大而薄，为了避免补焊时产生扭曲变形，须用螺栓加固后再施焊。目前新建的大型水电厂都采用带自补偿的不锈钢抗磨板，基本不需检修。

3. 导叶轴承的检修

导叶轴承是导水机构中一个较易损坏的部件。混流式机组目前采用的主要有锡青铜轴承和工程塑料轴承。由于润滑方式的不同，使得其轴承的结构不同，检修的方法也不一样。

导叶轴承现场检修时，一般只检查导叶轴承的磨损情况。如果磨损严重，间隙已超过与导叶轴颈的配合间隙则就必须更换新的轴承。通常，导叶轴承每隔1～2个周期就需要更换一次。更换时要根据导叶轴颈的配合间隙进行轴承尺寸加工。

4. 导叶的检修

(1) 导叶磨蚀处理。由于泥沙磨损和间隙空蚀，导叶表面，特别是两导叶的接缝处，易产生破坏，处理方法有两种：

1) 不吊导叶，原地处理。在非接触面空蚀区，当空蚀损坏深度小于 3mm 时，可直接堆焊不锈钢焊条。否则，先用电弧刨把表层空蚀层吹掉，再用砂轮打出新鲜面，然后堆焊不锈钢焊条，并进行磨平处理。

导叶接触面的空蚀破坏，一般只发生在某一段内，先用电弧刨把空蚀破坏段吹掉，再用砂轮磨出新鲜金属面，采用小电流施焊工艺堆焊不锈钢焊条以避免产生温度应力而出现裂纹。然后参照基准打磨堆焊面，最后用锉刀锉削接触面，用钢板尺找直。处理后，关闭导叶，检查该导叶立面间隙，合格为止。处理过程中，注意做好工作场所通风工作。

2) 吊出导叶，在机坑外处理。对于泥沙磨损和空蚀破坏严重的机组，可在导叶接触面内镶嵌不锈钢板条，对于间隙空蚀损坏的导叶，可在其上、下端面各堆焊一层不锈钢焊条，然后磨平。这样既可减小端面间隙，减少漏水，又可减缓间隙空蚀的破坏。

(2) 导叶轴颈检修。导叶轴颈仅在 0°～60°范围内转动，速度在 0～0.02m/s 范围内变化，正常时压力为 0～10MPa。全关闭时，受压紧量的影响，压力增大；剪断销断后强行关闭时，压力倍增。因此，处于较特殊的不规则的受力状态，轴颈易发生偏磨和损坏。

轴颈磨损严重时，将导叶轴车圆后包焊一层不锈钢，再车到规定尺寸（不锈钢的厚度不得小于 2mm）。不严重时，可喷镀一层表面粗糙度在 $Ra0.63$ 以上的铬或不锈钢层，降低摩擦系数，防止腐蚀。

(3) 导叶间隙调整。导叶间隙包括立面间隙和端面间隙。一般而言，导叶上、下端面间隙总和的偏差值，最大不得大于设计最大间隙值，最小不得小于设计最小间隙值的 70%；上端面间隙一般为实际间隙总和的 60%～70%，下端面间隙一般为实际间隙总和的 30%～40%；导叶止推压板轴向间隙不应大于该导叶上部间隙值的 50%，导叶应转动灵活。

1) 导叶立面间隙调整，在钢丝绳捆紧导叶的情况下，要求关闭紧密，立面用 0.05mm 塞尺检查，不能通过。局部间隙不超过设计要求，其间隙的总长度，不超过导叶高度的 25%。

2) 导叶端面间隙调整，如果发现导叶上、下端面间隙和超过图纸规定值，要吊出导叶和底环，在底环下加垫，使上、下端面的间隙变小；如要加大端面间隙，可在顶盖与座环的接合处加垫。

(4) 导叶转动机构检修。

1) 连杆拆装。连杆拆前，应做好两轴销的方位记号，测量出两轴孔间的距离。松去连杆的背帽，拔出两端的轴销，移走连杆。回装时与拆卸顺序相反。

2) 拔分半键。拆去导叶轴端的支持盖，装上拔分半键工具进行拔键。拔出后应立即编号，清扫干净，用绳索成对捆好，存放于专用木箱内。

3) 拐臂拆装。拆前应检查拐臂编号，然后装上拔拐臂工具将拐臂顶起。当拐臂顶起到一定高度后，改用导链将它吊起。拐臂拔出后，运到检修场地进行清扫。若过紧，可用刮刀、锉刀、砂布等修刮，打磨拐臂内孔及导叶轴头。检查剪断销无错位、受剪情况，如有缺陷，可更换新的。安装前应清扫导叶轴头及拐臂内孔，涂以润滑油。将拐臂吊起、找正，套装于导叶轴头。保持拐臂的水平，一直落到底。

4) 导叶轴套拆装。在拆卸前用塞尺测量导叶上部轴承间隙。将导叶轴套上连接的各种管路拆除，拔出轴套定位销、拆除连接螺栓。装上拔导叶轴套工具，拔出导叶轴套后，清扫轴套内积存的脏物，检查上、中轴瓦有无磨损，测量内孔尺寸应符合图纸要求。

导叶轴套的止水皮碗应无破损、老化，应柔软，富有弹性，否则应更换新的。导叶轴套回装与拆卸顺序相反。轴套装复后，检查上部轴承间隙，应符合图纸要求。用导叶扳手以1~2人转动导叶应灵活。否则应进行处理。

5) 控制环检查。推拉杆分解后，拆去控制环下部润滑油槽盖板，做好控制环方位记号。用塞尺测量各立面抗磨板与支持环的间隙，其两侧之和应符合图纸要求。将控制环吊起、清扫、检查立面与平面抗磨板磨损情况，润滑油路有否堵塞，存在缺陷应处理。立面抗磨板间隙如果超过图纸规定值，应同时缩小相对方向两侧抗磨板间隙，可在抗磨板背面加铜垫片，直至符合图纸规定。

7.4.4 主轴的检修

通常情况下，发电机主轴一般不易损坏，而水轮机主轴则因为装有水导轴承及主轴密封，容易磨损。通常水导处的摆度最大，主轴轴颈的磨损也就较其他导轴承轴颈磨损更大一些。因此，主轴的检修实质是指水轮机主轴的检修工作。

主轴的破坏形式主要有：裂纹和不均匀磨损，轴颈偏磨失圆、出现沟槽（密封处）等。主轴轴颈直径偏差不大于0.05~0.1mm；沟槽深度不大于0.5mm时为轻度损坏，检修时只需将少数沟槽作修整，主要工作是主轴磨圆。对于损坏严重的主轴，则要采取焊条焊补、打磨和包焊钢板（不锈钢板）等措施加以处理。如果现场解决不了，则需将主轴拆下，运往制造厂进行车削。

7.4.5 水导轴承的检修

前面的章节已介绍过水导轴承的类型及特点，本节以分块瓦油润滑导轴承为例，介绍其检修的方法。分块瓦油润滑水导轴承的主要优点是轴瓦分块，间隙可调，并有一定的自调能力，运行可靠，制造、安装均很方便，适合承受大的负荷。其缺点是主轴上要套装轴领使得制造复杂，检修也复杂一些。

1. 水导轴承拆卸程序

（1）将油槽内的油排除干净，拆除与油槽相连的油管、水管、温度计、油位信号器等附件。

（2）将密封盖与轴承盖进行编号、分解、拆除。

（3）轴瓦间隙测量完后，将抗重螺栓的背帽松开，再把抗重螺栓旋松。分别吊出分块轴瓦，运到检修场地，并用油纸毛毡盖好。

（4）卸下瓦块托架，作好记号后，将轴承体拆卸吊出。

（5）松开螺栓，放下挡油管及轴领密封，将冷却器拆卸吊出。

（6）必要时分解挡油箱或油槽并将其吊出。

轴承的回装可按与拆卸相反的顺序进行。注意瓦托与轴领间的间隙要均匀（其间隙测

第7章 水力机组的检修与维护

量调整方法与前面章节中介绍的发电机导轴承间隙测量方法相同),并符合有关要求。

2. 水导轴承的主要检查项目

(1) 检查油槽密封及轴领密封的磨损情况,确定是否需要更换。

(2) 检查巴氏合金与瓦衬的结合处是否有脱壳现象。较大部分脱壳时,应重新挂瓦或更换新瓦。

(3) 检查油面的位置是否符合图纸要求。

(4) 检查支柱螺钉端部与瓦背垫块的接触情况。必要时进行修刮。

(5) 检查主轴轴领上与水导瓦接触的部位,若发现有毛刺、磨损等,用细油石沿旋转方向进行研磨。伤痕面积较大时,用专用工具加研磨膏进行研磨。

3. 轴瓦研磨和刮削

根据轴瓦表面磨损情况,进行相应处理。

(1) 挑花。通常轴瓦磨损并不严重,对于金属瓦,除少数高点被磨去瓦花之外,余下部分瓦花仍然存在。这时,用平刮刀刮去高点,并重新挑花,以利于油膜的形成,保证润滑。刀花可以是方形、三角形、燕形等,行与行之间要彼此交错,刀花面积以 0.2cm^2 左右为好,被刮去的深度大约为 0.01mm。

需要说明的是塑料瓦一般不需挑花。

(2) 熔焊。当轴瓦的局部区域因摩擦而出现条状沟,或因轴电流而破坏合金时,轻微者可用刮刀将毛刺刮去,修整平滑;严重者则采用合金熔焊的办法进行处理。

(3) 研磨和刮削。分块式弧形瓦在焊接之后,可用样板刀把焊过的瓦表面刮成近似原来曲面的形状,再进行研磨和刮削。

一般情况下,检修轴瓦时,只进行刮花处理,很少进行研磨。但在大面积熔焊后,为了保证轴瓦表面有很高的光滑度,使轴领与轴瓦有良好的配合,则要进行研磨。

4. 导轴承故障检修实例介绍

检修实例1:某电站立轴混流式机组水导轴承为筒式结构。机组运行中,水导瓦温达到报警值 65℃,水导油槽油温升高至 60℃,机组事故停机。经检查水导油槽油位正常,油色变深,油质浑浊,水导瓦表面损坏,瓦面有磨损痕迹。检查机组运行数据时发现,发电机上机架+X方位水平振动值、水导轴颈处运行摆度值均严重超标,水导筒式瓦磨损点与水导瓦面间隙测量值吻合,水导轴颈处的运行摆度在机组负荷波动和瓦温升高的过程中同步增加。

经过分析确定水导瓦温升高主要因素是由于机组轴线偏移,摆度超标造成。进一步分析机组轴线偏移超标主要有两方面因素,一是推力头装配的设计存在缺陷,推力头卡环固定外圈存在间隙,推力头与主轴的装配为冷套工艺,发生抬机和机组甩负荷时有可能造成卡环松动移位,造成机组轴线变化;二是水轮机尾水肘管扩散段通道淤堵,机组增加负荷时,过机流量加大,导致机组尾水过流不畅,产生反向水推力引发机组抬机,机组振动摆度超标。主要处理措施:检查推力头与主轴间隙;根据盘车数据对推力头卡环固定外圈 X、Y 四方对称方位加紧固螺钉定位,防止推力头卡环径向位移;更换水导轴承备用筒式瓦,水导盘车净摆度值控制在 0.10mm 内;组织研究推力头装配技术改造等。

检修实例2:某电站卧轴混流式水力机组,年初导轴瓦瓦温出现升高趋势,检查油槽里有黑色粉末，润滑油变黑，检修人员对导轴瓦瓦面进行了修刮处理。年末导轴瓦瓦温升高并导致停机，检查发现导轴瓦下半部位巴氏合金表面出现脱层、挤压现象，脱层甚至有片状，挤压至轴瓦椭圆上弧面，轴瓦上半部位未见异常。经检查轴瓦主要成分为 Cu（铜）5.27%、Sb（锑）11.20%、Pb（铅）2.4%，锡基轴承合金中加入铅，主要是为了增加塑性，但其耐磨性降低，只适用于低速、低负荷的轴承。而该机组转动部分质量为21.28吨，其转速为750r/min，对轴瓦耐磨性、硬度、耐蚀性要求均较高。鉴于此，实验性调整轴瓦的合金成分为 Cu（铜）6.75%、Sb（锑）8.00%、Pb（铅）0。更换材质后导轴瓦瓦温正常，运行良好。

7.4.6 主轴密封的检修

1. 主轴密封检查

对于可调水压式端面橡胶密封，主轴密封供水既用作摩擦面的润滑水，又承担顶起密封圈作用，同时防止泥沙进入密封面。机组检查时根据情况拆解检查主轴密封装置，检查主轴密封抗磨板是否存在局部高点、毛刺和划痕等，进行研磨处理；检查密封圈粘接是否脱落、存在错牙、局部缺失、浮动情况等，对其进行处理或更换密封圈；检查各部件安装情况，是否存在工艺不到位情况，进行重新组装。

2. 主轴密封更换

在机组运行过程中，橡胶密封与抗磨环处于相对运动。当橡胶密封磨损超过设计量时就需要更换。更换时需要特别注意，一是必须检查抗磨环的磨损情况，如果抗磨环的磨损较小，可以只更换橡胶密封，如果抗磨环磨损不均或者磨损较大时，要综合考虑同步更换抗磨环或者对抗磨环进行修补。二是在更换后必须进行充水试验检查，先尾水管充水对主轴密封漏水情况进行检查；检查正常后再蜗壳充水对主轴密封漏水情况检查。三是做好应急排水保障，对机组顶盖排水系统进行全面检查试验并增设临时排水泵，充水时门机操作人员和尾水放空阀操作人员需快速应急响应，以便能随时关闭充水阀和打开放空阀。

3. 主轴密封检修实例介绍

某电站机组 C 级检修结束后，提起尾水检修门进行充水过程中，在退出空气围带并在压力降至 0.5MPa 时，水轮机顶盖水位迅速上涨。现场人员通过立即重新投入空气围带（围带压力最大显示 0.6MPa），全部开启顶盖排水泵，水位仍然继续上涨，在继续增加抽水设施并关闭尾水检修门后控制住顶盖漏水情况。

拆卸检查，发现抗磨环内圈封水环磨损严重，磨损量为 3mm 左右，外圈封水面无大的磨损。据此分析认为主轴密封漏水过大，由于主轴密封转环抗磨板长期运行磨损，抗磨板工作面形成了磨损凹槽，与更换的新橡胶密封接触面不匹配，使得原来抗磨环与新的橡胶密封不能很好地接触，不能起到有效的密封作用。直接更换密封压板或者抗磨板所需部件采购时间较长，对整个生产影响较大，统筹考虑后根据抗磨环磨损现状对更换的新橡胶密封圈在现场进行修磨，主要是对橡胶密封圈顶部凹槽进行局部修整，将凹槽内侧两端进行倒角，以增大贴合接触面，使橡胶密封与抗磨板更好贴合。处理后开机运行效果良好。

特别说明，有的电站采用聚氨酯材料替代橡胶材料，但经过运行发现聚氨酯虽然硬度较大，与抗磨环硬对硬磨损更快，运行 2 个月后机组漏水量大增，又换回橡胶材料。

7.4.7 蜗壳与压力钢管的检修

在蜗壳、压力钢管和尾水管内进行检修工作，要有足够的照明，所有的电气设备应按"在金属容器内工作"的安全条件要求，登高作业需搭设可靠的脚手架和工作平台。

1. 蜗壳检查

蜗壳大都为钢板卷焊件。大修时打开进人孔，进入内部，用刨锤或刨子检查锈蚀情况，如锈蚀严重，应除锈涂漆。进人孔检查与钢管进人孔检查相同。

2. 压力钢管的锈蚀检查

用刨锤等工具刨铲钢管内表面，检查锈蚀的深度、面积及原防锈漆变质程度。若锈蚀严重，特别是明管段（包括主阀阀壳及蜗壳进口部分），应先除锈，然后涂上防锈漆。

3. 伸缩节的检修

压力钢管与主阀连接时，往往带有伸缩节。检修时，应将压环移至一边，扒出盘根检查，如盘根有破损或老化无弹性时，应更换新的，然后将压环压入，均匀地拧紧螺母。

钢管无伸缩节而与主阀直接连接时，钢管与主阀阀壳之间用压板压住，胶板带起缓冲作用，垫环和压环起支撑作用。检修更换胶板前，应将压板编号后逐块拆去，新胶板带装好后，再按号逐块上紧压板。

4. 钢管进人孔检查

钢管进人孔检查时，要搭牢固的平台。拆开时，先松开螺母，取下横梁，向里推人孔门，清扫干净门槽，检查盘根是否损坏。安装时，用绳子吊住两侧涂铅油的盘根，并在人孔门槽内摆正（不要碰跑盘根），架上横梁，拧紧螺母。

5. 排水阀检查

钢管与蜗壳的排水阀大都采用盘型阀，使用移动式油压装置操作，应检查阀的连接部位是否漏水、操作是否灵活，其余与一般阀门相同。

7.4.8 尾水管及其他部件的检修

1. 尾水管的检修

主要检查项目有：尾水管里衬、进人孔和排水管水龙头。

一般而言，若水力机组的吸出高度选择适宜，且安装质量合格，尾水管里衬发生空腔空蚀不很严重时，可参照转轮叶片空蚀补焊的方法，用堆277等焊条补焊即可；如果尾水管里衬遭受严重空腔空蚀破坏，在检修时对里衬的处理应根据实际情况，采用如抗空蚀复合钢板铺焊等新工艺、新方法，同时结合改善吸出高度、避免低负荷运行、加强补气等一系列技术措施加以综合处理。

检查进人孔门框，应平整，止水盘根完好，位置摆正，关闭后充水时应不漏。

排水管水龙头检查是指检修排水泵的吸水管进口处的水龙头。当水位低到规定值时，可穿上防水衣下去检查吸水龙头的栅网是否腐蚀损坏。若有破损，应修补或更换。

2. 其他部件的修复

对于损坏轻微的其他零部件，如蜗壳、座环支柱、尾水管起始段等，只要损伤不是太深，实际上就无须进行补焊；而需要补焊的部位，由于线型并无严格要求，故只要将补焊处打光即可。

特别要指出的是，必要的零件修复工作是很重要的，但频繁、大量的修复会使水轮机的性能下降,关键是在提高检修质量的同时,防患于未然,注重提高水轮机运行管理水平,积极寻求减轻水轮机空蚀和泥沙磨损破坏的有效技术措施。

7.4.9 轴流式水轮机主要部件的检修

轴流式水轮机的导水机构、主轴、水导轴承、尾水管等部件的检修维护,与混流式水轮机的大同小异,主要区别在于转轮和部分埋设部件上。下面主要介绍轴流转桨式水轮机转轮、转轮室、受油器以及轮叶操作机构的检修。

7.4.9.1 转轮的检查及修复

1. 转轮检查

检查转轮体、轮叶轴、泄水锥及放油阀等处有无渗油现象,放油阀有无松动,焊缝是否有裂纹。检查测量转轮体各组合缝间隙情况、轮叶轴密封压板与叶片轴间隙、轮叶根部与转轮体及叶片密封压板有无摩擦现象。检查转轮体各组合件销钉有无异常、叶片轴把合螺栓封板有无脱落、轮叶轴密封压板螺栓及填充环氧有无脱落、轮叶开关腔排油阀封堵螺塞及堵板焊缝有无裂纹、堵板有无脱落、轮片吊装孔封板有无脱落。检查转轮叶是否存在裂纹,轮叶有无空蚀和磨损。测量轮叶与转轮室间隙,检查轮叶及裙边与转轮室是否存在划痕。检查轮叶动作是否灵活,密封处是否有渗油,进行轮叶动作试验。

转轮体上的裂纹、孔洞以及桨叶裙边、螺栓封板、吊装孔封板等空蚀区域通过清理补焊打磨;桨叶密封压板局部脱落或者压板密封有损坏则需要更换。

2. 转轮体渗油处理

对于轴流转桨式机组,由于转轮体结构复杂、油路较多,在参与电网 AGC(自动发电控制系统)调节模式下,水轮机导叶和桨叶动作较为频繁,密封件损耗较快,转轮体渗油风险较高。根据统计分析,转轮渗油部位主要存在于转轮体相关组合缝、把合缝、结合面等处,主要包括转轮体上部组合缝(与接力器缸盖组合缝)、转轮体下部组合缝(与连接体组合缝)、转轮体轮叶枢轴密封压板把合缝、转轮体滑块座及螺钉把合缝、连接体底部组合缝(与转轮体底盖把合缝)、泄水锥放油阀、活塞腔放油阀以及低压腔放油阀等部位。处理方式主要是解体检查更换密封,根据实际还可以采用封堵方式。

对于转轮体下部组合缝渗油,可以将连接体与转轮体脱开,让连接体下降一定距离进行密封更换,之后再提升连接体并与转轮体把合。尤其要注意在提升连接体回装过程中存在提升不同步导致损坏螺牙的风险。对于转轮体与滑块座把合处渗油,可以将滑块座密封进行更换处理。更换滑块座密封特别需要注意以下事项:

(1) 在滑块座退出过程中一定要注意控制退出的尺寸,否则有可能出现滑块掉落在转轮体内,会扩大处理工作任务量。

(2) 如果无法将滑块座顶出,无法更换密封,则可采用对滑块座法兰以及顶丝孔和把合螺栓进行封焊。

(3) 密封更换后在连接体护板恢复前,须对转轮体注油并完成多次桨叶动作试验并观察进行渗漏检查验收,确认无渗漏后才进行连接体护板回装焊接。

(4) 连接体护板回装焊接过程中采取分段严格控制焊接温度,防止焊接部件内部高温烫伤损坏密封。

7.4.9.2 转轮室的修复

1. 转轮室磨损或空蚀的修复

钢制的转轮室受到磨损或空蚀破坏后，用补焊的方法进行修复。补焊完后按样板进行打磨，使补焊区域同未磨损的区域光滑连接，既要保证转轮叶片调节自如，又不使漏损增大。转轮室损坏严重时，可装设由小块不锈钢板拼焊成一带状的护面。

铸铁制作的转轮室遭到严重磨损后，可更换钢制的转轮室；也可采用过流面为不锈钢、背面为碳钢的复合钢板。

检修实例：某电站检修检查中发现转轮室个别区域出现摩擦、转轮室中部出现一圈划痕。针对转轮室个别区域出现摩擦现象，主要是检查测量桨叶全关状态下，桨叶与转轮室间隙，重点关注摩擦区域。将摩擦区域进行打磨、抛光处理，使用抛光片及羊毛毡进行打磨抛光。针对转轮室中部出现一圈一定高度划痕现象，主要是检查测量 100%、75%、50%、25%、0 五个开度下，桨叶出水边、中部、进水边与转轮室的间隙，以及桨叶与转轮体连接盖板、泄水锥连接体盖板的间隙，观察桨叶出水边有摩擦痕迹区域与一圈划痕区域最大重合时开度及间隙。往复进行桨叶全开—全关动作 3 次后测量桨叶与泄水锥连接体盖板处最小间隙，共测量 3 次数据，检查桨叶有无窜动量。

2. 转轮室裂纹的修复

根据转轮室裂纹的部位、性质、基材情况等，选择合理的裂纹补焊的材料和工艺。与前述的转轮叶片裂纹检查及处理类似，此处不再赘述。

检修实例：某电站轴流式机组检修检查中发现转轮室有两条呈上下布置的横向裂纹，裂纹间距约 0.35m，长度约 1.8m，裂纹错牙约 1.5mm。裂纹所在区域的背面发现有长度约 6.0m、宽度约 1.0m 的空腔。裂纹处理主要包括：探伤检测找到裂纹起始点并钻止裂孔；架设变形监测装置或仪表并全过程监测变形；清理裂纹预制打磨坡口；焊接区域清理及焊前预热、焊接、铲磨。转轮室裂纹修复中需要着重考虑以下因素：

（1）打磨工器具的选择。为防止铁屑和金属粉尘对低碳不锈钢母材造成渗碳污染，建议尽量选用白刚玉材质砂轮片或（和）直磨机磨头。对坡口较深、打磨量较大部位，建议采用碳化硅等含碳元素材质的砂轮片粗磨之后用白刚玉材质砂轮片或（和）直磨机磨头精磨，对于采用燃气-氧火焰烘烤、碳弧气刨清理和制备焊接坡口时，建议采用砂轮和砂纸清除渗碳层。

（2）焊接方式的选择。焊条电弧焊与气体保护焊相比，强度高、韧性好，压力容器行业等重要结构的焊接均采用焊条电弧焊或埋弧自动焊和钨极氩弧焊，不允许使用 FCAW、GMAW 焊接。转轮室承受一定的压力，建议采用焊条电弧焊。

（3）焊条材质的选择。转轮室各类缺陷焊接修复涉及两种材质内衬 304、内衬加强肋板 Q345R，焊接 304 建议采用国标型号 E308 或牌号 A102，即 Cr18-Ni8 类型的不锈钢焊条；焊接 304 与 Q345R，如转轮室与上（基础环）、下（尾水）的焊缝、304 内衬面板与 Q345R 加强肋板等，异种钢焊缝，建议采用国标型号 E309 或牌号 A307 不锈钢焊条，即 Cr25-Ni13 类型的不锈钢焊条；Q345R（或 Q355B）同材质焊接建议采用结构钢国标型号焊条 E5015 即牌号 J507。

（4）烘焙温度的选择。E308、E309 不锈钢焊条烘焙温度为 200～250℃，烘焙时间为 1～2h，随烘随用。烘焙好的焊条盛在通电保温（80～150℃）带盖常闭的焊条保温筒内，严禁裸手抓取焊条。焊完一根焊条后，采用焊钳才可揭开焊条筒盖抽取焊条，其余按《焊接材料 质量管理规程》JB/T 3223 规定执行。

(5) 加热方式的选择。因转轮室环境湿度大，转轮室裂纹焊接修复需进行加热处理用以除湿去氢，防止出现延迟裂纹，加热方法建议优先使用红外加热，其次选择火焰加热。

(6) 加热温度控制。焊接环境湿度高，焊接前需进行预热，温度控制在 100~120℃；焊接时道间温度不超过 180℃ 且不低于 100℃，焊接完成后缓冷（自然冷却）。

(7) 焊条直径及分段长度的选择。转轮室裂纹修复焊接中打底层和盖面焊均使用 $\phi3.2mm$ 焊条、填充焊使用 $\phi4.0mm$ 焊条。采取分段退步焊或分段跳跃焊，分段长度均为 300~400mm。多层多道焊接，焊道纵向搭接长度不少于 25mm，且搭接接头错开距离不应小于 50mm。焊道横向相互覆盖宽度为焊道宽度的 1/3；立向上焊位置焊条横向运条幅度不大于焊芯直径的 3 倍，其余位置焊条焊接不宜横向摆动，采用硬规范焊接，即尽量走直线快速焊接。

(8) 焊接变形监测控制。可以考虑从采用直线运条焊原则、"大"电流快速焊（即采用硬规范）、限制焊接热输入不大于 25kJ/cm、施焊中根据变形情况适时调整焊接顺序、焊口错牙可堆焊平缓过渡，即斜度不大于 1:3 等焊接工艺和架设百分表或钢琴线的方法进行控制和监测变形。

(9) 探伤方法选择。母材和焊缝热影响区缺陷排查应采用 MT+UT 探伤检测，焊缝熔敷金属缺陷检测应采用 PT+UT 探伤检测，其中 UT 检测应选用低频率探头。

3. 转轮室脱空处理

机组运行一定时间后对转轮室进行检查，可能会发现大小不一的脱空区域。对于脱空区域较大的部位需要进行灌浆处理。灌浆处理要注意以下几点：①架设仪表监测灌浆区域变形情况；②以控制钢衬变形不超过设计规定值；③灌浆压力要参考厂家或者设计有关要求；④优先采用细水泥灌浆；⑤注意灌浆孔径的选择；⑥注意封孔要求。

检修实例：某电站轴流式机组转轮室脱空处理进行灌浆时，按照初始不超过 0.6MPa 控制，如无法灌入可以逐级增大，最大压力不超过钢板承受能力的 0.8 倍。灌浆孔径按照不小于 $\phi25mm$（可用钢板空心钻+磁力钻座制孔）进行控制。灌浆孔塞焊封堵时，采用不锈钢圆形垫板，直径 $\phi20mm$、厚度 3~5mm，进行垫衬焊接，塞焊使用 $\phi2.0~\phi2.5mm$ 焊条。

7.4.9.3 受油器的检修

1. 受油器的解体步骤

(1) 分解外油管路与回油管路的连接法兰。

(2) 拆卸轮叶恢复机构。

(3) 用塞尺测量受油器轴套与油管间的径向间隙，各间隙均应按十字方向或均布的 8 点进行测量。

(4) 拆卸受油器体。

(5) 作好甩油盆的方位记号，拆卸并吊出甩油盆。

(6) 作好受油器中操作油管的方位记号，拆卸并吊出这些操作油管。

(7) 受油器底座绝缘测量，若绝缘合格，可不拆卸受油器底座，否则应将受油器底座拆出。

(8) 用框形水平仪对受油器底座进行水平测量，并标记框形水平仪放置的位置，以便于回装时按原位置复测水平。

(9) 拆卸受油器底座。

2. 受油器的检修工艺

(1) 操作油管轴承配合的检查与处理。测量各轴套的内孔尺寸，检查各轴瓦的磨损情况。测量内、外油管与轴套配合部分的外径尺寸。分析各轴承的配合间隙是否符合图纸要求，若因轴套磨损，配合间隙大于允许间隙，应更换轴套。

(2) 操作油管的圆度和同心度的检查与处理。将操作油管组合在一起，检查内、外油管的同心度与椭圆度是否符合图纸要求。如果超出允许范围，应进行喷镀或车圆处理；无法处理的或者管壁厚度已不合格的，更换新管。新管要严格清洗，并用1.25倍的工作压力进行严密性耐压试验，保持30min，应无渗漏。

(3) 轴套的刮研。将受油器体倒置，放在支墩上找平。把处理合格的操作油管吊入受油器体内，与上、中、下3轴套配合。用人工的方法使操作油管的工作面与轴套进行上下及旋转研磨。然后加以修刮，直到轴套配合间隙与接触面符合图纸要求为止。最后在轴瓦表面上挑花。

3. 受油器下部操作油管的检修

受油器下部操作油管的上、中、下3段，可以分段拆出，主要检修内容如下：

(1) 检查各引导瓦及导向块的磨损情况；测量各引导瓦的内径、圆度及各导向块的外径和圆度，其配合间隙应符合图纸要求。

(2) 检查各组合面。组合面应无毛刺、垫片完好。用0.05mm塞尺检查不能贯通；用0.03mm的塞尺检查，通过的范围应小于组合面的1/3。

(3) 操作油管的外腔用1.25倍的工作油压进行严密性耐压试验，0.5h内应无渗漏。

4. 受油器的回装步骤

受油器的回装，基本上与拆卸程序相反，主要有以下几方面：

(1) 将受油器底座按原来方位回装。

(2) 将操作油管按原位置回装，然后盘车找正。

(3) 受油器的预装。吊入受油器体，机械盘车研磨各轴套，再吊出受油器体。

7.4.9.4 轮叶操作机构的检修

轮叶操作机构的检修目的在于检查转轮体内某些零件的磨损及损坏（如连杆销孔变形、轮叶枢轴止推轴套磨损等）情况，并进行相应的处理或更换。此工作必须在扩大性大修对转轮解体时才能进行。

1. 无操作架式轮叶操作机构的检修

(1) 轮叶操作机构拆卸程序。

1) 水轮机主轴拆吊。接排油管将转轮内油排走，主轴法兰分解，操作油管分解并与主轴一起吊出机坑。

2) 转轮起吊。有的水电站将转轮体与主轴一起吊出，到安装间后再分解。

3) 转轮体安放。将转轮吊放在安装间转轮组装平台的支墩上并固定。

4) 轮叶拆吊。

5) 轮叶传动机构解体。

(2) 轮叶操作机构的检查与测量。

1) 检查止推轴套的磨损与损坏情况,测量其内径,确定是否需要更换。

2) 检查枢轴结构的止推面及轴颈有无研伤,测量各轴颈的尺寸。

3) 检查套筒的伤痕、裂纹及配合等情况。

4) 检查活塞缸内壁的磨损和伤痕情况。测量活塞缸的内径,检查其圆度和锥度;测量活塞外径,检查其磨损情况;测量活塞环涨量和开口尺寸,检查其磨损及损坏情况。

5) 检查连杆、销轴、活塞杆或操作轴及其余铜套的配合情况。

(3) 转轮的组装,叶片开口度的调整。由于制造与装配上的误差,轮叶传动部分组装以后,各轮叶的开度误差可能会超过规定的范围,必须进行调整。

2. 带操作架式轮叶操作机构的检修

轮叶操作机构分解时及解体后,要对止推轴套、活塞及有关轴套的配合间隙进行测量,并检查各配合处的磨损、损坏情况;检查传动件的变形,裂纹等缺陷,并进行清扫、处理及必要的更换。其检修方法与无操作架式基本相似,不再赘述。

7.5 水轮发电机的检修维护

7.5.1 水轮发电机转子的检修

1. 转子的检修项目

扩大性大修时,转子检查项目主要如下:

(1) 发电机气隙的测定。由于加工和安装质量的不同,发电机运行一段时间后,气隙可能会有所变化。每次大修时,在吊转子之前,均应对发电机气隙进行测量、记录,检查是否符合规定值,并以此作为分析振动、摆度的起因依据。

(2) 磁极拆装。为了处理转子圆度和更换磁极线圈等,需检修前后吊出、吊入磁极。

(3) 转子测圆。机组运行后,转子圆度也可能发生变化,大修时应检查转子圆度是否符合要求。

(4) 检查转子各部情况及打紧磁轭键。机组频繁启动,使转子与主轴承受交变脉冲力的低频冲击,长时间会造成螺栓松动、焊缝开裂、转子下沉、磁轭键松动等情况,大修时应仔细检查各项并做好记录和进行相应处理。

发电机转子检查的主要项目及技术要求见表 7-3。

表 7-3　　　　　　　　发电机转子检修项目及技术要求

项　　目	技术要求与质量标准
转子圆度	各半径与平均半径之差,不应超过设计空气间隙的±3%
磁极中心高程偏差	铁心长度小于或等于 1.5m 的磁极,不应大于±1.0mm;铁心长度大于 1.5m 的磁极,不应大于±1.5mm。额定转速在 300r/min 及以上的发电机转子,对称方向磁极挂装高程差不大于 1.5mm。
转子对定子相对位置高差	定子铁心平均中心高程与转子磁极平均中心高程一致,其偏差值不应超过定子铁心有效长度的±0.12%,但最大不超过±3mm。

2. 转子检修工艺

下面主要以悬式机组为例介绍转子的检修工艺。

(1) 吊出发电机转子。

1) 认真检查发电机气隙有无杂物，其余各处有无妨碍起吊之物。

2) 下导油槽已分解完毕，密封盖、下导轴瓦、下导支柱螺栓、挡油筒等均已拆除，上、下导轴颈表面涂以猪油并用毛毡包好（对伞式机组，应分解推力轴承的有关部件，将油槽的密封盖取出）。

3) 发电机轴与水轮机轴法兰分解（对伞式机组使轮毂法兰分解）。

4) 检查起重设备和吊具，必要时要做起重试验。起吊工具及工艺与安装时相同。

(2) 磁极拆装。水轮发电机的磁极靠T形接头嵌在磁扼的T形槽内，再用磁极键打紧、固定。较长时间运行后，可能出现由于T形部分及磁极键变形而使转子失圆的现象，甚至出现磁极松动问题。检修时需将磁极拆下，适当修整后重新挂装。

磁极修整须保证转子静平衡和同心度的要求，用测圆架、百分表进行检查和调整。

(3) 检查转子各部，打紧磁轭键。

1) 检查连接螺栓及焊缝。仔细检查转子焊缝是否开焊，连接螺栓是否松动，风扇片（装有风扇的转子）有无裂纹，螺母的锁锭是否松动（或点焊处是否开焊）等现象。对有开焊的焊缝（如轮毂焊缝），要用电弧刨吹去，开成V形坡口，用电热加温后进行堆焊。对于轮毂与支臂的连接螺栓，要用小锤敲击，检查是否松动。如有松动应用大锤打紧，重新立焊。

2) 检查磁轭松动及下沉情况。由于原磁轭铁片压紧度不够或原磁轭键打紧量不够，致使磁轭可能下沉，磁轭键、磁极键焊口开焊，磁轭与支臂发生径向和切向移动等，从而影响机组动平衡，产生过大的摆度与振动。严重的还会发生支臂合缝板拉开，支臂挂钩因受冲击而断裂等严重质量事故。

磁轭下沉量可以法兰面为基准检查，若有下沉情况，就需重新紧固压紧螺杆。压紧后的磁轭要符合安装时对铁片压紧的要求。如发现磁轭与支臂有径向或切向位移，则要打紧磁轭键，以克服磁轭松动。打紧磁轭键一般采用热打键，打键时还要兼顾转子圆度要求。

7.5.2 水轮发电机定子的检修

1. 定子铁心松动处理

由于定位筋的尺寸和位置是保证定子铁心圆度的首要条件，定子检修时，首先应检查定位筋是否松动，定位筋与托板、托板与机座环结合处有无开焊现象。一旦发现，应立即恢复原位补焊固定。其次，检查通风铁心衬条和铁心是否松动，定子拉紧螺杆应力值是否达到规定要求。如果发现铁心松动或进行更换压指等项目时，必须重新对定子拉紧螺杆应力进行检查。

常用的检查方法有两种：一种是利用应变片测螺杆应力，另一种是利用油压装置紧固拉紧螺杆，使其达到满足铁心紧度规定要求的应力。

紧固拉紧螺杆后，如个别铁心端部有松动，可在齿压板和铁心之间加一定厚度的槽形铁垫，并点焊于压齿端点。

2. 冷态振动处理和定子调圆

（1）冷态振动处理。分瓣定子组合缝处产生间隙，铁心松动而导致机组在开机空载升压过程中会产生振动，这种振动的轴向分量极小，而沿着径向和切向的分量却较大。其振幅随线圈和铁心温度的变化而变化，一旦达到额定电压，带部分负荷后，振动就会消失。由于这种振动发生在发电机定子铁心温度较低的"冷态"，所以称为冷态振动。

对于铁心松动产生的冷态振动，处理方法是紧固拉紧螺杆，使其达到满足铁心紧度规定要求的应力。

对于合缝不严而产生的冷态振动，一般须采取铁心合缝处加垫，消除间隙，增加刚度（如定子铁心在工地叠装，则不用加垫）的措施加以处理。

（2）定子调圆。定子铁心的圆度、波浪度，安装时要求非常严格，但在运输、吊运过程中可能产生变形。另外，机组多年运行后，由于电磁力、机械力、振动等原因影响，可能使结构损坏而产生定子变形。一般只要叠片时，将通风沟内的工字型衬条排在一条垂线上，定子铁心不会出现波浪度。

一般地说，检查定子转子间上、下端空气间隙，各间隙与平均间隙之差不应超过平均间隙的±6%，否则会引起磁拉力不均衡和发电机参数的变坏。因此，检修时应测定子圆度。但运行实践证明，尽管定子的圆度并不理想，运转时的电流波形、磁拉力、振动等方面情况并不明显，故不一定要处理定子圆度。若定子圆度较差，影响安全运行，则必须重新叠装定子扇形冲片，用千斤顶顶圆或用花篮螺栓拉圆等方式进行处理。

7.5.3 水轮发电机推力轴承的检修

1. 检修的主要内容

检修的主要内容有：推力轴承的拆装、镜板的处理、推力瓦的刮削、轴线的测量与调整、推力瓦受力调整及轴承甩油处理等。

2. 推力轴承的拆装

（1）拆卸前工作。

1）轴承拆卸前，先将油槽中油排回油库，注意管路连接和阀门开闭位置，打开通气孔，严防跑油。拆下油位信号器、测温连线、温度计等，对拆下的温度计要进行试验，要求误差值不超过±4℃，否则应予更换。然后分解油槽，吊走冷却器并对它进行加压试验。吊走冷却器时，在管路法兰口中打入木塞，以防漏水。最后将油槽清扫干净。

2）检查测量推力轴承绝缘电阻值，以防止轴电流。

3）检查各螺栓是否松动，各瓦温度计是否损坏，绝缘是否良好，推力瓦与镜板接触处有无磨损。

（2）推力头拆卸。推力轴承分解过程中，应检查推力头上下组合面接触是否良好，检查推力瓦磨损情况，及支柱螺栓锁定有无松动和断裂现象。推力头与主轴的配合情况决定拆卸方法。国产机组大部分推力头与主轴采用过渡配合，其公差为0.02～0.08mm。由于配合公差很小，为了在拔出时不蹩劲，使主轴处于垂直状态是很必要的。

1）调整主轴垂直。将各制动闸闸瓦顶面调至同一水平面，使转子落在制动器上，尽可能取得水平。

2）取下推力头的卡环。

3) 拔切向键。一般在推力头与主轴之间有两对或四对切向键，在拔推力头之前先将切向键拔出。

4) 拔出推力头。推力头与主轴一般采用过渡配合。先卸下推力头与镜板的连接螺栓，用钢丝绳将推力头挂在起重机主钩上并稍稍拉紧。启动油泵顶起转子，在互成90°方向的推力头与镜板之间加上4个铝垫，然后排油。主轴随转子下降，而推力头却被垫住，因而被拔出一段距离。这样反复几次，每次加垫的厚度控制在6～10mm之内，渐渐拔出推力头，直至能用主钩吊出推力头为止。

有的老机组由于多次拆卸，可能造成推力头与主轴配合紧度下降，不用借转子自重及加垫的办法，仅用吊车起吊力配合方木振击等办法便可拔出推力头。采用热套法固定的推力头，在拔出推力头或装回推力头前，应做好防止推力头键掉落的措施，热套推力头前应对内孔及主轴配合尺寸段进行实测并记录，测量后对主轴配合尺寸段涂少量透平油。

对伞式机组而言，拔推力头时，一般采用加热法使推力头膨胀，并在主轴内壁通水冷却主轴即可将推力头拔出。注意，推力头加热要均匀，要进行保温，加热时间一般不应超过4h，并要做好与镜板隔热措施，防止镜板被加热产生退火和变形。

(3) 推力头吊入安装。

1) 加热推力头。通常采用电热法，加热速度不宜太快，一般控制在15～20℃/h并采取断续加热方式，达到规定的内孔膨胀量后套入主轴。

2) 吊入推力头。用3块推力瓦调整镜板至水平，按原来位置放好，再把镜板表面及推力头底面与内孔擦干净，在主轴配合表面涂碳精或二硫化钼，把键放好。将推力头吊起、找好水平和中心，套入主轴、装上卡环，均匀拧紧螺钉，然后找正镜板位置，打入定位销，拧紧连接螺钉。

3) 顶起转子。将凸环或锁定螺母落下或恢复原位，使转子落在推力瓦上。

3. 镜板处理和推力瓦的刮削

为避免推力瓦损坏事故发生，大修时必须研磨镜板和刮削推力瓦。

轴瓦刮研前面的章节中已介绍过。大修中，如果发现镜板有严重损坏，如镜板磨偏或被磨出深沟，镜板表面发毛或有锈蚀现象等，应送到制造厂进行精车或研磨处理。

对推力瓦的检查，可在顶起转子后，将推力瓦抽出、吊走。检查其表面磨损情况，如发现有轴电流烧伤处，应将周围刮得稍低一些并找平。检查推力瓦背面与托盘的接触面是否磨损，尤其要检查支柱螺栓球面与托盘的接触面是否良好，并妥善保管。一般情况下，推力瓦只有局部被磨平，只要增补刮花即可。如果推力瓦磨损严重，应重新刮削。

拆除推力瓦架前，应做好组合面配合记号以及绝缘垫安装编号。安装瓦架前，应检查绝缘垫，如有裂纹及严重空蚀等现象应进行换新。绝缘垫安装后不得有重叠现象，用塞尺检查瓦架底部应与绝缘垫接触良好。新制作的绝缘垫内径应当比组合面的内径小10mm，外径应比组合面的外径大10mm，绝缘销钉、螺栓、垫片应完好。

4. 镜板与推力头之间的止油处理

有些推力轴承的镜板较薄，推力头的刚性远远大于镜板。较薄的镜板在分块推力瓦的支撑下会发生弹性变形。机组运转时，镜板就会出现周期性的波浪形蠕变。镜板与推力头结合面在处于两块相邻推力瓦之间的位置处产生缝隙。当镜板的缝隙位置旋转到推力瓦支持部分时，缝隙被压合。而未被推力瓦支持的位置部分，缝隙瞬间体积膨胀产生真空，油在负压作用下被吸入，油中产生气泡；而在缝隙被压合的瞬间，气泡受压而突然破裂，产生冲击波，形成推力头和镜板结合面间的冲击剥蚀破坏。气泡的产生→压缩→突然破裂，周而复始，久而久之，使镜板结合面出现麻点、坑穴，受力面积减小。这就是镜板的空蚀破坏。镜板的空蚀破坏不但造成了机组摆度增大，而且会加剧轴承甩油。特别是在推力头和镜板间垫有绝缘垫的机组，由于绝缘垫的损坏，轴线变坏、摆度增大、轴承甩油问题更为突出。

为此，可在推力头与镜板之间加装"O"形密封橡皮盘根处理，其位置见图7-5。在加工"O"形密封圈沟槽之前，应将被空蚀破坏的镜板车削和磨平，使镜板与橡皮盘根接触的表面粗糙度、镜板工作面的平面度、镜板两面的平行度等均符合设计要求。并应注意，在加盘根前盘车使摆度合格，加盘根后再进行一次盘车，其摆度没有多大变化时才可以使用。

5. 盘车测镜板水平

检修后的推力轴承，其高程应符合设计要求，镜板的水平值应在0.02mm/m以内。推力卡环受力后，同安装时要求一样，应检查上、下受力面的间隙，用0.02mm的塞尺检查不能通过。推力瓦受力应均匀。对一般性大修，支柱螺栓如未变动，可不测镜板水平，只在调整推力瓦受力时一并调整水平即可。如果大修中动了各支柱螺栓，就要调整镜板水平。

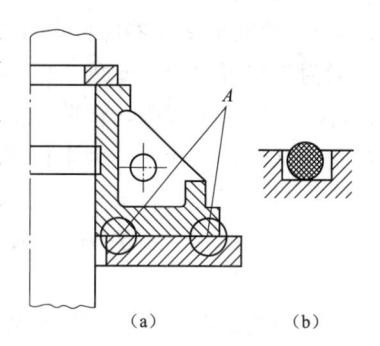

图7-5 推力轴承加圆形密封盘根处理
(a) 总体示意图；(b) A部的放大图

7.5.4 水轮发电机导轴承的检修

一般发电机导轴承都采用分块瓦稀油润滑结构，与水轮机水导轴承中分块瓦稀油润滑结构相同。发电机导轴承主要检修工作是导轴瓦的修理和刮削、导轴承间隙的调整、3个导轴承同心度的调整等。

1. 导轴瓦的修理

在拆导轴瓦前，应测量导轴承的间隙，并作记录，测量方法与水导轴承相同。

将轴瓦松开，放在垫有木块的地面上，检查轴瓦表面的磨损情况。通常轴瓦磨损并不严重，局部被磨损，可用平刮刀刮去高点，再重新挑花。若局部区域磨损严重，如出现条状沟或由于轴电流使钨金被损坏时，须采用熔焊的办法进行处理，处理后的轴瓦要进行研磨和刮削，并修刮进油边，达到有关技术要求。

2. 导轴承装复

(1) 导轴瓦装复应符合下列要求：

1) 轴瓦装复应在机组轴线及推力瓦受力调整合格后，水轮机止漏环间隙及发电机气隙均符合要求，即机组轴线处于实际回转中心位置的条件下进行。一般应在轴承固定部分适当位置建立测点，并记录有关数据，以方便复查轴承中心位置。

2) 导轴瓦装配后，间隙调整应根据主轴中心位置，并考虑盘车的摆度方位、大小，进行间隙调整。安装总间隙应符合设计要求。

3) 导轴瓦间隙调整前，必须检查所有轴瓦是否已顶紧靠在轴领上。

4) 分块式导轴瓦间隙允许偏差不应超过±0.02mm。

(2) 导轴领表面应光亮，对局部轴电流烧损或划痕，可先用天然油石磨去毛刺，再用细毛毡、研磨膏研磨抛光。轴领清扫时，必须清扫外表面及油孔。

(3) 导轴承装复后应符合的要求。

1) 导轴承油槽清扫后进行煤油渗漏试验，至少保持4h，应无渗漏现象。

2) 油质应合格，油位高度应符合设计要求，偏差一般不超过±10mm。

3) 导轴承冷却器应按设计要求的试验压力进行耐压试验。设计无规定时，试验压力一般为工作压力的1.5倍，但不低于0.4MPa，保持60min，无渗漏现象。冷却器及其连接件严密性耐压试验，试验压力为1.25倍工作压力，保持30min，应无渗漏。冷却系统严密性试验，试验压力为工作压力，保持压力8h，应无渗漏现象。

7.6 水力机组常见故障及处理方法

水力机组在运行中如出现故障或事故时，运行人员应根据具体情况，正确判明原因，稳、准、快地进行处理，以减少不必要的损失。

7.6.1 水轮机与附属设备的故障及处理方法

(1) 机组逸速。

产生原因：在转速继电器的调整阶段或甩负荷时，调速器工作不正常或故障。

处理方法：①导叶如未关闭，检查有关保护装置是否动作，否则手动操作关闭导叶；②检查事故配压阀是否动作，否则手动操作；③上述两项操作无效时，应立即关闭进水口快速闸门或主阀，切断水流；④停机过程中监视制动装置动作，若转速降至额定转速的35%～40%时拒动，手动加闸停机。

(2) 抬机。

产生原因：轴流式水轮机甩负荷时，尾水管内由于产生真空而形成反水击并进入水泵工况。

处理方法：①甩负荷后机组转速上升值不超过规定的条件下，适当延长导叶的关闭时间或分段关闭导叶；②减小转轮室真空度，确保真空破坏阀动作快速和灵活性；③装设限制抬机高度的限位装置；④事故时快速停机，采取安全措施后，全面检查记录各有关设备的损坏情况并作相应的修理。

(3) 导水机构全关闭后，机组长时间不能降到制动转速。

产生原因：导水机构立面与端面密封严重损坏；导水机构的剪断销、脆性连杆等安全设备因导叶间异物卡死而破坏。这些原因均可导致导叶不能完全切断水流。

处理方法：切换为手动调节或开度限制；根据技术安全操作规程，更换导叶的安全设备，可消除后一种原因产生的故障。对于前一种原因引起的故障，由于故障状态是渐近恶化的，应提早安排修理。

(4) 转速继电器拒动，不发出闸门下落和主阀关闭脉冲。

设法使机组转速恢复到额定转速，然后停机检查转速继电器和调速器，在查明故障原

7.6 水力机组常见故障及处理方法

因后予以消除。

（5）水轮机在带负荷运行时，发出闸门下降和主阀关闭脉冲。

检查转速继电器、压力油罐及压力继电器，查明故障原因后予以消除。

（6）导叶开度不变时并列运行的机组，出力下降；单个独立运行的机组，转速下降。

产生原因：拦污栅通道被杂物堵塞引起。

处理方法：测量拦污栅前、后压力降，可在不停机的情况下用专用清污设备清理。

（7）开机时空载额定转速下的导叶开度大于安装后首次运行的空载开度。

产生原因：拦污栅被木材、冰块等异物堵塞、闸门或主阀未全开启、转桨式水轮机转轮叶片的启动角度不正确等。

处理方法：检查拦污栅的堵塞情况并清扫；检查闸门与主阀是否在全开位置；根据指示仪表，调整转轮叶片的启动角度。

（8）转桨式水轮机调速系统大量漏油。

产生原因：转轮叶片密封不良。

处理方法：检查叶片密封，如是否橡胶盘根老化、撕裂，密封弹簧的弹性不足等。

（9）导轴承瓦温过高。

产生原因：①对巴氏合金油轴承，可能是油泄漏太多，油泵或毕托管工作异常，水浸入轴承油室，油冷却器水源中断等；②对水润滑的橡胶轴承，可能是由于润滑水流量过小。

处理方法：①在运行过程中持续观察，投入备用油泵，增加油室充油量，当油温上升到极限的安全值时，立即停机处理；②检查示流继电器的工作情况，切换备用水源。

（10）水轮机顶盖被水淹没。

产生原因：顶盖排水系统工作不正常和水轮机顶盖损坏。

处理方法：检查顶盖排水监视系统是否正常，切换水泵；改变水轮机运行工况，使转轮上部的水压接近零值。采取措施后，如仍漏水严重，不能消除故障，则停机处理。

（11）水轮机甩负荷时，真空破坏阀不动作，空气不能进入转轮区域。

产生原因：真空破坏阀机械部分破坏或操作杆卡死。

处理方法：检查真空破坏阀机械部分的相互联系。对于被动式的真空破坏阀，尚需检查阀与控制环或接力器推拉杆间的机械联系。

（12）启动时，机组主轴在水导轴承处的摆度不超过标准值，随着推力轴承温度的升高，主轴摆度增大，当温度为 60～70℃ 时，摆度值可能增大 5～10 倍。

产生原因：油温升高引起推力轴承热变形。

处理方法：停机调整推力轴承。

（13）压力表指示不正常。

产生原因：压力表测量管路中有空气，或压力表损坏。

处理方法：前者排除空气，后者更换压力表。

7.6.2 水轮发电机的故障及处理方法

1. 发电机电压不正常

（1）发电机启动时不能升压。

1) 产生原因：突然甩负荷、在运行过程中机组振动或长时间不发电，发电机或励磁机转子铁心剩磁消失，导致发电机不能自励建压。

处理方法：开机升至额定转速，把励磁机的磁场变阻器电阻调到最小值，然后将4～5节干电池串联后的正、负极，分别接到励磁机的"+"极和"-"极上进行充磁。充磁时间一般只需要几秒钟即可。半导体励磁装置的发电机，把电池的正、负极，分别接到发电机接线盒上的"+"极和"-"极即可。

2) 产生原因：定子绕组到配电盘之间的连接线头有油泥或氧化物；接线螺钉松脱；连接线断线。

处理方法：清除接线头的油泥或氧化物；拧紧接线螺钉。对于断线部位，用万用电表检查，查明修复。

3) 产生原因：励磁回路断线或接触不良。

处理方法：用万用表查明断线处，将断处焊牢，并包扎绝缘。磨光变阻器及灭磁开关的触点。

4) 产生原因：励磁机励磁绕组极性接反。

处理方法：在发电机接近额定转速时，用万用电表测量正、负极碳刷间的电压。若电压略大于额定值，且减小磁场变阻器电阻时电压反而降低，说明励磁绕组和换向器的正负极接反了，可将极性互换再接上并重新充磁。

5) 产生原因：磁场变阻器未调好。

处理方法：在水轮发电机达额定空载转速时，将磁场变阻器电阻调到使发电机达空载额定电压时的标准位置上。

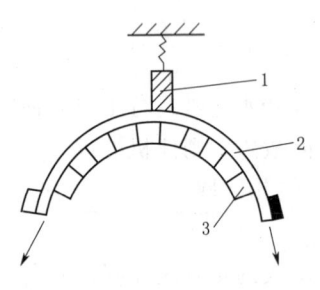

图7-6 研磨碳刷接触面的方法
1—碳刷；2—砂纸；3—换向器

6) 产生原因：励磁机碳刷与换向器接触不良或压力不够。

处理方法：碳刷与换向器的接触面应无油污和锈渍、无毛刺；对新更换的碳刷，一定要将碳刷与换向器的接触面用00号玻璃砂纸研磨；适当调整碳刷上面的弹簧压力，一般为20～30kPa。

注意事项：①不能用金刚砂布研磨；②研磨时，砂纸有砂的一面朝着碳刷，加大弹簧压力，用手沿换向器的弧面方向往返拉动砂纸，不能离开换向器的弧面拉动，直到碳刷底面与换向器圆弧面相符为止，如图7-6所示，最后用气筒吹去碳屑；③各碳刷与换向器的压力，应尽量一致。

7) 产生原因：碳刷位置不正。

处理方法：松开刷架的固定螺钉，将碳刷沿发电机旋转方向慢慢移动，在碳刷火花最小时即是其正确位置。一般只要移过1～2个换向片的距离即可。

8) 产生原因：励磁机换向器铜片磨损，使云母片高于铜片。

处理方法：将换向器的铜片车平，用锯条轻轻割低云母片，使之比铜片低约0.8～1.0mm。

9) 产生原因：发电机定子、转子或励磁机绕组接地。

处理方法：用兆欧表查明后处理。把兆欧表的接地端接到机壳上，另一端与待检查的绕组连接。注意检查定子时，需把绕组中性点拆开。

10）产生原因：半导体励磁装置因过电压或过电流，使部分或全部硅整流管击穿。

处理方法：用万用表或停机后用手触摸硅整流管感温进行测定，查明后更换。

(2) 发电机电压太低。

1）产生原因：水轮机转速太低，水量不足和超负荷。

处理方法：调整进水量，提高发电机转速；水量不足时，可切除部分负荷或轮流供电。

2）产生原因：励磁回路电阻太大。

处理方法：减小磁场变阻器电阻值。

3）产生原因：励磁机碳刷位置不正或弹簧压力不足。

处理方法：同上述（1）中6）、7）。

4）产生原因：部分半导体硅整流管被击穿。

处理方法：同上述（1）中10）。

5）产生原因：定子绕组和励磁绕组中有短路或接地等故障。

处理方法：查出短路或接地部位，予以修复，见上述（1）中1）、9）。

(3) 发电机电压过高。

1）产生原因：转速过高。

处理方法：减少水轮机流量，使转速正常。

2）产生原因：磁场变阻器调压失灵，短路或断线。

处理方法：查出短路或断线部位，予以修复。

3）产生原因：发电机飞逸。

处理方法：作紧急事故处理。

(4) 发电机三相电压不平衡。

1）产生原因：定子绕组接线头松动，或开关触头接触不良。

处理方法：将接线头拧紧；检查开关触头，用00号砂布擦净接触面，如损坏则更换。

2）产生原因：定子绕组短路或断线。

处理方法：查出短路及断线部位，予以修复。详见上述（1）中2）、9）。

3）产生原因：外电路三相负荷不平衡。

处理方法：调整三相负荷，使之基本相等。

2. 发电机励磁不正常

(1) 励磁机逆励磁。

1）现象：发电机运行中，励磁电流表、电压表的指针指向反向，其他仪表指示正常。

2）产生原因。

a. 发电机停机时，若磁场变阻器手柄越过空载额定电压值位置才跳开关，发电机从系统吸收无功电流激磁，处于欠激状态。当突然跳开关时，由于电枢反应使磁通很强，可能使励磁机剩磁改变极性。

b. 励磁回路突然断开后又接通，如由于换向器片间凸出与碳刷接触不良，造成短时失磁，从系统吸收无功电流的电枢反应有可能使励磁极性变反向。

c. 励磁回路突然短路，当碳刷不放在几何中心线上时，由于很强的电枢反应的去磁作用超过了主磁场，使励磁极性改变。

d. 外电路发生突然短路时，发电机定子电流突然增加，转子绕组中感应出一个直流分量电势，方向与励磁磁场方向相反，当这个电势达到比励磁机电枢电势还大时，就有可能出现励磁极性变反的现象。

3）处理方法：一般不必停机处理，把连接励磁电压表和电流表的接线端子互换即可，并做好记录。再次停机后，把绕组极性改变过来并将各表接线端子重新互换回去。

(2) 发电机失去励磁。运行中的水力机组出现失磁的主要表象是：励磁电流表、励磁电压表指针突然降到零且有摆动；定子三相电流剧增；无功功率表指示为负值，功率因数表指示为进相，发电机从电网吸收无功功率运行；各仪表指示均产生周期性摆动；转速高于电网同步转速，变为异步发电机运行，单机运行时发电机仪表盘上的所有仪表指示为零，且发电机严重过速。

1）产生原因：灭磁开关误动作。

处理方法：检查灭磁开关有无跳闸，如已跳闸，要迅速合上。

2）产生原因：磁场变阻器接触不良。

处理方法：检查变阻器。

3）产生原因：磁场变阻器或励磁绕组断线。

处理方法：停机检查断线处，予以修复。

4）产生原因：励磁自动调整装置故障。

处理方法：检查励磁自动调整装置，若装置失灵，立即切除，改用励磁变阻器手动增大励磁。

对于单机运行的机组，失磁时，立即关闭水轮机导叶，停机检查处理。

(3) 发电机转子绕组接地。在转子运行过程中，由于集电环绝缘套管积灰、油污或受潮破裂；旋转过速时，励磁绕组因离心力作用发生晃动，使内套绝缘擦伤；转子长期处在温度偏高情况下运行而致绝缘老化，产生裂纹；磁极间连接线与风扇相摩擦，造成绝缘损坏；转子引线进出轴处，在开停机时与轴相碰造成绝缘磨损等原因，可能会发生转子绕组接地。

转子绕组一点接地，由于电流未形成回路，尚可继续运行。但极易引发另一点或励磁回路中任一部位接地，形成两点接地，使转子绕组短路，引起转子过热和产生强烈振动。

若励磁电流和定子电流突然增大，励磁电压和交流电压突然下降，功率因数表指示升高或进相时，说明转子已发生两点接地，应立即停机检查，予以排除和修复。

3. 发电机其他故障

(1) 发电机在运行时产生的异常声响的原因及处理方法。

1）产生原因：非同期并列，产生较大冲击电流，发电机发出强烈吼声。

处理方法：检查非同期并列原因，重新同期并列。

2）产生原因：外部线路短路或雷击，发生瞬间异响。

处理方法：恢复正常运行。

3) 产生原因：外部线路故障，发电机三相电流严重不平衡。

处理方法：消除线路故障。

(2) 发电机运行时发出严重噪声的原因及处理方法。

1) 产生原因：发电机或励磁机的定子和转子相摩擦，或有异物落进间隙中。

处理方法：多为轴承磨损引起，应更换轴承。对间隙中异物予以清除。

2) 产生原因：换向器凹凸不平或云母片凸出。

处理方法：锉平换向器并磨光，用锯条将云母片割低，使之比铜片低 0.8~1.0mm。

3) 产生原因：碳刷太硬或压力太大。

处理方法：更换软的同型号碳刷，调整压紧弹簧，减小碳刷压力。

(3) 发电机振动较大。运行中机组的正常振动是允许的，但当振动超过正常工作时的最大允许值，或超出标准规定的允许振动值时，应查明原因予以处理。

1) 产生原因：发电机定子与转子，或发电机转子与水轮机轴不同心。

处理方法：重新校正并调整同心度。

2) 产生原因：地脚螺栓松动，或基础产生不均匀沉陷。

处理方法：拧紧地脚螺栓，加固地基。

3) 产生原因：轴颈弯曲。

处理方法：用百分表检查轴是否弯曲或不圆，进行修直或车圆。

4) 产生原因：转子绕组匝间短路，有两点接地或接线有错误。

处理方法：检查转子绕组有无匝间短路及集电环对地绝缘情况，并解除故障。

5) 产生原因：发电机定子三相电流严重不平衡。

处理方法：调整三相负载，使之基本平衡。

6) 产生原因：定子绕组短路或接地。

处理方法：按上述（1）中1）、9）方法，查出故障部位予以排除。

(4) 发电机与电网非同期并列，引起严重电流冲击。非同期并列瞬间，定子电流突增，电网电压下降，电流表指针激烈摆动，发电机发出强烈吼声。发电机及变压器、开关等设备会受到冲击破坏，严重时会使发电机绕组绝缘损坏或烧毁以及端部变形，甚至会因发电机和系统间产生功率振荡而使电网瓦解。因此，非同期并列是发电厂的严重事故。

一旦出现非同期并列而不能牵入同步，应立即断开发电机主开关与灭磁开关，关闭水轮机导叶，停机检查。

非同期并列产生的原因及处理如下：

1) 产生原因：同期并列时，没有满足电压、频率、相位、相序相同的要求。

处理方法：严格按同期并列条件进行操作。

2) 产生原因：同期回路故障。

处理方法：检查同期回路。

3) 产生原因：发电机主开关有一相未接触。

处理方法：检查主开关触头。

(5) 发电机正常启动，接通外电路后熔断器熔断或断路器跳闸。

1) 产生原因：发电机外部电路有短路故障。

处理方法：查出外电路短路处，予以修复。

2）产生原因：负荷太大。

处理方法：减负荷运行。

(6) 发电机温度过高。

1）产生原因：发电机超负荷运行，定子电流和励磁电流都超出额定值，且超出允许过负荷运行时间。

处理方法：减负荷运行。

2）产生原因：三相电流严重不平衡。

处理方法：调整外电路三相负荷，使得基本平衡。

3）产生原因：通风冷却系统不良，如通风道堵塞、进出风短路，或发电机内部绕组间灰尘堆积等。

处理方法：查明原因，排除故障，改善通风条件。

4）产生原因：轴承安装不良或损坏。

处理方法：重新安装或更换轴承。

5）产生原因：轴承润滑油缺少或油号不对，油质变坏以及油中有其他杂质，使轴承运转不良。

处理方法：清洗轴承，加入合格的润滑油脂。

(7) 发电机冒烟或着火。发电机产生冒烟着火时，应紧急停机，与电网解列，切断通气道，迅速灭火。要用喷水灭火或四氯化碳灭火器、干粉灭火器灭火，不得使用泡沫灭火器或砂子灭火。因为泡沫灭火器有的化学物质是导电的，将使绕组绝缘性能大大降低；而用砂子灭火，将会给检修绕组造成极大困难。

发电机冒烟或着火的原因及解决措施和处理方法如下：

1）产生原因：发电机超负荷运行时间过长。

解决措施：减负荷，短时过载运行时间不能超出允许范围。

2）产生原因：定子绕组匝间或相间短路。

处理方法：查出短路部位，予以修复。

3）产生原因：雷击、过电压或机械原因引起绝缘损坏击穿。

处理方法：安装防雷措施。查出绝缘损坏处，予以修复。

4）产生原因：发电机转子和定子摩擦严重或绕组被异物擦伤。

处理方法：检查故障部件予以消除。

5）产生原因：并列误操作。

处理方法：严格执行发电机并列条件，正确操作。

(8) 碳刷产生较大火花的可能原因及处理方法。

1）产生原因：碳刷与换向器接触不良。

处理方法：将换向器（或集电环）磨光、整平，蘸少量汽油或酒精，用布擦拭干净。

2）产生原因：碳刷磨损或破裂，压力不足。

处理方法：更换同型号碳刷，调整压紧弹簧压力。

3）产生原因：碳刷压力调整不匀。

处理方法：碳刷各压紧弹簧压力要调整得尽量一致，可用弹簧秤来均匀调整。

4）产生原因：因碳刷过热，引起碳刷压紧弹簧退火，失去弹力。

处理方法：更换新弹簧，并重新调整弹簧压力。

5）产生原因：碳刷位置不正。

处理方法：调整碳刷至正确位置，拧紧固定螺栓。

6）产生原因：碳刷规格、型号不符。

处理方法：采用型号规格合格的碳刷。

7）产生原因：换向器铜片间有金属粉末、石墨粉等导电杂质。

处理方法：刷清或吹净铜片间导电杂质。

8）产生原因：换向器铜片后面连接线短路或断线。

处理方法：查出短路或断线部位，予以修复。

9）产生原因：换向器的云母片损坏或短路。

处理方法：修理换向器。

10）产生原因：励磁机电枢绕组开焊，接触不良。

处理方法：查出开焊部位予以补焊。

另外，发电机仪表指示突然消失时，首先应考虑仪表本身或其测量回路故障所致，尽可能不改变发电机的运行方式，采取措施消除故障。如果影响发电机正常运行，应根据实际情况减负荷或停机处理。

上面介绍的水力机组在运行中经常出现的故障及处理方法仅仅是个梗概，在工程实践中，应根据机组的实际情况具体问题具体分析，切忌生搬硬套。要坚持预防为主、防患于未然的理念，不断提高运行管理和检修维护技术水平，避免或者减少设备故障的发生，提高水力机组运行的可靠性。

习 题

1. 水力机组的检修模式一般分哪几类，各有什么特点？
2. 检修工作中应注意哪些问题？
3. 维护检查、小修、大修、扩大性大修的基本任务是什么？
4. 什么是水力机组状态检修？
5. 机组实现状态检修的基本步骤是什么？
6. 什么是水力机组智慧检修？
7. 对机组检修工程的基本要求有哪些？
8. 水轮机泥沙磨损的类型有哪些？
9. 简述水轮机泥沙磨损的过程。
10. 水轮机泥沙磨损如何进行防治？
11. 水轮机转轮常见的损坏形式有哪些？转轮的焊补有哪些步骤？
12. 如何测量转轮泥沙磨损和空蚀破坏的侵蚀面积、深度及金属的失重量？
13. 如何检查转轮的裂纹？焊补裂纹应如何进行？

14. 如何调整导叶的立面间隙和端面间隙？
15. 主轴的主要破坏形式有哪些？有哪些修复方法？
16. 水导轴承的主要检查项目有哪些？
17. 简述尾水管检修的主要内容。
18. 简述轴流式水轮机转轮检查的主要内容。
19. 简述轴流式水轮机转轮室如何修复。
20. 简述受油器的解体步骤。
21. 无操作架式轮叶操作机构如何检修？
22. 水轮发电机转子的检修项目主要有哪些？
23. 如何进行定子拉紧螺杆应力检查？
24. 发电机推力轴承检修的主要内容有哪些？轴承甩油应如何处理？
25. 发电机导轴承的损坏形式有哪些？如何修复？
26. 水轮机与附属设备在运行中常见的故障有哪些？原因如何？如何处理？
27. 水轮发电机在运行中常见的故障有哪些？原因如何？如何处理？

参 考 文 献

[1] 王玲花. 水轮发电机组安装与检修 [M]. 北京：中国水利水电出版社，2012.
[2] 陈造奎. 水力机组安装与检修 [M]. 3 版. 北京：中国水利水电出版社，2011.
[3] 于兰阶. 水轮发电机组的安装与检修 [M]. 北京：中国水利水电出版社，1995.
[4] 盛国林. 水轮发电机组安装与检修 [M]. 北京：中国电力出版社，2008.
[5] 刘灿学，徐广涛，李红春，等. 水电站机电安装工程基础知识 [M]. 北京：中国水利水电出版社，2018.
[6] 付元初. 中国水电机电安装 50 年发展与技术进步 [C]//第一届水力发电技术国际会议论文集. 北京：中国电力出版社，2006.
[7] 郑源，陈德新. 水轮机 [M]. 北京：中国水利水电出版社，2011.
[8] 李林，侯远航. 水电站设备智慧检修 [M]. 北京：中国水利水电出版社，2022.
[9] 江小兵. 三峡 700MW 水轮发电机组安装技术 [M]. 北京：中国电力出版社，2006.
[10] 陈锡芳. 水轮发电机结构运行监测与维修 [M]. 北京：中国水利水电出版社，2008.
[11] 魏志刚. 机械设备故障诊断技术 [M]. 2 版. 武汉：华中科技大学出版社，2023.
[12] 王方. 现代机电设备安装调试、运行检测与故障诊断、维修管理实务全书：第三册 [M]. 北京：金版电子出版公司，2002.
[13] 戴钧，王洪云. 中小型混流式水轮发电机组机械检修及主要易损部件的修复技术 [M]. 北京：中国水利水电出版社，2007.
[14] 程远楚. 中小型水电站运行维护与管理 [M]. 北京：中国电力出版社，2006.
[15] 王玲花. 水轮发电机组振动及分析 [M]. 郑州：黄河水利出版社，2011.
[16] GB/T 8564—2023 水轮发电机组安装技术规范 [S].
[17] GB/T 15468—2020 水轮机基本技术条件 [S].
[18] GB/T 7894—2023 水轮发电机基本技术条件 [S].
[19] DL/T 5070—2012 水轮机金属蜗壳现场制造安装及焊接工艺导则 [S].
[20] DL/T 5071—2012 混流式水轮机转轮现场制造工艺导则 [S].
[21] DL/T 5036—2020 转桨式转轮组装与试验工艺导则 [S].
[22] DL/T 5037—2022 轴流式水轮机埋件安装工艺导则 [S].
[23] DL/T 5038—2012 灯泡贯流式水轮发电机组安装工艺规程 [S].
[24] DL/T 5858—2022 冲击式水轮发电机组安装工艺导则 [S].
[25] DL/T 5420—2009 水轮发电机定子现场装配工艺导则 [S].
[26] DL/T 5230—2009 水轮发电机转子现场装配工艺导则 [S].
[27] DL/T 507—2014 水轮发电机组启动试验规程 [S].
[28] DL/T 563—2016 水轮机电液调节系统及装置技术规程 [S].
[29] GB/T 9652.1—2019 水轮机调速系统技术条件 [S].
[30] JB/T 6752—2013 中小型水轮机转轮静平衡试验规程 [S].
[31] GB/T 29403—2012 反击式水轮机泥沙磨损技术导则 [S].

[32] NB/T 11191—2023 水电站水轮机抗泥沙磨损技术导则 [S].

[33] GB/T 32584—2016 水力发电厂和蓄能泵站机组机械振动的评定 [S].

[34] NB/T 10499—2021 水电站桥式起重机选型设计规范 [S].

[35] DL/T 2654—2023 水电站设备检修规程 [S].

[36] DL/T 1066—2007 水电站设备检修管理导则 [S].

[37] DL/T 1246—2013 水电站设备状态检修管理导则 [S].

[38] DL/T 2561—2022 立式水轮发电机状态检修评估技术导则 [S].

[39] DL/T 1547—2021 智慧水电厂技术导则 [S].

[40] NB/T 11020—2022 智能电厂设计规范 [S].

[41] DL/T 710—2018 水轮机运行规程 [S].

[42] DL/T 751—2014 水轮发电机运行规程 [S].

[43] DL/T 2574—2022 混流式水轮机维护检修规程 [S].

[44] DL/T 817—2014 立式水轮发电机检修技术规程 [S].

[45] DL/T 2577—2022 轴流转桨式水轮发电机组检修规程 [S].

[46] GB/T 35709—2017 灯泡贯流式水轮发电机组检修规程 [S].

[47] DL/T 2573—2022 水轮机现场焊接修复导则 [S].

[48] 李玲，王华军，郑涛平，等. 乌东德水电站850MW水轮机总体技术特性分析 [J]. 人民长江，2022，53（4）：221-225.

[49] 韩天宇，王智民，杨光辉，等. 白鹤滩水电站大型混流式转轮焊接质量控制 [J]. 水电站机电技术，2021，44（1）：49-52.

[50] 李佳林，王峰，李华. 大型水轮发电机组座环电站现场加工工艺 [J]. 水电站机电技术，2023，46（3）：14-17.

[51] 秦大为，漆海军，王珑. 白鹤滩水电站左岸1000MW定子定位筋安装 [J]. 水电站机电技术，2021，44（S2）：32-34.

[52] 洪秀衡. 向家坝左岸电站定子定位筋安装工艺 [J]. 青海水力发电，2016，0（1）：29-31.

[53] 白锦，时志华，肖俊，等. 大型水轮发电机组高精度安装关键技术研究与应用 [J]. 安装，2022（S1）：180-181.

[54] 王磊，念妮妮. 大型灯泡贯流式机组总装工艺分析 [J]. 技术与市场，2021，28（11）：59-61.

[55] 丛熙航. 灯泡贯流式机组关键部位安装质量控制技术 [J]. 工程管理，2021，2（4）：14-17.

[56] 郑满军，仇一凡，林太举. 向家坝水电站巨型机组试运行稳定性能分析 [J]. 水力发电，2014，40（1）：4-6，36.

[57] 郑璇，刘腾彬，王智民. 应力棒法在白鹤滩电站1000MW转轮静平衡试验中的改进 [J]. 水电与新能源，2021，35（6）：62-64.

[58] 卢伟. 岩滩水电站4号机组转子动平衡试验分析 [J]. 云南水力发电，2021，37（1）：160-165.

[59] 陈治州. 对水电机组状态检修技术推行困境的思考探究 [J]. 中文科技期刊数据库（文摘版）工程技术，2021（8）：336-337.

[60] 李林，侯远航，郑建民，等. 基于全生命周期的水电站智慧检修创新实践 [J]. 水电站机电技术，2019，42（12）：31-34，101.

[61] 吾买尔·吐尔逊，穆哈西，夏庆成. 智能诊断技术在水电机组振动故障诊断中的应用进展 [J]. 机电技术，2021（4）：96-99，116.

[62] 陈韶光，梁洸强，周涛. 水轮发电机组机故障诊断与处理 [J]. 装备制造技术，2022（5）：43-45，54.